U0022248

# 修增訂初版自序

企業組織與管理一書，於民國七十五年三月印行迄今，已越三載。近三年來，國內外政經、社會、法律環境之演變相當快速，企業組織之運作與管理，為因應諸多環境之變化，在理念導向與策略技術上，亦有所革新。為反映此種嶄新情況，乃有本修增訂版之問世。

本修增訂版俱備下列特色:

1. 論述勞資與環保環境對企業營運之影響;
2. 投資決策，包括證券投資決策之概述;
3. 增論企業之運輸與倉儲作業;
4. 服務業經營策略之探討; 以及
5. 「消費者保護」與企業經營管理之探述。

企業經營環境，勢將不斷演變，因此，「企業組織與管理」之學術領域，必然會持續革新。本修增初版只能反映業已演變定型之環境下所必須調整之局部內涵，遺誤之處，在所難免。尚祈學界及業界先進，不吝指教。

郭　崑　謨 謹識於臺北
國立中興大學法商學院
中華民國七十八年九月二十七日

# 企業組織與管理

郭　崑　謨　著

學歷：美國奧克拉荷馬大學企業管理學博士
經歷：國立中興大學教授兼法商學院院長
中華民國資訊教育學會理事長

三　民　書　局印　行

國家圖書館出版品預行編目資料

企業組織與管理／郭崑謨著. －－增訂三版五刷. －－臺北市；三民，2003
面；　公分

ISBN 957-14-0264-8　(平裝)

1. 企業管理　2. 組織(行政)-個案研究

494.2　　84003276

網路書店位址　http://www.sanmin.com.tw

 企業組織與管理

著作人　郭崑謨
發行人　劉振強
著作財產權人　三民書局股份有限公司
臺北市復興北路386號
發行所　三民書局股份有限公司
地址／臺北市復興北路386號
電話／(02)25006600
郵撥／0009998-5
印刷所　三民書局股份有限公司
門市部　復北店／臺北市復興北路386號
重南店／臺北市重慶南路一段61號
初版四刷　1986年3月
修訂二版三刷　1989年9月
增訂三版一刷　1994年8月
增訂三版五刷　2003年10月
編　號　S 490210
基本定價　捌　元
行政院新聞局登記證局版臺業字第〇二〇〇號

ISBN　957-14-0264-8　(平裝)

# 修增訂三版自序

企業經營環境之演變相當迅速，諸如勞資關係、環保意識、投資環境等等均已有相當程度之改變。為因應此種環境之改變，本書內容曾略作修增訂，藉以提供讀者更廣濶之參考空間。

近幾年來，企業界及公共服務機構對組織文化及工作文化之塑造相當重視，咸感組織文化及工作文化之塑造，有助於組織運作效率之提高。為應時代之需求，本修增訂版，增加組織文化與工作文化之發展一章，反映此一學域之新內涵。

本書雖經數度修增訂，遺誤之處，在所難免，尚祈學界及業界先進，不吝指正。

郭崑謨　謹識於臺北
國立臺北大學籌備處
中華民國八十三年八月一日

# 自　序

近一、二年來，我國企業運作之情況，隨國際經濟之好轉，雖逐漸有復甦之跡象，但業界之投資意願仍未見適度提高，反映企業營運之「元氣」，仍然有待「振作」。政府有鑑於此，乃於今年五月間正式成立爲期六個月之臨時性機構——經濟革新委員會，積極謀求改革之道。企業界亦尚能因應目前環境之演變，作諸多措施，「推動企業革新，配合經濟革新」。管理之革新，當爲企業革新之重心所在。

企業組織與管理效率及效果之提高，實爲現階段衆所關心之課題。「管理革新」，業已普受重視。惟企業組織與管理之層面，相當廣泛，爲方便企業組織與管理究鑽之需，乃有本書之印行。本書反映整體系統導向，舉凡我國企業問題、企業環境、企業功能、管理功能、管理資訊、企業診斷，以及解決我國企業問題之方向與未來發展等等均涵蓋於此一系統，亦爲本書之特徵。

本書共七篇，凡二十章。第一篇探述我國企業組織與管理問題。第二篇討論企業之外在環境，包括科技環境。第三篇探討企業運作之主要功能，包括行銷、生產、財務、人事、研究發展。第四篇就管理功能之各層面——亦卽目標、規劃、組織、領導、控制等加以論述，藉以配合各企業功能之運作。管理資訊爲時下甚受重視之課題，乃於第五篇作引導性探討。繼第六篇企業組織與管理之診斷之重點式引介後，於第七篇，提出筆者對建構中國式管理模式之努力方向，作爲本書之結語，旨在拋磚引玉，期能對未來我國管理紮根有所貢獻。又本書於主要企業功能及管理功能有關章節之後，附有我國企業個案，俾使讀者能對我國企業運作之情況有所了解，並據以作「組織與管理」理論與實務之相互配合應用。

本書撰寫期間，承蒙邱鎮湘及陳起新先生之多方協助與鼓勵，特此致謝。

先父逝世時筆者尚幼，幸賴慈母不辭勞苦，諄諄教導，得有今日，今適逢慈母八秩晉三之年，特以此書獻給慈母，藉以表達養育之恩。

內子愛春，愛女蔚真、蔚施、蔚究，以及愛兒威漢，於本書撰寫期間，給于精神上之鼓勵與實質上之合作，使本書能順利付梓，併此達表感激之忱。

本書雖經數次審校，遺漏及謬誤在所難免，深望先進及讀者多加匡正。

郭　崑　謨　謹識於臺北

國立中興大學企業管理研究所

中華民國七十四年十二月二十五日

# 企業組織與管理

## 目　次

## 第一篇　企業概念——緒論



## 第二篇　企業環境

# 第三篇　企業功能

## 第四篇　管理功能概論

## 第五篇　管理診斷



## 第六篇　企業組織與管理之未來—結論

# 第一篇

# 企業概念—緒論

- 我國企業組織所面對之管理問題及因應之方向
- 企業之一般概念
- 附錄

# 第一章　我國企業組織所面對之管理問題及因應之方向

企業營運過程，時刻處於內外環境演「變」之衝擊，諸如科技之發展、消費大衆生活型態之改變、天災人禍之威脅、國際關係之變化、資源結構之改變等等，不勝枚擧。

對企業營運而言，「變」，具有兩種涵義。「變」如對企業造成有利的影響，它即形成企業之一種「機會」。「變」如對企業造成不利之影響，即造成一種「威脅」。企業若欲在「變」的環境中，追求成長發展，自應儘量利用「機會」，積極逃避或化解「威脅」，始能著效。

筆者有鑑於「變」對我國企業的衝擊，將未來「變」的趨向以及因應此一趨向之途徑加以探討，期能提供業者及早掌握「變」所帶來的機會，規避或化解「變」所帶來的威脅，以全面提高企業生產力。爰就管見所及分別探討我國企業在「變」的環境中所需面對的問題，以及我國企業在面對「變」所引發之問題時所需因應之方向，俾供讀者參考，作爲本書之引言。

## 第一節　「變」之環境中我國企業所面對之問題

在「變」的環境中，我國企業所面對的問題有兩大層面。第一、由於國際或本國之政治、經濟、社會、法令、科技、文化等環境之衝擊所造成的問題。第二、企業內部或企業本身所引發的問題。第一類可簡稱爲「企業外在問題」；第二類可簡稱爲「企業內在問題」。然而，企業外在問題與企業內在問題往往會交互影響而使問題加重。玆將企業外在問題與企業內在問題分別討論如后。

## 壹、企業外在問題

企業外在問題多半非企業本身所能控制，其衝擊來源，往往起源於科技之發展、消費者對企業之要求和期望、其他國家之貿易競爭、他國之貿易壁壘、世界資源之供應和運輸倉儲問題、及貿易失衡問題。

### 一、科技之發展❶

由於全球性教育的日益普及和提高，科技的變遷至爲迅速。如何快速地使科技成果商品化，提高人民福祉，乃爲企業界在因應科技變化時應該努力的方向。各國政府和企業界有鑑於此，特別重視研究發展。在觀念上，紛紛將研究發展視爲如同購買原料、購買設備、或建設工程之「投資」。先進國家花在研究發展方面的經費，約在國民所得之2％以上，其主要目的，就是希望取得全球技術領先地位，期能創造國家和企業之財富。反觀我國業者，卻往往將研究發展視爲一種「費用」支出，結果使我國研究發展方面之投資無法提高，僅達國民所得的千分之七點三左右，導致產品技術水準之提升非常遲緩。因此，我國業者若欲使產品技術升級，首須改正其對研究發展所持之錯誤觀念，大量從事研究發展投資。

科技革新的結果，產品生命週期隨著必然縮短，這意味著企業界必須大力推動研究發展，加緊開發新產品，才能在產品發展競賽中，爭取優勢。並且，必要時也要隨著產品生命週期的發展，不斷調整生產設備，設法滿足經濟規模及降低成本，使產品在市場上增強競爭

---

❶ 郭崑謨著，論我國企業所面對之問題與因應之道，台北市銀行月刊，第十六卷第六期，第26-30頁。

力。

商情收集方面亦是今日企業需面對的問題。諸如美國、日本、英國、西德等先進國家，他們在全球各地都設有嚴密的商情偵查網，負責偵查市場情況、競爭發展、及顧客需求之變化，此項情報對引導研究發展的方向頗具價值。

## 二、消費者對企業的要求和期望

目前消費者對企業的要求和期望與日俱增，消費者保護運動及保護消費者組織頗受重視，對廠商形成一股不可抗拒的壓力。廠商為求生存，一方面希望能賺取合理的利潤，另方面也要兼顧社會責任，克盡社會責任，往往會使廠商多負擔降低污染成本、降低噪音成本及提供社會救濟成本，結果可能會使企業利潤降低。顯然，唯有企業能够設法提高經營績效條件下，才有能力盡社會責任及造福人類福祉。所以，改善經營績效，以便能够盡到社會責任乃是目前企業的一項挑戰。

另方面，在過去消費者的所得較不寬裕時，消費者的購買行為較為理性；每購一項產品，往往須對產品品質、價格、商店服務、信譽作全面比較之後，才決定購買。今日的消費者，所得較寬裕，其購買行為逐漸趨向感性，而對產品品質、價格、商店服務、信譽較少作全面性比較。消費者感性購買行為改變的結果，迫使廠商需要投資「暫時的設備」，生產「暫時的產品」，滿足消費者「暫時的需要」。目前很多設備、很多產品逐漸轉變為「用完即丟」的生產或消費行為，此種現象發展的結果，造成很多廢物及環境污染；而處理廢物與環境污染乃是現行廠商正要面臨的重要挑戰。目前美日先進國家處理廢物的方法，係將廢物轉變為有用的建設器材或有機肥料。如此處理，廢物可變成一種有價值的生產資源，而可再生產出有價值的產品。目前我國國民每年每人平均約製造兩噸左右的廢物，各廠商如能將這些廢物轉化爲有用的材料，不但可以降低成本，尙可增加利潤，並爲企業員工謀取較多的福利。

**三、與開發中國家之競爭**

我國外銷的產品目前仍傾向於勞力密集與技術層次較低的加工品。而最近幾年來，開發中國家由於較高技術的吸收及廉價勞工的配合，因此能够在全球各地推銷很多廉價的產品，並且對我國廠商展開劇烈的競爭。我國廠商必須使用兩種對策因應。第一、尋找那些開發中國家尙未發現的新市場，藉以避開他們的威脅。第二、設法提升我國技術水準。其中以第二點最爲重要，而且才是根本解決問題的方法。

欲提升我國產品的技術水準，可將舊產品用新技術處理，新產品用新技術處理，舊產品用新的推銷技術推銷，新產品用新的推銷技術推銷，並且也要使用財務國際化之新財務觀念。欲使技術升級，人才之品質也需升級。所以，把我國產品投入更多的技術，生產附加價值較高的產品，藉以回避與開發中國家直接競爭，此亦爲我國企業應有的努力方向。

**四、貿易壁壘高築，貿易障礙**

自從國際石油危機以來，貿易障礙逐漸升高。諸如歐洲地區，由於有歐洲共同市場及高關稅壁壘，貿易障礙相當嚴重。除關稅外，很多國家的政府尙使用種種行政措施來限制外來產品的進口，此乃形成我們國際貿易上一種極大的壓力，且形成我國業者所需面臨的重大問題。

**五、資源之供應和運輸倉儲問題**

目前我國產業已從農業轉化爲工商業的時代。在生產活動中，農產品的加工及工業品的加工約佔總出口額之93%以上。在加工過程中，所需的原料配件和設備很多來自進口；其中原料配件的進口約佔總進口額之70%強，設備進口超越20%，剩餘爲消費品的進口。顯然，原料配件供應已成爲我國發展貿易之重要問題。

另方面，我國廠商對運輸倉儲成本的觀念非常欠缺。廠商習慣將此項成本視爲間接成本，因此在貿易上報價時，往往未予重視。其實，運輸倉儲應視爲直接成本才是正確的作法。運輸倉儲管理對我國之所以特別重要，實係由於我國廠商所需的大部分生產資源係來自國外，而產出的產品亦銷往國外使然。

面對我國此種特殊的生產型態和貿易型態，實有必要加強運輸倉儲之運作，發展三角貿易（或多角貿易）方能解決資源供應問題。我國廠商可在海外適當地區設置發貨倉庫，並在適當時機採購生產或貿易所需資源，再配合有效的運輸倉儲管理。

我們貿易所需資源未必全部依賴國內供應或某國供應，我國可以活用他國的資源和產品，直接供應海外市場來推展貿易工作，並且可以使用三角貿易和發貨倉庫相結合的經營方式來解決原料可能發生的缺貨問題。如此作法，並不會耗用我國資源，亦即利用國際資源作國際貿易和國際行銷。

**六、國際貿易不平衡問題**

由於各國外滙存量之多寡不一及進口結構與出口結構始終無法配合，乃形成國際貿易不平衡的問題。譬如美國的市場很大，外滙很多，因此使得國內廠商趨向於將產品銷到美國，於是造成我國對美國的貿易上發生鉅額的順差。至於日本，因在產業發展模式較易爲我國採納，加上運輸成本較低，乃促使我國很多原料、零件和設備自然偏向於從日本進口，於是乃造成我國對日本的貿易上發生鉅額的逆差。這種鉅額的國際貿易不平衡，很容易促使發生逆差的國家產生強烈反應，並對日後銷往該國的產品施予種種限制，使我國的對外貿易形成相當不利的影響。

爲改善國際間貿易之不平衡，我們必須分散貿易市場。貿易市場過分集中於某些國家的結果，不僅增加貿易風險，且易使貿易不平衡加劇。貿易市場之分散在操作上固然十分不易，但卻相當重要。另方面，對等貿易的操作技術也需加強。

以上所述之企業外在問題，大部分非企業所能控制，政府有鑑於此，希望透過世界商情收集中心之籌設，收集可供企業應用之資訊，藉以提高企業經營之績效。

## 貳、企業內在問題

企業內在問題係起源於本國企業本身的原因所導致的問題。這些內在問題包括：仿冒與國際形象的問題、管理不健全的問題、研究發展方面的問題、及採用專業經理人以增進管理生產力的問題。

### 一、仿冒與國際形象的問題

產品仿冒不僅敗壞商業道德，而且很容易破壞國家形象。由於產品形象會影響公司形象，公司形象會影響產業形象，產業形象會影響國家形象；因此產品仿冒的結果，影響國家形象。國內少數業者特別喜歡仿冒他國名牌產品然後銷到全球各地，這種只圖短期利益的作法將遺患無窮。

我國衆多產品已達國際水準，可惜始終未能在國際上樹立自已的品牌及高品質的形象，因此產品售價始終不高。更有甚者，國內廠商缺乏合作精神，於國際買主到我國採購時，各業者間競相殺價，最後乃以極低的價格成交。往往成交價格不敷成本，於是只好降低產品品質。久而久之，乃鑄成「低價格低品質」的國際形象，此對我國產品之升級與形象之改善相當不利。

這種不正確的作法，嚴重地破壞我們國家的形象，也違背我們的國家策略。因此，杜絕仿冒，提升產品品質水準，樹立自已品牌之信譽，藉以樹立優越的國家形象，實爲我國企業所面臨的一大挑戰。

## 二、管理不健全的問題❷

我國國民的創業精神素爲其他各國所稱讚，但亦因此產生很多企業家。如果空有創業精神而缺乏有效的管理，將會產生很多不健全中小企業，因此企業之經營皆未能達到經濟規模，經營制度欠缺。

管理不健全的企業，如果產品只有內銷，受害的消費者僅是國內民衆，其影響較小。但如果是外銷世界各處，一旦產品發生問題，其影響必然十分深遠。因此，業界企業體質未臻健全之際，應先作內銷；俟體質強健之後，才作外銷，否則，一旦在國際上發生問題，受害者並非僅僅某一廠商，而是整個國家的企業和國民。

諸多廠商往往存有不正確的經營理念，亦即重視營業額之提升，很少注意利潤之增加，導致盲目提高營業額的結果，由於利潤之菲薄，遭到無法繼續維持的現象。我國貿易出口額在國際間所佔的比重相當大，但所獲利潤卻十分微薄。反觀國際間有很多國家的出口額雖不如我國，但所獲利潤往往數倍於我國。顯然，我國諸多貿易商經營績效欠佳，有效經營國際貿易乃是企業所面臨的一大挑戰。

欲改善經營管理，應從規劃著手，重視生產、行銷、人事、財務和研究發展之規劃工作。一切規劃需以利潤爲導向。貿易上，不應只求營業量之提高，而應強調利潤之增加。企業「有利可圖」，才有足夠的能力從事研究發展工作，改善產品品質，健全管理制度，增進生產力，滿足消費者日益增加的要求；改善環境污染，及增進員工福利和社會福祉。

目前產業革命已經發展至使用工業機械人代替人力操作，生產效率大爲提高。雖然如此，企業界在達成公司目標之際，仍需兼顧個人

---

❷ 同❶。

目標之滿足，方能促進組織氣候之改善，增進經營效率。否則管理績效必然難以提高。政府爲促進勞資雙方之和諧，提升企業經營績效及保障勞工福利，乃於民國七十四年頒佈勞動基準法，希望企業能將勞工之管理納入整個經營制度。企業界如果未能對勞工給予妥切關照，必使勞工對組織的愛心和認同感下降，工作士氣低落，並促使組織績效下降。因此，如何發揮勞動基準法之精神、促進企業經營績效亦爲現今企業所面臨的重大問題。

## 三、研究發展方面的問題

廠商應將研究發展視爲一種投資，而非費用，不宜過份冀望快速回收；「揠苗助長，難成大器」。一項重大的設備投資往往需歷時五年以上之經營，研究發展之成果甚難在二、三年獲得。

目前很多廠商雖已投入大量的研究發展資金，但對研究發展的管理卻十分貧乏。廠商習慣使用短期指標衡量研究發展的成果，結果促使研究發展導向短期利益，根基薄弱，難以產生研究發展之績效。所以，改善研究發展之管理乃是企業應重視的一大問題。

在研究發展過程中，某些設備若需汰舊換新或作重大改變，自需大刀濶斧地推展，迷你型的研究發展工作很難獲致突破性的績效，開創未來新機運。

新原料之發展正日新月異。譬如過去汽車大部分使用鋼鐵，未來可能改用強力塑膠。此一發展趨勢，我國業者應該提早注意，方能因應世界潮流。

## 四、專業經理人之採用

高級管理人員之素質和管理生產力之提高，對改善企業經營績效助益甚大。現今一般人員所謂生產力，常偏向操作層面之工廠生產力，對高級管理人員之生產力甚少論及。其實，高級管理人員之生產力如果低落，必致使企業經營方向之迷失，工廠生產力將也無從發揮。

欲強化管理生產力，須先消除管理瓶頸，其作法應從強化中階層管理人員素質與能力及引用專業經理人著手；如此方不致造成管理脫節，致使企業接棒時產生管理問題。

## 第二節　我國企業解決企業問題之方向

綜合前述企業所面對之外在問題和內在問題，廠商宜在下列數項適作因應。

一、結合政府、企業和公會力量，建立世界商情中心。理想的商情資訊網應能遍及全球各地。若以企業本身資源畢竟十分有限，因此公會與政府宜積極參與和支援。在資訊之應用上，各企業間也有必要彼此交換所需情報，以讓有限的資訊投資發揮最大的成效。

二、改善產品售後服務，藉以提升國際人士對我國產品之形象。廠商所產製產品，宜使用自家品牌，強調產品的特色，塑造我國產品之優良形象。

三、糾正視研究發展爲「費用」之錯誤觀念，正視研究發展爲「投資」，改善研究發展之管理。研究發展之經費應提高，擴大研究發展。

四、公會應提高其運作機能，對企業提供更多的服務。

五、企業之創業精神應強調「革新」和「共識」。藉產品、技術、觀念之革新，增加新投資機會。藉業界國際合作之精神，以達最經濟之規模，增強對海外他國產品之競爭力。八十年代的企業家應重視團結合作，共同改善產品品質，共同塑造優越的產品形象、產業形象，和國家形象。另外企業家也應重視社會責任，共同消除污染，共同清除公害，共同處理廢物。

企業環境生態多變，現今「變」可對企業帶來很多機會，但「變」也對企業帶來不少威脅。企業界應提早察覺在「變」的世界中，企業須面對的內在問題和外在問題。其實許多企業問題之克服，往往給企業帶來豐碩的機會。明智的企業經營者，應能體會問題之性質，辨認何種問題是企業本身可控制者，加以克服，使其形成有利的「機會」；辨認何種問題雖然本身無法控制，但配合整個產業、公會、和政府的力量卻可改善或克服，共同開創有利的新機運。但另有某種問題實非所有可能力量所可克服，理應設法採用隔離策略或迴避策略，以防威脅與損傷。

八十年代企業所面對之挑戰，層面非但廣濶，持續期間亦將相當長久。廣濶峰面正意味著廣大之企業營運機會；持續期間之長久，正可使我們充份把握良機，發揮潛能，穩健迎接挑戰。只要我們抱定信心，踏實迎接挑戰，解決問題，我國企業之前景必然會更光輝，更燦爛。

# 第二章　企業之一般概念

就像政治、法律、經濟與文化一樣，對企業管理發展有着深遠影響者，首推科技環境的變化，這種事實在最近這兩個世紀中得到確切的驗證。

早在工業革命之前，人類社會就有小規模的生產活動，那時多藉着手工在家庭裏從事勞動，一旦產品完成便直接運至「市集」賣給需求者。由於整個生產過程簡單，牽涉的買賣、財務與人群關係單純，所以並沒有從事專業化管理的必要。殆至工業革命興起以後，機器的大量生產逐漸替代手工，由於機器價格昂貴，只好由有錢的人出資購買機器於特定的場所從事生產，缺乏資本的人只好在資方的雇用下成爲勞工階級，然而大量產品的產製涉及資金的週轉、人力的分配與銷售活動的採行，整個資源運用不再如以往的單純，這種情況到了十八世紀末期益形複雜；因爲大量生產下的產品超過了市場短暫的需求，廠商爲了賺取利潤，不得不以物美價廉來吸引顧客或從事新市場的開拓以創造需求，因此如何使用新方法以充分利用現有資源、提高生產效率、降低生產成本，成爲當時重要的課題，所以以泰勒（Frederick Winslow Taylor）及亨利・費堯（Henrie Fayol）爲代表的古典企業管理思想，就在這種背景下產生。

到了二十世紀初期，工業技術益加精進，精密機器紛紛被資本雄厚的廠商所採用，而新的企管觀念如動作分析、工時管理與生產線生產方式均被廣泛的利用；但某些專家發現管理過分機械化的結果，人與人之間的關係被淡化了，形成企業發展的瓶頸；逐漸的，以社會學及心理學爲基礎的管理觀念被發展出來，如梅友（Elton Mayo）與阿利斯（Chris Argris）就是這種思想的代表。

此種因科學技術的發展所引發企業管理的改變，在最近這幾年愈演愈鉅，其影響面也更加廣泛。自一九七〇年以來，許多企業發現，很多原屬實驗室中的基本科學研究，能很快的進入生產階段的應用研究，進而迅速開發成新產品，直接供應市場的需求，這種情形改變了整個產業結構，朝向高度的資本密集與技術密集，因此舊式管理將面臨另一突破性的轉變。

企業組織與管理績效之提高，業已成爲現階段經營者所關心之重要問題。本章旨在探討企業之涵義、企業之發展、現代企業之特質、企業之組織型態以及企業的功能，藉以提供研討現代企業組織與管理所必備之基本觀念。

## 第一節　企業之涵義

論及「企業」一詞，筆者認爲宜涵蓋總體及個體觀念。因此，企業包括總體企業與個體企業兩者。從兩者涵義之異同，可認識、並發揮企業運作應考慮之作業層面。

### 壹、總體企業與個體企業

舉凡以求得利潤爲目的而引發之所有有關供應貨物與勞物之種種活動皆爲企業活動。這當然包括貨品之生產、行銷，與勞務、設備之供應等等。企業乃爲企業活動之總稱，習慣上亦涵義著藉以計劃、執行、並控制企業活動之組織，即爲一般人所慣言之「百行百業」。

不管如何，我們可從不同角度觀看企業活動，藉以衡量其功能與影響。倘把觀看的角度放大到整個國家，或屬於同類型之整個行業，諸如石油工業、汽車工業、食品業等等，所談論者乃爲總體企業，其問題係總體企業問題。以此一觀點來看，我們之注意力通常集中於：㈠如何有效地利用資源及生產；㈡如何公平分配企業所生產之貨物及勞務；及㈢如何達成社會之平衡發展與繁榮。解決此種種問題須具全盤而長久性之計劃，並需要有龐大的推行力量，通常由政府承擔此一重擔。當然許多問題，職業團體或人民團體可以解決，但往往不能顧全大局，周詳行事。譬如本省青果業一元化計劃，如非由政府積極進行籌劃，顧及所有牽連問題（諸如運輸業之問題，青果農間之問題）青果業界之紛亂將會愈趨嚴重。影響所及將不僅限於青果同業而已。

又若將觀點抛射在個別企業單位，如遠東百貨公司、東南亞電影戲院、亞士都大飯店，所談論者無疑爲個體企業，其觀點在強調三個問題，即：

1.如何發揮組織之規劃、執行與控制功能，以達成企業利潤之增加及企業之成長。

2.如何改進並達成其對顧客之服務，包括勞務及貨品之供應。

3.如何有效地負起其對國家社會應有之責任。

上述之企業利潤，實係各公司行號，致力改進其種種活動之基本原動力之一。亦爲企業與其他社會組織、政府機構、及宗教團體不同之處。爲了解決以上三個問題，個別企業機構應格外注意：1.企業外在環境，2.企業資源，3.企業組織與營運，4.市場需求（消費大衆之需求），此外企業所能控制者爲其組織內的各種活動，舉凡生產、財務、人事、行銷、研究發展、資訊情報等等都是。每一企業家應妥善的運用並控制這些企業組織內的各種活動，以適切的配合外在不能控制的環境、資源與市場情況，發揮其組織及管理效能，才能增強其企業地位，達成企業目的。

## 貳、企業在經濟上之地位❶

人類想盡辦法不斷地利用科學技術與資源，創造及供給可以滿足其慾望與需求之產品或勞務，並且同樣地想盡辦法如何有效地利用其所創出之產品及勞務，以滿足其無止境之欲望及需求。此種過程與其所牽涉到的一切活動均係經濟活動。經濟活動可歸爲下列數類：

1.資源的開發與保養

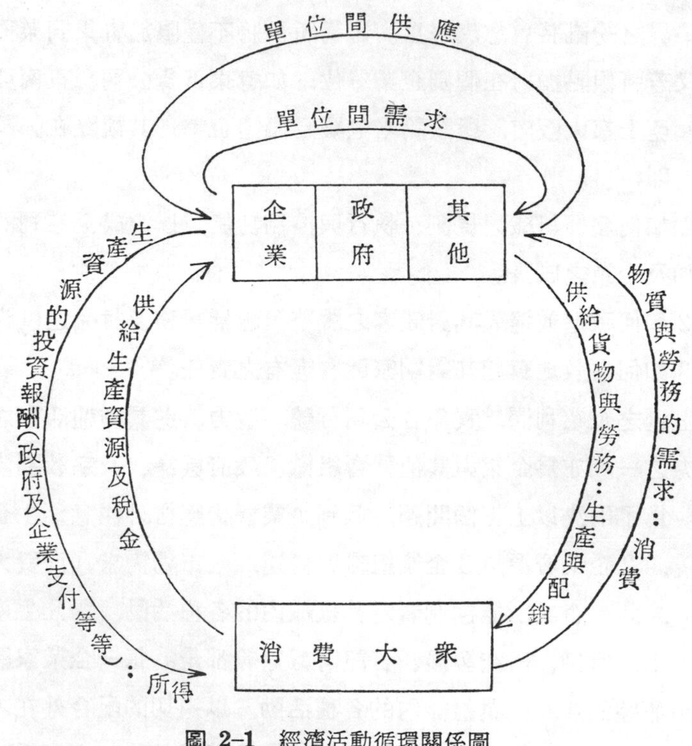


圖 2-1 經濟活動循環關係圖

❶ 郭崑謨著，現代企業管理學導論（臺北，民國六十五年印行），第8-9頁。

2.貨物與勞務之生產

3.貨物與勞務之配銷

4.貨物與勞務之消費

該種活動牽涉到政府、消費大衆、企業機構，以及其他組織，如救濟機構等等（其活動關係請參閱圖 2-1）。

如果該活動由利潤動機所引發，則可視爲企業活動，否則並非企業活動。據歷年統計企業活動對中華民國「國內生產總淨額」之貢獻達百分之八十左右（按國內生產總淨額係總生產毛額扣除國外因素報酬淨額、固定資本消耗提存、補助金、以及間接稅等而得），由此可見企業活動之重要性。

## 參、企業與生活水準❷

一般所謂的生活水準係指個人、家庭、或全體國民之貨品或勞務消費質量而言。易言之，生活水準實指①消費量，②所消費之品質與類樣之多寡。按美國「商業週刊」之報導。在美國僅就藥品及雜貨類言，民國六十五年約有六千種新產品上市（十年前只有一半），加上其他產品，例如家庭用品類、汽車、工具、玩具、以及化粧品等類，其數目更加可觀，約有十萬類左右。爲何企業界能供給如斯衆多產品及勞務，究其原因不外①自發原因，與②他發原因兩種。

自發原因是由於企業界本身爲維持並增進公司之「活力」，力求革新以期藉新產品之推介而誘發市場之形成及擴展。這當然要配合公司之各種活動，如推廣活動、產品開發活動、以及市場潛在行爲研究等等始能達到效果。他發原因乃是新「需求」市場的形成。此種市場，當然是由社會經濟文化等綜合因素所產生。例如近幾年來，政府

---

❷ 同❶，第14-16頁。

提倡家庭計劃，鼓吹「小家庭幸福多，兩個孩子恰恰好」，結果自然產生對避孕藥品的需求市場。市場需求既暴露，企業家乃配合此種需求引進各種避孕藥上市。類似此種例子不勝枚舉。總之企業活動實爲國民所需貨品、或勞務之供應泉源。

從另一方面觀看，企業之擴張，使國民就業機會增加。又企業界不斷引進新科學新技術及新式設備，使勞工生產力大增，因而勞工薪資隨著增加，此乃意味著國民所得之增加，消費也必然跟著增加。如果物價無超比例地高升（與所得增加比較），國民之生活水準可提高無疑。

## 第二節　企業之發展——企業經濟思想與企業思想之演進

### 壹、企業經濟思想之演進

從經濟學家的總體觀點來看企業的發展，可將之分爲六個時期。此六個時期爲：古希臘期、莊園期、重商期、放任經濟期、新經濟期以及民生主義經濟期。

#### 一、紀元前古希臘期

紀元前的古希臘時期，強調農業乃財富的基礎，力主由國家來掌管農產運輸及交易等，企業主要係爲用而非爲利存在。

#### 二、莊園期

到了中世紀古羅馬帝國崩潰，莊園興起，各莊園生產之貨品概由莊主依傳統方法分配消費。此時期除了強調企業的目的不在利潤外，還注重社會公正，以及企業過程之擴張。

#### 三、重商期

第十四世紀後，海通大開，都市人口驟增，莊園式之區域生產與消費已不能滿足社會之需求，商業買賣行爲逐漸成爲主要企業。國富必強，而富源顯係來自於商業尤其是國際商業。此種重商主義盛行了五、六百年之久。其特徵爲 1.利潤爲企業之動力亦爲致富的原因； 2.企業活動與國家富強顯有密切關係，是故政府應介入企業活動並加以控制； 3.商業，尤其是國際商業爲最重要之企業活動。

**四、放任經濟期**

到了第十八世紀七十年代，國際市場擴展迅速，資本開始流暢國際間，工業革命的結果逐漸反應於各種生產及分配上，而社會上更是反映著一股渴望自由企業氣息。所以當代有位名教授史密斯在其論著國富論中，力主放任的企業政策。如果任個人自由發揮，做欲做「生意」，市場上自然會自然引導成千上萬之企業活動，向社會公衆有利的方向進展。此一時期的特徵爲 1.私人自由企業； 2.企業利潤； 3.企業專業化。

**五、新經濟期**

到了十九世紀初期，由於發生了世界經濟大恐慌（一九二九～一九三二年），使得一些以凱因斯爲主的經濟學家強調呼籲政府對經濟盛衰的重要性，認爲企業的目的不僅在求得最高利潤，而且是在提高社會總體消費力，並認爲必要的時候，政府的介入對企業活動深具滋補之益，尤其於經濟蕭條時，政府的開支更可彌補私人未能做到之投資效果。

**六、民生主義經濟期**

民生主義的經濟思想，主張舉凡與民生有重大關係而私人能力所不能有效創辦營運者一概由政府承辦，以利百姓，增強國富。其餘則悉由百姓自由創辦經營。國營事業在可行之範圍內，亦將逐漸開放民營。基於此種緩和漸進的公私企業並重之思想，政府之力量在經濟不景氣時期可發揮並加速恢復景氣效果，在經濟繁榮期間可確保經濟的繁榮。

## 貳、企業思想之演進

個體企業家或企業學家的看法，主要是集中於利潤、市場、財務、生產、運輸、競爭、政府法令以及消費大衆之反應等等實際遭遇的問題。自十九世紀末葉以來，有四種富有代表性的主張：一是生產至上，二是消費、生產並重，三是消費者至上，四是人類至上。

### 一、生產至上論

第十九世紀末葉，歐美各國領先在工業技術方面開始有重要改進。交通與通訊設施擴張迅速。重工業開始萌芽。隨着人口之激增，市場膨脹快速。大量生產技術應運而生。大企業型態也開始出現。生產機械化蔚成風氣。至一九一三年大公司如福特汽車公司開始採用機械化汽車組合過程。結果不但降低生產成本，而且因成本之降低使汽車價格大爲減低，因而大大地擴展福特汽車之市場。如何增加生產效率使所生產產品『物美價廉』頓成爲一般企業家所追求之主要目標。當代企業泰斗福特（Henry Ford）與具有麵粉大王頭銜之美國比士百里(Charles A Pillsbury) 均曾大力如斯主張。比士百里於一八六九年建業於富有品質良好之小麥原料及水力充沛之美北。渠認爲最重要者乃爲生產品質優良之麵粉與由渣滓做成之飼料——一種富有營養之副產品。其優良產品之銷路一直未遭艱難。原因乃在：當時美國人口不斷增加，而由於生產設備擴張，就業人數增加，加上工人生產力上昇，國民所得增加迅速。

### 二、消費、生產並重論

一九二九年，世界陷入經濟大蕭條。歐美各國當然避免不了此種經濟惡運。就美國而言，於一九三三年有百分之二十五之失業，致使國民購買力大減。不管如何『增加生產效率，以減少產品價格』已無法發揮其充分動力推進市場活力。企業家之腦海中仍然逗留着生產管理之重要而未曾了解刺激消費活動不僅限於『物美價廉』，更不了解同業間之競爭亦不只限於價格一項而已。雖然如此，彼等已逐漸承認銷售活動具有與生產活動同樣之重要性。此種觀念上之轉變，事實上，帶有兩種涵義。第一、消費者消費力之削弱提醒了企業家消費情況研究（市場研究）之重要性。第二、雖然一般消費大衆之消費力削弱，但繼經第二次世界大戰，多量戰用物質之生產迫使企業家仍然繼續重視生產效果。

**三、消費者至上論**

自從一九五〇年後，企業環境有空前之改變。尤以歐美各國爲最。此種改變可以歸納爲兩類。第一類係屬於『供』方面，而第二類則屬於『需』方面之改變。在「供」方面由於科學技術之突飛猛進，大量生產及品質管制均已不屬艱難問題。需多少便可生產多少。在「需」之方面，最令人注目者乃爲：人口增多、國民所得之激增、國民『可支配』購買力增漲、國民閒暇時間拉長、以及敎育之普遍等。這些「需」方面之改變綜合作用變更了消費公衆之態度及其消費嗜好，並且由於大衆傳佈媒介，如電視、電話、收音機、報紙雜誌之普遍，消費公衆之心聲自易快速傳遞，消費公衆之力量大增。在此一嶄新企業環境下，企業家所關心之問題，乃爲如何滿足消費者之需求及欲望使得所生產之貨品及勞動能够暢銷無阻。爲達成此種目標，企業之目的自因應修改而反應出：『利潤並非唯一而崇高之企業目的；滿足消費者之需求「服務」亦同樣重要』之觀念。誠如專於生產抽水馬達的史達雷特（Sta-Rite Industries Inc.）公司總經理所說，每一公司之一切活動均須配合顧客之需要。由產品之設計而至產品出賣均可視爲廠商之市場與運銷活動。渠不斷強調:如果無法出售自己產品，何算企業之有？此種消費者至上論之自然結果是把整個公司視成一貫之行銷系統。

**四、人類至上論**

消費者至上論在目前正方興未艾，但由於一般消費公衆對其週圍生產環境開始重視，對生活素質之改善正積極地提倡，已蔚成另一新社會文化力量。此一社會文化力量卽是以「人類生活」爲中心的人類至上論。其所關心者不僅是消費者，而是人類全體；不僅是工業技術或產品之改進，而是整個文化之新陳代謝；不僅是企業單位之利益，而是整個社會之利益。所以其企業目標在供給並滿足人類之需求，副產品才是利潤，而企業方法則側重在以行銷滿足人類之一切需求，包括良好生活環境之需求。

## 第三節 現代企業之特質

**壹、科學管理之運用**

現代企業的特質主要表現在兩方面，一是科學管理的運用，其次是社會責任的履行。科學管理不僅利用管理專業化、工作標準化、執行敎導化、酬賞成果化等來增高生產效率，而且重視人群關係。對管理問題之觀察、分析、以及決策，不但應用數理工程等科學原則，而且強調人類行爲科學的引用。科學方法之特點在乎其客觀性、正確性、連續性及其貫徹性。溯自第二次世界大戰後，科學方法開始普遍應用於人群關係及社會系統之改進，軍隊以及工商界亦加重視，科學管理進步一日千里。科學管理新技藝以各種新名詞出現，諸如作業研究、決策科學、電腦管理、計量科學等等。當然財務管理、市場管理、人事管理、生產管理等等均屬科學管理，於是科學管理之觀念及方法業已擴大而成爲『管理科學』之新領域，管理科學所涵蓋之範圍甚廣，下列者僅爲主要項目，可供參考。

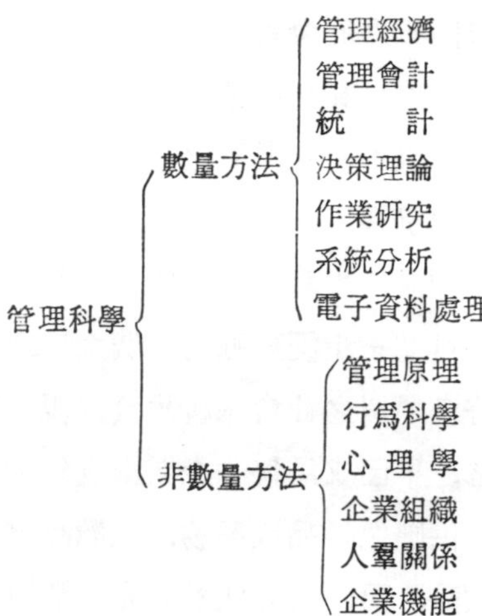


圖 2-2　管理科學的主要內涵

## 貳、社會責任之履行

現代社會運動，對企業或企業家之要求包羅甚廣，由改善企業員工之工作環境而至清除空氣汚染，凡是與產品及勞務有關之社會現象均包涵在內。

雖然企業家之社會責任包羅廣泛，但可概括地將之歸爲三大類。第一類係企業組織內之社會責任。此種責任乃以企業組織內之員工爲中心。舉凡一切員工之社會福利均包含在內，諸如員工工作環境之改善，員工假期之設立，員工生活指導，員工在職訓練，員工職業保障，員工子女教育補助等等。總之企業家之對內社會責任在于如何增進其企業『社會』之福利，使得小社會之每一成員享有「幸福」氣氛。如圖 2-3 中心之小圓圈代表着以員工爲中心之社會責任。第二類係企業組織外之社會責任。企業組織外之社會責任乃指對同業、異業，以及顧客之社會責任而言。圖 2-3 之三角形包圍着企業圓圈，一邊代表同業與異業，一邊代表業主，而另一邊代表顧客，乃爲第二類社會責任之寫照。其對同業之社會責任表現在企業之公平競爭以及共同維護同業界之生產資源上，其對異業之社會責任反映于企業對其異業之誠懇支持及協助，表現不同企業間之相輔相助，以及共同求進精神。紡織廠與化學工廠之協調可使紡織廠之原料供應不虞，而化學廠本身則其產品市場可獲預測，生產計劃可順利進行。兩不同行業間倫理與道德精神之表現，可進一步優惠社會消費大衆。此僅爲淺顯之一例而已。百行百業有許多類似之社會精神足資表現。至於其對顧客之社會責任，在現今社會，早已成爲每一企業家責無旁貸之任務。企業家不但要對其所生產及供應之貨品或勞務，兼顧品質與價格，使顧客能得到「物美價廉」貨品，而且更要注意並響應消費其貨品或勞務之顧客呼聲，積極設法覓求更好之滿足途徑。顧客對其所購買之產品，要求安全，對企業廣告要求眞實。可見企業家對顧客之責任已超乎傳統上之生產並供應產品行爲而兼具對顧客倫理與道義責任。第三類爲對一般社會之社會責任，這當然包括所有之社會公衆。對非企業顧客

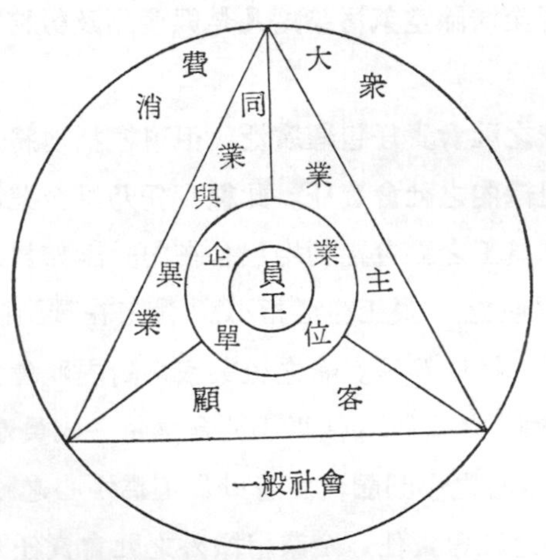


**圖 2-3** 企業家的社會責任類別

資料來源：郭崑謨著，現代企業管理學導論（台北市，民國六十五年印行），第34頁。

亦應負社會責任。舉凡貧民救濟，貧民市場之創設等以及環境衞生之改進，國家資源之保養，公共娛樂之供應等等所有之能改進人類生活環境及生活素質者均屬於此類社會責任。圖 2-3 大外圈用以代表該種『籠統』社會責任。另一值得一提者，在企業國際化之現今，企業社會責任，當然伸延到與企業有關之國外企業活動。此亦爲每一企業家所不可忽視之處。

## 第四節　企業之組織形態

我國之企業經營公私型態並重。純公營企業之組織悉依據特別法令，組織規程比較特殊。公私合營者多半以公司之型態出現。至於私營企業之組織可分爲獨資企業、合夥企業、與公司企業三類。

### 壹、獨資企業組織

獨資企業組織係最古老之企業組織。其特徵爲個人單獨投資單獨經營，當然風險也要單獨擔負。組織之手續不但簡單，在營運上法律之限制亦較少。但一旦風險發生個人要負無限責任。所謂無限責任係指對債權者之義務而言。如獨資企業家，經營失策，遭受營業損失，負債累累，在足乎維持其基本生活下，就是傾其私人所有仍須滿足債權人，淸付其債務。

### 貳、合夥企業組織

由兩人或兩人以上合資共營之企業謂之合夥企業，合夥企業之組成繫於投資者之相互契約關係。契約關係一旦消滅，合夥組織便自然解散，許多情況可致使合資共營，或共業之契約關係消滅。例如伙伴之死亡、夥伴中任何一方之引退、合夥者任何一方之失卻行爲能力等，均自然促使合夥組織解體。合夥組織相形地遠比獨資企業組織之壽命脆弱。雖合夥企業之資金來源較獨資企業充裕，且在營運上可集夥伴之智慧技術加以分工專業負責，但由於每一夥伴均需對合夥企業負無限之財務責任——也卽對債權人負無限責任，每一夥伴對企業危機，責無旁貸，應盡卻其財力所及，解決危機，加上夥伴間意見紛云，夥伴一多，不易協調，往往在困苦中無法自拔。『合夥生意難爲』，合夥企業組織無形中逐漸地失卻其吸引力。這正說明何以中外各國合夥企業組織數目佔總企業組織數目在三類型企業組織中最小之重要原因之一。話雖如此，合夥組織有其不可抹殺之優點，諸如上述之合資、分工專業掌理。此外兼具獨資企業組織之諸種益處，在許多行業裡這些好處更顯得重要。如醫療業、法律服務、理髮業、會計服務等等可高度地利用合夥企業組織上之優點，發揮企業營運之效果。

### 參、公司企業組織

我國公司組織自民初以還逐漸普遍，蓋此種組織，視同法人，幾乎享有與普通人（自然人）相同之權利與義務，在債務上僅負有限責任，集資旣易，投資抽退轉讓亦易。公司組織旣是法人，不因投資者抽退或新投資者加入而影響公司之存在。於分工專業風氣熾盛，受市場孕育而企業規模漸趨龐大之環境下，公司組織之繁增更顯快速。企業家應了解公司組織之法律程序，公司「法人」之權利與義務，使能在其營運範圍不斷擴大時作應有之組織上調整——例如由獨資或合夥而改組成公司，或由公司而致所謂「超級公司」，「企業集團」等等之組織更改。

依據我國公司法之規定有下五種公司。

㈠無限公司

無限公司係由二人以上之股東所組成。股東負連帶無限償還債務之責任。

㈡有限公司

有限公司係由五人以上二十一人以下之股東所組成。股東所負責任以其出資額爲限。

㈢兩合公司

兩合公司係由一人以上之負無限責任股東、與一人以上之負有限責任股東所組成。

㈣股份有限公司

股份有限公司係由七人以上之股東所組成。每一股東之財務責任僅限於其本身所投資本。

㈤外國公司

外國公司係依公司法第七章之規定組成者，其基本要件爲應在本國設立登記。

## 第五節　企業之功能

面對錯綜複雜的企業環境，每一公私企業要如何提高生產力，並有效地供應消費者或使用者產品及勞務，誠屬不易。因此如何有系統有組織的管理策進各種企業活動，是每一個企業家所需解決的問題。一般而言，所有的企業活動可將之歸類爲如下幾個企業功能，即生產、行銷、財務會計、人事、研究發展。

### 壹、生產

所謂生產是指創造貨品與勞務之一切活動，是以生產不但是指創造實物形式的製造過程，亦指增加實物之時間與空間效用以及供應勞務之過程。整個生產作業有三個重要課題，即生產規劃、生產執行、以及生產控制等。此外，決策科學日新月異，其中的作業研究在生產上的應用非常的多，主要在充份發揮生產資源。有關這些課題與技術方法，我們將在生產章作詳細的討論。

## 貳、行銷

在今天由於科技上的突飛猛進，在生產上所遭遇之技術問題已逐漸減少，亦即表示市場上能够迅速且充份的供應各種產品，甚至有供過於求的現象出現。無疑地企業界現階段所遭遇之問題焦點，在於如何出售其所生產之貨品與勞務。因此加強各種行銷技術方法，降低貨品成本，研究分析「標的」市場，以便產品在同業競爭下，能銷售給更多之消費使用者，爭取更多更大的市場，爲今日企業家所極度關心的事情。

## 參、財務會計

在企業的營運上，不論是生產、聘顧員工、採購原料、拓展市場，儲運產品……等等活動都需要運用資金，若無資金一籌莫展，倘有資金，苟運用失當，易成資金呆滯，失卻資金的生產力，或流於週轉失靈，遏阻作業之靈活。在企業史上由於融資短缺而「關門大吉」者司空見慣。融資不欠，卻由於運轉失當而倒閉者亦非少見。如何滥劃與控制資金流轉，籌備資金以及如何有效地運用資金於營運乃企業之重要課題。其次由於企業外在環境無法控制，加以營運活動時有變故，企業風險時刻存在。爲確保企業活力及營運之果實——盈餘，如何減移風險成爲不可缺少之作業，習慣上此種作業也歸於企業財務之範疇。

## 肆、人事

從個體企業之觀點來看，人力乃最重要之營運要素，蓋其他要素，諸如資本、原料、產銷及管理技術、土地等等皆受人支配運用，是故企業營運苟無充沛人力，將無法運用其他資源，其若有充沛人力，如運用不當，企業之營運亦無法達到理想。所以企業界對人力之來源、選取、運用應有整套之籌劃、執行與考核的辦法。

### 伍、研究發展

研究發展主要可分兩方面。一是研究探索企業營運上的各種問題，（包括過去、現在、及未來等），不僅是在解決營運上的問題，也在預防問題的發生。當然在此過程中仍然會產生許多有助於企業經理決策之資料，以及衆多企業發展上之基本知識。其次是將研究所得之知識轉化爲對組織、系統、管理、產品、勞務、產銷過程，以及顧客服務等之革新，亦就是企業之發展，這對企業生存與成長可說是極重要的一環。

這幾項企業功能之間，關係非常密切，必須將之視爲整個企業運行之一部，而不應視爲單獨項目。

# 附錄一 股票樣本

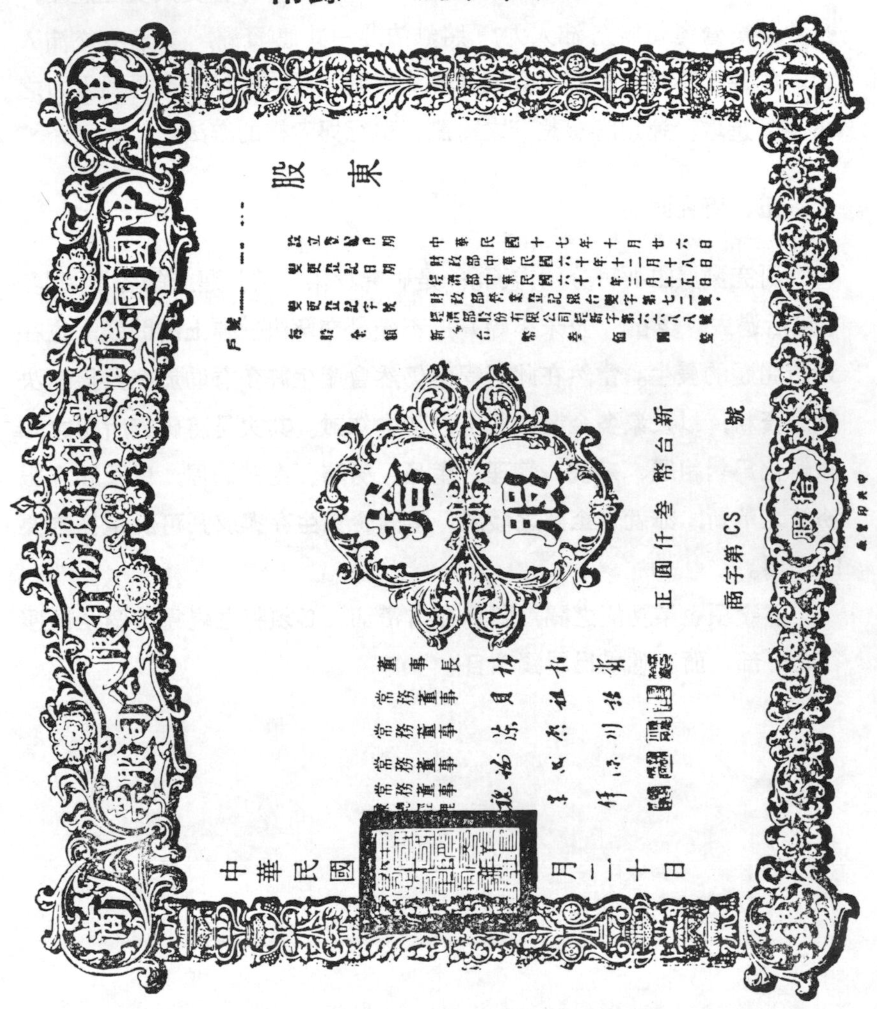


資料來源：華泰圖書文物公司提供。

# 附錄二　公司執照樣本

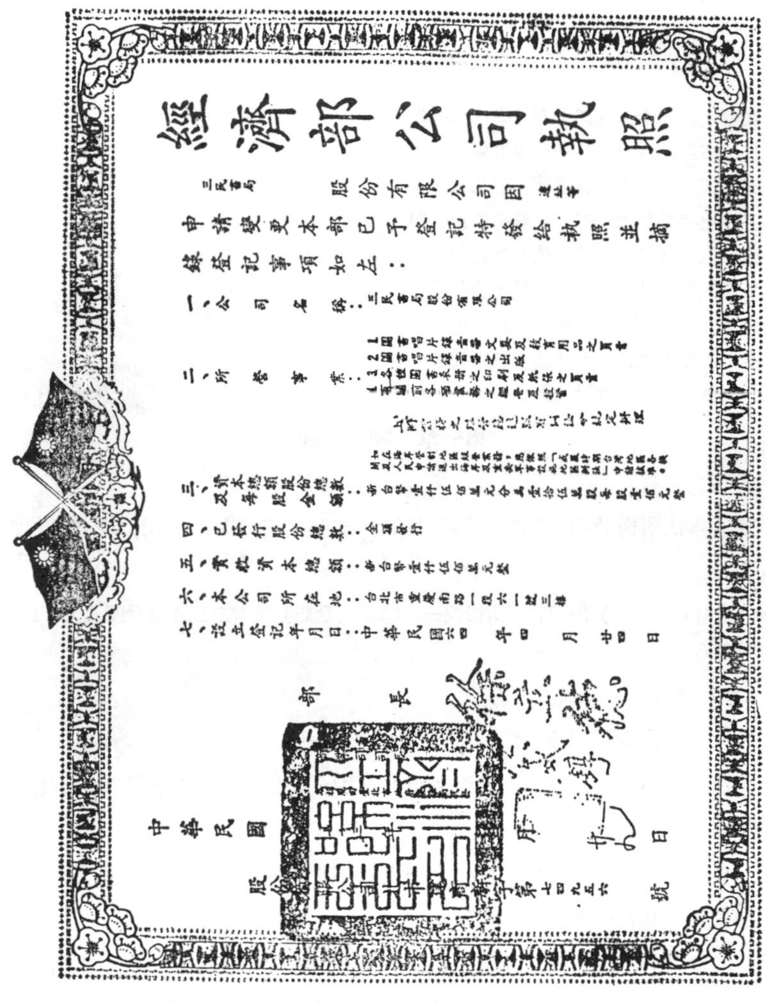

經濟部公司執照

三民書局股份有限公司因遷址等

申請變更本部已予登記特發給執照並摘

錄登記事項如左：

一、公司名稱：三民書局股份有限公司

二、所營事業：1.國語唱片錄音帶文具及教育用品之買賣 2.國語唱片錄音帶之出版 3.[illegible] 4.[illegible]

三、資本總額及每股金額股份總數：新台幣壹仟伍佰萬元分為壹拾伍萬股每股壹佰元整

四、已發行股份總數：全額發行

五、實收資本總額：新台幣壹仟伍佰萬元整

六、本公司所在地：台北市重慶南路一段六一號三樓

七、設立登記年月日：中華民國六四年四月廿四日

部長

中華民國　　日

股份有限公司字第七四九五六號

資料來源：三民書局股份有限公司提供

# 附錄三　我國公司法

## 總則及公司登記與認可（其餘略）

## 公　司　法

民國十八年十二月二十六日國民政府公布二十年七月一日施行
三十五年四月十二日國民政府修正公布
五十五年七月十九日總統令修正公布
五十七年三月二十五日總統令修正公布
五十八年九月十一日總統令修正公布
五十九年九月四日總統令修正公布
六十九年五月九日總統令修正公布
七十二年十二月七日總統令修正公布
（修正要點看本附錄最後一段）

### 第一章　總　　則

（公司之定義）

第一條　本法所稱公司，謂以營利爲目的，依照本法組織、登記、成立之社團法人。

* （以營利爲目的）民四五，所得稅一一㊀；（登記）商登三三；（社團法人）民四五～五八。

（公司種類）

第二條　公司分爲下列四種：

一　無限公司　指二人以上股東所組織，對公司債務負連帶無限清償責任之公司。

二　有限公司　指五人以上、二十一人以下股東所組織，就其出資額爲限，對公司負其責任之公司。

三　兩合公司　指一人以上無限責任股東，與一人以上有限責任股東所組織，其無限責任股東對公司債務負連帶無限清償責任；有限責任股東就其出資額爲限，對公司負其責任之公司。

四　股份有限公司　指七人以上股東所組織，全部資本分爲股份；股東就其所認股份，對公司負其責任之公司。

公司名稱，應標明公司之種類。

＊❶（公司）公司一；（無限公司）公司四〇～九七；（有限公司）公司九八～一一三；（兩合公司）公司一一四～一二七；（股份有限公司）公司一二八～三五六；（股份）公司一五六～一六九；（連帶責任）公司六〇，民二七二～二八二；❷（公司名稱）公司一八、一九。

（公司住所）

第三條　公司以其本公司所在地爲住所。

本法所稱本公司，爲公司依法首先設立，以管轄全部組織之總機構；所稱分公司，爲受本公司管轄之分支機構。

＊❶（住所）民二〇～二九，民訴二、九；❷（分公司）公司三九九。

（外國公司）

第四條　本法所稱外國公司，謂以營利爲目的，依照外國法律組織登記，並經中國政府認許，在中國境內營業之公司。

＊（外國法人）民總施一一～一五，涉外民事二；（外國公司）公司三七〇～三八六。

（主管機關）

第五條　本法所稱主管機關，在中央爲經濟部，在省爲建設廳，直轄市爲建設局

＊（省）憲一一二、一一三；（直轄市）憲一一八。

（公司成立要件）

第六條　公司非在中央主管機關登記並發給執照後，不得成立。

＊（中央主管機關）公司五；（登記）民三〇、四五，公司一七、三八七、三八九。

▲公司登記，須經核准發給執照後，始生效力。（一九上三二七）

▲公司未經核准登記，即不能認爲有獨立之人格，其所負債務，各股東應依合夥之例，擔負償還責任。（一九上一四〇三）

（公司登記之委託審核）

第七條　公司之設立、變更或解散之登記或其他處理事項，中央主管機關得委託地方主管機關審核之。

省建設廳於前項受委託辦理之業務，必要時得將部分事項授權縣（市）政府辦理。

＊（主管機關）公司五。

（公司負責人）

第八條　本法所稱公司負責人：在無限公司、兩合公司爲執行業務或代表公司之股東；在有限公司、股份有限公司爲董事。

公司之經理人或淸算人，股份有限公司之發起人、監察人、檢查人、重整人或重整監督人，在執行其職務範圍內，亦爲公司負責人。

＊❶（執行業務或代表公司股東）公司四〇、四一、四五、四六、五六～五八、一一五；（有限公司董事或執行業務股東）公司一〇八；（股份有限公司董事）公司一九二；❷（經理人）公司二九㊀；（淸算人）公司七九、一一三、一二七、三六八；（監察人）公司一〇九、二一六；（發起人）公司一二八㊀、一二九、一三一～一三三、一三八、一四三、一四五、一五〇；（檢查人）公司一四六㊀、一八四、二四五。

（不實登記之撤銷與處罰）

第九條　公司設立登記後，如發現其設立登記或其他登記事項，有違法情事時，公司負責人各處一年以下有期徒刑、拘役或科或併科二萬元以下罰金。公司負責人對於前項登記事項，爲虛僞之記載者，依刑法或特別刑法有關規定處罰。公司應收之股款，股東並未實際繳納，而以申請文件表明收足，或股東雖已繳納而於登記後將股款發還股東，或任由股東收回者，公司負責人各處五年以下有期徒刑、拘役或科或併科二萬元以下罰金。

前三項裁判確定後，由法院檢察處通知中央主管機關撤銷其登記。

＊❶（設立登記）公司六、三八九；（登記事項）公司四一、四〇五、一一五、一一六、四一二、四一九、四二二、四三一；（裁判確定）刑訴四五六；❷（撤銷）民一一四，商登細二二、二三、法登三四。

（命令解散）

第十條　公司有下列情形之一者，中央主管機關得依職權或據地方主管機關報請或利害關係人之申請，命令解散之：

一　公司設立登記後滿六個月尚未開始營業或開始營業後自行停止營業六個月以上者。

二　公司董事或執行業務股東，有違反法令或章程之行爲，足以影響公司正常經營，經主管機關以書面警告而不改正，尙在繼續中者。

前項第一款所定期限，如有正當事由，公司得申請延展，

＊❶（解散）公司二四～二六、一一五、一二六㊀、一一三、一一五、三一六、三一九、三九六、四〇二之一。

（裁定解散）

第十一條　公司之經營，有顯著困難或重大損害時，法院得據股東之聲請，於徵詢中央主管機關及目的事業中央主管機關意見，並通知公司提出答辯後，裁定解散。

前項聲請，在股份有限公司，應有繼續六個月以上持有已發行股份總數百分之十以上股份之股東提出之。

＊❶（公司之解散）公司二四～二六、一一五、一二六㊀前、一一三、三一五、三一六、三一九；（聲請）非訟八一～八四；❷（股份）公司一五六以下。

（登記之效力）

第十二條　公司設立登記後，有應登記之事項而不登記，或已登記之事項有變更而不爲變更之登記者，不得以其事項對抗第三人。

＊（應登記事項）公司四一、三九八、四〇五、四一二、四一九、四二二；（對抗第三人）民三一。

（公司轉投資之限制）

第十三條　公司不得爲他公司無限責任股東或合夥事業之合夥人；如爲他公司有限責任股東時，其所有投資總額，除以投資爲專業者外，不得超過本公司實收股本百分之四十。

公司轉投資達到前項所定數額後，其因被投資公司以盈餘或公積增資配股所得之股份，不受前項限制。

公司負責人違反第一項規定時，各科二萬元以下罰金，並賠償公司因此所受之損害。

＊❶（合夥）民六六七～六九九；❷（損害賠償）民二一三～二一八。

（公司借款之限制）

第十四條　公司因擴充生產設備而增加固定資產，其所需資金，不得以短期債款支應。

短期債款之期限，由行政院以命令定之。

公司負責人違反第一項之規定時，各科二萬元以下罰金，並賠償公司因此所受之損害。

＊❶（固定資產）公司二三六；❸（違反本規定時）公司一九四、二〇〇、二一四、二二七。

（營業與貸款之限制）

第十五條　公司不得經營其登記範圍以外之業務。

公司之資金不得貸與股東或其他個人。

公司負責人違反前二項規定時，各科二萬元以下罰金，並賠償公司因此所受之損害。

＊❶（經營之業務）公司四一、一〇一、一一五、一二九、一七二、四三五、保險一三六、一三八。

（公司為保證人之限制）

第十六條　公司除依其他法律或公司章程規定得為保證者外，不得為任何保證人。

公司負責人違反前項規定時，應自負保證責任，並各科二萬元以下罰金，如公司受有損害時，亦應負賠償責任。

＊❶（保證）民七三九～七五六。

（特許之業務）

第十七條　公司業務，依法律或基於法律授權所定之命令，須經政府許可者，於領得許可證件後，方得申請公司登記。

前項業務之許可，經目的事業主管機關撤銷後，應由各該目的事業主管機關，通知中央主管機關，撤銷其公司登記或部分登記事項。

＊❶（須經政府許可）商登五，商登細七；❷（撤銷登記）商登三一㊂。

（名稱專用）

第十八條　同類業務之公司，不問是否同一種類，是否同在一省（市）區域以內，不得使用相同或類似名稱。

不同類業務之公司，使用相同名稱時，登記在後之公司，應於名稱中加記可資區別之文字。

公司不得使用外語譯音及易於使人誤認為與政府機關、公益團體有關之名稱。但經認許之外國公司或外國人依法核准投資所設立之公司，得使用外語譯音。

＊❶（相同或類似名稱）商登二一、二二、二八、三〇㊂，民一九；❷商登二八。

▲同類業務之公司，不問是否同一種類，是否在同一省市區域以內，不得使用相同或類似之名稱，公司法第二十六條定有明文。所謂公司名稱是否類似，應以一般客觀的交易上有無使人混合誤認之虞爲標準，如兩公司名稱甲名「某某某記」，乙名「新某某」，除相同之「某某」兩字外，一加「某記」無「新」字，一無「某記」有「新」字，其登記在後之公司，卽係以類似之名稱，爲不正之競爭。（四八臺上一七一五）

（未登記而營業）

第十九條　未經設立登記，不得以公司名義經營業務或爲其他法律行爲。

違反前項規定者，行爲人各科一萬五千元以下罰金，並自負其責，行爲人有二人以上者，連帶負責，並由主管機關禁止其使用公司名稱。

＊（連帶負責）民二七二、二七三。

▲依公司法第十九條規定，就未辦設立登記前之法律行爲負連帶責任者，並不以公司股東爲限，凡參與經營業務或其他法律行爲者，均在其列。（六二臺上一二八六）

（年終查核）

第二十條　公司每屆營業年度終了，應將營業報告書、資產負債表、財產目錄、損益表及盈餘分配表或虧損撥補表，提請股東同意或股東會承認。

資本額達一定數額以上之公司，其資產負債表及損益表，除政府核定之公營事業外，並應先經會計師簽證。

前項數額，由中央主管機關以命令定之。

第一項書表，主管機關得隨時派員查核；其查核辦法，由中央主管機關定之。

公司負責人違反第一項或第二項規定時，各處一千元以上五千元以下罰鍰；對於表册有虛僞記載者，依刑法或特別刑法有關規定處罰。

＊❶（營業年度）商會六，所得稅二三；（表册）公司二二八㊀⑤。

（平時業務之檢查與糾正）

第二十一條　主管機關得隨時派員檢查公司業務及財務狀況，如發現其有經營不當之情事時，得命令糾正。

＊（主管機關）公司五。

（帳務查核之方法）

第二十二條　主管機關查核第二十條所定各項書表有疑問時，得令公司提出證明文件、單據、表册。但應保守秘密，並於收受後三十日內，查閱發還。

＊（保守秘密）公服四、二〇，刑三一八。

（負責人業務上之侵權行爲）

第二十三條　公司負責人對於公司業務之執行，如有違反法令致他人受有損害時，對他人應與公司負連帶賠償之責。

＊（業務之執行）民二八、一八四。

（解散公司之清算）

第二十四條　解散之公司，除因合併、破產而解散者外，應行清算。

＊（合併）公司七二～七五、一一三、三一六～三一九；（破產）民三五，破產一、六六；（變更組織）公司七二、七六、一〇七、一二六、三一五；（清算）公司七九～九七、三二二～三五六。

（清算中之公司）

第二十五條　解散之公司，於清算範圍內，視爲尙未解散。

▲上訴人申請辦理股權轉讓變更登記，係在被上訴人公司決議解散之後，此項事務，旣非決議解散當時已經申請有案而未辦完之事務，不在公司法第七十七條第一項第一款所謂了結現務之範圍，又與同條項第二、三、四款之規定不合，自難認爲在清算人職務範圍之內，依同法第三十一條反面之解釋，被上訴人公司就本件申請登記非得視爲尙未解散，上訴人對被上訴人爲此項請求，卽無准許之餘地。（五二臺上一二三八）

（清算中之營業）

第二十六條　前條解散之公司，在清算時期中，得爲了結現務及便利清算之目的，暫時經營業務。

（政府或法人爲股東）

第二十七條　政府或法人爲股東時，得被推爲執行業務股東或當選爲董事或監察人；但須指定自然人代表行使職務。

政府或法人爲股東時，亦得由其代表人被推爲執行業務股東或當選爲董事或監察人，代表人有數人時得分別被推或當選。

前兩項之代表，得依其職務關係，隨時改派補足原任期。

對於第一、第二兩項代表權所加之限制，不得對抗善意第三人。

＊❶（政府或法人股東）公司一〇二㊀、一八一；❷（法人之代表）民二七。

（公告方法）

第二十八條　本法所稱公告，除主管機關之公告，應登載政府公報外，其他公告，應登載於本公司所在之縣（市）或省（市）之日報顯著部分。

（送達方法）

第二十八條之一　主管機關依法應送達於公司之公文書，遇有公司他遷不明或其他原因，致無法送達者，改向公司負責人送達之；公司負責人行蹤不明，致亦無從送達者，得以公告代之。

（經理人）

第二十九條　公司得依章程規定置經理人，經理人有二人以上時，應以一人爲總經理，一人或數人爲經理。

經理人之委任、解任及報酬，依下列規定定之。

一　無限公司、兩合公司須有全體無限責任股東過半數同意。

二　有限公司須有全體股東過半數同意。

三　股份有限公司須有董事過半數同意。

置有總經理之公司，其他經理之委任、解任，由總經理提請後，依前項規定辦理。

經理人須在國內有住所或居所。

*❶（經理人）民五五三～五五七、五六二～五六四，公司二八；❹（住居所）民二〇、二二、二九。

▲經理人對於第三人之關係，就商號或其分號或其事務之一部，視爲其有爲管理上一切必要行爲之權。經理人就所任之事務，視爲有代表商號爲原告或被告或其他一切訴訟上行爲之權，民法第五百五十四條第一項、第五百五十五條定有明文。公司得依章程規定設置總經理或經理，亦爲公司法第二百十四條所明定，故公司所設置之經理人，法律上既未另設限制，自不能因其爲法人而有所差異。（四二臺上五五四）

（經理人之消極資格）

第三十條　有下列情事之一者，不得充經理人，其已充任者解任之，並由主管機關撤銷其經理人登記：

一　曾犯內亂、外患罪，經判決確定或通緝有案尚未結案者。

二　曾犯詐欺、背信、侵佔罪或違反工商管理法令，經受有期徒刑一年以上刑之宣告，服刑期滿尚未逾二年者。

三　曾服公務虧空公款，經判決確定，服刑期滿尚未逾二年者。

四　受破產之宣告，尚未復權者。

五　有重大喪失債信情事，尚未了結或了結後尚未逾二年者。

六　限制行爲能力者。

＊（內亂）刑一〇〇～一〇二；（外患）刑一〇三～一一五；（詐欺）刑三三九～三四一；（背信）刑三四二；（侵占罪）刑三三五～三三八；（復權）破產一五〇；（限制行爲能力）民一三。

（經理人之職權）

第三十一條　經理人之職權，除章程規定外，並得依契約之訂定。

＊（職權）民五五三～五五七、五六二～五六四，民訴一三一；（章程）公司四一。

（經理人競業之禁止）

第三十二條　經理人不得兼任其他營利事業之經理人，並不得自營或爲他人經營同類之業務；但經董事或執行業務股東過半數同意者，不在此限。

＊（經理人不競業義務）民五六二、五六三。

（遵守決議之義務）

第三十三條　經理人不得變更股東或執行業務股東之決定，或股東會或董事會之決議，或逾越其規定之權限。

＊（股東會或董事會之決議）公司二〇二；（違反決議之責任）公司三四。

（經理人之損害賠償責任）

第三十四條　經理人因違反法令章程或前條之規定，致公司受損害時，對於公司負賠償之責。

＊（損害賠償）民二一三～二一六、五四四。

（簽名負責）

第三十五條　公司依本法所造具之各項表册，其設置經理人者，並應由經理人簽名，負其責任，經理人有數人時，應由總經理及主管造具各該表册之經理，簽名負責。

＊（各項表册）公司二〇㊀、二二八；（經理人簽名）民五五三、五五六；（簽名）民三。

（經理權之限制）

第三十六條　公司不得以其所加於經理人職權之限制，對抗善意第三人。

＊（經理人職權）公司三一、三三，民五五三～五五六；（限制）民五五七。

（申報公告股數）

第三十七條　公開發行股票之公司，經理人如持有公司股份，應於就任後，將其數額，向主管機關申報並公告之；在任期中有增減時亦同。

＊（主管機關）公司五；（公告）公司二八；（經理人）公司二九。

（經理人之輔佐）

第三十八條　公司依章程之規定，得設副總經理或協理，或副經理一人或數人，以輔佐總經理或經理。

＊（總經理經理）公司二九。

（準用經理人之規定）

第三十九條　第二十九條至第三十七條之規定，於副總經理協理或副經理準用之。

＊（選任與解任）公司二九；（報酬）公司二九；（職權）公司三一、三六；（義務）公司三二、三三；（責任）公司三四、三五；（副總經理、協理、副經理）公司三八。

## 第二章至第七章（略）

## 第八章　公司之登記及認許

### 第一節　申　請

（登記或認許之申請）

第三百八十七條　公司之登記或認許，應由負責人備具申請書，連同本章所定應備之文件二份，向中央主管機關申請或報由地方主管機關轉報中央主管機關核辦；由代理人申請時，應加具代理之委託書。

前項代理人以會計師、律師為限。

❶（登記）公司六、三九九、一二、三九六；（認許）公司三七一、三七三、四三四、四三五；（主管機關）公司五；❷（代理人）公司四三四。

（登記申請之改正）

第三百八十八條　主管機關對於公司登記之申請，認為有違反法令或不合法定程式者，應令其改正，非俟改正合法後，不予登記。

＊（申請）公司三八七；（程序）公司四〇四、三九七。

（登記之確定）

第三百八十九條　公司設立登記、分公司設立登記、外國公司認許及其分公司設立登記，應俟中央主管機關發給執照後，增資減資之登記，應俟中央主管機關換發執照後，方爲確定。

* （分公司設立登記）公司六、一一五、三九九、四〇四～四〇六、四一一～四一三、四一九、四二〇；（外國公司認許及設立分公司）公司四三五～四三七；（執照）公司四三八。

（登記之核轉與彙報）

第三百九十條　地方主管機關對於公司設立、變更、解散、分公司設立登記，及外國公司認許、撤回認許、變更、分公司設立登記，應於收文後十日內核轉中央主管機關核辦。其他登記事項，每月向中央主管機關彙報一次。

* （主管機關）公司五；（設立登記）公司六、四〇五、一一五、四一二、四一九、四〇四、四〇六、四一一、四一三、四一九；（解散登記）公司三九六、三九八、一一五、一一三、三一九、四〇七、四一〇、四一四、四二一；（增資登記）公司四二二；（減資登記）公司二七九、四二三；（分公司設立登記）公司三九九；（認許之登記）公司四三五、四三六；（撤回認許）公司三七八；（外國公司設立分公司及變更登記）公司四三六、三九九、四〇三；（期間）民一二〇；（其他登記事項）公司四二八、四一七、七〇、四〇二、四二七。

（登記之更正）

第三百九十一條　公司登記，申請人於登記後，確知其登記事項有錯誤或遺漏時，得申請更正。

* （申請）公司三八七；（申請人）公司四〇四、四一四、四一八、四三四；（登記事項）公司四〇五、一一五、四一二、四一九；（改正）公司三八八。

（登記證明書）

第三百九十二條　請求證明登記事項，並無變更或別無其他事項登記者，中央或地方主管機關得酌量情形，核給證明書。

* （主管機關）公司五。

（查閱或抄錄之請求）

第三百九十三條　登記簿或登記文件，公司負責人或利害關係人，得聲敍理由請求查閱或抄錄；但主管機關認爲必要時，得拒絕抄閱或限制其抄閱之範圍。

* （登記文件）公司四〇六以下；（公司負責人）公司八。

（公報登載）

第三百九十四條　主管機關發給或換發登記執照後，應登載政府公報公布之。

前項規定，於外國公司之認許準用之。

＊❶（登記執照）公司四三八；❷（外國公司認許執照）公司四三九。

（執照號數之標明）

第三百九十五條　公司對外文件，應標明登記執照之號數。

＊（登記執照）公司三八九。

（解散登記與公告）

第三百九十六條　公司之解散，除破產外，命令解散或裁定解散應於處分或裁定後十五日內，其他情形之解散，應於開始後十五日內，申請主管機關為解散之登記，經核准後，在本公司所在地公告之。

公司負責人違反前項申請登記期限之規定時，各處一千元以上五千元以下罰鍰。

＊❶（解散）公司四一、七一、七二、三九八、一一五、一二六、一一三、一三〇、一三〇㊀③、一三五、一三六、三一九、三二三、三六七；（破產宣告）破產三、五七、五八、六六；（期間之計算）民一二〇；（公告）公司二八；❷（公司負責人）公司八。

（撤銷登記之申請）

第三百九十七條　公司之解散，不向主管機關申請解散登記者，主管機關得依職權或據利害關係人申請，撤銷其登記。

主管機關對於前項之撤銷，除命令解散或裁定解散外，應定三十日之期間，催告公司負責人聲明異議；逾期不為聲明或聲明理由不充分者，即撤銷其登記。

＊❶（解散登記）公司三九六；（撤銷登記）公司九、一〇；❷（主管機關）公司五；（公司負責人）公司八。

（合併之登記）

第三百九十八條　公司為合併時，應於實行後十五日內，向主管機關分別依下列各款申請登記：

一　因合併而存續之公司，為變更之登記。

二　因合併而消滅之公司，為解散之登記。

三　因合併而另立之公司，爲設立之登記。

公司爲前項申請登記時，應分別情形編送資產負債表。公司負責人違反第一項申請登記限期之規定時，各處一千元以上五千元以下罰鍰。

＊❶（合併）公司七二；（變更之登記）公司一二；（解散登記）公司三九六；（設立登記）公司六、三九九；❷（資產負債表）公司二〇；❸（公司負責人）公司八。

（分公司之設立登記）

第三百九十九條　公司設立分公司，應於設立後十五日內，將下列事項，向主管機關申請登記。

一　分公司名稱。

二　分公司所在地。

三　分公司經理人姓名、籍貫、住所或居所。

四　本公司登記執照所載事項及執照號數。

代表公司之股東或代表公司之董事，違反前項申請登記期限之規定時，處一千元以上五千元以下罰鍰。

公司在國外設立分公司者，於分公司所在地政府核准後，應向主管機關報備；撤銷時亦同。

＊❶（分公司）公司三㊀；（分公司之其他登記）公司四〇〇、四〇一；（經理人）公司二九、四〇二；（登記執照）公司三八九；（執照數號）公司三九五；❷（公司負責人）公司八。

（分公司之遷移、撤銷登記）

第四百條　分公司之遷移、撤銷，應於遷移或撤銷後十五日內，向主管機關申請登記。

代表公司之股東或代表公司之董事，違反前項申請登記期限之規定時，處一千元以上五千元以下罰鍰。

＊❶（公司撤銷）公司九、一〇；❷（公司負責人）公司八；（罰鍰）公司四四八。

（分公司登記之申請人）

第四百零一條　分公司設立變更或撤銷之登記：在無限公司、兩合公司，由代表公司之股東申請之；在有限公司、股份有限公司，由代表公司之董事申請之。

＊（設立登記）公司三九九；（變更撤銷登記）公司四〇〇；（代表公司股東）公司五

六、一一五、三五八；（代表公司董事）公司一〇八、二〇八、二〇九。

（經理人之登記）

第四百零二條　公司經理人之委任、解任、調動，應於到職或離職後十五日內，將下列事項，向主管機關申請登記：

一　經理人之姓名、職稱、住所或居所。

二　經理人是否股東或董事。

三　經理人到職或離職年、月、日。

代表公司之股東或代表公司之董事，違反前項申請登記期限之規定時，處一千元以上五千元以下罰鍰。

＊❶（經理人）公司二九、三九；（聲請登記）公司四〇二；❷（公司負責人）公司八；（罰鍰）公司四四八。

（停業登記）

第四百零二之一條　公司暫停營業一個月以上者，應於停止營業之日起十五日內，向主管機關申請為停業之登記。

前項申請停業期間最長不得超過一年，停業期限屆滿後，應於十五日內申報復業。

（公司之變更登記）

第四百零三條　公司及外國公司登記事項如有變更時，應於變更後十五日內，向主管機關申請為變更之登記。

代表公司之股東、代表公司之董事或外國公司之負責人，違反前項申請變更登記期限之規定時，處一千元以上五千元以下罰鍰。

＊㊀（外國公司）公司四；（變更登記）公司一二；（期間）民一二〇；❷（公司負責人）公司八；（罰鍰）公司四四八。

（無限公司登記之申請人）

第四百零四條　無限公司設立、解散及因合併而變更之登記，由全體股東申請之；其他各項登記，由代表公司之股東申請之。

無限公司因變更組織為兩合公司申請登記者，準用第四百十條但書之規定。

＊（設立登記）公司四〇五、四〇㊀；（解散合併登記）公司三九八、七一㊀③、七二；（代表公司股東）公司五六。

（設立登記期限）

第四百零五條　無限公司應於章程訂立後十五日內，將第四十一條所列各款事項，向主管機關申請為設立之登記。

公司負責人違反前項申請登記期限之規定時，各處一千元以上五千元以下罰鍰；申請登記時有虛偽之記載者，依刑法或特別刑法有關規定處罰。

＊❶（訂立章程）公司四〇；（申請人）公司四〇六、四〇九；❷（虛偽登記）公司九；（公司負責人）公司八。

（設立登記之程序）

第四百零六條　無限公司因設立申請登記者，應加具公司章程。

股東中有未成年者，應附送法定代理人同意證明書，因合併而設立申請登記者，應附送第七十三條第二項規定之通知及公告，或已依第七十四條規定清償或提供擔保之證明文件。

＊（登記申請人）公司四〇四；（章程）公司四一；（未成年人）民一三；（法定代理人）民一〇八六、一〇八九；（合併申請登記）公司三九八；（公告）公司二八。

（解散登記之程序）

第四百零七條　無限公司因解散申請登記者，應敍明解散事由，其由繼承人申請者，應送其戶籍證明文件，因合併而解散者，準用前條第三項之規定。

＊（解散事由）公司七一、一〇、一一；（繼承人）民一一三八～一一四四；（通告）公司二八、七三、四〇六；（清償或提供擔保之文件）公司七四、四〇六。

（變更登記之程序）

第四百零八條　無限公司申請變更登記，應敍明變更事項，其因修改章程而登記者，應加具修正章程及其修正條文對照表；其因變更組織為兩合公司而登記者，應加具全體股東同意書；其因合併而變更者，並準用第四百零六條第三項之規定。

＊（變更登記）公司一二、四〇三；（通知與公告）公司二八、七三、四〇六；（清償或提供擔保文件）公司七四、三〇六。

（股東同意書）

第四百零九條　無限公司登記事項，應得股東之同意者，應附送其同意證明書。

＊（股東全體同意）公司四七、五五、六七、七一、四〇；（過半數同意）公司四六、二九、八二、八五。

（兩合公司登記準用條文）

第四百十條　第四百零四條至第四百零九條之規定，於兩合公司準用之；但在無限公司，應由全體股東申請之登記，其在兩合公司由全體無限責任股東申請之。

＊（兩合公司準用無限公司之規定）公司一一五。

（有限公司登記之申請人）

第四百十一條　有限公司設立、解散、增資及因合併而變更之登記，由全體董事申請之，其他事項由代表公司之董事申請之。

有限公司因變更組織爲股份有限公司，其變更登記，由變更組織後半數以上之董事及監察人一人以上申請。

＊（設立登記）公司四一二；（解散）公司一三八、一三九；（執行業務股東）公司一○一；（選任董事）公司一○八；（監察人）公司一○九；（增資）公司一○六；（合併）公司一一三、三九八。

（設立登記程序）

第四百十二條　有限公司應於章程訂立後十五日內，將下列事項，向主管機關申請爲設立之登記：

一　第一百零一條所列各款事項。

二　繳足股款之證件。

三　以現金以外之財產抵繳股款者，其姓名及其財產之種類、數量、價格或估價之標準。

主管機關對於前項之申請，應派員檢查，並得通知公司限期申復。

代表公司之董事逾期不爲前項之申復，處一千元以上五千元以下之罰鍰；其有妨礙檢查之行爲者，科二萬元以下罰金。

抵繳資本之財產，如估價過高，主管機關得減少之。

公司負責人違反第一項申請登記期限之規定時，各處一千元以上五千元以下罰鍰；申請登記時爲虛僞記載者，依刑法或特別刑法有關規定處罰。

＊❶（章程訂立）公司九八、一○一；（主管機關）公司五；（選任董事執行業務）公司一○五、一○八、一一○；（繳納股款）公司一○○；（現金外抵作股款）公司四一、四一九；❸（公司負責人）公司八。

（設立登記文件）

第四百十三條　有限公司因設立申請登記，應加具公司章程。

因合併而設立申請登記者，並應加具第四百零六條第三項規定之文件。

＊❶（章程）公司一〇一；❷（清償或提供擔保之文件）公司七四、四〇六。

（解散登記之準用條文）

第四百十四條　有限公司因解散申請登記者，準用第四百二十一條之規定。

＊（申請人）公司四一一；（股份有限公司之解散登記）公司四二一。

（增資登記）

第四百十五條　有限公司因增加資本申請登記者，除準用第四百十二條之規定外，並應加具下列各項文件：

一　修正之章程及其修正條文對照表。

二　股東關於增加資本之同意書。

三　增資後之董事名單。

有限公司因變更組織爲股份有限公司申請變更登記者，應加具下列文件：

一　修正之章程及修正條文對照表。

二　關於變更組織之全體股東同意書。

三　變更組織後之股東名簿。

四　董事、監察人名單。

五　有關之股東會及董事會議事錄。

六　對各債權人之通知及公告。

＊（增資）公司一〇六；（設立登記程序）公司四一二；（章程）公司一〇一；（議事錄）公司一〇二、一八三；（選有董事、監察人）公司一〇八、一一〇。

（其他登記之加具文件）

第四百十六條　有限公司因修改章程申請登記者，應加具修正之章程及其修正條文對照表。

（其他登記準用之條文）

第四百十七條　第四百二十九條之規定，於有限公司之合併準用之。

（股份有限公司登記申請人）

第四百十八條　股份有限公司設立、解散、增資、減資、發行新股、募集公司債及因合併而變更之登記，由半數以上之董事及至少監察人一人申請之；其他登記事項，由代表公司之董事申請之。

＊（設立登記）公司四一九；（解散登記）公司三一五、四二一；（增資登記）公司四二二、二七八；（減資登記）公司四二三、二七九；（募集公司債）公司二四八、四二四；（合併登記）公司三一五、三一九、三九八；（監察人）公司二一六；（代表公司之董事）公司二〇八、二〇九；（其他登記）公司四二五、四二七、四二八、四〇二、四〇三。

第四百十九條　股份有限公司發起設立者，其董事、監察人於就任後十五日內，應將下列事項，向主管機關申請爲設立之登記；

一　公司章程。

二　股東名簿。

三　已發行之股份總額。

四　以現金以外之財產抵繳股款者，其姓名及其財產之種類、數量、價格或估價之標準及公司核給之股數。

五　應歸公司負擔之設立費用，及發起人得受報酬或特別利益之數額。

六　發行特別股者，其總額及每股金額。

七　繳足股款之證件。

八　董事、監察人名單，並註明其住所或居所。

前項第四款、第五款所列事項，如有冒濫或虛僞者，主管機關應通知公司限期申復，經派員檢查後得裁減或責令補足。

公司負責人違反第一項申請登記限期或第二項申復限期之規定時，各處一千元以上五千元以下罰鍰。其有妨礙檢查之行爲者，各科二萬元以下罰金。申請登記時有虛僞之記載者，依刑法或特別刑法有關規定處罰。

＊❶（發起設立）公司一三一、四一九；（董事監察人）公司一四六㊀；（特別股之發行）公司一三二、一三七；（現金外出資）公司一三一；❷（主管機關）公司五；❸（公司負責人）公司八。

（募股設立登記）

第四百二十條　股份有限公司募股設立者，其董事、監察人應於創立會完結後十五日內，將下列事項，向主管機關申請爲設立之登記。

一　第一百四十五條創立會通過之報告事項。

二　第一百三十三條規定申請核准之通知。

三　第一百四十六條規定之董事、監察人或檢査人調查報告書及其附屬文件。

四　創立會議事錄。

五　董事、監察人名單，並註明其住所或居所。

六　因合併而設立申請登記者，第四百零六條第三項規定之文件。

前條第二項、第三項之規定，於前項準用之。

＊（創立會）公司一四三；（募集設立）公司一三二；（董監之報告）公司一四六；（創立會議事錄）公司一四四、一八三；（營業概算書）公司四〇六；（合併設立之準用）公司七三、七四、四〇六。

（解散登記）

第四百二十一條　股份有限公司因解散申請登記者，應敍明解散事由；其因股東會之決議而解散者，應加具關於解散之股東會議事錄，因合併而解散者，並準用第四百零六條第三項之規定。

＊（解散之事由）公司三一五；（股東會決議解散）公司三一五；（股東會議事錄）公司一七四、一七五、一八三；（合併而解散）公司三一八。

（發行新股之登記）

第四百二十二條　股份有限公司每次發行新股結束後十五日內，董事會應將下列事項，向主管機關申請登記：

一　修正之章程及其修正條文對照表。

二　發行新股之總額。

三　關於增加資本之股東會議事錄。

四　發行新股之董事會議事錄。

五　決議發行新股之年、月、日。

六　新股收足之年、月、日。

七　增加資本或發行新股後之股東名簿。

八　增加資本或發行新股後之董事、監察人名單。

九　第二百六十八條申請核准之通知。

十　發行特別股者，其特別股之種類、總額及每股金額。

前項第七款之股東名簿，公開發行之公司得免送。但應送董事、監察人、經理人及持有股份總額百分之五以上之股東名册。

第四百十九條第一項第四款、第五款、第二項及第三項之規定，於發行新股準用之。

＊❶（董事會）公司一九二以下；（發行新股）公司二六六；（發行新股總額）公司二七三、四二二㊀②；（特別股）公司二六九、二七三、四二二㊀⑩、一五六、一五七；❷（公司負責人）公司八。

（減資登記）

第四百二十三條　股份有限公司因減少資本申請登記者，應加具下列文件：

一　修正之章程及其修正條文對照表。

二　關於減少資本之股東會議事錄、

三　減少資本後之股東名簿。

四　第四百零六條第三項規定之文件。

前項第三款之股東名簿，公開發行之公司得免送。但應送董事、監察人、經理人及持有股份總額百分之五以上之股東名册。

＊（減資登記）公司二七九、一六八；（變更章程）公司二七七；（股東會議事錄）公司二七七、二〇七；（股東名簿）公司一六九；（清償或提供擔保之文件）公司四〇六㊂、七四。

（募債登記）

第四百二十四條　股份有限公司募集公司債結束後，董事會應於十五日內，備具下列各項文件，向主管機關申請登記：

一　關於募集公司債之董事會議事錄。

二　最近之資產負債表。

三　募集公司債業經核准與合法公告之證明文件。

四　債款繳足之證明書。

公司負責人違反前項申請登記限期之規定者，各處一千元以上五千元以下罰鍰；發行公司債爲虛僞記載者，依刑法或特別刑法有關規定處罰。

＊❶（董事會議事錄）公司二四六；（資產負債表）公司二四七、二四八；（核准之證明）公司二四八、二五二；（債款繳足之證明）公司二四八㊀⑬、⑭；❷（公司負責

人）公司八。

（償債登記）

第四百二十五條　股份有限公司因清償公司債之全部或一部申請登記者，應加具所還債數之證明書。

＊（清償公司債）公司二四八。

（承擔公司債之登記）

第四百二十六條　股份有限公司合併後存續公司或新設公司，因合併承擔公司債時，應於公司變更或設立登記時，並爲公司債之登記。

＊（公司債）公司二四六；（合併）公司三一六～三一九。

（改選董監之登記）

第四百二十七條　股份有限公司因改選董事、監察人申請登記者，應加具選任之董事、監察人名單。

＊（董事）公司一九二；（監察人）公司二一六；（改選）公司二七五；（任期）公司一九五、二一七。

（其他變更登記）

第四百二十八條　股份有限公司因其他登記事項變更申請登記者，應加具關於決議變更之股東會或董事會議事錄；章程有變更者，並應加具修正之章程及其修正條文對照表。

＊（其他登記事項）公司二七七、一九九、二二七、四二七、二〇一、三二二、三二三、二七㊂、四二五、三九九～四〇一；（議事錄）公司一八三、二〇七。

（合併之變更登記）

第四百二十九條　股份有限公司因合併而變更申請登記者，應加具第四百零六條第三項所規定之文件。

＊（清算及提供擔保之文件）公司七四、四〇六㊂；（公告與通知）公司七三、四〇六㊂。

第四百三十條　（刪除）

第四百三十一條　（刪除）

第四百三十二條　（刪除）

第四百三十三條　（刪除）

（外國公司認許之申請人）

第四百三十四條　外國公司申請認許，由其本公司董事或執行業務股東，或其在中國之代表人或經理人或各該人員之代理人爲之。

前項申請人，應附送證明其國籍之證件，及本公司之授權證書或委託證書。

＊❶（認許）公司三七一、三七三；（代理人）公司三七二㊀；❷（外國公司之本公司）公司四三五。

（申請認許之文件）

第四百三十五條　外國公司申請認許時，應報明並備具下列事項及文件；

一　公司之名稱、種類及其國籍。

二　公司所營之事業及在中國境內所營之事業。

三　資本總額。如發有股份者，其股份總額、股份總類、每股金額及已繳金額。

四　在中國境內營業所用資金之金額。

五　本公司所在地及中國境內設立分公司所在地。

六　在本國設立登記及開始營業之年、月、日。

七　董事及公司其他負責人之姓名、國籍、住所。

八　在中國境內指定之訴訟及非訴訟代理人姓名、國籍、住所或居所及其授權證書。

九　無限公司、兩合公司或其他公司之全體無限責任股東之姓名、國籍、住所，所認股份及已繳股款。

十　公司章程及其在本國登記證件之副本或影本；其無章程或登記證件者，其本國主管機關證明其爲公司之文件。

十一　在其本國依許可而成立者；其本國主管機關許可文件之副本或影本。

十二　依中國法令其營業須經許可者；其許可證件之副本或影本。

十三　在中國營業之業務計劃書。

十四　股東會或董事會，對於請求認許之議事錄

前項各類文件，其屬外文者，均須附具中文譯本。

＊（公司名稱、種類、國籍）公司三七〇、二；（所營事業）公司一五～一七、三七七；（資產）公司三七二㊀；（分公司所在地）公司三七三①、②；（本國設立登

記）公司三七一；（代理人）公司三七二㊁；（無限責任股東）公司三七四㊀；（特許營業）公司一七；（業務計劃書）公司一三三；（議事錄）公司一八三、二〇七。

（外國分公司登記）

第四百三十六條　外國公司經認許後，在中國境內設立分公司者，應於設立後十五日內，向主管機關申請登記。

公司負責人違反前項申請登記限期之規定時，各處一千元以上五千元以下罰鍰。

＊❶（外國公司）公司四；（認許）公司三七一；（申請登記）公司三八七；❷（公司負責人）公司八；（罰鍰）公司四四八。

（分公司設立登記之聲請人）

第四百三十七條　外國公司設立分公司或其他事項申請登記時，由在中國境內指定之代表人或分公司經理或其代理人申請之。

第四百三十四條第二項規定，於前項申請人準用之。

＊（分公司設立登記）公司四三六；（附送文件）公司四三四㊁。

## 第二節　規　　費

（設立登記之規費）

第四百三十八條　公司登記費、執照費、查閱費、抄錄費及各種證明書費等，由中央主管機關以命令定之。

第四百三十九條　（刪除）

第四百四十條　（刪除）

第四百四十一條　（刪除）

第四百四十二條　（刪除）

第四百四十三條　（刪除）

第四百四十四條　（刪除）

第四百四十五條　（刪除）

第四百四十六條　（刪除）

# 第九章　附　　則

第四百四十七條　（刪除）

（罰鍰之強制執行）

第四百四十八條　本法所定之罰鍰，拒不繳納者，移送法院強制執行。

＊（强制執行）强執四㊀⑥、六㊀⑥。

（施行日期）

第四百四十九條　本法自公布日施行。

＊（公布日期）法規標準一二～一五。

民國七十二年公司法修正要點：＊＊

——將罰金提高五倍，罰鍰亦提高五倍並設下限；

——股款繳納不實虛設公司者，處五年以下有期徒刑；

——表報帳册有虛僞記載者，現行規定處罰較輕，修改爲依刑法或特別刑法有關規定處罰；

——對股份有限公司不發行股票或董監事任滿而不改選者，增訂連續處罰之規定，至發行股票或改選爲止；

——現行規定處罰對象爲全體董事者，有欠合理，修正爲僅處罰代表公司之董事或代表公司之股東，但應由半數以上董事負責申請之案件，逾限者仍處罰全體董事；

——股份有限公司資本額達一定標準者，其股票須強制公開發行及公司員工分紅入股之規定，對公營事業及若干特殊目的事業，有窒礙難行之處，因此增訂除外規定；

——證管會改隸財政部後，有關股票公開發行及公司債發行之審核及處罰機關，現行規定之「中央主管機關」，修正爲「證劵管理機關」；

——增訂建設廳得將受託辦理之業務，於必要時得將部分事項授權縣（市）政府辦理；

——增訂特別議案股東會決議方法：規定公開發行股票之公司得以代表已發行股份總數過半數股東之出席，以出席股東表決權三分之二或四分之三以上之同意行之，但公司章程對於出席股東股分總數及表決權數，有較高之規定者，從其規定，使規模較大之公司，遇有特別議案時，股東會易於召集及決議，以緩和股東徵購委託書之壓力；

——為便利股東訴權之有效行使，將現行規定行使訴權應具之股權數酌予降低，已發行股份總數百分之五或百分之十以上之股數，分別降低為百分之三或百分之五之股權數。

——修正董事監察人之選舉方法，現行規定之股東會選任董事同時選任監察人者，應與選任監察人合併舉行之規定，實施以來，易滋紛擾，因此將應合併選舉之有關規定刪除。

——刪除公司應向公司主管機關申報財務報表之規定。

公司法部分條文修正案重要條文如下：

第九條：公司設立登記後，如發現其設立登記或其他登記事項，有違法情事時，公司負責人各處一年以下有期徒刑、拘役或科或併科二萬元以下罰金。

公司負責人對於前項登記事項，為虛偽之記載者，依刑法或特別刑法有關規定處罰。

公司應收之股款，股東並未實際繳納，而以申請文件表明收足，或股東雖已繳納而於登記後將股款發還股東，或任由股東收回者，公司負責人各處五年以下有期徒刑、拘役或科或併科二萬元以下罰金。

前三項裁判確定後，由法院檢察處通知中央主管機關撤銷其登記。

第十六條：公司除依其他法律或公司章程規定得為保證者外，不得為任何保證人。

公司負責人違反前項規定時，應自負保證責任，並各科二萬元以下罰金，如公司受有損害時，亦應負賠償責任。

第十九條：未經設立登記，不得以公司名義經營業務或為其他法律行為。

違反前項規定者，行為人各科一萬五千元以下罰金，並自負其責，行為人有二人以上者連帶負責，並由主管機關禁止其使用公司名稱。

第二十條：公司每屆營業年度終了，應將營業報告書、資產負債表、財產目錄、損益表及盈餘分配表或虧損撥補表，提請股東同意或股東會承認。

資本額達一定數額以上之公司，其資產負債表及損益表，除政府核定之公營事業外，並應先經會計師簽證。

前項數額，由中央主管機關以命令定之。

第一項書表，主管機關得隨時派員查核；其查核辦法，由中央主管機關定之。

公司負責人違反第一項，或第二項規定時，各科一千元以上五千元以下罰鍰，其對於表册爲虛僞記載者，依刑法或特別刑法有關規定處罰。

第二十二條：主管機關查核第二十條所定各項書表有疑問時，得令公司提出證明文件、單據、表册。但應保守秘密，並於收受後三十日內查閱發還。

第二百十一條：公司虧損達實收資本額二分之一時，董事會應卽召集股東會報告。

公司資產顯有不足抵償其所負債務時，除得依第二百八十二條辦理者外，董事會應卽聲請宣告破產。

代表公司之董事違反前二項之規定時，科二萬元以下罰金。

---

**：取材自經濟日報，中華民國七十二年十一月二十三日，第二版。

# 第二篇

# 企業環境

❀經濟環境

❀法律與政治環境

❀社會文化與教育環境

❀國際環境

❀科技環境

❀勞資及環保環境

❀附錄：勞動基準法

# 第三章　企業之環境概述

企業家經營企業深受種種外在而其本身無法控制之力量所影響。對此外在力量，企業家僅能因應順變作最有效之運用。明瞭此種種力量之存在狀態與其演變趨向，實爲每一企業家之首要任務。企業外在影響力量通稱企業環境。企業環境包羅甚廣，企業家首應明瞭者不外乎：經濟、政治、法律、教育、社會、文化、國際環境、科技環境以及勞資及環保環境。此乃爲一般性環境，力量相當巨大。

## 第一節　經濟環境

有良好之總體經濟環境，個體企業始能生存與發展。在同一經濟制度下企業家經營其事業必然有諸多營運上之限制。其決策當亦受到影響。非但如此，每一企業家經常憂慮衆多問題，例如原料之有無、價格之高低、消費大衆之購買力、人口之增減、能源之供應、運輸設備之有否、資金之融通、消費者之消費傾向等等。此種種問題與一國經濟制度上之限制均屬企業經濟環境，而其本質及其改變超乎個體企業所能控制之範圍。企業家在營運其事業時，唯有配合其所面對之經濟環境，因應順變，作適切之決策。

一國之經濟環境因素既繁多亦複雜。爲便於討論起見，爰就企業營運之觀點將之分成下列三大類。第一類爲經濟制度；第二類爲總體市場狀況一『需』之因素；第三類爲總體產銷要素一『供』之因素。

因此在討論企業之經濟環境時，研討焦點當拋射於此三大課題❶。

## 壹、經濟制度

企業係經濟活動之中心部份。而一國之經濟活動悉受其經濟制度之保護、引導、甚或限制。如何解決經濟活動所產生之問題，諸如如何開發並使用有限之資源，如何進行生產？生產多少？何時生產？生產何物？等等，可由經濟制度本身求到解答。我國之經濟制度係民生主義計劃性自由經濟。外國有採取資本主義者，有採取共產主義者等等不一。

在資本主義制度下，個體企業有自由選擇之機會，其活動亦可靈活應變。私人財產既有保障，利潤之追求又無可厚非，產銷活動之效率自較易提高。唯導源於此種種特徵，資本主義制度本身潛伏兩大弱點。一為企業活動容易傾向集中，由操縱而造成企業營運機會之壟斷。另一為生產與分配悉由市場之供需力量引導，結果企業家各行其是，資源之開發易失應有之平衡，遭殃者乃為整個社會人民之福祉。共產主義制度顯然地亦有兩個致命弱點。第一『各盡所能，各取所需』，結果，生產者失却努力生產之動機，生產活動效率無法提高。此一弱點正明述在共產主義制度下，一國之經濟生長何以遲頓、呆滯原因之一。第二消費市場無法自由發展，因此冲失產銷創新動力，更阻碍經濟之發展。

介在這兩極端制度中間，而比較顯著之經濟制度有社會主義與民生主義制度。社會主義制度容許私人企業活動、自由市場之形成。但對與國防民生有關之生產、分配與消費活動統由政府規劃並管制。民生主義制度可視為一比較『緩和』之社會主義制度。我國採取這種

❶郭崑謨著，企業管理——總系統導向（台北，民國七十三年印行），第117頁。

『緩和』制度旨在兼顧國民個體企業活動之自由與社會之安寧與繁榮。

觀看世界各國之經濟政策，其潮流正趨向民生主義制度。資本主義制度下，美國正加強進行之『政府介于』政策，以及共產主義制度下，蘇俄業已採用之『部份私有』制度乃爲兩大顯明之例。

## 貳、市場狀況

今天企業家經營企業，除了日益重要之社會責任外，利潤乃爲其首要目標。倘如所生產之貨品或勞務無人購買，或欲購者缺乏購買能力，企業利潤當然無從產生。縱然有人購買，同業間之競爭往往迫使個體企業之經營活動寸步難進，利潤之獲得更加困難。對需求情況之了解，確實爲一件非常重要之事。個體企業之需求情況——亦即市場情況，有繫於一國，甚至國際總體需求情況。此乃爲何每一企業應明瞭總體市場狀況之原因所在。

構成消費市場之基本因素爲人口、所得（購買力）、與購買傾向。因此論及消費市場必論及人口、所得、以及國民購買習性、以及外在限制。由於企業競爭時刻改變市場型態，在市場形成過程中企業競爭自然構成非常重要之修正因素。不管如何，整個國家係一龐大市場。除了國民購買傾向——其習性及限制，受一國之生活習慣、宗教、社會結構等等文化社會以及教育，甚至於政府政策等等因素之影響外，此一龐大總體市場可由其人口、國民所得、經濟生長情況以及企業競爭方式窺視其一斑。當然企業界應將其觀點擴大，概括國際總體市場與國際競爭方能順應現階段國際企業之潮流，贏取國際市場。

## 參、產銷要素

爲滿足市場，企業界可供應各種貨品或勞務。企業界供應能力並非無止境，其供應能力受一國，甚至於世界產銷要素之限制。此產銷要素包括資金、原料資源、人力資源、社會固定資本，以及科學技術等等。一國總體產銷要素之豐瘠或有無，毫無疑問地決定並引導一國企業活動之類型以及企業營運之本質。例如科威特(Kwait)石油藏量雖豐富，其土地不適耕作，加工製造技術落後，結果整個國家之企業活動傾向於原油之提煉外銷，以及食品、衣料及其他必需用品之輸入。

## 第二節 法律與政治環境

一國政府有保護人民之安全與促進人民幸福之義務。為達成此種政治義務，政府必然要有種種公平可行之方法，來確保並維持百姓之種種權利與義務。法律之制定與執行顯為一國之政治過程。論企業活動與政治法律之關係，其最明晰之觀點集中于：㈠如何有效地組織並利用一國之資源；㈡如何保護消費者之安全；以及㈢如何維持社會之持續繁榮。企業家與政府對此一觀點之反應及看法不盡相同。但是每一企業家須知：順乎一國之政治與法律原則雖不一定能獲得營運上之充分自由，但唯有遵守國家之規定，其營運作業方能得到保障。❷

### 壹、法律環境

法律係社會公衆所共同遵守及勵行之一種行為準則。此種行為準則之解說及執行由司法機構如高等法院、地方法院等行使。雖然有許多行為準則不能由司法機構執行或解釋而屬於倫理範疇，唯吾人可將倫理與法律之關係視為一種實質上不易劃分界線，而形式上劃分了界

❷同❶，第 131 頁。

線之人類生活行爲準則。形式上之劃分乃據是否有明顯之執行依據而定。如開空頭支票，有票據法之依據，法院可依法執行，無疑是法律問題。其若企業家爲不斷增加企業利潤，加強機械自動化設備而導致多數工人失業，『不顧及失業工人之苦境』，對企業家言，此種行爲，並無違法，法院當然無法執行，只是倫理上之問題而已。

依其所要達成之任務區分，法律有公法與私法之別。前者規範政府與個人之關係，而後者製訂個人與個人間之關係。前者包括憲法、行政法、刑法；而後者則包括票據法、財產法、公司組織法、契約、代理人等有關法令。法律環境乃特指私法部份而言。

對個體廠商言，私法部份之票據法、財產法、公司組織法、契約、以及代理等有關法令均十分重要，有關該種種法令之詳細規定或條文每一主管人員當然無法充分了解，遇有法律疑問，應從速與專業律師商討，以求妥善而適時之解決。

**貳、政治環境**

一國政府之政經措施，直接間接影響企業營運活動，然而，其目

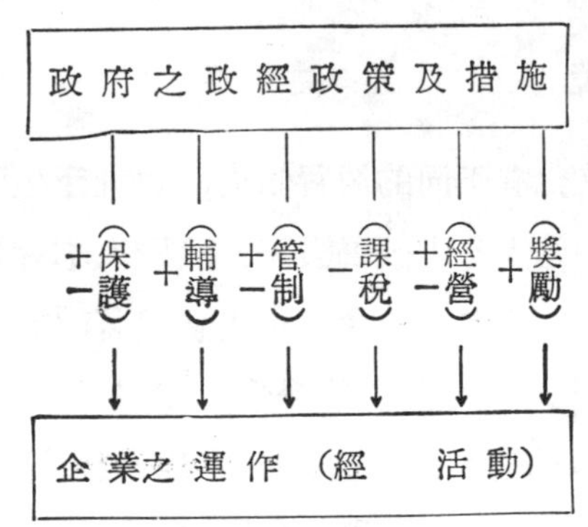


圖 3–1　政府對企業營運具有影響之政經政策及措施

的實爲達成整個國家社會之長久繁榮。政府之諸多措施，對企業營運之影響可藉圖 3-1 示明於前。

## 第三節　社會文化與教育環境

各不同群衆關係或相異之群衆目標可促成性質相迥異之社會，而造成『各階層』社會。比較廣大之階層如教育界、電影界、運動界、婦女會，以及比較狹小之階層，如地方樂社、鄉社、俱樂部等等皆爲『社會』。當然國家爲一種高度發達並高度正式化之社會組織，兼有服務及管理機構，即政府；亦有正式化準則，即法律。人類所創造之生活環境代代累積，代代改進。傳遞這些文化之過程通稱曰教育。是故教育實意味着智識及經驗之傳遞學習、以及改進之過程。

而企業活動係社會活動之一，與數千數萬群衆互有關係，影響所及遠超乎企業利潤所能衡量，因此企業活動實時刻改變社會文化。日新月異之貨品與勞務，顯然足可改變人類之生活習慣與態度。其實企業所生產之貨品（如電腦）其本身即爲社會文化之新猷。

### 壹、社會環境

不同的社會文化有不同的消費傾向，也就產生了不同的貨品與勞務需求市場。如中國人吃米飯喝濃茶，美國人吃麵包喝咖啡等就是一例。其次隨著時代的演進，社會文化也會跟著改變，消費傾向、市場型態也會改變。譬如家庭計劃的提倡，改變了傳統上生男育女的觀念，節育已逐漸被社會大衆所接受，自然對避孕藥形成新的需求市場。所以每一企業家應時刻留意社會文化之變動，以便適應新文化所帶來的壓力，並積極地爭取新的市場。

## 貳、文化與教育環境

人類文化的演進，知識與經驗的傳遞改進，有許多的方式，而教育是其中非常重要的一環。從農業到工業，從沖天炮到太空梭，從貝殼的媒介到信用卡之應用等等，都反應了此種知識與經驗的傳遞與改進。其對企業當然有直接間接的影響，不僅是在消費知識的傳佈，而且反應在產銷知識、企業道德與倫理上。

從生產者的觀點，教育可加速把產品的知識、用法、訊息傳達給

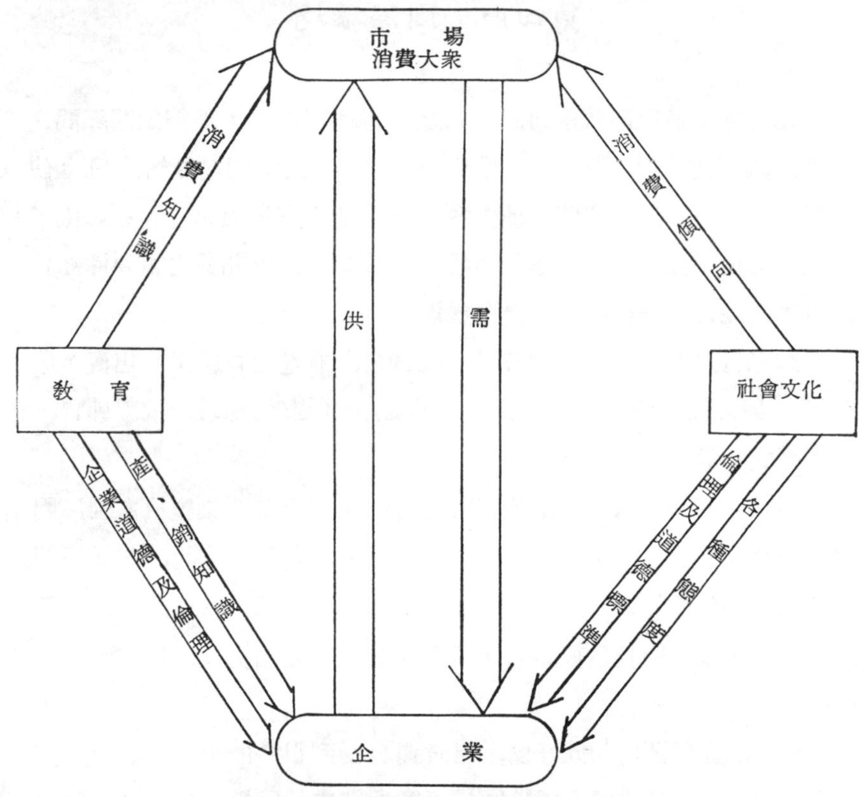


圖 3-2　社會、文化、教育與企業之關係

資料來源：郭崑謨著，現代企業管理學導論（台北市，民國65年印行）第73頁。

消費者，因而促進了消費。其次從消費者的觀點來看，教育之普及，國民所得增加，以及大衆傳佈媒介之普遍，使得消費者重視消費素質與生產素質的提高，如今日之環境汚染問題，都會對企業的營運發生限制作用。也就是今日的企業家在求得利潤外，尙須對其員工、消費者、政府、社會大衆、同業、異業負責。此即現代企業道德與倫理的具體表現，本章所敍述之社會、文化與教育環境之關係可藉圖 3-2示意於后，俾供參考。

## 第四節　國際環境

迅速之交通與高效率通訊設備之普遍使用，大大地縮短國際間之經濟距離（從時間以及成本之觀點上着眼）。國際間之頻繁接觸，使不同國家人民洞察國際間各種機會——包括工商業機會之存在。由了解機會而使用機會，結果國際活動益形頻繁，國際關係之重要性亦益顯重大，此乃爲一非常自然之發展過程。

國際營運有許多不同的方式，概言之，有進出口營業，出賣企業產權，與外商合資經營，在國外設廠建號（國外投資），國際郵售，及嫁接貿易等六種。

國際營運的原因主要是各國所擁有的生產資源要素豐瘠有別，因此在彼此互有需求下，產生了國際營運。就相對利益來說，如果甲國生產A產品效率比較B產品高，而乙國生產B產品比A產品高，而彼此都專業生產相對利益較高的產品A和B，再互相交換，則彼此可互得利益。

雖然國際營運有如此好處，但是還會受到很多的限制，如地主國及本國的阻力，其次還有國際區域組織所造成的困擾。地主國的阻力主要有關稅、非關稅及市場的阻力。本國則因國際收支之平衡需求和國防外交的考慮，也造成許多關稅及非關稅之阻力。至於國際區域市場如歐洲共同市場、中美共同市場的對外「保護性」關稅以及排外性種種措施，都造成了許多國際營運的困擾。

另外還有許多情況可助長國際間之企業營運活動，諸如減低關稅、國際合作、政府之提倡輔導、各國經濟之發展（市場之膨大）等等，不勝枚舉。這些助長條件可歸爲三大類別：一爲政府與職業團體的倡導，二爲國外市場之膨脹，三爲國際間之經濟合作。這三大類因素不管是起自地主國或本國均足以推廣國際企業活動。

## 第五節　科技環境

所有企業環境因素中，科技環境之變化最爲迅速。科技發展所帶給企業之衝擊，不但快速而且深遠。企業經營者宜時刻密切注意科技環境之變化，作適切之因應措施。

### 壹、科技發展之趨勢

近代科技的發展，有下列幾項頗值得未來企業管理人員注意。

**一、固態電子技術的發展**

早期的電子產品多由眞空管產製而成，但自從固態電子元件，如電晶體、二極體，乃至大型、超大型積體電路被採用後，昔時體積龐大、價格昂貴的電子產品，已變得攜帶方便、價格便宜，而且擁有更多的產品性能、特性與更高的可靠性。如今企業已廣泛的採用固態電子所產製的設備從事業務處理與生產製造，提高其運作效率。

**二、光電科技的發展**

與固態電子同時被科學家所重視的光電科技，在最近已由實驗室走入商場，扮演着極重要的角色。其中最著名的要算雷射的應用了。

雷射是一種單頻率傳播的光綫，其在傳播的過程不像一般多頻率的光綫，會在空中向外發散，所以能保存光綫中的能量。利用這些特性，雷射可用來從事通訊或用以切割物體，在國防上更可利用高能量雷射摧毀敵人的目標。

## 三、電信科技

早期的電信技術只能用於電報、電話通訊上，但是近代的電信科技已能從事影像及數據上的通訊，加上光纖維的應用，擺脫了使用電綫、電纜的高成本，使得情報的獲取、意見的溝通、文件的傳遞更可靠而迅捷。它充分的縮短了昔日企業內部的溝通或企業間聯繫所耗費的時間成本。

## 四、電腦工業的發展

自從一九四六年第一部電腦被製造出來以後，電腦引起整個社會極大的震撼。因為透過電腦能將散佈於世界各地的資料加以集中處理，並能以最快的速度提供企業有利的商業情報；另外伴隨着固態電子與電信科技的發展，情報將以更低的成本、更快的速度廣為傳遞利用，無怪乎有人稱電腦所引發的資訊發展為第二次的工業革命。

## 五、辦公室自動化的潮流

以往的辦公室雇用了大批白領階級，以傳統的方式從事數據、文件處理、溝通聯絡與決策的工作，往往為了決策耗費了無數的時間於開會與討論之中，結果却僅以倉促的時間從事決策，造成本末倒置的情況。但近年由於使用電腦來及時處理資料、用文字處理機來從事資料查詢、更新與文件儲存，應用音訊處理設備來處理電話，用傳眞裝置從事電子郵遞(Electronic Mail)工作，又可將文件經過通訊網路傳抵收件人手中，其他如電子記帳、普通紙影印機及微縮影機的應用，可大大改善辦公室的業務處理。

## 六、工業機械人的採用

工業機械人是一種結合機械與電腦的現代化產品。由於機械本身擁有自動的能力，所以只要經過適當的改變，它就可以取代人們從事不適人類工作或重複而枯燥的工作。此外，機械人的工作沒有時間性的限制，而且準確性又高，所以可以提高產品的品質與避免常久以來爲企業所頭痛的勞資問題。

**七、生物遺傳工程的開發**

另一令人矚目的技術突破要算遺傳工程的開發了。在自然的情況下，生物細胞只能複製足供自用的養料，但若使用遺傳工程技術，可以透過干擾的方式而得到大量欲得的化學物質，或者可應用嫁接技術將高等生物細胞所不易生產的化學物質，轉嫁到較易控制的微生物細胞體內，以提高其生產效率，這種突破爲未來產業提供了一大改革。

## 貳、科技環境之演變對企業運作之含義

由於以上所述科技的變遷，未來的企業管理思想將面臨重大的挑戰，我們可以預期它們將對企業產生下列的改變。

**一、研究發展對企業益趨重要**

由於科技不斷的更新，企業若欲掌握市場的先機，就必得擁有產製能滿足消費者需要之新產品的能力，而新產品之開發端賴企業本身不斷的研究發展，所以研究發展費用對整個企業的支出比例會隨技術更新速度而逐年提高。單就一九八一年而言，美國的研究發展費用比例占其 GNP 之百分之二・三六，而日本亦達百分之一・九六，若換算成金額則合美國爲六百九十億美元，日本則達二百億之多。

**二、風險性投資將呈未來企業投資新趨勢**

美國加州矽谷之成功，引發了世界各國對高科技發展的重視。但這批依靠科技而揚名立譽的科技公司，當初都是藉着美國創業投資公司或銀行所提供的創業資金（Venture Capital）而來。雖然此類高

科技公司在未來的經營中，成功者僅達百分之二十，但是一旦成功則其利潤卻以五十倍至百倍的報酬率計算，難怪各國政府及企業趨之若鶩。我國新竹工業科學園區未來之發展趨勢，將有助於高科技創業投資之開拓。

**三、彈性製造系統將成爲未來的生產主力**

雖然過去大量製造爲企業節省了不少成本，但囿於人類追求多變化產品的本性，價廉而多種類、小規模製造的產品將有極廣大的市場。但眞正能滿足這需求的生產方式，只有依靠彈性製造系統才能達成；這種彈性製造系統隨着機械人與ＮＣ工具機的採用，使得機械可以被設計成可以隨時調整的模式，眞正達到了低成本、小產量、多變化的生產。

**四、資訊的處理與溝通將更爲有效**

過去發展未臻完美的管理資訊系統，將因電腦能迅速的處理資料而達到隨時掌握市場狀況的目的。電信科技的應用、資訊的傳輸、電話會議的使用，將大大的降低企業用於溝通上所耗費的成本。

**五、辦公室生產力將顯著的提高**

在最近十年來，由於工廠大量使用自動化設備，其生產力提高了百分之九十，但是同時期的辦公室却祇提高了百分之四，因此對於如何將辦公室加以自動化，將因社會的需要而實現。一旦辦公室自動化後，進步的科技將取代沈悶單調的事務，並可增加辦事效率，使得「白領階級」能將大多數的時間從事思考性決策，因而整個提高白領階級的生產力。

**六、心理適應將是一大難題**

人類原本就是社會生活的動物，藉着人群的共同合作，才會產生工作的樂趣，但是面對的不是人，而是冰冷的電腦與機械設備時，人類的心理適應將是一大難題；況且大量科技產品的取代人工，使人們產生失業的恐懼，結果是人們反對機械的介入，而機械人的採用導致失業率增加、工資降低、社會治安及財富分配循環性的惡化。這將是未來企業管理的一大困擾，所以如何解決這些難題，將是往後管理制度所要克服的方向。

綜合了以上各點的論述，我們便不難瞭解到科技環境對企業管理影響之深遠。

## 第六節　勞資與環保環境

隨着國人「勞資意識」以及「環境保育」觀念之提升，勞工與環保，業已成爲經營事業之重要環境因素。此兩種環境因素，對企業體而言，雖然構成相當可觀之成本負擔；但若忽略該兩種經營環境之重視，將必導致更大之經營上之威脅。企業要有效運作，必須重視此兩種環境因素。

### 壹、勞資環境與改善之道

過去三十多年來，我國臺灣地區之所以能經濟繁榮，社會安定，政治修明，勞資關係之能保持和諧、安定，實爲重要關鍵之一。

自從戒嚴令解除，民主化與自由化措施加強執行後，勞資關係的狀況，業已受到相當大的衝擊，此乃業界必須寄以關心者。

所謂勞資環境，係特指由於勞資關係所引發之各種影響企業運作之狀況，現象以及事項而言。因此，勞資關係之了解，每一企業經營者必須特加重視。

勞資關係可從三方面加以解釋。

一、工人與業主的關係。

二、勞工與管理階層的關係。

三、資方、勞方與政府之關係。

上述三種關係中，吾人所關心者，莫非爲各主體中所表現之互動與適應的過程。倘在此一過程中產品不適應甚至於衝突現象，就有勞資爭議；若表現相當程度之適應則有和諧現象。國人傳統上以「和」爲「貴」，勞資關係和諧不但可促使組織運作效率增加，對整個國家社會資源之運用亦可大爲提升。

我國勞基法（見本章附錄）訂定之目標當然朝向勞資「公平」、「對等」的關係進行。我國憲法第一百五十四條規定「勞資雙方應本協調合作原則發展事業、勞資糾紛之調解、仲裁由法律規定」，可見我國立國精神所在，勞資關係早已被重視。

我國勞工人口業已超越五百萬人，勞工問題亦正已成爲中美貿易談判之重要焦點。美國甚至認爲我國產品之能在美國較有競爭力，乃由於我國尚未適切保障勞工權益，使產品成本未能反映勞工眞正之成本，而要求取消優惠關稅作爲報復手段。可見勞資環境，不但爲國內問題，而已伸展至國際爭議事項。

據行政院勞委會之工作報告，今後政府對勞資關係之所要採行之主要措施如下❶：

一、修正工會法，使工會之組織健全化，工會功能得以充分發揮。

二、建立勞資和諧法制，使工會可依團體協商方式得到協議。

三、推廣勞工教育，使勞工能發揮「互助美德」，貫徹企業、職業與工作倫理。

四、推廣分紅入股制度，藉以提高勞工之向心力。

五、設立仲裁制度與勞資法庭，專案處理相關問題。

---

❶ 從行政院勞委會未出版報告，彙總而得，民國七十七年六月。

## 貳、環保環境與改善之道

環境保護意識之提高，業已促使廠商在營運上必須積極從事防備或改善因企業運作而產生之公害。當然環保設施之增加會使企業經營成本增加，但若不加以改善，其後果必然更嚴重。

環境保育工作雖然屬於全體國民應盡之義務，但過去由於企業單位較未積極重視，排放之汚水、廢氣以及其他足使影響公共衞生與安全之廢棄物所可能造成公害之成本，非由公衆負擔，便由政府負責，因此亦如上述勞工問題，業已成爲中美貿易談判之爭議問題，大大影響我國國際企業運作。

據行政院環保署（成立於民國七十六年八月），環保策略「基於國家長期利益，環境保護與經濟發展應兼籌並顧，在經濟發展過程中，如對自然環境有重大不良影響者，應對環境優於保護」❷，在此一原則下，廠商宜對其運作上所可能產生之環保不良影響負起責任。

環境保護工作，千頭萬緒，除環保署現正積極進行之重要措施，諸如全國固定汚染源及毒性化學物質申報登記、重大汚染源管制、嚴重汚染環境之一般廢棄物回收清除處理、垃圾收費、加強環境教育等外❸，企業體，應加強下列數項措施：

1. 妥善遵行汚染排放標準，切實執行防治工作。
2. 集中具有相同汚染之工廠於特定區內，以便管制汚染。
3. 加強對環境保護之設施與投資。
4. 培育員工之環保意識，實施員工環保教育。
5. 培育環境保護之專業人才。

---

❷ 行政院環境保護署簡介，民國七十八年三月印行，第 8 頁。

❸ 詳見同❷，第 33-44 頁。

# 附錄　勞動基準法

民國七十三年七月三十日總統令公布

## 第一章　總　　則

第 一 條　爲規定勞動條件最低標準，保障勞工權益，加強勞雇關係，促進社會與經濟發展， 特制定本法； 本法未規定者， 適用其他法律之規定。

雇主與勞工所訂勞動條件，不得低於本法所定之最低標準。

第 二 條　本法用辭定義如下：

一　勞工：謂受雇主僱用從事工作獲致工資者。

二　雇主：謂僱用勞工之事業主、事業經營之負責人或代表事業主處理有關勞工事務之人。

三　工資：謂勞工因工作而獲得之報酬：包括工資、薪金及按計時、計日、計月、計件以現金或實物等方式給付之獎金、津貼及其他任何名義之經常性給與均屬之。

四　平均工資：謂計算事由發生之當日前六個月內所得工資總額除以該期間之總日數所得之金額。工作未滿六個月者，謂工作期間所得工資總額除以工作期間之總日數所得之金額。工資按工作日數、時數或論件計算者，其依上述方式計算之平均工資，如少於該期內工資總額除以實際工作日數所得金額百分之六十者，以百分之六十計。

五　事業單位：謂適用本法各業僱用勞工從事工作之機構。

六　勞動契約：謂約定勞雇關係之契約。

第 三 條 本法於左列各業適用之:

一 農、林、漁、牧業。

二 礦業及土石採取業。

三 製造業。

四 營造業。

五 水電、煤氣業。

六 運輸、倉儲及通信業。

七 大衆傳播業。

八 其他經中央主管機關指定之事業。

第 四 條 本法所稱主管機關: 在中央爲內政部; 在省（市）爲省（市）政府; 在縣（市）爲縣（市）政府。

第 五 條 雇主不得以強暴、脅迫、拘禁或其他非法之方法，強制勞工從事勞動。

第 六 條 任何人不得介入他人之勞動契約，抽取不法利益。

第 七 條 雇主應置備勞工名卡，登記勞工之姓名、性別、出生年月日、本籍、教育程度、住址、身分證統一號碼、到職年月日、工資、勞工保險投保日期、獎懲、傷病及其他必要事項。

前項勞工名卡，應保管至勞工離職後五年。

第 八 條 雇主對於僱用之勞工，應預防職業上災害，建立適當之工作環境及福利設施。其有關安全衞生及福利事項，依有關法律之規定。

## 第二章 勞動契約

第 九 條 勞動契約，分爲定期契約及不定期契約。臨時性、短期性、季節性及特定性工作得爲定期契約; 有繼續性工作應爲不定期契約。

定期契約屆滿後，有左列情形之一者，視爲不定期契約:

一 勞工繼續工作而雇主不卽表示反對意思

二 雖經另訂新約，惟其前後勞動契約之工作期間超過九十日，前後契約間斷期間未超過三十日者。

前項規定於特定性或季節性之定期工作不適用之。

第 十 條 定期契約屆滿後或不定期契約因故停止履行後，未滿三個月而訂定新約或繼續履行原約時，勞工前後工作年資，應合併計算。

第十一條 非有左列情事之一者，雇主不得預告勞工終止勞動契約:

一 歇業或轉讓時。

二 虧損或業務緊縮時。

三 不可抗力暫停工作在一個月以上時。

四 業務性質變更，有減少勞工之必要，又無適當工作可供安置時。

五 勞工對於所擔任之工作確不能勝任時。

第十二條 勞工有左列情形之一者，雇主得不經預告終止契約:

一 於訂立勞動契約時爲虛僞意思表示，使雇主誤信而有受損害之虞者。

二 對於雇主、雇主家屬、雇主代理人或其他共同工作之勞工，實施暴行或有重大侮辱之行爲者。

三 受有期徒刑以上刑之宣告確定，而未諭知緩刑或未准易科罰金者。

四 違反勞動契約或工作規則，情節重大者。

五 故意損耗機器、工具、原料、產品，或其他雇主所有物品，或故意洩漏雇主技術上、營業上之秘密，致雇主受有損害者。

六 無正當理由繼續曠工三日，或一個月內曠工達六日者。

第十三條 勞工在第五十條規定之停止工作期間或第五十九條規定之醫療期間，雇主不得終止契約。但雇主因天災、事變或其他不可抗力致事業不能繼續，經報主管機關核定者，不在此限。

第十四條 有左列情形之一者，勞工得不經預告終止契約:

一　雇主於訂立勞動契約時為虛偽之意思表示，使勞工誤信而有受損害之虞者。

二　雇主、雇主家屬、雇主代理人對於勞工，實施暴行或有重大侮辱之行為者。

三　契約所訂之工作，對於勞工健康有危害之虞，經通知雇主改善而無效果者。

四　雇主、雇主代理人或其他勞工患有惡性傳染病，有傳染之虞者。

五　雇主不依勞動契約給付工作報酬，或對於按件計酬之勞工不供給充分之工作者。

六　雇主違反勞動契約或勞工法令，致有損害勞工權益之虞者。

勞工依前項第一款、第六款規定終止契約者，應自知悉其情形之日起，三十日內為之。

有第一項第二款或第四款情形，雇主已將該代理人解僱或已將患有惡性傳染病者送醫或解僱，勞工不得終止契約。

第十七條規定於本條終止契約準用之。

第十五條　特定性定期契約期限逾三年者，於屆滿三年後，勞工得終止契約。但應於三十日前預告雇主。

不定期契約，勞工終止契約時，應準用第十六條第一項規定期間預告雇主。

第十六條　雇主依第十一條或第十三條但書規定終止勞動契約者，其預告期間依左列各款之規定:

一　繼續工作三個月以上一年未滿者，於十日前預告之。

二　繼續工作一年以上三年未滿者，於二十日前預告之。

三　繼續工作三年以上者，於三十日前預告之。

勞工於接到前項預告後，為另謀工作得於工作時間請假外出。其請假時數，每星期不得超過二日之工作時間，請假期間之工資照給。

雇主未依第一項規定期間預告而終止契約者，應給付預告期間之工資。

第十七條 雇主依前條終止勞動契約者，應依左列規定發給勞工資遣費:

一 在同一雇主之事業單位繼續工作，每滿一年發給相當於一個月平均工資之資遣費。

二 依前款計算之剩餘月數，或工作未滿一年者，以比例計給之。未滿一個月者以一個月計。

第十八條 有左列情形之一者，勞工不得向雇主請求加發預告期間工資及資遣費:

一 依第十二條或第十五條規定終止勞動契約者。

二 定期勞動契約期滿離職者。

第十九條 勞動契約終止時，勞工如請求發給服務證明書，雇主或其代理人不得拒絕。

第二十條 事業單位改組或轉讓時，除新舊雇主商定留用之勞工外，其餘勞工應依第十六條規定期間預告終止契約，並應依第十七條規定發給勞工資遣費。其留用勞工之工作年資，應由新雇主繼續予以承認。

## 第三章 工資

第二十一條 工資由勞雇雙方議定之。但不得低於基本工資。

前項基本工資，由中央主管機關擬定後，報請行政院核定之。

第二十二條 工資之給付，應以法定通用貨幣爲之。但基於習慣或業務性質，得於勞動契約內訂明一部以實物給付之。工資之一部以實物給付時，其實物之作價應公平合理，並適合勞工及其家屬之需要。

工資應全額直接給付勞工。但法令另有規定或勞雇雙方另有約定者，不在此限。

第二十三條 工資之給付，除當事人有特別約定或按月預付者外，每月至少定期發給二次；按件計酬者亦同。

雇主應置備勞工工資清册，將發放工資、工資計算項目、工資總額等事項記入。工資清册應保存五年。

第二十四條　雇主延長勞工工作時間者，其延長工作時間之工資依左列標準加給之:

一　延長工作時間在二小時以內者，按平日每小時工資額加給三分之一以上。

二　再延長工作時間在二小時以內者，按平日每小時工資額加給三分之二以上。

三　依第三十二條第三項規定，延長工作時間者，按平日每小時工資額加倍發給之。

第二十五條　雇主對勞工不得因性別而有差別之待遇。工作相同、效率相同者，給付同等之工資。

第二十六條　雇主不得預扣勞工工資作爲違約金或賠償費用。

第二十七條　雇主不按期給付工資者，主管機關得限期令其給付。

第二十八條　雇主因歇業、清算或宣告破產，本於勞動契約所積欠之工資未滿六個月部份，有最優先受淸償之權。

雇主應按其當月僱用勞工投保薪資總額及規定之費率，繳納一定數額之積欠工資墊償基金，作爲墊償前項積欠工資之用。積欠工資墊償基金，累積至規定金額後，應降低費率或暫停收繳。

前項費率，由中央主管機關於萬分之十範圍內擬訂報請行政院核定之。

雇主積欠之工資，經勞工請求未獲淸償者，由積欠工資墊償基金墊償之；雇主應於規定期限內將墊款償還積欠工資墊償基金。

積欠工資墊償基金，由中央主管機關設管理委員會管理之。基金之收繳有關業務，得由中央主管機關，委託勞工保險機構辦理之。

第二項之規定金額、基金墊償程序、收繳與管理辦法及管理委員會組織規程，由中央主管機關定之。

第二十九條　事業單位於營業年度終了結算，如有盈餘，除繳納稅捐、彌補虧損及提列股息、公積金外，對於全年工作並無過失之勞工，應給與獎金或分配紅利。

## 第四章 工作時間、休息、休假

第三十條 勞工每日正常工作時間不得超過八小時，每週工作總時數不得超過四十八小時。

前項正常工作時間，雇主經工會或勞工半數以上同意，得將其週內一日之正常工作時數，分配於其他工作日。其分配於其他工作日之時數，每日不得超過二小時。每週工作總時數仍以四十八小時爲度。

雇主應置備勞工簽到簿或出勤卡，逐日記載勞工出勤情形。此項簿卡應保存一年。

第三十一條 在坑道或隧道內工作之勞工，以入坑口時起至出坑口時止爲工作時間。

第三十二條 因季節關係或因換班、準備或補充性工作，有在正常工作時間以外工作之必要者，雇主經工會或勞工同意，並報當地主管機關核備後，得將第三十條所定之工作時間延長之。其延長之工作時間，男工一日不得超過三小時，一個月工作總時數不得超過四十六小時；女工一日不得超過二小時，一個月工作總數不得超過二十四小時。

經中央主管機關核定之特殊行業，雇主經工會或勞工同意，前項工作時間每日得延長至四小時。但其工作總時數男工每月不得超過四十六小時；女工每月不得超過三十二小時。

因天災、事變或突發事件，必須於正常工作時間以外工作者，雇主得將第三十條所定之工作時間延長之。但應於延長開始後二十四小時內通知工會；無工會組織者，應報當地主管機關核備。延長之工作時間，雇主應於事後補給勞工以適當之休息。

在坑內工作之勞工，其工作時間不得延長。但以監視爲主之工作，或有前項所定之情形者，不在此限。

第三十三條　第三條所列事業，除製造業及礦業外，因公衆之生活便利或其他特殊原因，有調整第三十條、第三十二條所定之正常工作時間及延長工作時間之必要者，得由當地主管機關會商目的事業主管機關及工會，就必要之限度內以命令調整之。

第三十四條　勞工工作採晝夜輪班制者，其工作班次，每週更換一次。但經勞工同意者不在此限。

依前項更換班次時，應給予適當之休息時間。

第三十五條　勞工繼續工作四小時，至少應有三十分鐘之休息。但實行輪班制或其工作有連續性或緊急性者，雇主得在工作時間內，另行調配其休息時間。

第三十六條　勞工每七日中至少應有一日之休息，作爲例假。

第三十七條　紀念日、勞動節日及其他由中央主管機關規定應放假之日，均應休假。

第三十八條　勞工在同一雇主或事業單位，繼續工作滿一定期間者，每年應依下列規定給予特別休假:

一　一年以上三年未滿者七日。

二　三年以上五年未滿者十日。

三　五年以上十年未滿者十四日。

四　十年以上者，每一年加給一日，加至三十日爲止。

第三十九條　第三十六條所定之例假、第三十七條所定之休假及第三十八條所定之特別休假，工資應由雇主照給。雇主經徵得勞工同意於休假日工作者，工資應加倍發給。因季節性關係有趕工必要，經勞工或工會同意照常工作者，亦同。

第 四 十 條　因天災、事變或突發事件，雇主認有繼續工作之必要時，得停止第三十六條至第三十八條所定勞工之假期。但停止假期之工資，應加倍發給，並應於事後補假休息。

前項停止勞工假期，應於事後二十四小時內，詳述理由，報請當地主管機關核備。

第四十一條　公用事業之勞工，當地主管機關認有必要時，得停止第三十八條所定之特別休假。假期內之工資應由雇主加倍發給。

第四十二條　勞工因健康或其他正當理由，不能接受正常工作時間以外之工作者，雇主不得強制其工作。

第四十三條　勞工因婚、喪、疾病或其他正當事由得請假；請假應給之假期及事假以外期間內工資給付之最低標準，由中央主管機關定之。

## 第五章　童工、女工

第四十四條　十五歲以上未滿十六歲之受僱從事工作者，爲童工。

童工不得從事繁重及危險性之工作。

第四十五條　雇主不得僱用未滿十五歲之人從事工作。但國民中學畢業或經主管機關認定其工作性質及環境無礙其身心健康者，不在此限。

前項受僱之人，準用童工保護之規定。

第四十六條　未滿十六歲之人受僱從事工作者，雇主應置備其法定代理人同意書及其年齡證明文件。

第四十七條　童工每日工作時間不得超過八小時，例假日不得工作。

第四十八條　童工不得於午後八時至翌晨六時之時間內工作。

第四十九條　女工不得於午後十時至翌晨六時之時間內工作。但經取得工會或勞工同意，並實施晝夜三班制，安全衞生設施完善及備有女工宿舍，或有交通工具接送，且有左列情形之一，經主管機關核准者不在此限。

一　因不能控制及預見之非循環性緊急事故，干擾該事業之正常工作時間者。

二　生產原料或材料易於敗壞，爲免於損失必須於夜間工作者。

三　擔任管理技術之主管職務者。

四　遇有國家緊急事故或爲國家經濟重大利益所需要，徵得有關勞雇團體之同意，並經中央主管機關核准者。

五　運輸、倉儲及通信業經中央主管機關核定者。

六　衞生福利及公用事業，不需從事體力勞動者。

前項但書於妊娠或哺乳期間之女工不適用之。

第一項第一款情形，如因情勢緊急，不及報經主管機關核准者，得逕先命於午後十時至翌晨六時之時間內從事工作，於翌日午前補報。

主管機關對於前項補報，認與規定不合，應責令補給相當之休息，並加倍發給該時間內工作之工資。

第五十條　女工分娩前後，應停止工作，給予產假八星期；妊娠三個月以上流產者，應停止工作，給予產假四星期。

前項女工受僱工作在六個月以上者，停止工作期間工資照給；未滿六個月者減半發給。

第五十一條　女工在妊娠期間，如有較爲輕易之工作，得申請改調，雇主不得拒絕，並不得減少其工資。

第五十二條　子女未滿一歲須女工親自哺乳者，於第三十五條規定之休息時間外，雇主應每日另給哺乳時間二次，每次以三十分鐘爲度。

前項哺乳時間，視爲工作時間。

## 第六章　退　休

第五十三條　勞工有左列情形之一者，得自請退休：

一　工作十五年以上年滿五十五歲者。

二　工作二十五年以上者。

第五十四條　勞工非有左列情形之一者，雇主不得強制其退休：

一　年滿六十歲者。

二　心神喪失或身體殘廢不堪勝任者。

前項第一款所規定之年齡，對於擔任具有危險、堅強體力等特殊性質之工作者，得由事業單位報請中央主管機關予以調整。但不得少於五十五歲。

第五十五條　勞工退休金之給與標準如下：

一 按其工作年資，每滿一年給與兩個基數。但超過十五年之工作年資，每滿一年給與一個基數，最高總數以四十五個基數爲限。未滿半年者以半年計；滿半年者以一年計。

二 依第五十四條第一項第二款規定，強制退休之勞工，其心神喪失或身體殘廢係因執行職務所致者，依前款規定加給百分之二十。

前項第一款退休金基數之標準，係指核准退休時一個月平均工資。

第一項所定退休金，雇主如無法一次發給時，得報經主管機關核定後，分期給付。本法施行前，事業單位原定退休標準優於本法者，從其規定。

第五十六條 本法施行後，雇主應按月提撥勞工退休準備金，專戶存儲，並不得作爲讓與、扣押、抵銷或擔保。其提撥率，由中央主管機關擬定報請行政院核定之。

勞工退休基金，由中央主管機關會同財政部指定金融機構保管運用。最低收益不得低於當地銀行二年定期存款利率計算之收益；如有虧損由國庫補足之。

雇主所提撥勞工退休準備金，應由勞工與雇主共同組織委員會監督之。委員會中勞工代表人數不得少於三分之二。

第五十七條 勞工工作年資以服務同一事業者爲限。但受同一雇主調動之工作年資，及依第二十條規定應由新雇主繼續予以承認之年資，應予併計。

第五十八條 勞工請領退休金之權利，自退休之次月起，因五年間不行使而消滅。

## 第七章 職業災害補償

第五十九條 勞工因遭遇職業災害而致死亡、殘廢、傷害或疾病時，雇主應依左列規定予以補償。但如同一事故，依勞工保險條例或其他法令規定，已由雇主支付費用補償者，雇主得予以抵充之：

一　勞工受傷或罹患職業病時，雇主應補償其必需之醫療費用。職業病之種類及其醫療範圍，依勞工保險條例有關之規定。

二　勞工在醫療中不能工作時，雇主應按其原領工資數額予以補償。但醫療期間屆滿二年仍未能痊癒，經指定之醫院診斷，審定為喪失原有工作能力，且不合第三款之殘廢給付標準者，雇主得一次給付四十個月之平均工資後，免除此項工資補償責任。

三　勞工經治療終止後，經指定之醫院診斷，審定其身體遺存殘廢者，雇主應按其平均工資及其殘廢程度，一次給予殘廢補償。殘廢補償標準，依勞工保險條例有關之規定。

四　勞工遭遇職業傷害或罹患職業病而死亡時，雇主除給與五個月平均工資之喪葬費外，並應一次給與其遺屬四十個月平均工資之死亡補償。其遺屬受領死亡補償之順位如左：

㈠配偶及子女。

㈡父母。

㈢祖父母。

㈣孫子女。

㈤兄弟、姐妹。

第六十條　雇主依前條規定給付之補償金額，得抵充就同一事故所生損害之賠償金額。

第六十一條　第五十九條之受領補償權，自得受領之日起，因二年間不行使而消滅。

受領補償之權利，不因勞工之離職而受影響，且不得讓與、抵銷、扣押或擔保。

第六十二條　事業單位以其事業招人承攬，如有再承攬時，承攬人或中間承攬人，就各該承攬部分所使用之勞工，均應與最後承攬人，連帶負本章所定雇主應負職業災害補償之責任。

事業單位或承攬人或中間承攬人，爲前項之災害補償時，就其所補償之部分，得向最後承攬人求償。

第六十三條 承攬人或再承攬人工作場所，在原事業單位工作場所範圍內，或爲原事業單位提供者，原事業單位應督促承攬人或再承攬人，對其所僱用勞工之勞動條件應符合有關法令之規定。

事業單位違背勞工安全衛生法有關對於承攬人、再承攬人應負責任之規定，致承攬人或再承攬人所僱用之勞工發生職業災害時，應與該承攬人、再承攬人負連帶補償責任。

## 第八章 技術生

第六十四條 雇主不得招收未滿十五歲之人爲技術生。但國民中學畢業者，不在此限。

稱技術生者，指依中央主管機關規定之技術生訓練職類中以學習技能爲目的，依本章之規定而接受雇主訓練之人。

本章規定，於事業單位之養成工、見習生、建教合作班之學生及其他與技術生性質相類之人，準用之。

第六十五條 雇主招收技術生時，須與技術生簽訂書面訓練契約一式三份，訂明訓練項目、訓練期限、膳宿負擔、生活津貼、相關教學、勞工保險、結業證明、契約生效與解除之條件及其他有關雙方權利、義務事項，由當事人分執，並送主管機關備案。

前項技術生如爲未成年人，其訓練契約，應得法定代理人之允許。

第六十六條 雇主不得向技術生收取有關訓練費用。

第六十七條 技術生訓練期滿，雇主得留用之，並應與同等工作之勞工享受同等之待遇。雇主如於技術生訓練契約內訂明留用期間，應不得超過其訓練期間。

第六十八條 技術生人數，不得超過勞工人數四分之一。勞工人數不滿四人者，以四人計。

第六十九條　本法第四章工作時間、休息、休假，第五章童工、女工，第七章災害補償及其他勞工保險等有關規定，於技術生準用之。

技術生災害補償所採薪資計算之標準，不得低於基本工資。

## 第九章　工作規則

第 七 十 條　雇主僱用勞工人數在三十人以上者，應依其事業性質，就左列事項訂立工作規則，報請主管機關核備後並公開揭示之:

一　工作時間、休息、休假、國定紀念日、特別休假及繼續性工作之輪班方法。

二　工資之標準、計算方法及發放日期。

三　延長工作時間。

四　津貼及獎金。

五　應遵守之紀律。

六　考勤、請假、獎懲及升遷。

七　受僱、解僱、資遣、離職及退休。

八　災害傷病補償及撫邮。

九　福利措施。

十　勞雇雙方應遵守勞工安全衞生規定。

十一　勞雇雙方溝通意見加強合作之方法。

十二　其他。

第七十一條　工作規則，違反法令之強制或禁止規定或其他有關該事業適用之團體協約規定者，無效。

## 第十章　監督與檢查

第七十二條　中央主管機關，爲貫徹本法及其他勞工法令之執行，設勞工檢查機構或授權省市主管機關專設檢查機構辦理之；地方主管機關於必要時，亦得派員實施檢查。

前項勞工檢查機構之組織，由中央主管機關定之。

第七十三條　檢查員執行職務，應出示檢查證，各事業單位不得拒絕。事業單位拒絕檢查時，檢查員得會同當地主管機關或警察機關強制檢查之。

檢查員執行職務，得就本法規定事項，要求事業單位提出必要之報告、紀錄、帳册及有關文件或書面說明。如需抽取物料、樣品或資料時，應事先通知雇主或其代理人並掣給收據。

第七十四條　勞工發現事業單位違反本法及其他勞工法令規定時，得向雇主、主管機關或檢查機構申訴。

雇主不得因勞工為前項申訴而予解僱、調職或其他不利之處分。

## 第十一章　罰　　則

第七十五條　違反第五條規定者，處五年以下有期徒刑、拘役或科或併科五萬元以下罰金。

第七十六條　違反第六條規定者，處三年以下有期徒刑、拘役或科或併科三萬元以下罰金。

第七十七條　違反第四十二條、第四十四條第二項、第四十五條、第四十七條、第四十八條、第四十九條或第六十四條第一項規定者，處六個月以下有期徒刑、拘役或科或併科二萬元以下罰金。

第七十八條　違反第十三條、第十七條、第二十六條、第五十條、第五十一條或第五十五條第一項規定者，科三萬元以下罰金。

第七十九條　有左列行為之一者，處二千元以上二萬元以下罰鍰:

一　違反第七條、第九條第一項、第十六條、第十九條、第二十一條第一項、第二十二條、第二十三條、第二十四條、第二十五條、第二十八條第二項、第三十條、第三十二條、第三十四條、第三十五條、第三十六條、第三十七條、第三十八條、第三十九條、第四十條、第四十一條、第四十六條、第五十六條第一項、第五十九條、第六十五條第一項、第六十六條、第六十七條、第六十八條、第七十條或第七十四條第二項規定者。

二　違反主管機關依第二十七條限期給付工資或第三十三條調整工

作時間之命令者。

三　違反中央主管機關依第四十三條所定假期或事假以外期間內工資給付之最低標準者。

第八十條　拒絕、規避或阻撓勞工檢查員依法執行職務者，處一萬元以上五萬元以下罰鍰。

第八十一條　法人之代表人、法人或自然人之代理人、受僱人或其他從業人員，因執行業務違反本法規定，除依本章規定處罰行爲人外，對該法人或自然人並應處以各該條所定之罰金或罰鍰。但法人之代表人或自然人對於違反之發生，已盡力爲防止行爲者，不在此限。

法人之代表人或自然人教唆或縱容爲違反之行爲者，以行爲人論。

第八十二條　本法所定之罰鍰，經主管機關催繳，仍不繳納時，得移送法院強制執行。

## 第十二章　附　則

第八十三條　爲協調勞資關係，促進勞資合作，提高工作效率，事業單位應舉辦勞資會議。其辦法由中央主管機關會同經濟部訂定，並報行政院核定。

第八十四條　公務員兼具勞工身分者，其有關任（派）免、薪資、獎懲、退休、撫卹及保險（含職業災害）等事項，應適用公務員法令之規定。但其他所定勞動條件優於本法規定者，從其規定。

第八十五條　本法施行細則，由中央主管機關擬定，報請行政院核定。

第八十六條　本法自公布日起施行。

# 第三篇

# 企業功能

❀企業之行銷

❀企業之生產

❀企業之運輸倉儲

❀企業之財務

❀企業之人事

❀服務業之經營策略

❀研究與發展

❀企業之未來趨向

# 第四章　企業之行銷

今天由於科技的進步，各企業發生在生產上的技術問題已逐漸減少；而在自由競爭的環境裡，為了企業的生存與成長，不得不採用各種行銷方法，以便將產品賣給顧客，從而獲得利潤。根據美國行銷學會所下的定義：「行銷為引導物品及勞務從生產者流向使用者的企業活動」。此乃意味行銷所包含的層面非常的廣泛，諸如市場研究與分析、產品規劃、釐訂價格、出售條件、推廣、銷售、行銷通路之甄選與運用，以及貨品儲運等等。易言之，行銷不只是單純的交易行為，也不只是傳統的市場買賣；行銷所包括的範圍比起交易或市集買賣廣大與複雜。簡單地說：我們可以把行銷看做是產品或勞務製造與消費外之一切活動❶

## 第一節　行銷之重要性

由前面可知行銷主要是引導物品或勞務從生產者流向使用者的企業活動，而使用者（或說消費者）之所以願意為一物品付出代價而加以消費，乃是因為該物品具有價值，能解決消費者的某些問題或滿足其需求。也就是透過行銷的企業活動，可以平衡經濟上供需的問題，解決生產過多，或是需求過多，消費不足的問題，從而增進人類全體的生活福祉。

---

❶ 郭崑謨著，企業管理——總系統導向，修訂版（臺北：華泰書局，民國73年印行）第329-333頁。及郭崑謨著，行銷管理（臺北市：三民書局，民國73年印行）一書。

至於物品或勞務所具有的價值，可從四個方面加以探討。一是形式的價值，二是時間的價值，三是地點的價值，四是持有的價值。

### 壹、形式價值

所謂形式的價值，是指貨品的物理或化學上的改變而創造出來的價值，譬如利用海水製成鹽，或利用水製成冰等等都創造了形式的價值，又如石、鋼筋等材料的價值並不大，但是利用這些材料建成房屋，搭成橋等等高價值的東西，就因而創造了形式的價值。

### 貳、時間價值

而時間的價值，可以一簡例說明。如毛皮大衣在夏天因爲天氣熱，需求低，所以價格也低，而到了冬天則因天氣冷，需求高，所以價格亦高。因此把夏天的毛皮大衣保留到冬天來賣，就能够產生時間的價值。

### 參、地點價值

地點的價值亦可藉下例說明。一瓶水在臺灣可能不認爲稀奇，但是在水資源極度缺乏的阿拉伯地區，則是一項重要的商品。我們國家就曾賣過不少的礦泉水給該地區。這就是因爲各地區的供需豐瘠不同而造成的地點價值。

### 肆、持有價值

持有價值就是變更所有權的價值，例如某甲擁有 100 台的錄影機，則每台錄影機對某甲的價值不高，某乙沒有錄影機，則錄影機對某乙的價值很高。如某甲將持有的錄影機轉賣給某乙，則錄影機的價值就可大爲提高。

一般而言，除了製造能創造形式價值外，行銷的各種企業活動，如貨品的儲藏、貨品的運輸及推廣銷售等等都可增加貨品的時間、地點及持有的價值。因此在今天的社會，如果沒有行銷，則人們的生活水準必然會降低許多。

今天的行銷已從單純的市場營利活動，擴充到其他非營利事業團體的活動。如家庭計劃的推動、各大專院校研究所的招生促銷等等。甚至所推銷的只是一種觀念一種道德，如抽煙會傷害身體，因此在公共場所不要抽煙，又如不要作無謂的應酬，反仿冒等等都是，可見行銷的效用非常的大，不惟公司個人，社會國家團體都可運用行銷之原理與策畧。

## 第二節　行銷之基本功能

行銷之基本功能相當繁雜，惟可將之歸成數類。茲將之分述於后。

### 壹、市場分析與行銷研究

在現實世界中，每一個人的需求偏好都不盡相同，此種異同，可能來自於年齡的不同，可能來自於地理環境的不同，也可能來自於其他生活型態的不同。由於不同的需求以及不同的購買動機、偏好、習慣造成不同的市場類別，這些都會影響到企業的行銷，所以企業必須利用各種行銷研究的方法劃分市場。

一般而言，市場可依購買者購買的原因與目的，區分爲消費市場與中間市場兩大類。前者是買來作最終消費或使用，而後者則是用以轉售或生產其他產品的採購者所構成。其次我們又可把消費市場依照消費者購買習慣，將產品劃分爲方便貨品（Convenience goods）、選購貨品（Shopping goods）、與特殊貨品等三種❷，當然我們也可依照生產者的多寡與競爭程度的差異，而把市場劃分為完全競爭市場、多數競爭市場、寡頭競爭市場，以及獨佔市場四種。

其他還有許多種形式的劃分法，但不論是何種分類，分類之目的在於方便市場之研究與分析。市場研究與分析之目的是劃定目標市場。所謂目標市場係個別廠商依其本身的資源（如財力、生產設備技術、產品品質功能、行銷資源等等）以及目標（長期目標、短期目標），所應該並能夠爭取的市場。有了目標市場後，方能避免『無的放矢』，並使公司的資源發揮最大的效能，造成既定的目標。

目標市場的選擇，主要來自於市場的區隔（Market Segmentation），市場的區隔可依據許多不同標準，諸如：

1.地理區域：縣市別，東西南北區域等。

2.人口密度：都市、郊區、農村，人口十萬、百萬等。

3.年齡：5歲以下，5～12歲，13～18歲，19～25歲，26～35歲，36歲～50歲，51歲以上。

4.性別：男性、女性。

5.家庭大小：1～2人，3～4人，5人以上等。

6.家庭所得：1萬元以下，1～2萬元，2萬元以上等。

7.職業：公、農、工、商。

8.信仰：道教、佛教、天主教、基督教、回教等。

9.教育水準：小學、初中、高中、大學等。

10.採購習性及嗜好：注重價錢、講究品質、安全、方便、崇拜、售後服務等。

11.社會階級：下下，下中，下上，中下，中中，中上，上下、上上

---

❷ 參看：Melvin T. Copeland, *Principles of Merchandising*. (New York: McGraw-Hill Book Company, 1924) 第二章、第三章以及第四章。

中、上上等❸

12.行業別：化學、機械、玩具、電子等。

13.使用狀態：從未使用，曾用過，初次使用，偶而使用，經常使用。

當然還有其他許多變數可作爲市場區隔的依據。就個別產品而言，並不是所有的變數都得加以考慮。通常我們可以綜合數項變數作爲依據，以區隔劃分市場，譬如衣服，以家庭所得、年齡、性別來區分可劃分爲三十個市場（見圖 4-1）。每一個市場都具有不同的特徵，在

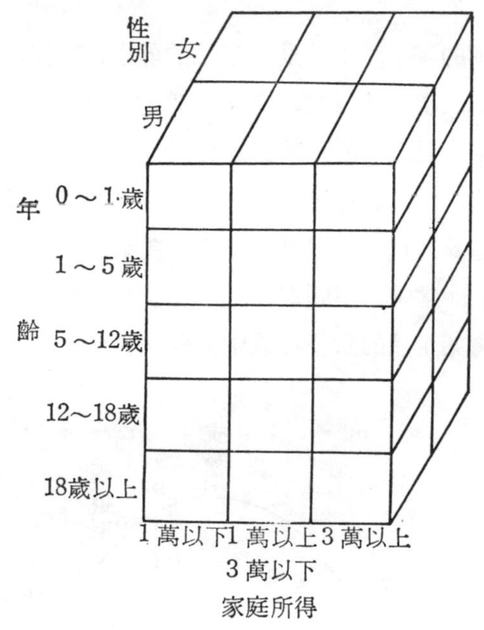


**圖 4-1**　衣服之區隔市場

---

❸ 社會階級依據職業、所得來源、住宅型式、教育，以及鄰居狀況而分六個階級。此乃華納及其同事於一九一九年研究所首創，可作運銷策略製訂之參考，原著見：
Warner, W. Lloyd. et al, *Social Class in America*. (New York; Harpu & Row 1960) p. 116.

研究時尚可再針對個別市場再探討以下幾個問題：①何者購買？②購買何物？③為何購買？④如何購買？⑤何時購買？⑥何地購買？等六大問題。

以圖 4-1 言，個別廠商是否要行銷所有的市場，或只選擇幾個市場集中火力攻擊之，全視廠商的營運目標，競爭者的狀況，以及所擁有的資源等等而有所不同。

### 貳、產品研究

顧客所採購的產品，不只是該產品的外觀、功能，還有該產品的所有特徵，比如該產品的包裝、標識、容器、色澤、大小、產品保證、品牌、服務，更重要的是顧客在採購能滿足其慾望的效用。

在競爭的市場中，各種產品或多或少都具有某種程度的差異，可能是實質上的差異，也可能只是心理上的差異，在行銷時，為使公司的產品「突出」，常常促使顧客產生該種差異的認知而轉化成購買的行動。事實上將某產品的衆多特徵中的任一特徵，加以改變，就可在

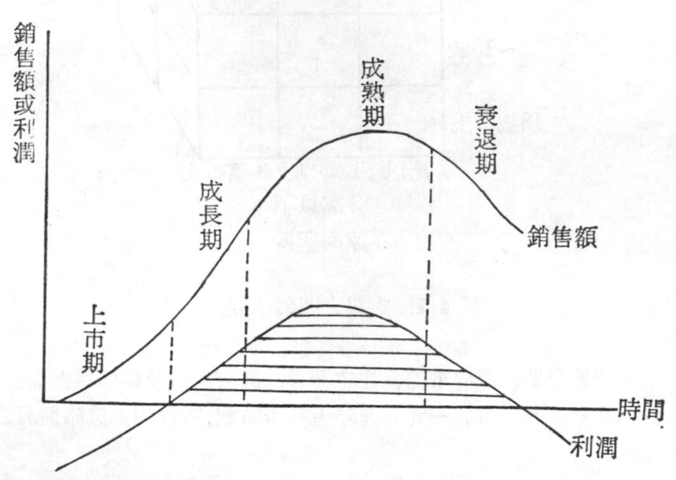


圖 4-2　產品生命週期

顧客的心目中造成一新的產品，譬如罐裝汽水，改成保特力瓶裝汽水，就造成了一個新的產品，對購買者就有不同的吸引力。因此若針對消費者的慾望與需求，研究新的產品（如增加產品的種類，效能，或改變其包裝）出售，可延長產品的生命，繼續替公司獲取利潤。

如同人類的生命，一般產品均有其壽命，稱之爲產品之生命週期。爲便利分析研究並作決策，通常可將之劃分爲四個階段，卽上市期、成長期、成熟期與衰退期（見圖 4-2）。

㈠上市期

產品初上市，市場對新產品之接受不確定，銷售量低，營業損失可能非常的大。在此時期，須採高水準的促銷方法，以吸引並爭取顧客的試用。同時要以較高的產品價格支持鉅額的促銷費用等。

㈡成長期

銷售量越來越大，利潤也在增加。此時期所注重的是生產效率的增加以及產品缺點的改善。其次，在價格方面，除非低價能增加銷量、擴大市場與對抗競爭者外，仍應保持高價的策略。

㈢成熟期

此期銷售量不再增加，產品市場達到飽和狀態。此時應該開發產品的新用途，增加市場的區隔劃分，以開發新的使用者，其次以特出的廣告促銷方法，或減價打折方式加強產品的競爭力，以爭取競爭產品的佔有率。

㈣衰退期

該期銷售量降低，利潤也在減少，終至廢棄死亡。此時則可維持原狀，直到退出該市場或是「二度生命週期」的出現，亦卽產品生命週期之再循環。

## 參、產品訂價

在經濟理論上，價格是供需平衡的指標。譬如「物以稀爲貴」，代表供給過少、需求過多而抬高價格；反之，生產過多、供過於卽求則造成價格下跌。在物價高、利潤豐厚時，個別廠商如不增加產銷，便有其他廠商加入產銷，結果將會形成供給量增加，價格下跌。相反的，如供給量減少，價格便上升。如此所決定的價格，便是均衡價格（見圖 4-3），$P_1$ 卽爲需求函數 $D_1D_1'$ 與供給函數 $S_1S_1'$ 之均衡價格（詳見一般經濟學教科書）。實際上，由於受到消費者的偏好，國家的政策、廠商的策略、買賣的條件、生產廠商的多寡……等衆多因素的影響下，除非是在完全競爭的情況下，個別廠商甚少依該均衡價格來訂定價格。

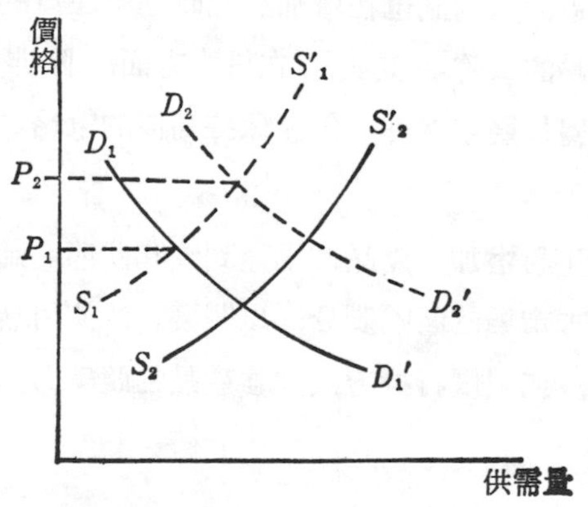


圖 4-3 均衡價格的決定過程

事實上，廠商在訂價時會遭遇許多的問題，如價格該訂得比競爭對手高還是低，是求利潤極大，還是求市場佔有率擴張……等等。要解決這些問題，需要考慮廠商的訂價目標，訂價方法，以及訂價策略等。訂價目標一般而言有：維持長期的平穩價格；維持或擴大市場佔有率；防止其他競爭者加入；獲取最高利潤；達成投資報酬率的目標；和同業維持一致的價格等幾種。

如果定價目標在求長期平穩價格的維持，則價格本身應能吸收成本的變動，而又不會高到無法與新進廠商在價格上競爭。如果想維持或擴大市場佔有率，價格理應放低，採低價策略並防止新廠商介入競爭。如果定價的目標是在求取最高的利潤，則應以邊際成本和邊際收益觀念訂價。至於若欲和同業走一致的價格路線，則廠商本身並無任何價格策略可言。

當廠商已決定了定價目標及策略後，則可應用各種訂價方法訂價。訂價方法很多，主要有①成本加成法，②最高利潤法，③損益兩平定價法，④心理定價法；⑤區域性定價法等幾種。

成本加成法，爲最簡單的訂價法，也是最普遍之方法，即以成本爲基價，再加上一個利潤成數。唯廠商需要多方收集成本資料，如固定成本、變動成本等，否則無法訂出一有意義的價格(見圖4-4)。

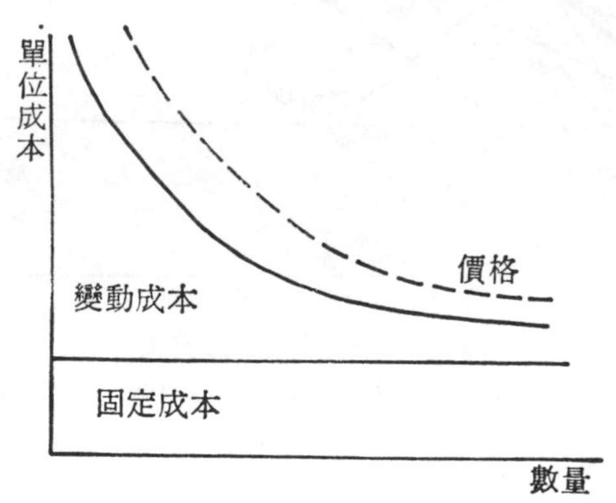


圖 4-4 成本加成訂價法

最高利潤法，所考慮者爲邊際成本與邊際收入。邊際成本是再生產一件貨品所需增加之額外成本；邊際收益則是多賣出一件貨品所能增加之收入。當邊際成本等於邊際收入時爲最適產量，從而決定了價格與利潤。這是經濟理論上最理想的訂價法，惟觀念比較複雜，不易施行（詳見經濟學書籍）。

成本定價法只考慮成本，而損益兩平定價法，則多考慮了市場需求面。此一方法考慮在每個單位售價下，市場各有其需求量，且各有其損益兩平點❹（即收入等於成本，不虧不賺的銷貨量）。循此再選取一個獲利最多的價格。如圖 4-5 所示，A、B、C、D、便是假定單價爲10元、8元、6元與4元時的損益兩平點，若再依據不同價格所預估總銷售額繪製預估總需求線，則各種價格所獲取利潤的多寡，便可從

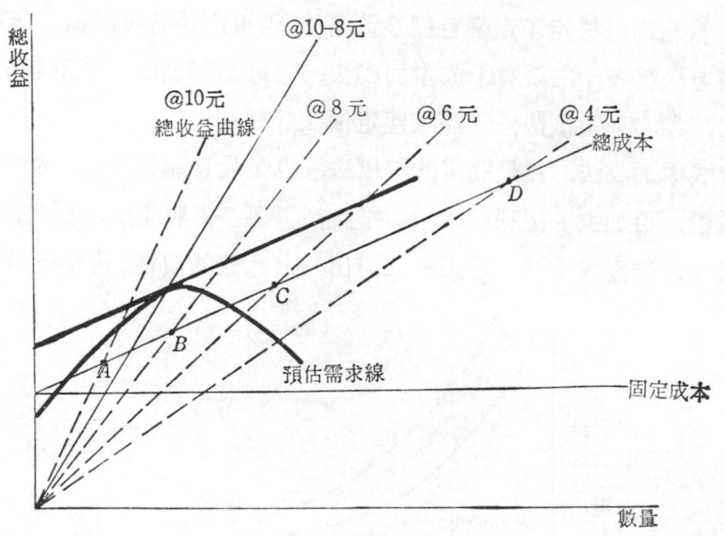


圖 4-5 損益兩平訂價法

資料來源：參閱赫金斯（E. R. Hawkins）教授原著，由筆者修正劃製。

原著爲Edward R. Hawkins, "Price Policies and Theory," *Journal of Marketing* January 1954, p. 234.

---

❹ 變動損益兩平點法，根據史坦登教授（William J. Stanton）係由赫金斯教授（Edward R. Hawkins）首創，早於一九五四年出版在行銷學報，看：Edward R. Hawkins, "Price Policies and Theory" *Journal of Marketing*, January 1954, p. 234.
Stanton, W. J. *Fundamentals of Marketing*, 3rd ed. (New York: McGraw-Hill Book Co, 1971) pp. 438-440.

圖上看出。如圖 4-5 所示最高盈餘的定價，應該訂在 8 到10元之間。

除了以上幾種定價法外，有一種相當普遍的定價法，是爲心理定價法。此法乃針對購買者的心理而訂出的一種奇異的價格，如99元，999元等。其實 99 元與 100 元僅是 1 元之差，但在消費者的心理上卻造成相當大的差異，使得銷售量大增。通常此法仍是建築在成本加成的方法上。

至於區域性定價法，是將距離因素，納入價格中。此法常見於製造業對其客戶之訂價。爲鼓勵遠方客戶的採購，貨物依區域擬訂，近區銷售價格吸收遠區價格之運費。因此如果客戶不負擔運費，則近區售價常略高於遠區之售價。

不管以何種方式定價，價格仍是一個非常奇妙的東西，不但可以爭取市場，而且可以調配各種營運資源的運用。如何訂好價格，調整價格，是一個相當富有藝術性的問題。

## 肆、產品配銷途徑（通路）

將產品從廠商銷售到使用者，要經過許多重的行銷中間機構，此一路程卽爲配銷途徑（通路）。行銷中間機構，習慣稱之爲中間商，包括有批發商、零售商、經銷商、代理商、廠商門市部、收購商……等等。批發商爲買進貨品，再轉售給其他零售商、廠商或其他商人，並極少直接售予最終消費者。零售商乃直接將產品直接售予最終消費者之商人。經銷商爲買進賣出之零售或批發商。代理商則是洽商購買或銷售式兩者兼具，但不取得所有權之商人。收購商則是零買批賣，主要活動於農漁市場。

雖然中間商有許多種，產品的配銷通路，卻不一定都要經過。可以經過一層或多層的中間商，甚至也可以不經過中間商而直接銷售給消費者（見圖 4-6）。

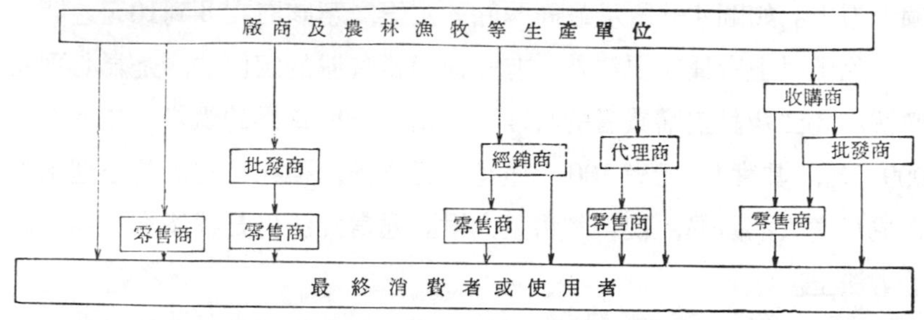


圖 4-6 產品之配銷途徑

配銷途徑的選擇常會影響到產品的價格、廣告、促銷推廣的方法，也是會影響到市場的佔有率。所以配銷通路的選擇非常的重要，在作決策時需考慮①要採用那幾種途徑；②配銷的密集度如何；以及③如何選用合適的中間商人。決策的依據通常是①市場情況；②產品特徵；③中間商人之條件等。例如訂購量特大（市場情況）或產品需要專門技術人員整修、保養，而無中間商可承擔作業者，行銷通路宜採直接或短途徑來配銷。譬如電腦就是一例。如果顧客訂購量少而種類繁多，市場廣大且分散，產品無需專門修護，則通路宜長而廣，增加配銷密度。洗衣機、飲料等產品就是兩種例子。

## 伍、行銷促進——推銷

行銷促進的目的在於引導顧客或潛在顧客對公司的產品或勞務產生注意與興趣，最後並產生慾望而引起進一步的購買行動。推銷主要包括兩種活動；即廣告與人員推銷。

廣告是藉著大衆傳播媒體，向大衆傳播情報訊息，以期獲得顧客光顧之工具。所利用的媒體非常多，如報紙雜誌向大衆傳遞視覺方面的訊息，收音機提供聽覺的訊息，電視機則兩者都有，當然除了此四大傳播媒體外，另有其他的廣告媒體，如公車上的廣告、函件、店面招牌廣告等等都是。各種廣告媒體有其優缺點，如電視廣告的聲音畫面對顧客所造成印象比其他媒體都來得深，但是其暴露時間甚短，成本亦高；報紙廣告則有時間與成本上的優點；因此如何挑選媒體，或作一個最佳的組合，以使廣告的效果最大，是廠商的一個重要廣告決策。唯廣告的效果很難加以衡量，蓋因廣告後所增加的銷售量不一定全係廣告之結果。其他如通路的改善、價格的訂定、推銷員的努力、消費所得的增加等等也會影響銷售量。各種因素很難加以分析研究。通常在媒體播放後，利用回憶或認知廣告文案的測試，來決定廣告的效果，也就是以潛在的購買者來代替實際購買者，作爲衡量效果之用。

人員推銷，爲企業廠商爭取市場，銷售貨品勞務最直接，也最具歷史的工具。人員推銷顧名思義，卽知爲利用推銷員直接將產品或勞務介紹或銷予顧客。一般推銷員有送貨員、店員、外務員或業務員、銷售助理、駐外銷售人員及業務經理（或行銷經理）等。這些人員代表廠商與消費大衆直接接觸，不僅是介紹推銷產品或勞務給予顧客，還負有將市場的資訊傳回公司的任務。因爲是廠商第一綫的「尖兵」，一舉一動都關係著公司的成敗，所以從推銷員的遴選、訓練、管理都得小心從事。

一位好的推銷員不但要對廠商之政策、產品的效能與使用法充份了解，而且要具有親切、熱誠、機敏、勤勞、溫和、忍耐等基本素質，其次要能與顧客維持良好關係，爲其解決問題發展業務等。當然推銷技術非常奧妙，方法因人而異；但如何完成任務以及其推銷步驟相當一致。一般而言，推銷步驟爲：㈠首先是尋找辨認潛在之顧客；㈡其次是拜訪潛在顧客；㈢建立關係；㈣試探潛在顧客之意欲；㈤介紹並推崇產品；㈥解決顧客對產品的疑問；㈦協助潛在顧客作購買決策；㈧若是潛在顧客決定購買，加強表示決策之適切，而若決定不買則應道謝光臨參觀；㈨售後道謝並追問產品效能。其中第㈤、㈥與㈦三步驟爲關鍵步驟，如作不好，或協助顧客太積極，均易導致顧客起反感，而喪失成交的機會。

推銷的成效不僅要靠個別推銷員的能力，還得依賴整體推銷組織的結構，以及銷售區域的分派等。並不是將最好的推銷人員分派到最好的地區，次好的人員分派到次好的地區就是最好的方式。推銷員與組織結構都必須與地區、產品、顧客相配合，銷售區域的大小型態也都必須仔細的擬定，方能發揮推銷的功能於極致。

## 第三節　企業之行銷管理

所謂行銷管理，乃透過管理功能的發揮，從事各種行銷的活動，以發掘、刺激、及滿足社會各階層慾望、並謀求彼此利益。所包括的管理功能有分析、計劃、執行、控制；行銷活動則有產品規劃、價格之訂定、促銷及配銷通路等。所處理的對象不僅是企業內各種資源，更重要的是企業所無法控制的企業外環境。

由於市場的需求是動態的變化的，並具有時間、地點與區隔的特性，行銷管理須根據這些特性並配合公司所有的資源和能力，運用適當策略，以完成行銷管理的任務。一般行銷管理所欲達成的任務有如下八種：一是扭轉性行銷；二是刺激性行銷；三是開發性行銷；四是再行銷；五是同步行銷；六是維護性行銷；七是低行銷；八是反行銷。這八種任務不是一成不變的，必須根據市場需求或外在環境的變化而隨時作調整。茲將此八種任務分別討論於后。❺

### 一、扭轉性行銷

此乃特指市場的需求爲「負」之時，應採取之行銷策略，如廣告促銷，價格改變等，使顧客由不喜歡而改爲喜歡其產品。

---

❺ 取材自王志剛編譯，行銷學原理（臺北市：華泰書局印行，民國七十一年）第24～25頁。原著爲 Philip Kotler, *Principle of Marketing*.

**二、刺激性行銷**

當顧客對產品抱持可有可無，或總無差異的態度時，則應採取刺激性行銷，來使無需求的市場狀況改變。這種狀況可能來自於人們對產品的認知不夠，或是行銷的時間、地點不對。因此必須利用多方的行銷活動，使顧客認識產品，從而覺得此產品有價值，並且發生需求。

**三、開發性行銷**

當人們對產品產生需求，卻不發生採購的行動時，應採用開發性行銷，促使那些潛在的顧客產生購買的行動。該種市場情況，可能是顧客的財力不夠，或其他諸多原因，可利用一些創新的方法消除該種不利狀況，就能完成開發的任務，如辦理分期付款或消費性貸款等等。

**四、再行銷**

再行銷是用在一產品的生命週期已越過了成熟期時，則需進行產品的改良，創造產品的另一生命週期，使市場對產品的需求，由衰退中再爬起。

**五、同步行銷**

此乃特指行銷與生產同步。因為某些產品在市場上的需求並不穩定，需求量時大時小，且不規則，因此需採用同步行銷策略以平穩需求的波動，使行銷與生產同步，並獲得經濟上的利益。如電冰箱的銷售冬夏兩季差異很大，所以在冬天時候，便採打折、贈獎等活動以促進消費者的購買，不僅可減少庫存資金的積壓，又可平衡產銷之間的差異。

**六、維護性行銷**

當公司的銷售位於巔峯狀態，如果不採取一些措施，可能會步入需求衰退狀態，應採取此種行銷。維護性行銷就是在使公司保持該巔峯狀態，以獲得最佳利益。其主要的方法，在利用適當的價格、促銷等措施，防止競爭者加入，排除一切可能的干擾，以維持公司經營的最佳狀態。

七、低行銷

當需求太大而超過供給能力時，會造成長期的供給不足，而破壞了未來的需求與收益。因此在此時需採低行銷方法，以減少需求的強度，譬如提高價格，減少銷售據點等都可減少過多的顧客與需求。

八、反行銷

有些產品對消費者個人或社會大衆有害，反行銷的目的就是在去除或降低對該種產品的需求。比如吸食香煙對人體有害，需要利用反行銷來降低人們對該項產品的需求。

以上八項任務雖不能同時達成，但是透過行銷管理者的努力，將能完成許多。一個行銷管理者所需要的管理能力，可從分析、計劃、組織與控制等四方面加以說明。

一、分析

譬如市場分析，了解市場的需求有多大，潛在的市場又在那裡。又譬如產品分析，了解產品的特性，以及顧客對這些產品特性的感覺如何。所有這些工作都需要大量的調查、收集、整理、統計分析的複雜技術，方能確切了解市場的狀況，與產品的優劣點等。

二、規劃

沒有規劃的工作，必然雜亂無章，不易達成工作的目的。行銷的計劃主要包括有產品發展計劃、價格訂定、配銷途徑與促銷的計劃等。

三、組織

人是公司企業的最重要資源，而要使人人都能發揮最高的效力，必須要透過良好的組織。一個良好的行銷者需對組織的設計、人員選任與激勵等要徹底了解，以使組織能配合公司的目標與市場的特性，讓組織中的成員素質士氣都達最佳狀態，發揮團隊的最佳效力，完成行銷的各項目標。

### 四、控制

分析與規劃都是市場銷售的事前活動，經過執行後，如果不經過控制，不對結果加以衡量，則無法完滿的施行計劃，甚至無法修正不良或不通的行銷計劃，導致公司行銷的失敗。

執行的控制與成果的衡量主要包括市場的成果以及行銷成本的衡量和控制。爲達此目的必須要建立行銷情報偵察系統，當成果不佳，則需進行市場分析研究，以修訂行銷計劃來達成行銷的目標。

## 【企業個案一】 佳家股份有限公司*

### 一、公司沿革

佳家公司是我國最具規模的電器及電子產品製造廠家之一，到去年爲止資本總額達新台幣五億五千萬元，66年總營業額幾近40億元，而且多年來一直榮登外銷額超過一千萬美元績優廠商前50名。

該公司前身係東海無線電器行，由董事長陳金川先生創立於民國25年，最初該公司與日本小野電機株式會社合作，專門製造油質電容器；民國53年爲了集中經營，擴大產銷合併爲佳家電器股份有限公司，生產黑白電視機、電冰箱等家庭電器。民國54年，爲加強銷售能力，配合全省電視網之完成，在台北、台中、台南、嘉義、高雄設立服務所，並在全省各大都市設立服務站。民國58年配合國內彩色電視節目的播出，開始與日本佳音株式會社技術合作生產彩色電視機。由於佳家公司最初是以電容器的生產起家，而且在國內電容器事業方面早已建立了卓越的聲譽，因此，雖然該公司在民國53年以後開始重視家庭用電器的生產，另一方面公司仍然時刻不忘電容器方面的開發，民國60年並與日本石井製作所株式會社技術合作生產電解電容器用鋁頭端子。

民國60年該公司再度增資，推出單槽洗衣機，63年爲了適應生產需要，除了原有板橋、三峽的生產基地外，並在林口擴建廠房，且正式更名爲佳家股份有限公司。民國65年增資爲3750萬，且在美國芝加哥投資設立分公司，並在全省各主要都市設立修理廠。

### 二、營業概況

佳家公司爲電器器材多角化經營之企業，製品大致可分爲①電子產品類②家電產品類③音響產品類④器材零件類等四大類。除器材零件類爲工業用品外，電子產品、音響製品及家電產品均爲家庭必需品。爲了配合公司多角化經營的目標，

* 本個案取材自郭崑謨編，國際行銷個案。（臺北市：六國出版社，民國70年印行），第309～327頁。

佳家在全省12家規模宏大的公司均有轉投資事業；截至民國65年12月31日止，轉投資事業總投資額達七千萬元以上。雖然電子電器產品需求量大，競爭亦劇烈，但憑藉著"品質"及"成本"方面的優勢，仍然使得該公司在業務發展方面蒸蒸日上，民國65年電器產業普遍不景氣之下，佳家公司總銷售額卻突破歷年業績而達31億元左右，玆將該公司近三年銷售情況比較如下：

單位：台，只
金額：新台幣千元

| 產品種類 | 65年度 | | 64年度 | | 63年度 | |
|---|---|---|---|---|---|---|
| | 銷　量 | 銷　值 | 銷　量 | 銷　值 | 銷　量 | 銷　值 |
| 電子產品類 | 456,930 | 1,748,658 | 362,102 | 1,260,346 | 365,975 | 1,335,182 |
| 家電產品類 | 98,055 | 844,880 | 79,291 | 697,576 | 79,097 | 580,270 |
| 音響產品類 | 316,214 | 297,914 | 708,253 | 235,641 | 834,398 | 230,063 |
| 器材零件類 | 71,323,645 | 192,621 | 35,319,237 | 122,459 | 55,528,951 | 156,480 |
| 其他產品類 | | | | | 158,038 | 9,239 |
| 合　計 | 72,194,884 | 3,084,073 | 36,468,883 | 2,316,022 | 56,966,459 | 2,311,234 |

### 三、生產與品質管制

佳家公司的主要生產單位包括四個生產廠，廠址均設在勞力充配的臺北縣各鄉鎮，各工廠均有最現代化的生產設備及高效率的員工。因爲電器產品是耐久財，價值比一般產品高，因此消費者對品質非常重視，而佳家公司也一直認爲"優良的品質是產品最好的推銷員"，因此在民國58年佳家公司成立品管部門，該部門在60年起擴大爲品管中心。品管工作開始於開發設計階段。在生產過程中，從進料到成品出廠，每一環節都有品管人員參加作業。對於已出售的商品提供最完善的售後服務。無論在任何一個階段的品管，"標準"是該公司的準繩。在工作的執行上，已由消極的檢查進展到積極的保證工作。

由於嚴格的品管工作，佳家的產品均已獲得中華民國政府㊣字標記。在海外市場上，佳家產品通過了 UL, FCC, CSA, VDE, DHEW 等標準檢驗。以下是佳家公司的品管作業流程圖：

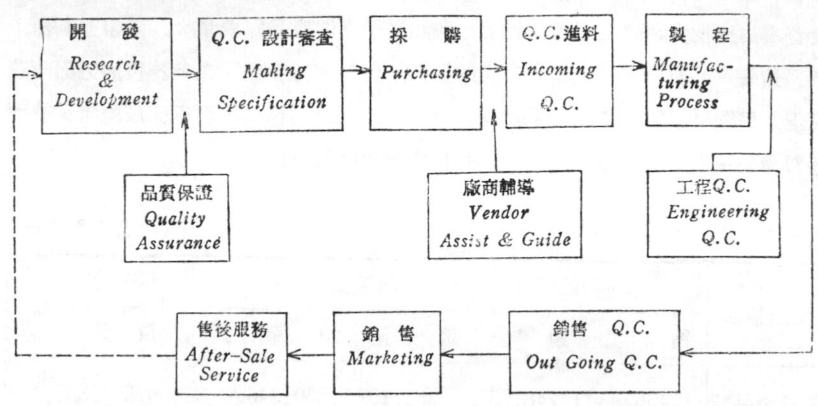


四、財 務

佳家公司由於股票公開上市，因此股權分散，不但集資容易，而且使得所有權和管理能力分開，避免了家族企業落後的現象。爲了配合業務的需要，歷年來公司不斷增資，截至民國66年底爲止，總資本額近五億五千萬元，爲了了解公司財務情況，玆將該公司在64年和65年的損益表及財務情況分析列示如下：

佳家股份有限公司

損 益 表

中華民國65年及64年1月1日起至12月31日

單位：新台幣元

| 項 目 | 65 年 | | 64 年 | |
|---|---|---|---|---|
| | 金 額 | % | 金 額 | % |
| 營 業 收 入 | 3,108,779,464.06 | 100% | 2,337,687,108.41 | 100% |
| 營 業 成 本 | 2,143,078,861.94 | 68.94 | 1,643,198,136.77 | 70.29 |
| 營 業 毛 利（未計分期付款銷貨已實現毛利前） | 965,700,602.12 | 31.06 | 694,488,971.04 | 29.71 |
| 加：期初分期付款銷貨遞延毛利 | 24,864,915.00 | 0.80 | 4,662,461.00 | 0.20 |
| 減：期末分期付款銷貨遞延毛利 | 126,645,878.00 | 4.07 | 24,864,915.00 | 1.06 |

| | | | | |
|---|---|---|---|---|
| 營　業　毛　利（已計分期付款銷貨已實現毛利後） | 863,919,639.12 | 27.79 | 674,286,517.64 | 28.85 |
| 貨　物　稅 | 172,667,291.44 | 5.55 | 147,558,968.84 | 6.31 |
| 營　業　費　用 | 486,660,287.56 | 15.66 | 342,050,898.16 | 14.64 |
| 營　業　淨　利 | 204,592,060.12 | 6.58 | 184,676,650.64 | 7.90 |
| 營業外收入 | 41,146,771.58 | 1.32 | 25,979,144.30 | 1.11 |
| 營業外支出 | 77,744,389.32 | 2.50 | 63,283,799.90 | 2.71 |
| 本　期　純　益 | 167,994,442.38 | 5.40 | 147,371,995.04 | 6.30 |

**佳家股份有限公司**

**財務分析**

依照查定後資產負債表及損益數額列委託公司各項比率如下：

| | | | 65年度 | 64年度 |
|---|---|---|---|---|
| 財務結構 | 佔資產（%） | 淨值 | 33.07 | 44.98 |
| | | 負債 | 66.93 | 55.02 |
| | 佔固定資產（%） | 淨值 | 173.13 | 197.42 |
| | | 長期資金 | 174.97 | 199.82 |
| 償債能力（%） | 流動比率 | | 124.22 | 132.67 |
| | 速動比率 | | 63.88 | 62.74 |
| | 負債比率 | | 202.40 | 122.31 |
| 經營能力（次） | 存貨週轉率 | | 3.11 | 2.37 |
| | 固定資產週轉率 | | 7.18 | 6.86 |
| | 淨值週轉率 | | 4.15 | 3.48 |
| | 總資本週轉率 | | 1.37 | 1.56 |
| | 總資本利益率（%） | | 9.03 | 12.35 |
| 獲利能 | 佔營業收入 | 營業成本 | 68.94 | 70.29 |
| | | 毛利 | 27.79 | 28.85 |
| | | 貨物稅 | 5.55 | 6.31 |
| | | 營業費用 | 15.66 | 14.64 |
| | | 營業利益 | 6.58 | 7.90 |
| | | 本期損益 | 5.40 | 6.30 |

| | | | | |
|---|---|---|---|---|
| 力 | (%) | 稅後純益 | 3.80 | 4.42 |
| | 每股平均 | 營業額 | 78.79 | 65.17 |
| | (%) | 稅後純益 | 2.99 | 2.88 |

## 五、人員訓練

由於家電及電子工業的技術日新月異，該公司爲培養與訓練各種專業人員，特於56年成立教育訓練中心。

各單位主管及技術人員均定期予以調訓，課程包括企業內及企業外的訓練。在過去6年裏，該中心已完成了5000餘人次各種專業訓練。

除此之外，該公司並鼓勵員工參加外面的講習會，借著觀摩和學習以增進員工的見聞。

## 六、研究發展

研究與開發是佳家企業最重要的部門之一，這也是佳家技術領先的最主要因素。

在臺灣該公司首先開發並推出彩色電視電腦選台、遙控器、綠鏡及電子眼。同時也是第一家推出單槽洗衣機的公司。佳家公司開發的產品包括洗衣機的複合式廻轉盤在內只有16項獲得中華民國專利，另有許多產品獲得UL，FCC，CSA，VDE 等檢驗合格。

最近開發成功的佳家產品包括低噪音冷氣機、超薄型冷氣機、PU 一體成型電冰箱、三門式電冰箱以及在開發過程中的公害防止偵測機、文件傳眞機及微處理機等。

## 七、組織圖表

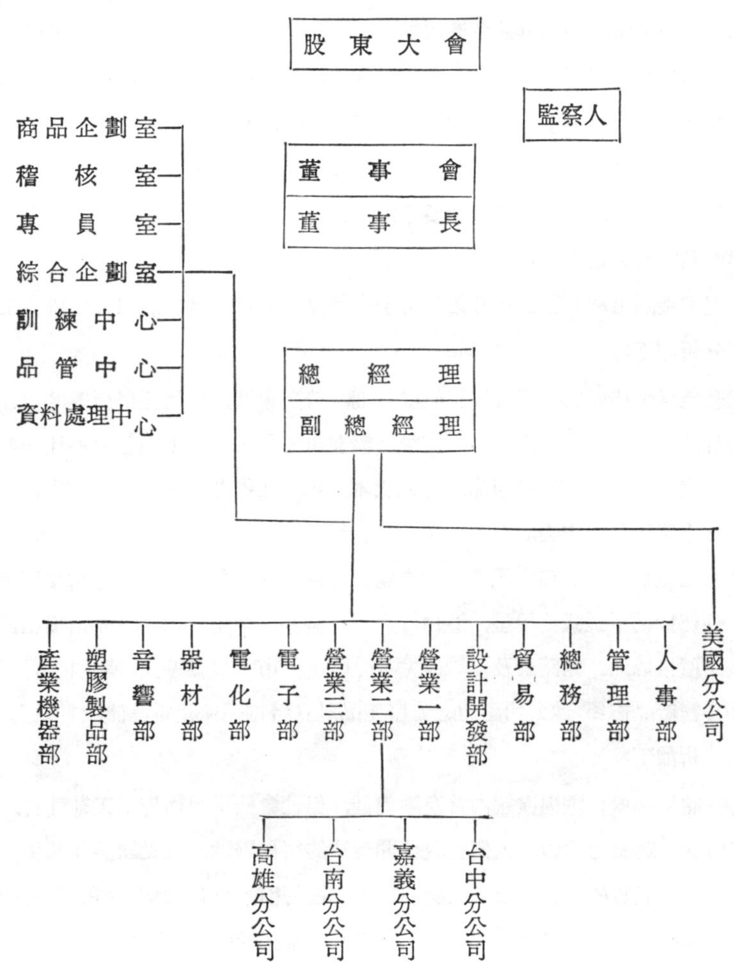


## 八、國內行銷

1.市場分析：佳家公司憑藉其悠久的歷史、高超的技術和優良的管理能力，在其「誠意、技術、服務」的經營原則之下，樹立了國內消費者良好的品牌印象。近年來，由於國內國民所得的提高，消費者觀念逐漸改變，過去被視爲奢侈品的電視機、冷氣機、冰箱……等等，漸漸變成了必需品，因此全球性的大規模的著名廠家，如美國 Admiral，荷蘭 Philips及日本 National, Sony, Sanyo等，紛紛來台設廠生產，國內電氣市場競爭逐漸白熱化，面臨此一雷霆萬鈞之勢，換上一家經營沒有效率的企業，必定要關門大吉，然而正如該公司王總經理所說：「我們公司不但在品質上、技術和售價方面符合國際水準。」因此，在外力的壓迫下，該公司所受的影響甚微，非但如此，每年還保持了高度的成長率。

在談到行銷策略之前，首先須要了解國內電子、電器市場的概況。現就該公司主要產品的行銷市場加以分析：

⑴電子產品市場：該公司產銷的電子產品以彩色電視機、黑白電視機爲主。玆分別分析如下：

①彩色電視機：彩色電視機正值成長期，普及率25%，隨國民所得的提高，電視節目的彩色化，更刺激顧客的需求，潛在市場很大，加上商品價格比一般電器產品爲高，又不斷開發新產品，降低成本，無論在內外銷市場上，佔有很大的優勢，爲家電產品之主力。

②黑白電視機：黑白電視機國內市場已達飽和，銷售量已趨穩定需求型態已由豪華型轉變爲手提式簡單型，並由一戶一部發展爲一室一部。外銷市場由於品質優異，價格低廉，銷路廣及全球，尤其是歐、美市場日益擴大，遠景相當樂觀。

⑵音響產品市場：該公司產銷之音響產品以立體電唱機及電晶體收音機爲主，玆分別分析如下：

①立體電唱機：電唱機國內普及率尚低，但社會結構已轉變爲工業社會，國民所得增加，購買力增強，人們重視休閒生活的精神調劑，且受歐美休閒生活方式及進口音響品質的影響，故國人對高級電唱機的需求日益殷切，潛在市場很大，外銷市場亦漸開拓，市場及於歐美，品質符合工業先進國家之要求，故市場日漸擴大，假以時日，高級電唱機將會發揮其深厚的潛力。

②電晶體收音機：國內收音機市場已達飽和，競爭相當激烈，但外銷市場以其低成本的優勢，遠景看好。

⑶電化產品市場：該公司產銷之電化產品有電冰箱、洗衣機、冷氣機、乾衣機、電風扇、電鍋、烤麵包機等，主要產品爲電冰箱、洗衣機、冷氣機，玆分別分析如下：

①電冰箱：國內電冰箱普及率已達66%，已經成爲家庭的必需品，銷路不受四季的影響，除了新購之外，換購亦在增加之中，此種飽和期的產品，必須格外重視產品的特性化，該公司亦不斷開發新產品，增強市場的地位。東南亞熱帶地區，是冰箱最潛在有力的市場，外銷市場已露曙光，以其價廉物美，將來大有發展餘地。

②洗衣機：國內洗衣機普及率27.5%成長非常迅速，由於國人洗衣觀念的改變及職業婦女的增加，更刺激其銷售量，且洗衣機壽命較短，除了新購之外，換購亦不斷在增加之中，故潛在市場非常大，且可以低成本之優勢，逐步拓展國外市場，前途相當樂觀。

③冷氣機：臺灣地處亞熱帶，夏季長達八個月之久，而目前國內冷氣機普及率才 8.5%左右，由於所得的提高，高樓的興建，此成長期的產品一定會加速成長，未來市場潛在甚強，尤於國內需求尙大，且生產規模不足以拓展國際市場。

(4)器材零件市場分析：該公司器材產品有紙質電容器、塑膠電容器、金屬化塑膠電容器、變壓器等。舉凡民生或產業用之電子、電機產品如電視機、唱機、錄音機、收音機、電子計算機、電子儀器、通訊機、電動機、洗衣機、電風扇、日光燈、泵浦、冷氣機、電話機、交換機……等等均須使用電容器，市場廣泛。年來由於增設自動化生產設備，所以生產效率提高，產品品質優良，製造成本降低，因此國內不僅擁有雄厚穩定的客戶，在外銷方面，每年銷售額都有大幅的成長。又近年來電容器新技術之開發，其使用條件及範圍更爲廣泛，以該公司之優良品質和成本上優勢，外銷前途將更爲樂觀。

2.行銷策略：由於市場環境的改變，企業於從事行銷管理決策時，亦由企業本身爲出發點，改變爲以市場爲出發點，因而遂導致了所謂“行銷觀念”的產生 (Marketing Uncept)，但是“行銷導向”觀念在國內被廣泛認識卻是近幾年的事。談到這個問題，王總經理似乎特別感興趣，他說：「創新是企業持續成長的原動力，創新不僅是產品技術的發明，而且更重要的是思想觀念的除舊佈新，過去臺灣有不少大規模的家族企業逐漸被淘汰，其最主要原因是由於高階層管理人員過於守舊，不肯接受新的東西。」談到該公司本身的狀況，他謙虛地說：「古人說得好，人應該活到老學到老，雖然我不能像你們一樣坐在課堂上聆聽老師的講授，但是我仍然每天從專業期刊雜誌中不斷地吸收新的商業知識。至於員工方面，除了不斷引進有專業管理知識的大學畢業學生外，並且強迫員工輪流參加公司及學校機關所主辦的管理及銷售講習班。」由此可見，佳家公司全體上下對於新的管理和行銷趨勢均重視。

在綜合企劃部的領導之下，公司行銷策略的擬定，即是行銷導向觀念下的產物，以下是李主任以四個P爲架構談到該公司的行銷體系和面臨的問題。

⑴產品策略：佳家公司是國內歷史悠久的領導製造商之一，幾十年來公司一直以高品質、高格調爲號召，其產品的目標市場主要是放在中上階級的消費者。多年來，由於不斷的引進新技術，推出新的產品，因此在國人的心目中佳家永遠被列在高級產品之林，尤其是在國外衆多著名電器公司的競爭下，能與之分庭抗禮，更是難能可貴。

爲了充份利用公司現有品牌商譽或行銷設施，和爭取某些要求完整產品線的經銷商 (Full line)，佳家公司產品組合的廣度和深度均具有相當規模。產品多樣化及多角化經營一直是公司經營的目標。王總經理說：「雖然我們產品的種類繁多，但是我們的重點仍然放在彩色電視機、電冰箱、洗衣機、冷氣機及電容器方面；高級音響是公司最近的嘗試，因爲國人生活水準不斷提高，尤其生活在繁忙的都市中，漸漸感到對室內高級音響器材的需求。雖然目前國內音響器材並未普及，但是爲了將來能够抓住潛在的消費者，因此我們希望在消費者心目中先建立良好的品牌印象。至於厨房用具、鐘錶、眼鏡方面是公司多角化經營目標下的成果，由於公司財力和技術方面的困難，使得在這方面的經營感到力不從心。最近我們有一個構想，希望能够另外成立一個公司，專門製造各種厨房用具，除了供應國內市場之外，我們希望以國外市場爲主。

⑵定價策略：過去，由於國內家電製造商極少，因此佳家公司的定價大都以成本加成的方法爲主，最近由於國外廠商紛紛來台設廠，使得公司在定價方面的自主性減少。目前的定價方法，除了考慮成本和公司的策略外，最主要的關鍵是競爭者的價格。王總經理說：「由於著名競爭廠家勢均力敵，品質相差不多，消費者購買時除了品牌外，價格是重要影響決策的因素之一。」

⑶產品的保證服務及經銷商的選擇：產品的保證與服務方面是家電用品消費

者最關切的事，佳家公司在這方面做得很徹底，其銷售網與服務網遍佈全省，計有36所服務站及全省300餘家經銷商。爲了加強公司對分配通路的控制，佳家公司對於經銷商的遴選非常謹愼，通常是由各地區有銷售電氣經驗，信譽良好的商號來擔任，而且經銷商只能經銷本公司的產品。經銷商除了賺取公司批發價和零售價之差額外，尙有銷售獎金，視其銷售量多寡而發給，這種制度使得各地經銷商在推銷上倍加賣力，甚至有些經銷商紛紛削價求售，使得公司零售價格參差不齊。產品價格有時候關係著消費者對產品的評價，爲了防止價格太大的波動，最近公司竭力把經銷商的價格彈性幅度縮小，希望藉此能緩和價格巨幅波動的壓力。

一般經銷商只負責銷售，至於保證服務方面則由各地服務站擔任，在未設有服務站的地區，則由經銷商兼作服務工作。服務站的技術人員直接隸屬於各地分公司，而屬於公司的職員，其薪給由公司統一支給。

(4)配銷體系：佳家公司工廠均集中在北部，產品出廠後依照各地預估的需求量由公司自用的大卡車運往各地分公司（配銷中心）倉庫，再由各配銷中心分送各地區經銷商和服務站。爲了提高產品的競爭能力，運費由公司負擔，因此各地的批發價格均相當一致。

(5)促銷活動：在推銷策略方面，除了配置各地區經銷商、服務站的人員銷售之外，並且定期在各大報紙、電視、雜誌刊登巨幅廣告，以培養消費者對公司品牌的忠實性；尤其是每當公司推出新產品時，更採密集的廣告方式。除了推銷該項新產品外，並加深消費者品牌印象，使消費者能把"技術領先，產品創新和佳家品牌相互連繫"。

## 九、公司外銷業務的拓展

當民國二十五年陳董事長昆仲創設東海電器行，從未有外銷之打算，當時只不過產製一些小型的電源變壓器，MP電容器等供應國內電器行及少部份電器工廠而已，其後之二十餘年間，公司雖然不停地成長擴展，產品項目也不斷增加，但業務仍僅限於內銷而已。民國五十三年，公司開始產銷黑白電視機和電冰箱時，國內市場上除了舶來品充斥外，尙有其他四家頗具規模之中外合資工廠生產，因此競爭非常地激烈；公司除了努力於市場拓銷外，更向外大量延攬人才，改良產品設計，加強品質管制，於是本公司產品競爭力大爲增加，知名度也因而大爲提高。我國外銷產品一向都是以農產品和農產加工品爲大宗，到了民國五十年代外銷產品結構開始有了轉變。開始有了少量的工業產品出口，而且其數量和金額每年都迅速的成長，民國五十六年時工業產品外銷金額已佔我國總外銷金額之百分之六十，而工業產品中的電氣產品又是僅次於紡織品而居於第二位。從這一年開始本公司也開始走向了國際市場，爲國家的外銷貢獻一份力量。

我國貿易商有一特質，就是本身並沒有工廠，產品全數是來自國內的工廠，而工廠本身又過於專注生產，外銷力甚爲薄弱，因此也很歡迎貿易商協助其外銷產品。本公司秉其國內之知名度，貿易商很自然的就找上了我們，委託生產製造。品牌由貿易商指定，但以不違反商標專利法爲原則。假若訂單够大的話，本公司也願意依據其設計來另外開模製造。鑑於需要，於是在營業部內設置二人專門負責貿易業務，除了接受國內貿易商之訂單外，尙積極地向海外拓銷。由於產品價格的低廉，品質的優良，因以迅卽接獲大筆的國外訂單，但訂單中絕大部份都是要求依其設計和品牌來生產，公司明知如此一來，將永遠無法建立自己的品牌和知名度，可是當時公司之拓銷能力尙低，內銷和外銷訂單總加起來尙無法達到最大之產能，爲免設備之閒置，因此只要有訂單，而且價格不會低於變動成本，則公司都樂於接受，尤其是依照國外客戶之品牌和設計，售價遠較賣給國內貿易商爲高，同時又可免於公司售後服務的麻煩。

外銷業務不斷地擴展，國際競爭愈來愈激烈，貿易糾紛更是層出不窮，貿易人員附屬於營業業務之下，常感協調之困難，處處掣肘，實在無法應付瞬息萬變的商機，因此有成立外銷課之議，並迅卽獲董事會之決議通過，民國五十八年初外銷課正式誕生，其地位與營業部平行，設課長一人直接對總經理負責，下有八人，其中二人直接接受國內貿易商之訂單，二人負責美國、加拿大地區之業務，一人負責歐洲地區，一人負責中南美洲地區，一人負責非洲及其他地區，另一人則負責船務銀行押滙等業務。外銷課成立之後，外銷業務更爲專精，減少了率別之情形，拓銷之成績更是顯著的增加。民國五十八年末日本佳音牌電器公司爲了打入本省市場，因此找上本公司技術合作，生產彩色電視機，同時由於爲了應付日益成長之外銷業務，分隔國內外市場，於是籌設外銷專業工廠，專門生產外銷所需之產品，產品中又以黑白電視機爲主。從以公司的外銷業務蒸蒸日上，尤其是近數年來的外銷金額均名列全國廠商之前茅，外銷佔公司營業額之比重也愈來愈大，從下表我們可看出近數年來業績比較：

單位：新台幣仟元

| 款別＼年別 金額 | 民國63年 | 民國64年 | 民國65年 | 民國66年 |
|---|---|---|---|---|
| 外銷金額 | 700,000 | 560,000 | 780,000 | 900,000 |
| 總營業額 | 2,311,234 | 2,316,022 | 3,084,073 | 3,200,000 |
| 外銷比重 | 31% | 25% | 26% | 28% |

## 十、美國分公司之籌設

1.設立之原因和經過：本公司一向以內銷爲主，然而自拓展外銷以來，在公司全體上下的努力下，外銷額連年增加，近數年來均列業界之前茅。美國富甲天下，人民所得甚高，購買力極強，單就電視機一項，年銷售卽達一千萬台以上，黑白電視機的進口量亦達每年三百萬台。雖然如此，由於各國出口廠商莫不以美國市場爲主要的銷售對象，因此競爭非常激烈，要想佔得一席之地實非易事。以往本公司外銷力量薄弱，不得不透過日本及美國進口商中間轉手一次，價格操在外人手中，利潤無法提高，公司當局亟思擺脫此種依賴情勢，早有在美國建立銷售據點之議。六十五年四月貿易部派員赴美實地考察，返國後卽建議從速設立分公司，經提交董事會議決通過後，卽著手籌組，於七月獲得美國政府核准成立，隨卽開始展開營業。國內則經過經濟部投資審議委員會審核於十一月通過，完成法定程序。

2.設立之目的：就以本公司立場來說，在美國設立分公司之目的，不外是下列數端：

(1)直接售予美洲地區之客戶，清除進口商的中間剝削，提高競爭力，增加利潤。

(2)建立本公司在美國的銷售網，伺機以佳家牌銷售，擴大市場佔有率，提高本公司及產品之知名度。

(3)收集第一手市場情報，提供公司擬訂外銷決策之參考，以避免盲目決策之損失。

(4)尋找零組件之供應來源，降低購料成本。

(5)尋訪技術合作之對象，引進新產品、新技術。

(6)創造機會，訓練及培養貿易人才。

(7)其他間接目的和利益。

3.營運現況：美國公司設於芝加哥郊區。芝加哥是美國第二大城，人口八百萬，爲全國陸空中心，工商發達，許多電子電器產品的直接大買主，如百貨公司、連鎖商店、郵購商店、折扣商店之總部均設於此，推銷和聯絡都很方便。現有的辦公室是租用芝加哥國際機場附近的一幢辦公大樓底層部份，佔地約三十坪，內有三間辦公室及一間展示室兼會議室，從辦公室東望，近處是碧波如鏡的人工湖，湖面寬廣，偶有成群野鴨悠游其上，湖的四岸碧草如茵，花木扶疏，景緻清靜秀麗，實在是理想的辦公地點。辦公室現有三人坐鎮，副總經理負責全盤銷售業務，財務由王明田君負責，另有秘書小姐一人。他們都年青有爲，幹勁十足，此外，在美國各主要地區及中南美洲分別指定銷售代表多人，他們雖非公司職員，都是第一線的推銷尖兵。除了人員推銷外，本公司偶而也在當地電視、專業性雜誌上刊登廣告，在各銷售代表的營業站也輔助其成立小規模的展售中心。

在法律及組織上，美國公司係一獨立的公司，在經營方式上，則以信用狀、付款交單向本公司訂購產品，再售與直接客戶，自營運以來，已爲本公司銷售了將近三萬台的十二吋及十九吋的黑白電視機。

## 十一、公司未來的展望和遭遇之困難

目前本公司貿易部成員共計26人，全數爲國內外著名大學畢業，其中有兩位是國際貿易碩士；黃課長說：「過去我們都知道公司爲長遠的打算，應該從速建立自己在國外的品牌知名度和信譽，可是在外國人心目中，總覺得我國的產品乃屬價錢低廉、品質較劣之大衆化產品。而公司之推銷能力太弱，不足以打開國際市場，爲了公司的生存，惟有接受外商之要求，以其品牌來銷售，增加一層剝削。而今，我們有了美國分公司的成立，產品可以按照當地消費者之特性來設計，每個月都能很準確地預計當地之消費量，使公司能够很有計劃和次序地生產，確立了市場導向的原則。」

儘管本公司在美國地區有了成功的開始，然而根據最近的報載，我國黑白電視機在美國市場之佔有率高居世界第一位，彩色電視機也有趕上日本及其他國家之趨勢。由於美國的失業問題嚴重，對於外國產品的進口極爲敏感。因此，它們已開始在注意此一情勢之發展，甚至在研議是否應該加以設限。反觀我國電視機之輸美，雖然高居世界之首位，然而絶大多數之產品都是外國在臺灣之轉口品，尤其是日本廠商，因其國內已遭美國設限，因此百般設法將零件運至臺灣來裝配，再行出口，甚至只是在臺灣的加工出口區幌一圈卽達到轉口之目的，避開了美國對日本之設限，而我國卻爲它們背了黑鍋，成了代罪之羔羊，我政府也注意到了此一問題之嚴重，於是在今年（67年）初，將電視機之出口簽證權收回國貿局，不再授權外滙銀行，以免漫無限制的輸美，將來遭到美國之設限。

自從石油危機以後，各國經濟均顯得呆滯，失業問題尤爲嚴重，各國爲了保護其國內工人之就業，均有走向保護貿易之趨勢；除了美國外，歐洲共同市場及其他國家均如此。貿易的保護誠爲本公司面臨之最大難題。另外各先進國家廠商爲了利用落後國家之低廉勞工，紛紛前往設廠裝備，再以其本身強大的銷售網爲其推銷產品，使得本公司遭遇到強力的競爭。以目前我國的工資水準，憑本公司之產品品質之優良，尙能競爭。但是近來工人愈來愈難求，工資不斷地上漲，和民國六十二年比較起來，六十六年度之工資約上漲了兩倍半。因此本公司的競爭力很顯然降低了；公司除了不斷地研求發展，提高品質外，也考慮在其他較落後之國家設廠，一方面可以藉以接近市場，逃避關稅和限額，另一方面又可以利用其廉價勞工，提高競爭力。從美國分公司獲取了經驗，本公司在未來的數年間，也將籌設歐洲及中南美洲分公司。

目前本公司在貿易推廣的過程中，碰到的另一個難題便是貿易人才的難求，尤其是語言和貿易兼通的人才更是難求；目前國內一般大學畢業生對於語言方面的訓練並不够，大部份偏向於英文而已，對於第二外國語如西班牙文、法文等能够通達的非常少；雖然公司也招考了幾位西班牙文、法文的畢業生，但是若要訓練到能够獨當一面做生意，需要一段相當長的時間；對於貿易方面的專業知識不够，遇到一些貿易糾紛時常不知所措，而一般大學剛畢業的年青人，流動性相當高，迫使公司每年都得招考一批。不過近兩年來，薪水大幅提高之後，這種現象已較少了。由於語言人才的缺乏，連帶地也使得售後服務難以進行；尤其是中南美洲、非洲地區之生活水準較低，技術人員都不願意抛妻別子前往服務，因此惟有靠當地之代理商來做售後服務，但其結果並不盡理想。

在行銷方面，我們更精細的將市場加以區隔，因爲本公司向以價格低廉之黑白電視機爲主，彩色電視機也僅限於小型的，至於較大型豪華價格較高者，本公司無法和國外素負盛名的品牌，如增你智、SONY 等競爭，目前本公司以黑白電視機爲基礎，積極地拓銷大型的彩色電視機，但效果不大，或許本公司產品要打入此一市場尙需一段時間。

由於各國國民所得不斷地提高，文化一直在演變，消費型態也不斷地在改變，因此本公司的行銷策略也得保持充份的彈性，以求因應。最顯著的例子是美國電視機的購買者有由直接消費者轉而建築商之趨勢，據調查去年美國電視機有50%是由建築商所購置的。由於一般消費者不喜歡自己購買電視機，當他們搬入一個新建的居所時，希望現成的傢俱可用，而建築商在設計和裝潢時也將電視機的擺設考慮在內，因此在建造新房子，建築商已將電視機等傢俱採購好了。另外，歐洲尤其是英國人的消費型態也在改變中，由於工商發達，人民旅遊遷徙頻仍，爲免除搬家之苦，因此傢俱租賃這一行業頗爲盛行。過去消費者採購較注重品質而不在價格，但租賃時卻不注重品牌，因爲壞了租賃公司會修理。而租賃公司由於大量採購的結果，較注重價格因素；其養有大批的修護人員，反而不在乎品質的好壞，因此對於本公司的產品頗感興趣。

## 十二、結論

本公司自民國二十五年成立以後，迄今已有四十二年之歷史，其間迭經驚濤駭浪，終能化險爲夷，逐漸步入坦途。尤其是自拓展外銷以來成就驚人，外銷額不但執業界之牛耳，在國外也逐漸打開其知名度；目前雖然有一些難題，但是在全體同仁努力之下，必能一一克服，繼續成長。

**【本個案問題】**

1. 進入國際公司後之行銷作業之優劣點若何?
2. 本公司業已邁進國際公司之境，就其所遭遇之問題詳加探討，求出可靠之答案。

# 第五章　企業之生產

企業的第二個機能，是生產（Production）。生產一詞可以廣義的解釋爲創造貨品或勞務以提供效用（Utility）滿足人類需求的過程。因此生產非但指增加實體形式效用的過程，亦爲增加實物時間與空間效用以及供應勞務的過程。常常有人將製造與生產兩詞混爲一談。實際上，製造僅是生產的一種形態而已。易言之，製造實指創造貨品上，增加實物形式效用之過程而已，如砍木爲材、鑄鐵爲汽車引擎、組件爲收音機……等；而其他種種增進效果之過程，則如躉售商之採購與儲存貨品，使貨品適時應市，不但增加時間效用而且增加空間的效用，對躉售商與零售商而言，亦爲生產行爲之一種。

爲了讓諸位讀者對企業的生產機能有更深一層的瞭解，本章將針對生產的基本概念、其重要性與機能等問題加以探討。

## 第一節　生產之基本概念

勞務或貨物的創造，其所牽涉的範圍相當廣泛，但實際上的情形，我們卻可以生產的作業系統來說明，其過程可以分成輸入、創造與輸出三個階段，如圖 5-1 中所示。

在生產作業系統中，輸入部分包括幾項生產因素在內，如土地、原料、人工、設備、資金、技術、時間與情報等數項；而產出的產品或勞務或可爲形體上的改變製造產出，或可爲地點改變之運輸勞務的產出，或可爲時間改變的倉儲產出或甚可爲所有權形態改變的買賣服

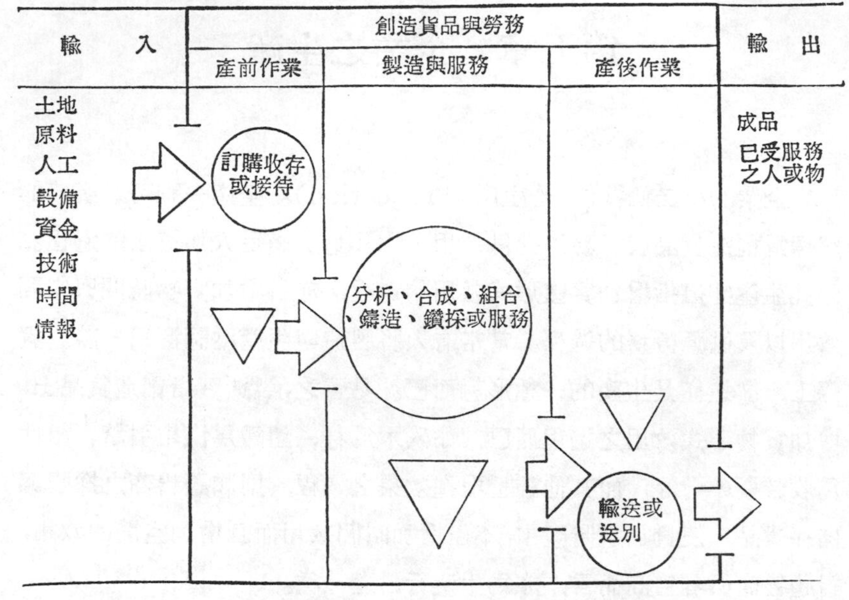


**圖 5-1**　生產作業系統——輸入、創造、輸出

資料來源：郭崑謨著，現代企業管理學導論(臺北市，民國65年印行) 第266頁。

務；而在生產因素之輸入後與產品輸出前這個階段則爲貨品或勞務的創造過程。它牽涉到較多心智與體力的運用，故實爲整個生產作業系統的重心；此一階段又可分爲三個步驟：㈠物料訂購、收存或受服務對象的接待；㈡製造或服務；㈢成品之儲存或受服務對象的「送別」。這三個步驟中又以製造或服務所佔地位最爲顯著，通常按其特徵可分別爲分析、合成、組合、鑄造、鑽採與服務等類。將一物質經過處理分成數種有用物質之過程稱爲分析。例如原油之提煉便是經過分析過程，提煉出來的結果所產生許多有用的物質，包括汽油、潤滑油、瀝靑、塑膠原料等，又如木材行之鋸木加工、屠宰場之屠宰分級包裝等均爲分析過程。結合數種物質爲一有用物質之過程稱爲合成。例如有許多藥物乃合成的產物，像雙氧水爲氫與氧之化學合成物，綜合維他命藥丸爲各種維他命所合成。結合數種物質爲一有用物質但仍維持各種物質之本質與原型者稱之爲組合，其與合成最大的差別乃前者僅爲物理特性上的改變，後者則爲化學成分上的變化。例如收音機、電視機、傢俱等之裝配組合。若將一物質加以機械處理，如加壓、剪切等使其成爲有用之模型或樣式之過程者稱之爲鑄造。例如製造螺絲、鐵釘、裁剪布料縫製衣服等均屬鑄造。而從地殼或水中獲取有用之物質可算是歷史悠久之生產方法，農林漁牧與工礦業均屬此類，此種過程總稱之爲鑽探。至於服務一類，則有如利用勞務來創造空間、時間、所有權轉移、健康、娛樂等之效用者稱之，例如貨物運輸、貨物儲存、房屋買賣、醫療診察及電影、夜總會等。

由整個生產系統的流程，我們會發覺到整個系統中，爲人所能控制的方式有兩項，一個藉由生產因素投入的速率與品質來控制成品產出的速率與品質，另一方法則藉由設備或生產方法的差異來調整產出的水準與品質，事實上，經由這兩種方法的運用來提高生產效率乃生產管理的要義。

至於生產管理的重要任務乃爲對生產系統中之各項作業作必要之規劃、執行與控制的決策，這三者可總稱爲生產管理的決策，其相互關係我們可參考圖 5-2 所示者。

所有之生產決策應肇始於產品、廠地、設備等等之規劃。此一階段之決策實質上係資源之分配決策，首重於各種資源之經濟運用。第二階段決策，則屬執行上之決策，應基於各種生產規劃的事實。其執行旣重時效又重成本效率，此兩種效率若能臻善，第三階段之管制問題自然會減少，否則應循回饋路綫，速反報生產主管迅速解決，便是

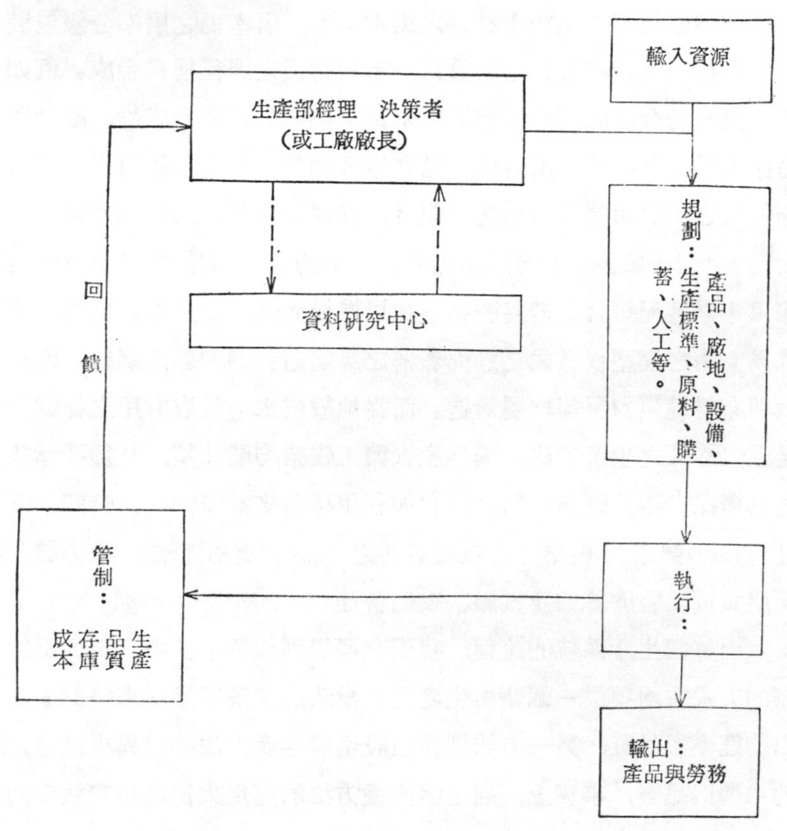


圖 5-2　管理決策回饋循環圖

資料來源：郭崑謨著，現代企業管理學（修正版）（臺北市，民國67年印行）第268頁。

所謂回饋的涵義。另外管理人員之決策若能佐以各種資料之研究分析，必定能避免許多決策上的風險，因此資料研究中心或資料庫之建立與運用便成爲生產管理上非常重要的一環。

## 第二節　生產管理之重要性

在人類物質生產不豐的時代裏，以往的服務或製造僅着重工場或工廠內的生產活動，因爲生產出來的產品或服務不怕沒人買；但是一旦人類生活開始富裕，市場上的競爭益趨激烈，各企業爲了績效，便不得不走出「象牙塔」，着眼外界市場的變化與需求。因此，以顧客爲導向的生產管理，在生產活動中所佔的角色更加重要。

近年來，由於消費者意識的提高，對產品要求的嚴苛；市場的競爭因廠商的增多而更加激烈；人民生活水準提高所激發的工資飛漲再加上原料成本的節節上升，使得企業的經營如履薄氷，有稍不小心即全軍覆沒之虞。因此產品之生產就更依賴生產管理的功能，降低生產成本，而製造高品質的產品，才能求得企業的生存與發展。在市場瞬息萬變、競爭激烈的今日，一方面要降低生產過程中的成本（如製造成本、資金成本、管理費用與其他費用等），另方面又想創造高價值的產品，並不是一件容易的事，所以生產管理對於企業組織的重要性，不言而喩。

## 第三節　生產之基本功能與生產管理

企業在從事生產管理活動時，它包括了三個重要的步驟—計劃、執行與控制。每一步驟對於成本的降低與品質的確保都有極密切的關係。爲了明瞭各步驟之作業，我們僅以產品之規劃、廠址的選擇、設備佈置、生產計劃、物料管理與存貨管制及生產控制等較重要之功能加以說明。

### 壹、產品規劃

---

❶ 史雷特之研究報告轉載於：
Buffa, Elwood, *Besic Production Management*, 2nd ed. (New York: John Wiley & Sons, Inc., 1975) pp. 345-346.

企業應生產何種產品才有銷路？其銷量如何，是否有競爭上的問題，這些都是在從事生產時所應先考慮的前提，一旦這些前提被確認沒有問題後，才交由生產部門從事產品的設計、製造。因此，產品的規劃作業，實際上應爲行銷部門人員與生產部門人員共同的責任。整個產品規劃過程時間既長又費錢，從需求之判別、新產品之構思、新

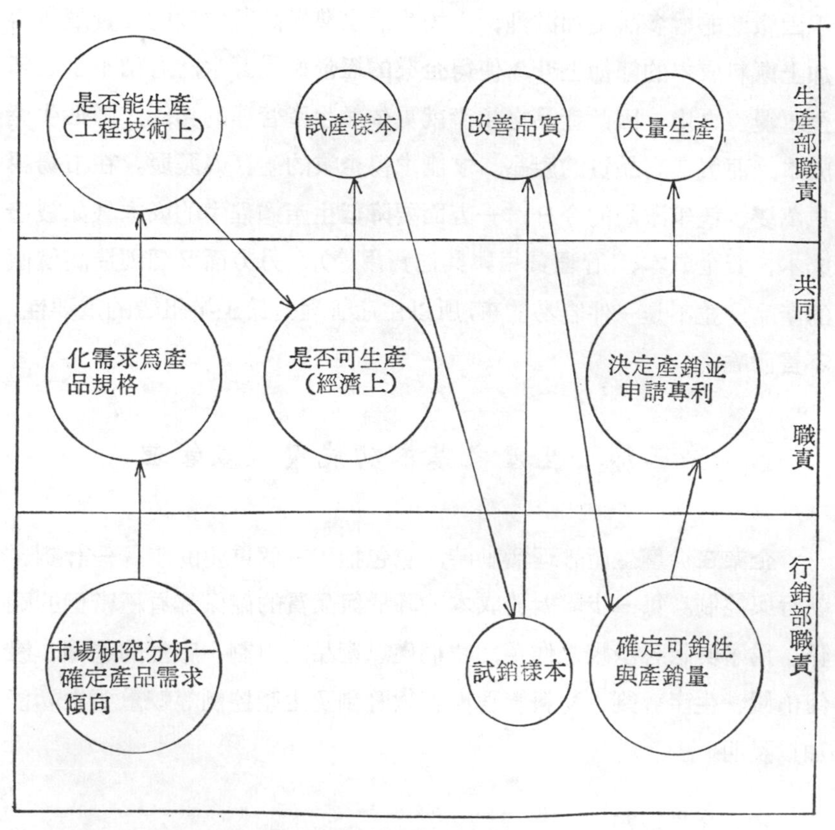


圖註：○：作業項目

→：流動順序

圖 5-3 產品規劃作業程序

資料來源：郭崑謨著，現代企業管理學三版（臺北市，民國71年印行）第271頁。

產品生產之可能性（包括生產技術與經濟上的考慮）、試銷、改進、專利之申請，而至新產品之最後決策，生產人員與行銷人員應携手合作，始能順利進行，其分工之情形可由圖 5-3 看出。

對每種新產品之規格研訂應注意：㊀產品之功能、用途；㊁產品之型式結構；㊂所用原料、以及包裝容器之樣式品質等。每一產品之成本可因不同規格而差別甚大。在不影響產品之功能、用途情況下，最佳規格之選定應以成本最低爲準。譬如電機磨耗外殼如可用鑄鐵鑄模，亦可用硬化強力塑膠溶製，而後者之成本遠低前者，後者規格應被採納。當然在市面競爭激烈之情形下，有時需作計劃性之規格創新以增加其競爭能力，而成本便爲選擇規格上之次要標準。在此種情況下，產品之型式結構與包裝乃爲非常重要之規格項目。

一旦產品經過各步驟之篩選，在最後生產時，製程規劃便變成相當重要的工作。製程規劃主要在從事產品製造間各零件組合次序、操作次序、零件間之相互關係，同時指示零件之內、外購，各工作點作業規劃、人力數、物料流程、輸送、儲存等業務，其最明顯的產物就是裝配圖。

## 貳、廠址的選擇

有時產品製造常須涉及地理位置的經濟效益，通常選擇廠址應考慮到下列數點：㊀場所對產銷成本的影響；㊁場所是否方便或臨近消費市場。廠房地址若接原料、勞工市場、能源、或交通孔道，當然可節省製造成本，但若與市場相距太遠，運銷費用之增加將大大地沖淡由於接近原料、勞工市場、與能源而得之利益。如何地權衡兩者之得

---

❷ 參閱：Buffa, E. S. "Seqiuence Analysis for Functional Layout" *Journal of Industrial Engineering*, Vol. 6. No. 2 Mar-Apr. 1955.

失而作妥善的場所擇定，乃每一企業家所應關懷者。

廠場地址之擇定應依下列步驟作週詳之成本與銷售環境之評估：

㈠區域之選擇；如臺北區、臺中區、臺南區、臺東區等。

㈡市區或鄉鎮之遴選；如臺北市延平區、臺南縣鹽水鎮等。

㈢地址之擇定；如延平北路三段二〇號等。

甄選區域、市鎮、以及地址時所應注意項目依不同產業而異，雖然如此，各業擇定廠房地址時有許多共同須知項目。爰將這些須知項目簡介於表 5-1 俾供參考，表中之預估成本乃爲與各項有關之成本費用。以不同場所對廠商產生不同成本，企業主管可藉成本分析，將各成本分成固定成本與變動成本，研究各可能場所之總成本與產銷量數關係，以擇定成本最低之場所，如圖 5-4 中之甲址固定總成本爲五萬元；丁

表 5-1 擇定廠房地址須知項目

| 區域（第一步驟） | | 市鎮（第二步驟） | | 地址（第三步驟） | |
|---|---|---|---|---|---|
| 項目 | 預估成本 | 項目 | 預估成本 | 項目 | 預估成本 |
| 距市場之遠近<br>距原料之遠近<br>交通與道路<br>勞工供應<br>氣候<br>地勢<br>能源 | 固定成本：不依產銷量而變之成本：如房稅<br>變動成本：依產銷量而變之成本：如工資 | 市鎮公用設備<br>市鎮稅捐<br>市民態度<br>場所有無<br>管理者之意見<br>財政金融機構之多寡 | 固定成本：<br>變動成本：<br>定義同前 | 地價<br>給水設備<br>供電設備<br>排水情形<br>廢物處理設備<br>地皮大小<br>土壤品質<br>營造工本費<br>鄰居態度 | 固定成本：<br>變動成本：<br>定義同前 |

址之固定總成本爲七萬元。論兩者之單位變動成本，丁遠低於甲。若預估產銷量爲一萬件，則丁址之生產總成本將遠低於甲址。圖中之甲乙丙丁四址中，若按年產銷量一萬件計算，以丁址成本最低，理應擇定丁址。惟若依年產銷量四千件計算，則以乙址最低，乙址便成爲最佳場所。

近十年來，許多廠商在其擇定場所時，引用作業研究技術以估算並比較各場所之產銷總成本。比較普遍之方法是分配法線形規劃(Distribution Method of Linear Programming)。

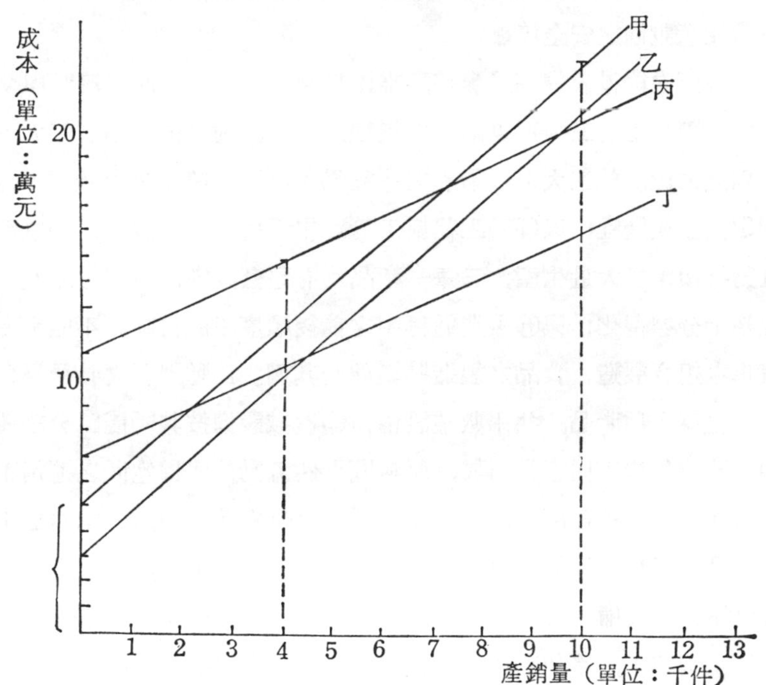


**圖 5-4**　不同場所之成本比較

## 參、設備佈置

一旦產品規劃、產品製程及廠址選定，則生產設備便需依照產量之預估從事佈置，如何佈置則為一相當花費心思之技術問題。佈置若不當，不但大減工人之工作效率、機械與空間不能充分利用，以致增加生產成本，而且對工人之安全與工作情緒亦有甚大威脅。一般佈置之重要原則乃是：㊀便利原料之處理，使處理原料成本減少；㊁減少各項設備之相互阻擾；㊂使工作人員有適當之空間操作；㊃有效地配合製造程序，以減免生產過程上之瓶頸；㊄注意工作人員之安全；以及㊅注意設備之安全等❸。

各廠之機械設備甚為參差，唯由於製造過程中，原料流動與使用設備之應用上有三大可以識別之過程，生產設備之佈置亦有三大可以識別之佈置。此三大可以識別之過程為：(甲)持續性生產過程；(乙)間歇性生產過程；與(丙)工程施工等。甲種過程之特徵為：㊀原料之流動持續；㊁大量生產；㊂每一產品具有整套設備；㊃部份品及製造規格十分標準化；與㊄製造過程中之前後順序不能打斷亦不能更易。汽車之組合製造、食品之製造裝罐便是其例。乙種過程之特徵為：㊀製造生產多種產品，共用數種設備；㊁機械設備按其功能區分設置；㊂製造過程依不同產品而異，原料間歇性流動；與㊃空間之運用不如持續性生產過程經濟。間歇性生產過程之例有傢俱製造、木器加工、皮靴品加工製造等等。丙種過程之特徵為㊀一次生產；㊁生產場地每次更換；㊂設備次次移動；與㊃生產製造或施工程序每次不一。舉凡一切工程施工，諸如高速公路之建築、橋梁之修造、大廈之興建均屬

---

❸ 郭崑謨著，企業管理——總系統導向，修訂版（臺北市，民國73年印行），第306頁。

此類。

由上述之三大可以識別之生產過程而產生之三大可以識別之機械設備佈置乃爲：㈠產品別『生產線』佈置；㈡生產『過程別』佈置；與㈢工程固定位置佈置等三類。生產線佈置如圖 5-5（A）所示每一產品有其整套的設備與一定之過程。雖然A產品與B產品之製造均用到車床與包裝設備，但爲了達成生產速度，避免因等候而產生之生產瓶頸，A產品與B產品之製造，需各自購置車床與包裝機備用而不共同使用。生產線佈置之優點是生產速度快速，等候時間少，操作簡易，原料庫存可減少，管理幅度可增大。惟該種佈置，生產上一有瓶頸現象全線生產便生癱瘓，而且需較巨大之資本，較適用於產品及製造過程十分標準化，且需大量生產之情況。過程別佈置，如圖 5-5（B）所示，各種所需設備依機械功能區分佈置，每一過程需特種機械設備，故稱爲過程別。由於每一機械設備可用以生產多種產品，設備投資額自然較生產線佈置者少　惟等候機會增大，自然形成大量之原料堆積。此種佈置較適合於產品形式並不標準化，而且各過程作業可分頭並進之產品生產製造。

圖 5-5 只說明生產線佈置與過程別佈置之概念。至於如何利用固定之空間，以及各設備部門之部位設定乃屬於設備佈置上之技術問題。生產線佈置之重點是如何使各生產過程之時間平衡，以減少過程間之等候。比較常用之技術係時間平衡法（Balancing Technique）。

過程別佈置之重點在乎如何減少原料處理成本，亦即如何減少運搬運費以及時間損失，比較著名之佈置技術是操作程序分析法（Operation Sequence Analysis）❹。

---

❹ 資料來源：郭崑謨著，存貨管理學（臺北市，民國66年印行）第二、三章及Keith & Gueblines, *Introduction To Business Enterprise*, pp. 283-284.

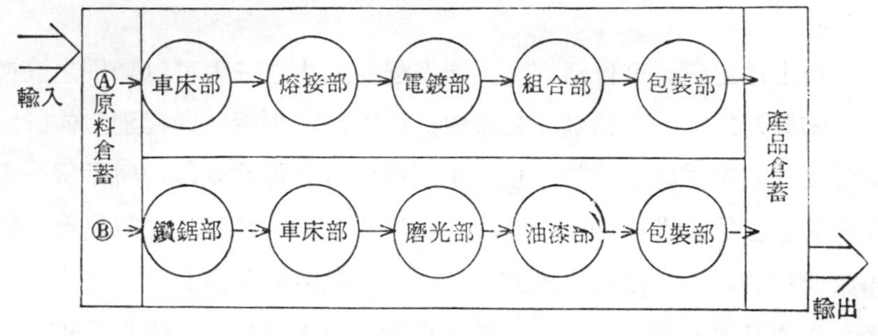


(A) 生產線佈置

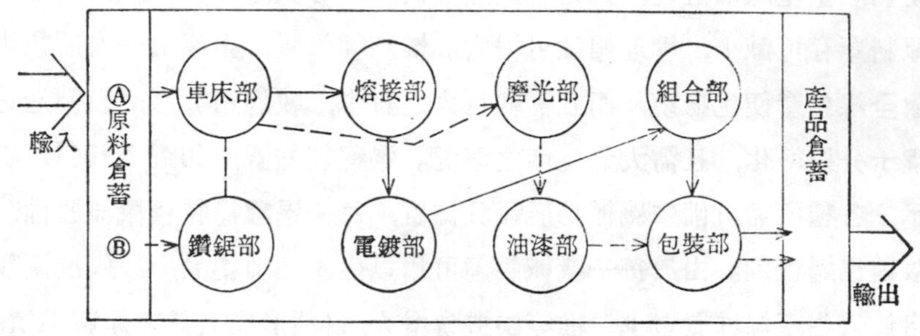


(B) 過程別佈置

圖註：Ⓐ→Ⓑ…分別爲A產品與B產品之製造過程路線

**圖 5–5　生產線佈置與過程別佈置**

## 肆、生產計劃

一般生產方式有所謂「存貨計劃生產方式」與「訂貨生產方式」兩種，採用前者方式生產之廠商在銷貨之前應預估產品的可能銷售量，以便在生產前擬備足够的生產要素。因此，銷售預測在計劃生產上，佔有極重要的角色。至於從事後者生產方式的廠商，雖然不必預測客戶可能需要何種產品，但是對於未來的工作量亦應有所預估，以便準備好充足的生產要素，隨時應付產量的變化，否則生產趕不上訂單不免喪失企業的信譽。因此，如何以預測爲基礎來製訂生產計劃實爲生產管理上之另一重要功能。

生產計劃依其時間長短可分成三類：㈠長期計劃；㈡中期生產計劃，㈢短期營運計劃。長期計劃之目的主要在決定何時需要擴充多少產能，其預測項目比較粗略，僅作企業內部未來長期的產品總值計劃，其時距一般長達十多年之久。中期生產計劃則主要在從事某一類似產品在某一期間的需求量，以決定在固定產能下企業如何應付需求變動。換言之，中期生產計劃主要提供人力之需求狀況、總生產水準及預期存貨水準之用，其時距至少一個需求期或數個製造週期。短期計劃乃每日生產計劃的主要依據，其對象爲某一特定產品之生產預測，以提供生產時序的安排、原料之採購及存貨控制等，爲了能隨時因應市場之變化，其營運必須至少一個月或更短的時間修正一次。總之，不同之計劃有其不同之功能，其時距越長則計劃內容越粗略，越短則其對象就越特定。

## 伍、物料管理與存貨管制

物料包括生產作業系統內所需之製造原料，設備以及半成品。存貨（庫存）係指儲藏備用之原料，用具、供給品與半成品，以及製成待售之成品而言。物料之購買與庫存管理兩者一脈相通。任何一方失卻協調，或任何一方決策失當不但增加成本，而且可使整個生產作業癱瘓。

健全之採購作業應遵循事先釐訂之採購作業程序。雖各廠商之程序略有差異，典型作業程序不外乎始自採購申請，而供應廠商之分析與遴選、訂貨、追踪、催運、檢收到貨、終于儲倉。如圖 5-6 所示，每一程序均須報備。各種表單形成一重要協調工具系統，爲採購作業上不可或缺之資料來源。圖中之反饋表示決策上之反饋，一般需儲存於資料系統。應特別注意者乃爲供應商之遴選問題。採購人員不但要

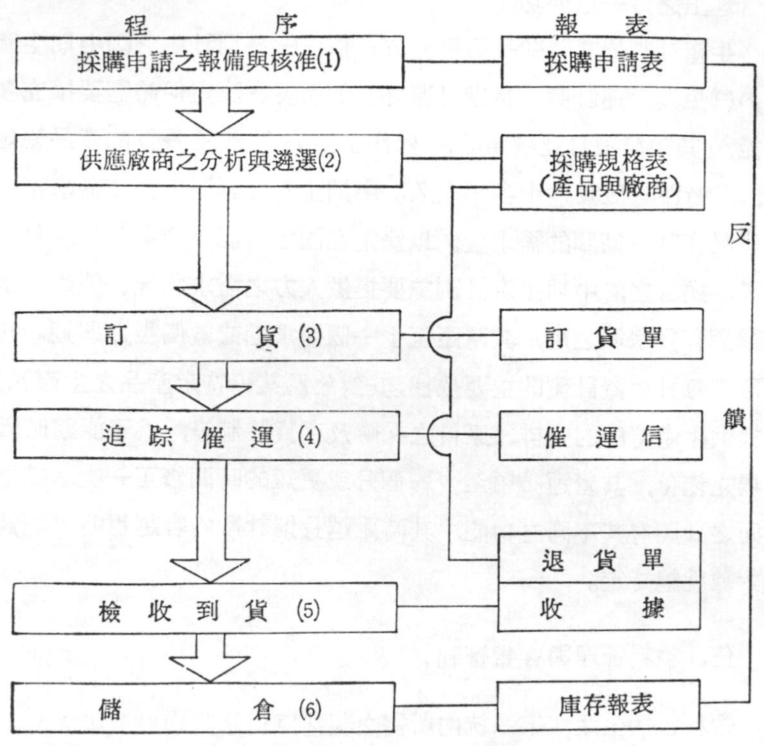


圖 5-6　採購作業程序及有關報表

考慮供應商是否能供應合於規格之產品，而且亦要注意下列數點：㈠產品價格；㈡供應廠商信譽；㈢廠商是否可按期供應無虞；以及㈣成交條件等。

存貨管理之重點在乎如何盡量節省物料成本，而又能持續無虞地供應生產上必需之物料。由於物料成本佔生產成本之成數相當大，企業界人士無不重視採購之重要。因為，每一分厘之物料成本節省均可促使企業盈餘增加。據美國普查局之報導，石油、汽車、金屬罐、電視、輪胎等之原料成本佔成品廠價之比例分別約為百分之七十、六十、

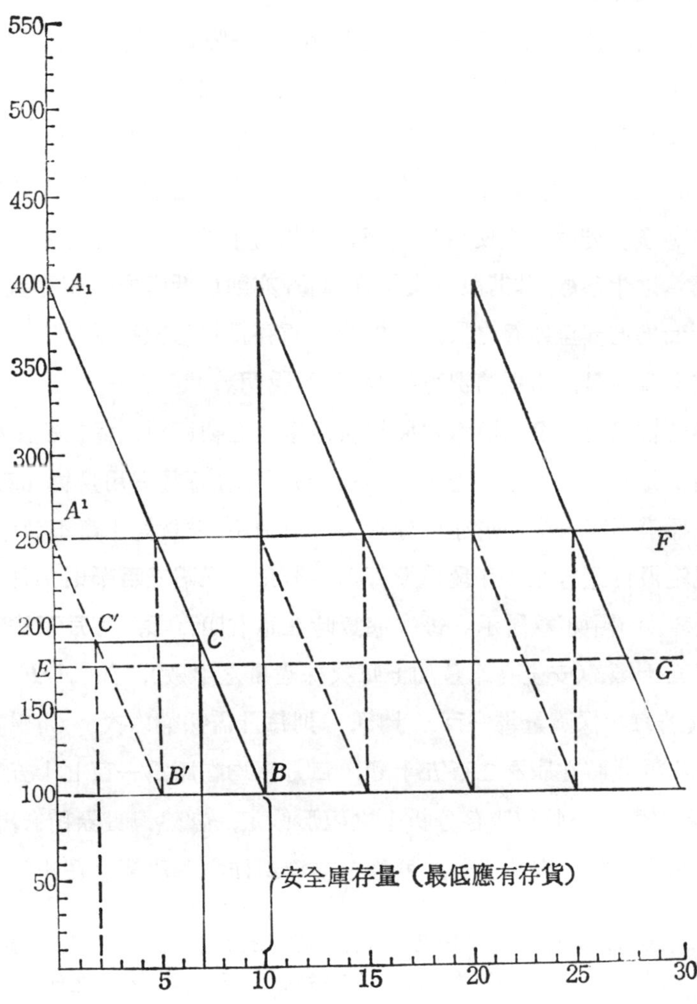


**圖 5-7**　存貨（庫存）量變動情形

五十五、與四十四之巨。由此可見物料成本之節省在比例上對盈餘之貢獻相當可觀。

庫存管理上有兩個普遍存在的問題，第一個問題是採購量次問題；第二個問題是採購時間問題。量次問題與庫存量多少直接關連，如每次採購量少則在單位時間內採購次數必多（假定需求量一定），否則相反。每次採購量少則平均庫存量亦少；每次採購量愈大，平均庫存量自亦愈多。若物料之使用量或消耗量相當平穩，平均庫存量約爲每次採購量之半數❺。其若設有安全存庫量，亦卽最低應有在庫存量（大多數廠商均有安全庫存之設定）則平均庫存量爲每次採購量之半數，加上安全庫存量，這種情況可藉圖 5-7 說明。

設若吉璋有限公司鹽水包裝箱製造廠之主要原料，係二級紙漿。紙漿用量每日約三十噸。若生產作業十分穩定，每月總用量約九百噸。原料之採購當可一次採購亦可分數次採購備用。惟爲使生產不致中斷，廠房規定最低應有在庫存量爲壹百噸。若每次採購三百噸則每月需採購三次，如圖中粗線所示。每次進貨時在庫有四百噸，每月平均在庫爲二百五十噸（安全存庫量加上每次採購量之半數），如 $A^1F$ 線所示。其若每次採購量爲一百五十噸，則每月需採購六次，如虛線所示。每次進貨時在庫有二百五十噸，每月平均在庫爲一百七十五噸，如 $EG$ 線所示。此種庫存分析上之線形假定，當然與實際稍有出入，但以其觀念單純，容易了解，可佐企業經理作有關決策。在決策分析

❺ 依數學原理，等差級數之平均爲初項加末項除 2，如假定庫存之減少絶對數固定，則庫存數量顯成一等差級數。庫存乾固之日爲末項。進貨之日爲初項，則該序列之平均值顯爲初項除 2，亦則每次訂貨量除 2，如以數學符號代之則：

$$A=\frac{L+S}{2} \qquad \because S=0 \qquad \therefore A=\frac{L}{2}$$

公式中之 $A$ 代表平均值，$L$ 代表初項，$S$ 代表末項。

上應加入成本觀念，作成本比較始能裨益決策作業。在這一方面比較基本之分析法為經濟訂購量決定法（Economic Order Quartity Method 簡稱 E. O. Q.)。

存貨管理上之第二個問題係訂購時間問題。採購若過遲，物料供應中斷，會導致生產作業之停頓。採購過早，囤積物料之成本增加。遲與過早均非良好現象。訂貨時間（$Ot$）受物料使用率（$R$)、等貨時間（從開始訂貨至到貨時間)（$T$)，以及安全在庫（$S$）之影響。等貨時間之久暫又依訂貨單送達時間（$t_1$)、供應廠商處理訂貨及發貨所需時間（$t_2$)、以及物料運送時間（$t_3$）而定。此種關係可由公式代表如后:

$$Ot=[R(t_1+t_2+t_3)]+S$$

公式之訂貨時間 $Ot$ 乃為應行訂貨時之存貨。易言之，庫存量若將低至 $Ot$ 便應行訂貨。此在庫亦稱為訂貨點。若引用上例及圖 5-7。吉瑋公司鹽水廠之訂貨點為一百九十噸（假定等貨時間為三天），每次訂購量為三百噸。適當採購量之決定除了應用經濟訂購量決定法外，亦可用模擬法計算。

## 陸、生產管制

生產作業的執行理應依循生產計劃，但由於員工之人為因素、機械之失調或物料之差異，往往生產作業之執行與所規劃者略有出入，於是生產過程中就必須有管制系統，以便隨時對作業上的偏差作適時的改正或調整。若因情況特殊而需修改計劃時，應做重規劃作業。執行與規劃之差異通常出現於作業進度與成品上，因此生產管制之重點便集中於作業進度管制與品質管制上。

持續性生產作業進度之控制，着重於從物料購買至送貨至零售商間整段時間之配合。在此整個過程中生產部所能控制者僅限於物料之訂購、製造、與儲倉三階段。此三階段之作業通常在供應廠商、本身廠房、以及本身之廠倉執行（見圖 5-8 A）。其餘數階段進步之管制實操於運銷部人員手中。是故一旦進度如有出入，生產不敷市場需求時，生產部與行銷部應携手合作商洽應有對策，或廠房加班生產以縮短生產日數，或運銷單位以託運方式加速運輸過程，以達成時效。其實圖中之每一階段均係可能調整階段。以持續性生產作業，生產資源不斷輸入，成品不斷輸出。廠房管制比較嚴密週詳。除了特別事故，生產線產生瓶頸阻塞外，製造進度上之調整問題，往往集中於物料之供應問題上。因此與物料供應廠商之密切協調乃爲控制上不可或缺之事項。

間歇性生產作業，通常不是承製客戶訂購貨品，便是分批分類生產，生產管制之重點於是放在各批貨品之生產上。各批貨品之生產程序與時間不盡相同，須訂製個別進度表以供控制之工具。如採用坎特表（見圖 5-8 B）則在每次檢查進度時，立即可一目了然，何部份作業超前，何部份作業落後，以及何者按時進行，在可能範圍內調動員工，或加班以加速落後作業。表上之✓號表示檢查進度日，按圖 5-8 B，於十月五日檢查進度結果發現製造 1 及製造 2，以及購料等項作業落後，製造 3 按期完成，而製造 4 與製造 6 兩作業超前進行。進度表之格式當然可依不同產品，而略作修訂。此種控制業已受用甚廣不僅限於生產控制上。

工程施工進度之管制，若以計劃估評法爲例（見圖 5-9)，則應重於如何妥善利用費時較短支系之閒工以加速緊要支系，則需時最長支系之提早完成。又支系間之協調亦爲相當重要之管制項目，蓋工程施工之順利進行，要在各支系圓滑協調下始能達成。否則任一支系人工之呆閒，或緊要支系之進度緩遲，均足破壞整個施工工程之如期完滿達成。

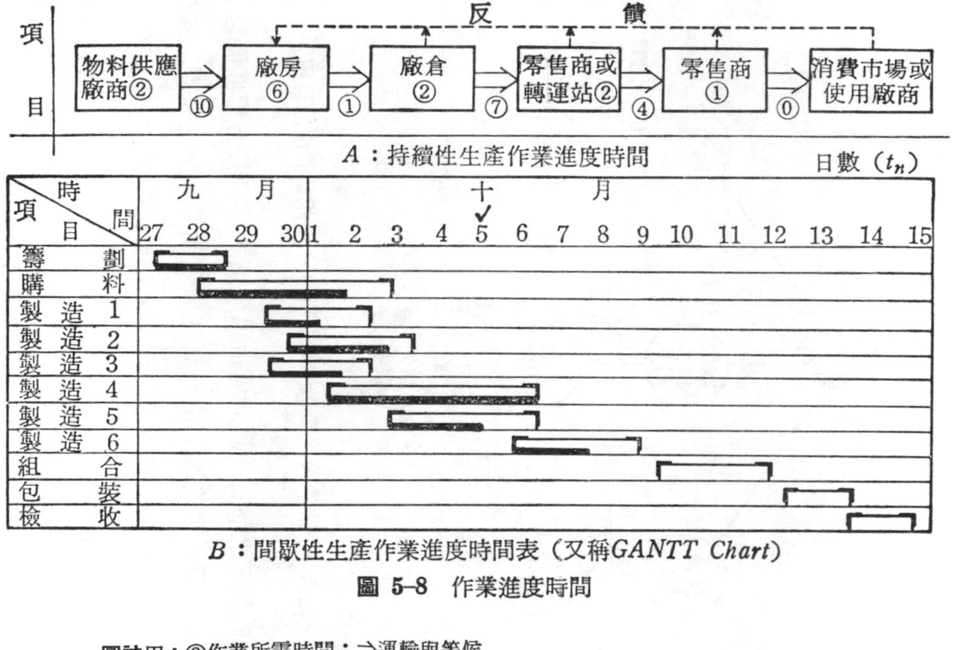


*A*：持續性生產作業進度時間

*B*：間歇性生產作業進度時間表（又稱*GANTT Chart*）

**圖 5-8**　作業進度時間

圖註甲：②作業所需時間；⇒運輸與等候

乙：「始日；˥終日；——預定時間；━━實際時間；✓檢查進度日

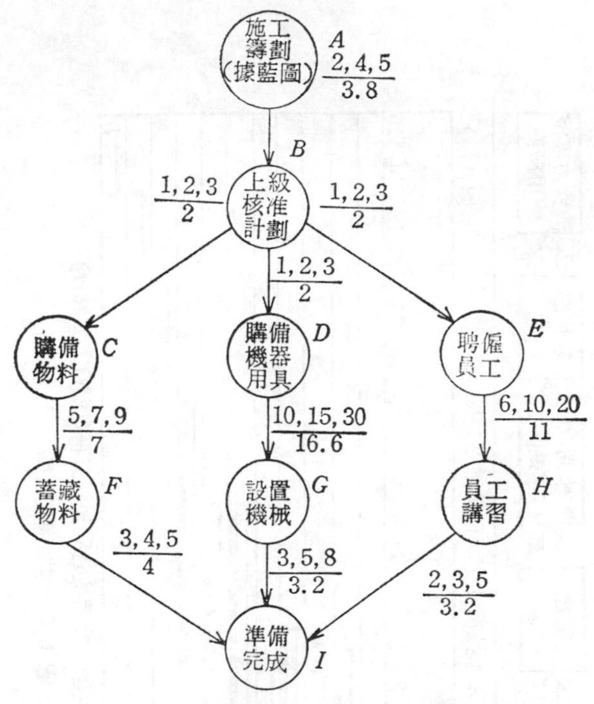


圖 5-9 高速公路施工準備進度——計劃估評法之應用

生產管制上之品質一詞，係指與生產規格相符合程度而言。成品愈符合規格，品質便愈高。由於測度與鑒別上人爲之差誤，無法完全去除，加之提高品質所花成本到達某一程度後不甚經濟，品質之好壞，高低咸成爲一相對用語。生產規格通常反映在所生產之成品或勞務上，諸如質料、型式、大小、色澤、耐性、硬度、操作、控制、設備與方法、以及功能效用等。此種規格乃用以鑒定品質之依據，成本以及市場情況卽用以衡量並決定管制之嚴密精確程度。管制之精確程度與所依據標準通常在生產規劃時便已定案。又品質之良否往往於產品裝備或移手至使用者或消費者後始能查覺，是故品質管制實涉及規劃、製造、產品驗收、以及產品售後服務四大階段。由于製造與產品檢查兩階段較有直接而深遠之影響；在論及品質管制時，重點往往拋射在此兩階段上，本段之討論重點亦爲此兩階段。❻

製造過程中之管制與成品之驗收應視爲一貫之作業。如圖5-10粗線方框所示，由原料之檢收而至製造機械及設備之調整、操作人員作業之改進，而至成品出廠、出倉之驗收，每一階段之疏忽均會影響其他階段之成果。

論及何時、何地、由何人作驗收或調整工作，各廠情況異同。不能一概而論，唯原則上應遵守下述諸點。

(一)在每次作業開始前應作例行機械設備與物料檢查以確定其與規定相符。

(二)如係持續性生產或生產作業需時較久，則應於每特定間斷作檢查一次，以確保生產作業之順利進行。

(三)一有奇異聲音或反常成品便應立即調整機件，消滅障源。

(四)在每次作業後應檢查成品及檢視生產機械設備。

(五)機械設備或產品規格如較複雜，調整機件，或檢收成品應由經專門訓練之員工專司，否則可由操作員工本身負責。

(六)成品檢查場所可採現場檢查或產後集中驗收，視各廠情況而定。

(七)由於管制成本之關係，檢視生產機械設備，或驗收成品，無法做到每件隨時檢視或檢收，可行之方法乃爲取樣管制。

管制技術可分兩大類。一爲統計管制圖 (Statistical Control Charts) 之使用；另一爲取樣驗收 (Acceptance Sampling)。前者實質上爲比較廣泛之品質管制，包括製造過程之立刻矯正，以避免未

---

❻ 郭崑謨著，企業管理—總系統導向，修訂版（臺北市，民國 73 年印行）第 323-324 頁。

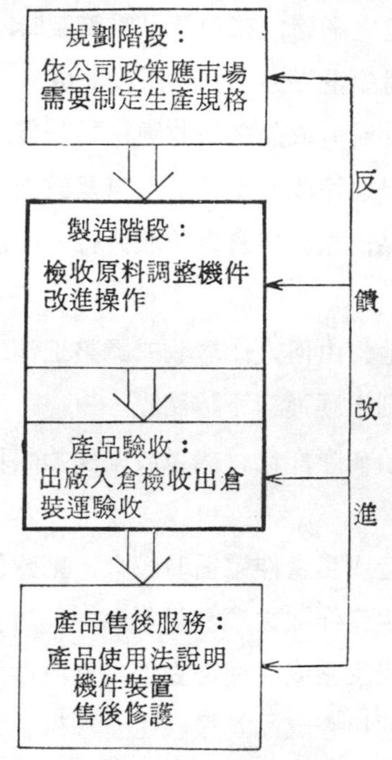


圖 5-10 品質管制階段

來不合格成品之陸續出現。後者則產後成品或產前原料之檢驗，以決定整批產品或原料之是否合格。取樣驗收只有在：㈠不合格產品對整個生產品質及企業信譽之影響不大，同時檢驗費相當可觀；㈡每次檢驗需破壞成品，成品成為廢物，則生產成本自為之提高；㈢產品量數衆多，不合格成品比例上佔總數量成數甚少，如需每樣檢收，不但人力所不能及，而且得不償失等等情況下始適用。否則實應以統計管制圖作整體恒久之管制實施。

品質管制之技術邇來頗有改進，玆列舉數項較常受用者於表 5-2 以供參考。劉一忠博士著現代生產管理學一書中對品質管制有較週詳之敍述，可參考引用❼。

表 5-2　較常受用之品質管制技術概覽

| 項　　目 | 說　　明 |
|---|---|
| 統計管制圖 | |
| 平均值管制 | 以平均值爲準劃定上限與下限以資管制品質 |
| 百分比管制 | 以百分比爲準劃定上限與下限以資管制品質 |
| 取樣檢收： | |
| 百分比取樣檢收 | 劃定好壞品質之分界線以資抽樣檢查 |
| 可通過品質平均線法 | 劃可通過品質之平均線以資抽樣管制 |
| 雙重抽樣檢收 | 藉兩次抽樣檢查以管制品質 |
| 連續抽樣檢收 | 藉連續多次抽樣檢查以管制品質 |

❼ 見劉一忠著，現代生產管理學，三民書局印行，民國七十四年二月第三版。

## 【企業個案二】 珍寶電器工業股份有限公司*

### 一、簡介

珍寶電器工業股份有限公司前身為快樂企業公司～為一生產收音機、電唱機的公司，民國五十四年為擴大業務乃於現址設廠創立本公司，產製各式珍寶牌及維納斯牌電子視聽製品，並與日本珍寶電氣株式會社技術合作，資本額一千五百萬元，全由國人投資，公司目前有稅務、廠務、營業部及專員室等單位，職工共計182人，直接生產142人，間接人員40人，大專佔5％，高中46%，初中25%，小學及其他5％；五十九年開始，公司產製晶體收音機，六十二年獲經濟部工業局外銷優良產品獎，嗣後為擴大營業，先後推出黑白、彩色電視，但因市場無法打開，漸見減產，到民國67年，已不再設計新機種，而以舊機型訂單生產，因此業務仍以收錄音機及收音機為主，而市場則偏重外銷，以中南美、非洲、澳洲、中東及東南亞最重要，總計外銷約佔七成，內銷三成。

### 二、公司組織與人事

公司現有組織如附表㈠，目前公司的經營大致上由總經理負責，總經理大部分的時間都在廠裏，而營業部則設在臺北市，由劉經理負責，劉是業務員出身，在公司已十五年以上，忠心耿耿，建樹頗多，公司也對他信賴有加，讓他獨當一面；此外，公司的重要幹部也都是董事長、總經理的多年部屬或親友，以董事長和總經理的多年友誼為核心，家族企業的氣氛相當濃厚，而公司也採日式的經營法，強調以廠為家的精神，重視工廠與職工的和諧關係，因此員工流動率極低，多數生產線員工已在公司工作七、八年，而課長則多十年以上，但總務部羅副理表示流動率低固然不錯，這些年資老的員工有時候却較難管理，而員工的士氣也似乎不够高昂。羅副理是總經理的親戚，職業軍人退伍，在公司已有七、八年，目前工廠的日常事務都交由他負責，為人精明，且頗用心。

公司對員工的福利頗為重視，最近才舉行了每年一次的員工旅遊，全廠員工

* 本個案係作者參與合作金庫建教合作之中小企業診斷受診廠商，所用名稱與實際名稱不同。

到武陵農場玩了兩天，惟總經理求好心切，對少許員工一些細節上的疪議常覺困擾。譬如公司以前辦旅遊都讓員工携眷參加，且最好的車位、房間都給這些帶家眷的人，因此其他員工抱怨待遇不公，此次公司就只准公司員工參加，這樣一來，有家眷的阿巴桑及年青人個個又對公司這項新政策非常不滿。

三、電子產品產業

我國的電子產業隨着經濟成長，蓬勃發展，且在技術、品質上不斷改進，並開拓了大量國外市場，目前國內生產的卡式錄音機有⅓外銷，而收音機則大部分外銷，每年爲國家賺取大量外滙。

電子業是一個技術密集而且進步極爲迅速的工業，我國因爲科技及一般工業水準尙不及歐、美、日，因此在開發這類產品時，尙須仰賴技術及零件的輸入，一般所採的方式有二：

(1)與外商技術合作，

(2)抄襲外國產品設計，加以部分修改，並購買部分零件。

過去我國業者多採(1)方式，目前許多廠商也漸設立設計開發部門，自行仿製

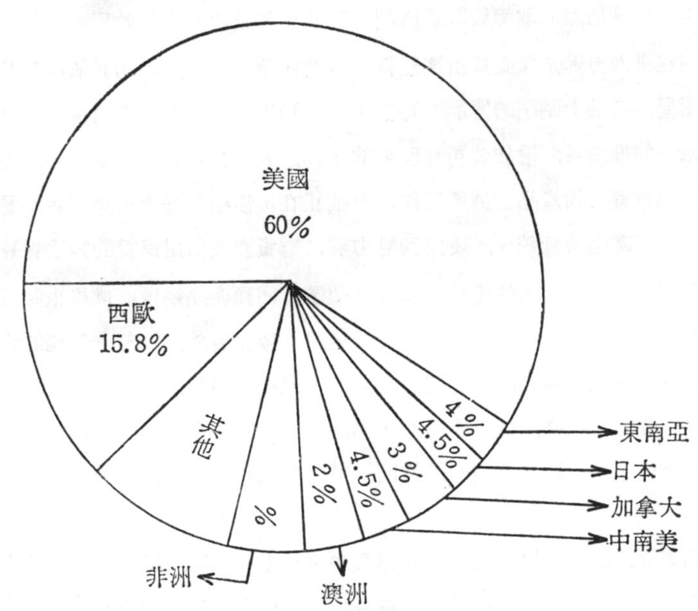

外國產品，但因部分電子零件之產製本身即有高度技術，且須相當資本設備，因此仍受制於外人。因這些關鍵性的零件被控制，被榨取利潤，且電子產品爲一整體性的物品，若抄襲某一廠商的設計，而更替其中的部分零件，則往往降低品質，且需更改其他部分的設計來配合。因此我國廠商的產品在品質、式樣上就顯得落後，而不得不採較低價的政策，以研究發展費用的節省來換得低廉的售價，長期以往，技術總是落在人後。

目前我國電子音響產品的外銷市場結構如上圖：

由於我國產品的價格、品質等特性，較適合於開發中國家人民的消費能力及需要，而在已開發國家則面臨強大的競爭及品質要求，但因其消費額大，故仍佔我國輸出比率大部份。

四、銷售

公司目前每年的營業額約八千萬元，以收音機、錄音機及收錄音機爲主，電視機則採訂貨生產方式，且不開發新機型，而錄音機、收音機也儘量減少機型（原有四十多種型式錄音機、收錄音機，現淘汰剩下廿餘種），對於小額訂單，則不再隨顧客之特殊指定而改變設計或機型，以求生產及設計上的效率。

公司在國內市場是採直接由電器行銷售的政策，由於近年的景氣波動及不肖分子的騙局，市場上倒閉的情形不時發生，公司也因此負擔了信用風險，且業務開拓須衆多的推銷員，增加公司管理者的工作，因此公司考慮在全省各地委託分區總經銷商負責公司產品的推銷工作，目前正在接洽中，惟大經銷商並不易找，尤其是本公司產品銷量較少，要找到財力够，有資產或信用保證的對象更難。

據黃總經理說，公司的產品品質較其他國產同類產品爲優。價格也略貴一點點，因公司規模較小，除了偶在報紙及廣告牌上做廣告外，並無有系統的大量廣告，但因在民國五十幾年時，公司的收音機、電唱機等產品曾佔市場比率達一半以上，公司知名度仍高，惟印象均不深刻，且一般對公司的產品種類及品質、價格欠缺明確的了解。因此公司的銷量反較其他公司爲少，在競爭中有處劣勢的危機。

外銷方面，公司是以中南美、非洲及中東爲主要地區，據羅副理表示大約中南美、東南亞，和非洲中東這三個市場各佔⅓。由市場分布亦可看出公司並未掌握我國同類產品輸出的主要市場～美、西歐等。反觀國內競爭者如東芝等則一開始便從外銷起家，且以美、西歐爲主，以此奠定大量生產銷售的基礎。

一般而言，美國市場訂單的批量大，但價錢較低，且要求較嚴，中南美、非、中東之批量小，而價格較好，公司的政策偏向於後者的開發，因其利潤較高，且適合公司的產能安排，但有時批量過小，造成機型種類過多，外觀品質要求不統一，而致生產線及設計部門均須調適，影響生產效率，並使零件之準備煞費苦心。

由於內銷貨款的信用期間約爲60天，且有時一再延長，而外銷貨款多，可用信用狀貼現，市場之潛力無限，因此總經理及營業部劉經理均強調開發外銷市場爲其未來拓展業務之重點。

**五、生產**

工廠的一般情況尚稱良好，光線充足，場地整潔，目前正在添製吸烟管等設備，員工的工作情緒尚可，惟據羅副理表示，綫上領班對部屬的督促常失之過寬，雖然工作氣氛諧調，但通常不願加班，有時難以應付急促的生產，公司希望採取激勵措施，但因缺乏客觀的標準，常流於形式。

目前工廠有二條生產綫，生產排程是由總經理決定，下達命令，據綫上領班謂：生產日程安排與銷售的配合並不好，有時常停下正在生產的貨而趕製另一批，這種更改多少須浪費一天的時間來調整生產綫，由於公司採的是訂單生產的方式，這種緊急生產似不可免，惟每一筆訂單是否皆有利且必須接則不得而知。

黃總經理表示目前公司生產上面臨的最大困難是待料的問題，由於倉庫狹小，存料有限，而公司每次購買批量不大，不滿一卡車，而且提早運來時無處存放，協力廠商時常拖延交貨日期，或者臨時以劣品搪塞，至爲頑劣，但因公司爲零件所製的模子（一個兩萬元）被協力廠控制住，或爲了出口日期，只得聽任宰制，影響公司的生產日程及產品品質至巨。採購組的組長則認爲公司上級常隨意更換採購廠家，不能與協力廠建立較密切的關係，也是造成這種現象的原因之一；事實上公司的採購流程並不完整(如下圖)，而且現有倉庫中陳舊的零件雜亂堆放，都影響物料的管理。

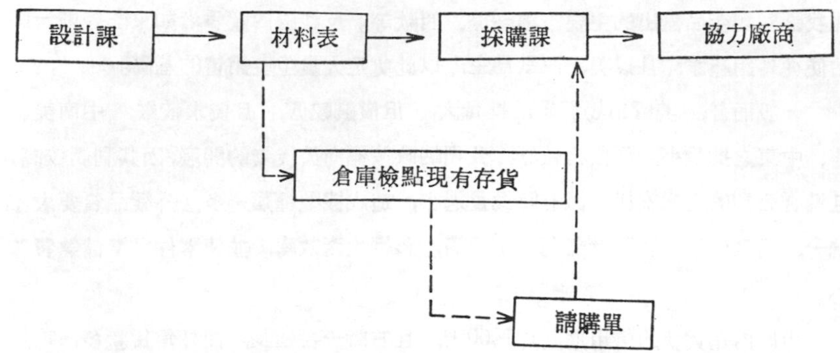


虛線爲應有流程，實線爲現行流程。

因此目前存料不能準確盤點、控制、安全存量也談不上，如果採購到料的程序有了脫誤就產生待料的情況。

**六、面臨的問題及展望**

公司現在面臨的困難主要是內部效率不高，據總經理、羅副理等人提出，公司目前有下列的問題：

1. 倉庫過小，工廠位於一級防洪管制區內，禁建令一直沒有解除，公司欲擴充固不可能，即急迫的倉儲過小問題亦難解決，使得原料儲存受到限制。
2. 經銷商管理甚難，時有倒帳之虞。
3. 協力廠商不能配合，而公司又無法管理他們，有時且影響外銷出口趕工。

黃總經理對本校的建教合作深寄厚望，希望解決這些內部問題，使公司的基礎更穩固，將來隨著外銷拓展，公司的業務也能更上一層樓。

附表一　珍寶公司組織圖

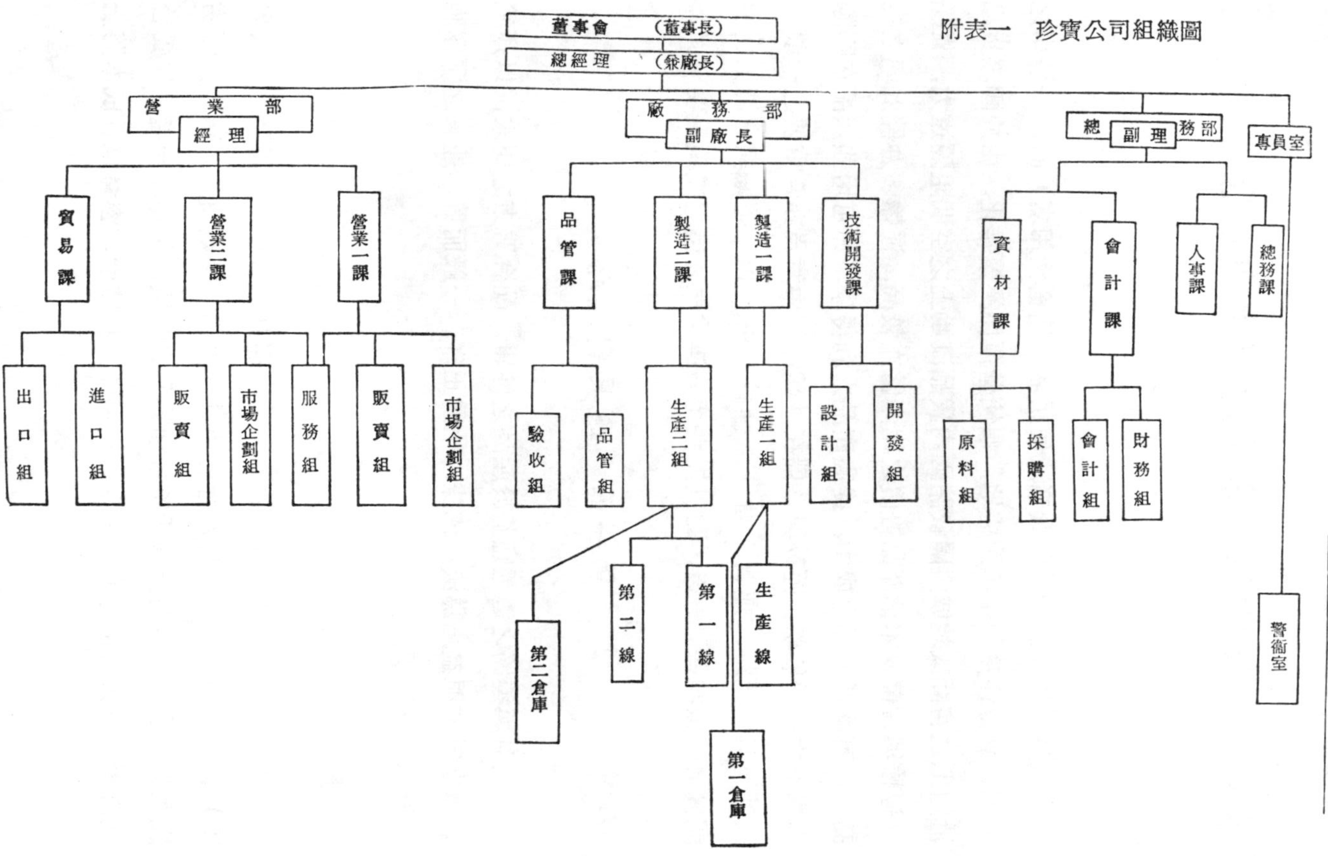
董事會（董事長）
總經理（兼廠長）
營業部
經理
廠務部
副廠長
總務部
副理
專員室
貿易課
營業二課
營業一課
品管課
製造二課
製造一課
技術開發課
資材課
會計課
人事課
總務課
出口組
進口組
販賣組
市場企劃組
服務組
販賣組
市場企劃組
驗收組
品管組
生產二組
生產一組
設計組
開發組
原料組
採購組
會計組
財務組
第二倉庫
第二線
第一線
生產線
第一倉庫
警衛室

# 第六章　企業之運輸與倉儲

當貨品售給國內外消費者或使用者（簡稱消用者）時，一連串之運輸、倉儲作業便申延至遠地，頓使營運作業繁雜化。由於國際貨品流通上之空間或地域阻隔較諸國內貨品流動上之空間阻隔遠大，貨品之運輸與倉儲成本佔產品售價之比率當亦較高，運輸、倉儲效率之提高不但可降低產品之成本，提高產品之利得率，亦可增強產品在國際市場上之競爭態勢。運輸與倉儲在外銷作業中實爲非常重要之一環。爰就運具、運路、運費、倉儲、運輸方法，以及運輸與倉儲上之中間機構等數端探討於後，藉以提供產品運輸與倉儲之幾項重要層面。

## 第一節　運具與運路

運具與運路之遴選應基於產品之性質，配合買方之要求，以運輸倉儲之成本與益惠爲決策依據，始爲正確。一般而言，運具之選擇應先於運路之遴選。

### 壹、運　具

運具包括航空運具（飛機）、公路運具（貨車）、鐵路運具（火車）、河海運具（輪船）及管導運具（管導）等數類。各類運具優劣點互異，選擇運具時應當明瞭各種運具之特徵，始能配合產品作妥善之決策。吾人可依速度、頻率、可用性、可靠性、容量以及成本將上述五種運具之特徵以表6-1簡示之。

表 6-1 各運具之特徵

| 速度 | | 頻率 | | 可用性 | | 可靠性 | | 容量 | | 成本 | |
|---|---|---|---|---|---|---|---|---|---|---|---|
| 空運 | 快 | 管導 | 多 | 公路 | 多 | 管導 | 高 | 河海 | 大 | 空運 | 高 |
| 公路 | ↓ | 公路 | ↓ | 鐵路 | ↓ | 公路 | ↓ | 鐵路 | ↓ | 公路 | ↓ |
| 鐵路 | | 空運 | | 空運 | | 鐵路 | | 公路 | | 鐵路 | |
| 河海 | | 鐵路 | | 河海 | | 河海 | | 空運 | | 管導 | |
| 管導 | 慢 | 河海 | 少 | 管導 | 少 | 空運 | 低 | 管導 | 小 | 河海 | 低 |

表 6-1 中各衡量因素之涵義如下:

1.速　度: 從出發至抵達目的地所需時間之長短。

2.頻　率: 在特定時間內運送次數之多寡。

3.可用性: 運具所能到達地區或地點之多寡。

4.可靠性: 是否能不受其他因素影響，在限定時間內到達。

5.容　量: 可裝載貨物之多少。

6.成　本: 運費之高低。

選擇運具時應考慮之產品特質包括產品之價量比值，使用上之特性，實體上之特性等，舉凡單價高，體積小（或重量輕）之產品，使用急切（或較無法承受時間壓力），實體容易腐敗之產品當要爭取時效，以快速之運具運輸。此類產品，諸如機械電子零件、鮮花、珠寶等等，此種產品亦較能承擔高額運輸成本。體積龐大，單價低，不易敗壞，需用並不急迫產品，自以容量巨大，成本低廉運具較爲經濟合算。該類產品由於使用並不急迫，寧以「緩慢」換取成本之減少。上述數則僅爲少數之例，旨在說明運具選擇上應注意產品特性、運具特性與運輸成本等數種因素。

## 貳、運　　路

國內運路，就臺灣地區而言，尚未普遍，有待加強。至於國際運路受國際協定之限制，在協約期間內無法作任何更改或擴張。是故外銷廠商應盡量挑選運路不複雜之定期航線，蓋運路倘複雜或不定期（不參加運盟者）則延誤到達目的地或船務糾紛之機會必然增加。

就空運言，貨運運路與客運運路大致相同。在大多數運路，客運兼營貨運。自德國盧山沙（Lufthansa）航空公司首用巨大之波音(Boeing) 747F 全貨運飛機後，大型全貨運機已逐漸普遍❶。目前在臺飛虎 (Flying Tiger)、華航、汎美 (Pan Am.)、日航、菲航、泰航等等運路幾乎涵蓋所有自由國家。其中飛虎係全貨運航線。

海運運路依各不同運盟有許多不同運路。下列數聯盟及運路爲我國臺灣地區與世界其他國家或地區間之數條重要運路❷。

1.汎太平洋運盟（Trans Pacific Freight Conference): Japan Lines, Sea-Land, Showa Shipping, Barber Blue Sea。

臺灣→夏威夷→火努嚕嚕→阿拉斯加

2.香港西非運盟（Hong Kong/West Africa Freight Conference): Yawasaki Kisen, Mitsui O.S.K. Lines, Nippon Yusen。

香港→臺灣→西非

臺灣→東非

臺灣→日本→中東

---

❶ Boeing 747F 可容 20,740 ft³，長 231′3″，高 63′4″，基價 20.38 Mill。見 Janes C. Johnson & Donal F. Wood, *Contemporary Physical Distribution* (Tulsa, Oklahoma: Petroleum Publishing Co., 1977). p378.

❷ 資料來自交通部航政司。

3.紐約運盟 (New York Freight Bureau): Japan Lines, 南泰, Mitsui O.S.K. Lines, 大信船務代理。

臺灣→美國東西岸

4.遠東運盟 (Far Eastern Freight Conference): Mitsui O.S.K. Lines, Nippon Yusen, 聯合船務, American President Lines, 臺美船務代理。

臺灣→歐洲黑海、地中海各港口

5.臺灣東加拿大運盟: Barber Lines, Maersk Line, Mitsui O.S.K. Line。

臺灣→東加拿大

6.臺日運盟: 招商局輪船公司, 臺灣航業, 中國航運

臺灣→日本

運路或航線選擇上應注意者有:

1.不加盟航線雖運費比較低廉， 但延宕、被扣、海難等風險較大，不能以小失大。憶民國 64 年從臺灣赴中東之船隻被扣，66 年又發生了失落船隻多起，這些船隻均係不加盟航線之船隻，航期及航線旣不固定，亦無一定之停泊港口：在臺代理性公司又無法負起責任，結果甚難追究責任❸。

2.不加盟航線之航期不定，停泊港口亦不固定，故到埠日期當無法確定。

3.盡量國貨國運。如國貨國運，一旦發生糾紛亦容易取得快速公平之解決。

---

❸ 按民國 64 年洛克彎輪在星被扣，並卸下貨物，66 年共有 50 艘往中東貨船消失於大海中不知去向，使得貿易雙方損失慘重，影響我國之商譽甚大。

## 第二節　運　費

運費因不同運具與運路而異。我國臺灣地區四面臨海，國內運具以陸地運具爲主，國際行銷上之運具則以航空運具與海洋運具爲主。不管是航空抑或海洋，運費可分運盟運費與不結盟運費兩類。同一運路，運盟運費遠較不結盟 (Non-Conference) 運費高昂。有時其差額可達運盟運費之三分之一。在不結盟航運公司中，運費參差不齊，往往過度殺價導致倒閉。同一運盟內運輸費率統一，無法殺價，故對不結盟航線之競爭只好以額外服務，或其他非價格方式進行。廠商對不結盟航線可討價還價，挑選低廉航線，但一如上述不結盟航線運期既沒有固定，停泊港口不定風險非常大。明智廠商應該盡量利用結盟航線，同時研究其運輸費結構，遴選最有利之方法託運。下面所簡介之航空與海洋運輸費率可提示託運廠商研究運輸費率之重要性。

### 壹、航空費率

國際航空費率係經國際航空協會運輸同盟（International Air Transportation Association Traffic Conference）裁定。所定費率一經各國政府核准更成各該國參加運輸同盟航線之法定約定費率。惟航空公司可向政府申請不結盟費率，經核准後施行。費率通常指起程飛機場（Airport of Departure）至到達飛機場 (Airport of Destination) 之費率而言，不包括其他一切有關起程前與到達後之各種作業，諸如包裝、送貨、報關等等。

航空費率可分下列七種❹:

---

❹ China Airline, *Training Material Cargo Transportation Charges* ( Taipei, Taiwan, ROC: Training Department, Traffic and Service Division; China Airline, 1978), pp. 3-4. 以及China Airlinie, *Applicable Rate/Chargnes Out of Taipei* (Taipei, Taiwan, ROC: China Airlie, 1978). pp.1-61.

1.最低運費（Minimum Charge）:

運盟費率有最低運費之規定，倘依規定費率計算，運費若不超過最低運費，亦要繳納最低運費，該種最低運費適用於下述之一般費率。如表6-1所示從臺北至伊朗之 Abradan 城最低費率爲新臺幣（NTD）1,084.50 元。

2.一般費率（General Cargo Rate）:

適用於一般貨品之運輸，有 45 公斤、100 公斤、200 公斤、300 公斤、400 公斤以及 500 公斤等級距，級距愈高其每公斤之運費愈低。例如託運貨品在 45 公斤以下從臺北到墨西哥 Acapulco 每公斤之運費爲 246 元，其若託運貨品在 500 公斤或以上時則每公斤之運費僅爲 119.90 元，不及最高費率之一半（見表 6-2）。

3.特殊產品費率（Specific Commodity Rates）:

爲某特殊產品而設定之費率，通常較一般貨品之費率低，旨在鼓勵業者空運。有最低託運量之規定如 100kg、500kg 不等。

4.貨品分級費率（Class Rate）:

該費率適用於少數需特別處理或特別多量之貨品。

5.單位化包裝貨品費率（Unitized Consignment）:

單位化包裝包括貨櫃化與墊板化包裝。費率依不同重量之包裝單位而異，一般而言，單位化包裝貨品之費率較諸其他費率低廉。

6.政府特命費率（Government Order Rates）:

爲配合政策之推行，政府有時特別頒佈某特別地區之運費。

7.推算費率（Construction Rates）:

倘無直達目的地運輸費率，費率可加上各段區估算總費率。

## 貳、海洋費率:

臺北至海外各國海運有許多運盟，雖各運盟之費率不一，各運盟

**表 6-2 一般貨品費率（部份）**

起點: 臺北松山機場　　　　費率單位: 公斤

| 至 | 最低運費 | 45公斤以下 | 45公斤 | 100公斤 | 200公斤 | 300公斤 | 400公斤 | 500公斤 |
|---|---|---|---|---|---|---|---|---|
| Aalborg, Denmark | 1,157.50 | 266.50 | 199.90 | | | | | 166.00 |
| Abradan, Iran | 1,084.50 | 216.90 | 162.70 | | | | | |
| Acapulco, Mexico | 880.00 | 246.00 | 187.60 | 175.00 | 159.80 | 138.10 | 134.10 | 119.90 |
| Amarillo, Tx. USA | 880.00 | 231.60 | 173.20 | 161.20 | 146.00 | 126.00 | 122.00 | 107.30 |
| Hong Kong, H.K. | 548.60 | 38.80 | 29.10 | | | | | |
| Recife, Brazil | 960.00 | 342.40 | 262.80 | 245.60 | 230.40 | 201.60 | 197.60 | 177.60 |
| Venice, Italy | 1,157.50 | 256.30 | 192.30 | | | | | |

資料來源: China Airlines, *Applicable Rates/Charges From Taipei* (Taiwan, Taipei, ROC: China Airlines, 1978), pp. 1-31.

費率有下列幾個共同之處:

1.最低運費: 分一般貨運與危險性貨運，後者之最低運費自較前者爲高。

2.以產品分級費率爲基本費率，再附加其他特別費率，諸如過長過重貨品等。

3.費率之計算以每 1,000 公斤或每立方公尺爲單位。

以遠東運盟爲例，其貨品級數有21級（如表 6-3），第1級費率最高爲每 1,000 公斤或每立方公尺 149.40 元； 第 21 級最低，爲 45.25 元。產品究屬何級？可從運盟之費率表中查得。至各港口之運費亦可從表中查得附加率（附加於基本分級費率）後計算之。

表 6-3 遠東運盟產品分級費率

費率: US$

| Class | Rate/1,000kg or $M^3$ |
|---|---|
| 1 | 149.40 |
| 2 | 134.05 |
| 3 | 117.55 |
| 4 | 105.55 |
| 5 | 100.55 |
| ⋮ | ⋮ |
| 19 | 49.55 |
| 20 | 47.60 |
| 21 | 45.25 |

資料來源: FEFC Subject Taiff No. 3, 1978.

有關海洋運輸費率之資料可從下列數來源獲得:

交通部航政司

交通部運輸計畫委員會

外貿協會海運港口航線指南（年鑑）

航運與交通（雜誌）（Shipping and Transportation）

航運與貿易（雜誌）

海運市場月刊

## 第三節 倉 儲

倉儲的觀念及作業已由靜態的貯存（Storage）功能演變至現階段之動態流量分配（Through Put），則具整體系統之倉儲運配中心（Distribution Center）觀念與作業。D.C. 不僅是有形之倉庫，亦包括運輸、作業人員、作業流程等等有形無形之關連事項。現代倉儲運配，簡稱倉儲中心（D.C.）之主要功能及作業範疇如下：

1.貯存：包括入倉一卸點、核對、入帳

保管一倉庫安全之維持、保養、分類、堆存、盤點查庫保險

出倉一過磅、核對、送貨、清帳

2.轉運：由倉儲中轉運（或轉送）貨品至顧客手中，作業包括運具、運路之遴選。

3.貨品處理：復形處理、拆包分級、再包裝。

4.調節功能：因貨物供需之時間與地點既不相同，亦不均勻，須以系統方法，尋找適當調節方法，以增加分配服務效率，降低成本。

5.溝通：與顧客之溝通、與供源之溝通、與運務公司之溝通等。

6.規劃：存量管制、倉庫擇址等。

循現代倉儲中心之觀念，茲將幾項與國際倉儲有關事項簡述於後：

## (一)貨櫃倉庫化與展示倉庫

國際倉儲作業，由於生產作業之不同，對倉儲之要求亦異。倘廠商生產係訂單生產（Job Order），則倉儲作業便減少到最低程度，甚至於能以貨櫃充代倉庫，發揮倉儲功能，此種觀念可取名爲「貨櫃倉庫化」。貨櫃倉庫化，旣可節省許多搬運作業，亦可經濟有效地利用廠內空間。

倘市場需求情況足使廠商進行計畫性「生產線生產」作業，則倉儲作業便較繁重，存量管制成爲非常重要之作業。爲適應地主國之需要，廠商應在可能範圍內設置海外倉儲設備，使貨品能在海外源源供應，迅速送達消用者，不虞缺貨，同時使遠距廠商之潛在消用者能有隨時一睹貨品之機會。倉儲設備非但爲貨物暫時儲存場所，亦應爲貨品在外國展示或展售之永久場所，所謂展示倉庫（Display Warehouse）便有此種涵義。

## (二)自由通商區之利用

世界許多國家均設有自由通商區（Free Trade Zone），廠商可將原料輸進該區，經加工製造後再輸出而免繳關稅，亦可將產品製造後逕售當地補繳關稅或有關稅捐。廠商應盡量利用較經濟有利之自由通商區，進行對第三國之外銷作業。

## (三)包裝上應注意事項

國際貨品之包裝應依循各地主國之法令規定，諸如標籤記號規格等，並配合國際運輸、搬運、以及堆高技術設計包裝容器及保存裝置。國際產品因包裝欠佳而遭遇市場機會損失之例甚多，憶我國水泥磚在沙烏地阿拉伯市場曾一度由於包裝不良破損率達 20% 以上而被義大利貨品所取代❻。廠商今後應對包裝多下功夫。

此外包裝上所附之裝運、搬移上應行注重之事項，亦應有明顯之標記，以利作業。往往在國際運輸儲存上，可藉此種簡易之標記而減少許多損失。國際常用之標記有：嚴禁煙火 (No Smoking)，爆炸品 (Explosive)，當心破碎 (Fragil)，豎立放置(Keep Upright)，此端向上 (This Side Up)，離開熱氣 (Keep from Heat)，不得用鈎 (Use No Hooks)，放置於冷處 (Keep in Cool Place)，小心安放 (Handle With Care)，不可平放(Never Lay Flat)，易腐敗物品 (Perishable Goods)，高價物品 (The Valuable)，保持乾燥 (Keep Dry) 等。

**(四)倉儲保證**

倉儲期間，倉儲場所倘溫度過高、空氣窒礙、濕度過度高，則貨品容易生銹、褪色或腐敗；若其溫度過高、空氣流通、濕度過低，貨品乾箇、硬化、變色、萎縮之現象容易產生❼。各國氣候情況相差懸殊，在國外設置倉庫時更應注重倉儲設備。又倉儲設備應考慮蟲鼠雀害、裝卸損失，以及風吹雨打、盜竊之害之預防。有關化學工業品保管，由於其易燃、易爆、易敗、易腐性質，應參照政府對該產品之保管辦法與須知事項以免遭受巨大損失，保倉人員可參閱政府頒佈之保管化學工業品須知❽。

---

❺ 郭崑謨著國際實體分配——外銷作業之重要一環，臺北市銀行月刊，第九卷第12期（民國67年12月），第16頁至21頁。

❻ 外銷機會第349期（民國66年1月4日），外貿協會印行。

❼ 詳見郭崑謨著存貨管理學，民國66年華泰書局印行，第164頁。

❽ 參閱霍立人著，管理倉庫的故事，民國61年大衆時代出版社印行，第206頁至240頁。

## 第四節　運輸方法

產品之運輸，隨着科技之進步，業已逐漸脫離傳統運輸方式而邁進新的運輸紀元。玆將貨櫃運輸、子母船運輸、散裝運輸、冷凍運輸以及電腦之廣及用途等數項作簡單之介紹。

### 壹、貨櫃運輸

應單元化運輸之優點，貨櫃運輸業已成爲國際航運上之中心作業。所謂貨櫃也者，乃指備零散貨品單元化組入之容器，此種容器可反覆使用並運輸。國際航運上之標準貨櫃有：8′x8′x10′,8′x8′x20′, 8′x8′x30′, 8′x8′x35′ 以及 8′x8′x40′ 等五種，惟限於貨櫃吊動移轉與放置等設備，我國臺灣地區最流行之貨櫃僅有 8′x8′x20′ 以及 8′x8′x40′ 兩種。

在裝運上，貨櫃可分整裝貨櫃與拼裝貨櫃兩種。前者係指貨櫃中之全部貨物來自同一貨主而言，後者則同一貨櫃中之貨品來自兩個或兩個以上之貨主。貨櫃運輸作業之過程可藉簡圖表示於後：

1.整裝：

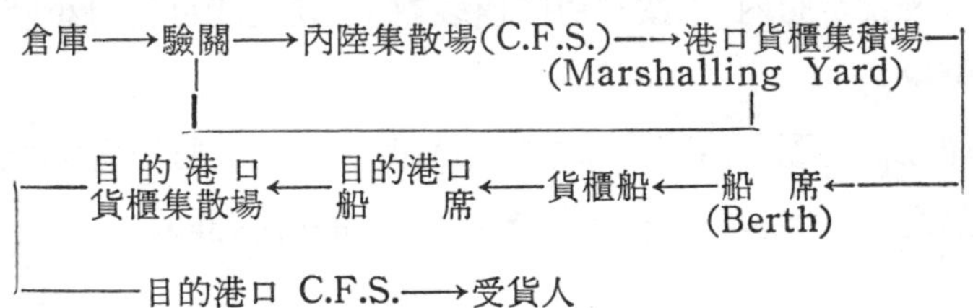


2.拼裝：

倉庫⟶內陸拼裝集散場 (Consolidation Shed)⟶驗關⟶港口貨櫃堆積場⟶船席⟶貨櫃船⟶目的港口船席⟶目的港口貨櫃集散場⟶目的港口拼裝集散場⟶受貨人

## 貳、子母船 (LASH)

子母船 (Lighter Aboard Ship)，將小船放於大船運至目的港口後，小船以獨立單元再度運輸至其他目的地者謂之子母船運輸作業。營運此種作業著名者有 Pacific Far East Lines (在美國旗下)。典型之子船長 60 英呎，寬 30 英呎，高 13 英呎，容積 20,000 $ft^3$，可裝 400 噸 (每短噸 2,000 lbs.，長噸爲 2,240 lbs.) ❾。此種作業尤在港口淺，或需轉向內陸河運輸之情況下，非常簡便經濟。

## 叁、散裝運輸與冷凍運輸

散裝之運用於農產品早已普遍，其運用於非農產品，如水泥、肥料，可望日益增加。新創用之「封閉式螺旋垂直及水平裝卸輸送機」已把散裝作業帶進新境界。該種機械係由封閉式輸送帶與旋轉式吊桿，以及可曲式伸縮管頭構成。在裝載站，散裝貨品 (如肥料、水泥)，以封閉輸送帶自散裝倉庫送至碼頭，再藉吊桿與船上裝載機相連將貨品自動散於指定艙內。按利用該種裝載，其速度可達每小時 1,200 公噸之譜❿。

冷凍運輸將配合冷凍貨櫃之普遍而普遍。由於國際運程之長遠，冷凍產品之系列將會擴大而包括衆多非急用品之運輸。

---

❾ 同❶，Johnson & Wood，第 386 頁。

❿ 「世界水泥輸送新趨勢」，臺灣新生報，工商新聞專欄，民國67年 7 月 27日第十版。

**肆、電腦之廣及用途**

利用電腦於存量管制、運輸追踪、運費索查將日益普遍。電腦之存量管制與採購作業相互配合可減少缺貨，降低安全存量。運程之差錯可藉電腦追踪而減少，而運費之索查可節省運費。

## 第五節　國際運輸倉儲上之中間機構

國際運輸倉儲作業上，個別廠商通常無法自行設置所有設備，就是有足夠人力及物力，亦不經濟合算。諸多運輸倉儲作業要靠中間機構來完成。下列數中間機構在國際運輸倉儲上扮演相當重要角色。

**一、國際通運業者 (International Freight Carrier)**: 有海、陸、空、導管等四類。通運業者具備運具。導管運輸成本最低，空運成本最高。

**二、保稅倉庫 (Bonded Warehouse)**: 經海關核定之倉庫。進口貨品可儲存於該倉庫，暫時免繳關稅，待貨品出倉備售時再行補繳。倘貨品加工再處理後出口則免繳關稅。

**三、報關行 (Customs Brokers)**: 代辦進出口商之報關、貨物檢查等工作，收取佣金。

**四、貨運服務業者 (Freight Forwarder)**: 無自己運具。其功能爲替廠商選擇運具、運路、運期，以及代辦貨運上有關文件、手續。貨運服務業者相等於廠商之「船運部門」。

**五、公共倉庫 (Public Warehouse)**: 出租用倉庫。廠商繳納租金儲存貨品。分散交通開製發票，亦爲公用之業務。

**六、出口包裝服務業者 (Export Packer)**: 專司出口產品之包裝服務，使產品容易過關，且能保護長程運儲。

# 第七章　企業之財務

企業的第三個機能就是財務（Financing）。財務管理一詞可以解釋爲「透過資金的運作，以有效的理財方式來配合企業體產銷過程以獲得整體而統合的結果，從而謀求企業的最大利益」，只要是涉及企業有關的財務決策與行動，都是企業財務管理所要談論的內容。基本上，企業財務主要在配合企業體的生產與銷售業務，實質上它則是一門融合會計、經濟、投資等科學所延生出來的一門學問。爲對企業財務的認識，本章將就基本概念及重要性作初步的介紹，再談及財務的一些基本功能如：資金之籌措與運用、財務的規劃與分析、盈餘處理等。

由於投資風氣業已盛行於臺灣地區，故於第三節將略作投資之概述。

## 第一節　企業財務之基本概念

財務管理基本上可分爲兩類，其一爲有關資金之規劃、運用與分析等，屬於企業內部的財務作業；其二爲有關資金之籌措、盈餘處理等，屬企業外部的財務作業；當然有的財務作業，我們並無法硬性的將之作此分類，這只是方便於我們的瞭解罷了。

### 壹、財務結構

在進入主題前，我們首先應就企業的財務結構有初步的認識。就資本而言，資本來源可分爲自有資本及債權人資本兩種，自有資本則包括有：

㈠資本金額：即資本者出資爲企業經營活動的基金，有冒企業經營風險的責任與分享盈餘的權力。

㈡公積金：通常法律均規定企業的盈餘應預留某百分比提存，以爲備用。

㈢累積盈餘：乃企業經營盈餘而未發股利者，經長時間累積所得的資本增加額。

㈣資本準備金：乃資本運用中，爲防萬一使用而保留之資本，供作資本之準備用。

而屬債權人資本者，則可分爲長期負債與短期負債兩種，長期負債包括：

㈠公司債：乃公司爲籌措資金而以發行公司債手段，向他人銷售以獲取他人之資本。

㈡長期借款：企業從銀行或金融機構借得而超過一年以上者稱之。

至於短期負債則有：

㈠短期借款：乃企業從銀行或金融機構借得之短於一年之款項者，如票據貼現或貸款即是一例。

㈡營業負債：乃經由營業而直接產生者，如應付帳款項即是一例。

㈢應付而未付之費用：如未繳之房租、稅款、利息、薪資等費用。

㈣保管款項：如各種保證金、員工存款等。

就資產之分類，吾人可將之分爲流動資產、固定資產與遞延資產等三項，流動資產包括現金存款、應收帳款、票據、有價證劵、原料……等，固定資產則如土地、建物、設備、專利權、商譽……等，遞延資產則有開辦費、研究開發費、預付費用等，須經一年以上方轉爲費用者。

**貳、財務管理之特性**

財務管理包含有幾種特性，這在從事企業經營者應有所認識，它

包括了下列四個特性:[1]

㈠廣泛性: 企業好比人的身體, 而財務則有如血液, 必須隨時流通無阻, 適時配合企業營運如購料、生產、庫存、經銷……等活動所需資金, 否則縱然是資產大於負債的優良財務結構, 亦可能因週轉不靈而「黑字倒閉」, 由此可見財務管理的廣泛性了。

㈡結合性: 企業營運之績效、各部門之運作與控制, 莫不以財務資料為中心, 如許多跨國公司, 分支機構遍布全球, 其目標之一致、團結力之發揮, 則是賴財務報表的功能。

㈢集中性: 雖然企業講求授權與分權, 然而唯獨企業財務之處理與決策, 必須集中運作, 這是因為集中性不但有防弊作用, 而且財務決策關係整個企業之存亡, 若有不愼, 將因週轉不靈而倒閉, 如預算之核定、預算外收支之管制, 均得由企業財務最高決策單位校準。

㈣適中性: 財務資料貴在過去紀錄的評核與未來計劃的估算, 雖然財務講求保守、穩當, 但是假若資金留存太多則有減少盈餘的機會, 若太少則又承擔太大的風險; 借債經營固然可以增加盈利, 但舉債太多又可能造成倒閉, 因此如何冒合理的風險, 來爭取最大的利潤, 便須在積極追取與審愼行事間取得平衡。

## 參、財務管理的原則

財務管理之技能, 隨着人類經驗之累積與學者透過專業化、系統化與科學化的研究, 咸認企業之財務管理應遵守充分、適時與經濟等三大原則, 為此, 有下列幾點在我們從事財務管理時所應注意:[2]

㈠要有妥善的財務規劃以配合業務之拓展。

---

[1] 趙倫元著, 企業管理 (臺北: 三民書局, 1976), pp. 184-86.

[2] 解宏賓著, 企業管理學 (臺北: 三民書局, 1975), p. 207.

㈡要審愼研究資本籌集之有效的途徑與方法。

㈢固定與流動資產的分配要適當。

㈣流動資產與流動負債比率要適當。

㈤要善用資本借貸，以槓桿原理提供營業利潤。

㈥臨時流動資產宜以短期資金籌措爲宜。

㈦固定資本及經常性流動資本宜以長期資金籌措爲宜。

㈧財務上須建立嚴密的內部管理制度。

㈨要注意企業之盈餘能力。

## 第二節　企業財務之基本功能與財務管理

企業財務管理之基本功能，主要的可以區分爲資金的籌措、財務之規劃、投資管理及股利的處理等四項，此四項功能必須相互配合，以期對企業之生存與成長有最大的貢獻。

### 壹、資金的籌措

概言之，企業所需資金，若非來自企業內部，便是來自企業外界。盈餘留存，增發股票❸等係向內籌金之法。銀行借款、發行債券、賒帳等等均爲向外界籌取資金之方法。兩者之重要差別在乎向內籌獲之資金，並不附帶債務而向外籌得之資金則帶有債務。是故于企業財務界，向內籌備資金與向外籌備資金分別稱之無債務籌資與具債務籌資。兩者各有利弊，何者較爲妥切，當然要斟酌下列數點而力求平衡。

---

❸ 增發股票理應視爲向外籌金之法，惟筆者認爲以此法籌獲資金後，新股東便成爲企業組織之重要成員，乃將之歸爲向內籌金方法之一。此與一般人所歸類者略異。

㈠籌資費用或借款成本。

㈡籌資方法對企業所有權之未來影響。

㈢籌資方法對未來融資籌備伸縮性之影響。

㈣籌資方法是否能有利地配合現行稅制之鼓勵。

㈤籌資方法對營運自由之影響。

㈥籌得資金用途及運用時限。

主要無債務籌資方法有四：一、爲存留企業盈餘；二、爲增發股票（如係獨資或合夥企業，便是增資）；三、爲出售應收帳款徵收權（此法在歐美各國相當普遍）；四、爲各種商業支款單之貼現。企業盈餘應否存留再投資，應存留多少，要看單位企業分紅政策而定。通行之分紅政策有四種：

㈠固定值政策：即每期幾元，如五元等。

㈡固定分紅比率：即盈餘與分紅之比率，如百分之五十等。

㈢固定值與固定分紅比率合用。

㈣伸縮性分紅：視盈餘之情況與業務擴充需要而定。

紅利係分給業主之盈餘部份。分發之紅利——分紅——愈多，剩下可存留再投資之盈餘部份——盈餘留存——自然就愈少。每一企業單位在決定其分紅政策，進而釐訂分紅之相對值（分紅比率）或絕對值（臺幣幾元等）時應特別考慮者乃提高盈餘留存對業主之影響。業主投資於任何事業大致有二大目標。一爲投資之報酬；二爲投資之『資本漲價』。前者以分紅之形態出現，而後者則反映在股票市價之高漲。二者兼備，對業主言，當然是上策。然而在魚與熊掌不能兼有之情況下，二者之中，若能取一，通常可滿足業主之要求。

此外尚要考慮所得稅以及各種免稅對分紅額之影響。在獨資經營或合夥經營之企業裡所得稅之繳納可因再投資而減少。在公司組織裡，如以借款方式籌資所應付利息可享免稅，在考慮盈餘存留問題時亦應權衡得失，作較有利於股東之決策。

增發股票，可籌獲無債務資金，無債務到期，繳付利息等等憂慮。唯增發股票容易沖淡股權，應賜于現有股東與其現持股票數等比例之承購權，以避免削減現有股東對企業營運之控制權。股票種類有普通股、優先股與可變換優先股三種，優先股對企業盈餘之分紅不但優先於普通股，而且通常有固定分紅率。是故在業務盈餘年年相當穩定之情況，較適於發行。否則應發行普通股。可變換優先股係指可變換為普通股之優先股。該種股票在市場上較易暢銷，唯發放之總成本當比其他兩種稍高。對業主講，企業預期盈餘率應遠高於分紅額對股票市價之比率，加上盈餘生長率，增發股始不會對股東（業主）不利。

上述之增發股票與留存盈餘乃適於長期資金之無債務籌資。至於短期融資，歐美各國通行一種稱為出售應收帳款徵收權之籌資法，以該法並不涉及企業債務，乃屬無債務籌資。所謂應收帳款係指顧客所賒欠之款額而言，其徵收權當然屬於企業單位。應收帳款之徵收往往曠費時日，個別帳戶之賒欠款額雖不可觀，但綜合所有戶頭之總額可達驚人之數。若將之出售給專司徵收應收帳款之企業單位（Commercial Factor, Factering Company），可立即得到現金以便使用。通常應收帳款不是以減價方式出售，便是以佣金方式委託代收。我國臺灣省之信用制度已逐漸臻善。出售應收帳款徵收權或委託代收之籌資方法，必可指日而普遍。

以建立債務關係而籌獲資金之方法謂之具債務籌資法。長期性資金可藉發行公司債券或長期抵押借款融通。短期性資金（通常一年以下）之融通慣用者不外乎：㈠賒帳；㈡短期信用借款；與㈢商業期票三種。

發行債券係向外公開借取長期資金之方法。對此借款，當然要付出利息。發行債券如距到期愈遠，亦卽借期愈長，利息亦要愈高，始能吸引債券之購買者（貸予者）。債券利息，簡稱債息，乃爲發行債券籌用資金之最主要成本。話雖如此，由於債息沖淡應繳稅營業盈餘額，而減少營業所得稅，其在發債前預估盈餘率高於債息率的情形下，可相形地提高業主或股東之投資利得率。發行債券以籌得長期資金在企業界已逐漸普遍。表 7-1 對照某公司在發行債券與不發行債券的各不同情況下，其股東投資利得率變動的程度。如表所示，發債後股東投資利得率比發債前投資利得率高百分之廿五。亦卽由百分之四提高到百分之五。發行債券籌資，到期時可發行另一批債券替代。這種有計劃性之債券發行制度已甚普遍。有時債券在市面上不暢銷，若發行可換性公司債，或可助長銷售。所謂可換性公司債係指可更換爲股票之公司債而言。

**表 7-1　股東投資利得表**

第一情況（發債前）

| | |
|---|---|
| 股東淨投資額<br>（或資本淨值） | NT$ 200,000（總資產） |
| 債券發行值<br>（6％債息） | 0.00 |
| 盈餘額（稅前） | 16,000 |
| 盈餘率（按總資產計） | 8％ |
| 營業所得稅<br>（50％稅距） | 8,000 |
| 股東投資利得 | 8,000 |
| 股東投資利得率 | 4％ |

第二情況（發債後）

| | |
|---|---|
| 股東淨投資額 | NT$ 100,000 |
| 債券發行值<br>（6％） | ＞（等于總資產）<br>100,000 |
| （16,000減）<br>盈餘額<br>6,000債息 | 10,000 |
| 盈餘率（按總資產計） | 5％ |
| 營業所得稅（50％） | 5,000 |
| 股東利得額 | 5,000 |
| 股東投資利得率 | 5％ |

長期抵押借款之貸方係金融機構，利息之高低與借期相關，借期較長者其利率亦較高。長期借款之本金及利息之繳還，盛行一種叫做等額分期付款。在此種安排下，財務主管對每期應行付還之款項要作週密之籌劃，歸入整個資金流轉之預估中。等額分期付款辦法中之等額可由公式⑴及⑵中算得，公式⑴中之 $IP$ 代表等額分期付款辦法中之

$$IP=\frac{A}{M}\cdots\cdots\cdots\cdots\cdots\cdots\cdots\cdots\cdots\cdots(1)$$

$$M=\left[\frac{1}{(1+i)}+\frac{1}{(1+i)^2}+\frac{1}{(1+i)^3}+\cdots\cdots\cdots+\frac{1}{(1+i)^n}\right]\cdots\cdots\cdots\cdots(2)$$

等額；$A$ 代表借款額，$M$ 代表年金現金值之倍數，此種倍數係由公式⑵算得，依各不同利率（$i$）及不同借用年數（$n$）而異。年金表非常普遍，$M$ 倍數可由表中查出省卻計算。譬如某廠商向銀行以廠房及設備抵押借取二十萬元 五年貸款。依借約年息九厘，五年等額分 期付款。每年應付額依公式⑵是五萬一千四百十四元。五年總付額達二十

$$\frac{200,000}{3.890}=51,414$$

五萬七千七十元之鉅，其中五萬七千七十元係利息總額。每年所付之五萬一千四百十四元係部份本金與部份利息。各年利息係基於本金餘額乘利率（9％）而得（見表 7-2）。利息爲營業成本，在結算盈餘時，可沖淡應繳稅盈餘額，因而相形地膨大業主投資利得。

營業上對外購買原料、器材、勞務等等時，基於廠商本身之信譽，先取貨記帳後繳現者，自古已有，現今更爲普遍，這種交易稱爲信用交易。授信者爲賣方，受信者爲買方。由於不必當時當場繳納現金，信用交易實質上在信用期間內——亦卽賒欠期間內，對買方有融通資金之效果。雖然如此，賣方往往爲鼓勵買方早速繳現，對早速繳

表 7-2 等額分期付款本金餘額與利息表*

| (1)<br>付款年次 | (2)<br>年付額<br>=<br>$\left(\frac{200,000}{3.890}\right)$ | (3)<br>繳付利息<br>(利率 9 %) | (4)<br>付還本金<br>(2)—(3) | (5)<br>本金餘額<br>200,000—(4) |
|---|---|---|---|---|
| 1 | 51,414 | 18,000 | 33,414 | 166,586 |
| 2 | 51,414 | 14,993 | 36,421 | 130,165 |
| 3 | 51,414 | 11,715 | 39,699 | 90,466 |
| 4 | 51,414 | 8,142 | 43,272 | 47,194 |
| 5 | 51,414 | 4,247 | 47,194 | 0 |
| 總　共 | 257,070 | 57,070** | 200,000 | |

*：(1)四捨五入，各數精確至單位元。(2)假定滿年後付款。

**：此數與該欄總數不符乃爲四捨五入之結果。總差額爲27元。

現者給予現金打折。財務主管應衡量打折之優利情況作是否賒欠或提早付款之決定。在歐美盛行一種制度稱曰現金打折(Cash Discount)，現金打折辦法因廠商而異，唯最通用者爲『二／十，淨／卅』辦法。依該辦法，買者若於十天內繳付現金，可享百分之『二』之現金折扣，過了十天而於三十日內繳付則無現金折扣，應付『淨』額。至於賒帳若超過三十日卽依約付息。在此種情形下，除非買者手頭十分緊絀，實應於第十天付款，否則所損失之現金折扣，將超過向銀行借款所應付利息之多倍，當不如向銀行墊借轉付。該情況可由十天內付款所贏得之現金折扣，折算爲年率而看出。如於十天內付款，可享現金折扣百分之二，而於三十日內繳款則無，顯然由第十一天至卅天間，共二十天之資金融通代價爲融通額（卽買額）之百分之二。以一年有十八個左右之二十日（十八乘二十等於三百六十日），融通此二十天資金之代價，便爲融通額之百分之卅六年率，如向銀行借款，年率絕不會超過該率之半數。不管如何賒帳只是短暫之融資方式。此種方式之採用悉視廠商間之契約而定。在無現金折扣之情況下應盡量利用免息賒欠之機會，延期繳款。

營運下所需短期資金之另一來源爲信用借款。信用借款可向各財務金融機構、諸如商業銀行、農會信用部、中小企業銀行等處洽得。一般財務金融機構對貸放對象之信用調查及估評大都基於借款申請者之人品、付還能力、財產、以及經濟情況等。申請借款者如係企業廠商、廠商之經營狀況、財務能力當然是非常重要之評估項目。財務經理在洽商信用借款時必須具備其企業單位之財務報告資料，如預估損益計算書、財產目錄、及資產負債表等等，以供貸放查審。當然爲爭取所需借款，財務主管應對各項財務資料有充分之了解，始能作有力之解說。

上述之具債務籌資與無債務籌資兩法在企業界通常兼用。前者對兩者總額（等於總資產）之比例，謂之財務桿率（Financial Leverage），桿率愈高財務風險（即週轉不靈）機率愈高，但業主之投資利得率增加機會亦增大，否則相反。究竟多少最爲適當，要視各業情況而定。表 7-3 中所載者雖係美國情況，可佐讀者了解各業間之差

表 7-3　各業財務桿率概覽

（部份表）

| 業　別 | 桿率（%） | 業　別 | 桿率（%） |
|---|---|---|---|
| 農　業 | 54 | 麵粉製造業 | 34 |
| 零售業 | 51 | 鑄造業 | 40 |
| 工礦業 | 38 | 出版業 | 45 |
| 製造業（總合） | 37 | 電機零件製造業 | 49 |
| 躉售業 | 54 | 精密機械製造業 | 48 |
| 公用事業 | 61 | 傢俱製造業 | 50 |
| 服務業 | 65 | 釀造業 | 60 |

資料來源：J. Fred Weston and Eugene F. Brigham, *Essentials of Managerial Finance*, 3rd ed. (Hinsdale, Illinois: The Dryden Press, 1974), pp. 434-435.

異。我國臺灣地區該種資料之搜集及統計尚未完善，在政府極力推進科技加深及資料管理系統化之下，類似資料，可望於近年內，搜集、編算供用。

## 貳、財務規劃

預算乃以資金流動形式表示之營運或作業計劃，此種計劃不可表示各部門之作業權責，而且係藉以與實際作業比較之標準，因而預算負有管制之功能。

預算之釐訂程序，通常始自銷售預算。由銷售預算編訂產銷成本預算與一般成本預算。據此三種預算而編成現金預算。營業擴張，需增添設備，於是有長期資金預算。所有之各種預算實係正式化之資金流轉預估。銷售預算與行銷部有關，產銷成本與生產部及行銷部有關，而一般成本預算幾乎與所有部門有關。長期資金預算與現金預算亦與各部門相關。是故預算之釐訂，在財務主計之協調下，需要各有關部門之充分合作，始能如期妥善釐訂完成。

實際作業，可與各同項目預算相較，而得到實際差距，據此作必要之改進。此乃所謂預算與作業管制之涵義。圖7-1所示之格式可用於各作業項目管制之用。該圖係簡化之損益計劃所關連之項目，是故，盈餘之差異亦可一目了然。

藉預算工具管制企業營運上之各種作業，中外企業界業已普遍使用。這種財務管制方式，在中大型企業往往由專設之內部稽核人員司理各會計項目與預算之稽核，以商榷各項目是否與公司政策、程序、與作業方法相符，並作初步順差或逆差之究判，以襄助企業主管作種種決策。除了企業內部稽核人員外，一般會計師均可替企業單位稽核。稽核除了供內部管理決策之資料外，還可應政府審核之求。

有關財務規劃之論述繁多，本文僅作略述，讀者若有興趣對規劃之技術有較深入的瞭解，可參考財務管理方面的著作。

×××　公司
×××　部預算與實際比較表

| | 預　算 | 實　際 | 順差(+) | 逆差(−) |
|---|---|---|---|---|
| 銷售額 | | | | |
| 減: | | | | |
| 　產銷成本 | | | | |
| 　　生產原料 | | | | |
| 　　生產工資 | | | | |
| 　　經銷員薪金 | | | | |
| 　　廣告費 | | | | |
| 　一般成本 | | | | |
| 　　主管薪金 | | | | |
| 　　水電費 | | | | |
| 　　折舊 | | | | |
| 　作業盈餘 | | | | |

圖 7-1　預算與作業管制

## 參、資金運用

營運上之資金若非留存於現金帳戶，便用以購買各種生產因素（包括勞力、原料、設備等），授于客戶信用以及向外投資，如購買證券。購買生產因素與授信一如購買證券亦係投資。各色各類之投資可依其期限及流動性區分為短期投資與長期投資兩類。因此資金之運用見諸於：㈠現款之存留；㈡短期性投資；與㈢長期性投資三大類，而資金之運用貴在其保持資金之週轉性與生產效果。

現款包括現金與支票戶頭之存款。現款留存之原因不外乎：㈠備用於一般現金繳付；㈡意外支付；與㈢投機性蓄備等三種。意外支付與投機性作業往往以變賣證券或信用借款來滿足。由於該兩種原因特殊，現款之保留問題在企業界通常集中在一般現金繳付上。究竟手頭現款要保留多少，實係棘手問題。大凡資金流轉之預估愈精確，對顧客之收款愈迅速，或支付愈能延擱，所需現款保留量愈能減少。這是由於支付時間與收入時間愈能配稱之緣故。手頭現款，包括支票戶存款，即不生息，又不參加產銷行列，成爲呆金，自應盡量減少。

話雖如此，此種呆金若有不足現象，不但影響一般現金之繳付，而且殃及企業本身之受信，使未來之信用借款發生困難。財務主管可依下列三種情況而決定最低額現金之留存。

㈠支票戶最低存款額之規定。

㈡銀行透支及超支最高額規定。

㈢各月現金收入及支出之預估差額。

支票戶最低存款額高於各月現金收支預估差額，該月之現款留存額應以前者爲準。其若預估現金收支差額高於支票戶應存最低額，最低現金存留額當以收支差額爲準。惟在此種情況下，財務主管可視銀行透支或超支最高額之規定斟酌減少最低現金留存額。

比較常見之短期性投資有購買證券、購蓄原料或貨品、以及推展顧客之『信用購買』等。推展顧客之信用購買係一種常被忽略之非常重要投資。在信用制度暫趨健全之現金，如果漠視該種投資，銷售市場之推展必遭阻礙，而影響整個產銷系統之靈活。

如果營業收入具 有季節性， 收入較多之 季節亦是購買 證券之季節。而收入較少之季節恰是出售證券之季節。如斯之運用資金不但可減除呆金且可融通有無。除此而外在預期企業擴張或繳納所得稅期前，財務經理可有計劃地購存證券作來日之出售備用或沖淡應繳稅額。須注意者選購證券之條件應首重健全次重利得。蓋健全證券不但變賣較易，且增值機率亦較大。再者股票與債券兩者須兼購以緩和經濟景氣之衝擊。通常景氣大振時股價必定偏高，而景氣萎縮時債券市價有高漲之現象。

對製造商言購蓄原料與所製成之產品係投資。對躉售商與零售商言，購買備售之貨品亦係投資，此種商品投資過與不及均非善策。投資過多不但積壓資金於所儲蓄商品，而且增加儲蓄費用與儲蓄損失。投資過少則有在庫不足而致產銷不靈之虞。投資過少，購買次數必增，無形中增加採購經費。如何擊其『中庸』之道，作最妥切之投資，乃商品投資之重要課題。除了投機性囤積外，一般商品購蓄量應依據預估銷售（如係批發或零售）或預估生產量（如係製造業）而定。此種產銷預估量數愈多購蓄量數自應偏高。又如生產過程愈長者，由於滯留於生產過程中之原料相形地增多，購蓄量自應增大。在批發與零售業中，形態式樣易受之商品或易浸蝕腐敗之食品當然不應作多量之購蓄，以防備蓄儲虧損。不管何業商品購蓄之量數，旣然受囿於預估產銷量，問題之焦點似乎應放在如何以最少成本購蓄必須之商品量數上。在一定期間內所需之商品可一次全部購蓄，亦可分數次購蓄。一次購蓄，則資金滯留於所蓄商品，損失利得機會（如存入銀行購取利息）甚大。蓄藏管理費用以及損耗亦大。若分數次而每次購蓄少量商品則採購手續費及有關採購成本等總費用加大。在此種情形下，最低成本觀念可佐財務人員作最低成本，每次購蓄量之抉擇，應用頗廣。美國財政學專家包莫爾氏（W. J. Baumol）早於一九五二年卽已將此觀念應用於現款運用決策上❹。

推展顧客之『信用購買』在銷售作業上已成爲不可缺少之項目。從財務的觀點上看，推展顧客信用購買所帶來之顧客賒欠形成可觀之資金留滯。在留滯期間內，此種應收而未收之客戶賒欠，通常應收帳款，除非出售徵收權外，成爲呆金。如何使此種呆金呆滯期間短暫，並且使其不流爲壞帳（即收不回之帳款），乃爲財務上應收帳款之管理問題。

應收帳款之呆滯時間長短與壞帳之多寡與一國經濟情況，廠商本身之信用授于政策，以及收款政策等因素有關。在經濟萎縮期間客戶本身往往手頭緊絀，無法依約繳款。又若廠商本身授信制度寬鬆，無現金折扣催繳制度，或無具制度化收款方法，則不但帳款之呆滯時間會偏長，壞帳之比率亦必會增高。是故應收帳款之管理重點似應放在：(1)授信；(2)催繳；與(3)收款制度等三者之妥切作業上。

所謂長期投資則指將資金用於一年以上之作業或運用於固定資產者，如向政府承包五年築壩工程，購買機械、建造廠房等等，皆屬長期性投資。長期性投資之決策應依據實際或預估資料做可投性分析，選擇最有利之投資。可投性分析通用者有平均投資報酬率之分析與比較、投資額收回所需年數之比較、投資收入現今值之分析與比較等等❺。其中以投資收入現今值之分析與比較受用較廣。所謂現今值係未來收入折扣應賺利息之餘額。蓋現金本身有利得能力，至少能賺收利

---

❹ 參閱 William J. Baumol, "The Transactions Demand for Cash; An Inventory Theoretic Approach", *Quarterly Journal of Economics*, LXV (Nov. 1952), pp. 545-556.

❺ 比較基本的長期性投資分析與決策之各種論著在財政學泰斗蘇門著公司資本管理及萬紅教授著財政管理及政策有廣泛而精細之討論。

Solomon, Ezra, (Ed.) *The Management of Corporate Capital*, Chicago: The University of Chicago, 1959.

Van Horne, Jamesc. *Financial Management and Policy*, 2nd ed. Englewood Cliffs, New Jersey: Prentice-Hall Inc., 1971.

息。是故一年後之萬元當不比現持萬元值錢。其差額至少爲應賺利息。

長期性投資之資金多年滯留於長期性作業與固定資產上。是故爲確保整個企業所需資金之靈活週轉，此種投資之資金來源應限於盈餘留存，增設，與長期性具債務資金，如債劵長期借款等。

## 肆、盈餘處理

企業盈餘的處理可分爲保留盈餘與股利發放兩種作業，當然，企業若有營業利潤需適當處理，不可將盈餘悉數當作股利分掉，亦不可長期將盈餘加以保留。因爲營業利潤無法保留將會導致企業無法繼續成長，若盈餘悉數保留又可能造成投資者缺乏投資興趣，終而截斷了未來增資擴大的本錢。

盈餘處理問題要以股利之發放爲最大的業務，因此本文僅就股利發放的作業作一番探討。

## 伍、股利之發放

股利之發放，一般應考慮及下列幾個因素：❻

㈠必須注意法令對股利發放的限制，因爲政府爲了保障債權人權益，都規定企業盈餘必須保留某百分比不得發放。

㈡須考慮資產之結構，若流動資產減少，固定資產增加，很顯然的此時就必須減少現金股利之發放了。

㈢有時企業舉債經營，所以股利發放應有債務到期的考慮。

㈣是否有契約上的限制，限制了股利發放之額度。

㈤投資報酬率之高低亦是因素之一，報酬率愈高，企業愈有發放股

---

❻ 陳定國著，企業管理（臺北：三民書局，1981），pp. 710-11.

利的本錢。

(六)盈餘的預測，若未來預測利潤減少，那麼利潤只好盡量充作保留盈餘。

(七)企業成長的速度愈快，則保留盈餘之準備愈重要。

(八)政府的賦稅政策亦會影響股東嘗試獲取股利之意願。

(九)有時企業原有股東惟恐控制權外露，通常都會要求盈餘轉投資，因此股利多寡亦會受到影響。

至於股利之發放，通常可分爲三種方式:

(一)穩定股利發放: 亦即企業爲穩定股東及由金融市場獲取資金的穩定性，會採取不論企業盈虧多寡，均按某一金額發放股利。

(二)固定率股利發放: 即股利乃依當時股價之某一比率發放者。

(三)低經常股利外加紅利發放: 乃固定股利額通常訂得很低，而依盈餘多寡另外加發紅利。

由以上討論，我們可另外發覺到其實盈餘的處理與資金籌措和投資息息相關，整個財務管理均必須這些功能相互配合，企業經營才能活躍。

## 第三節　投資概要

### 壹、投資之涵義

投資一詞涵義相當廣泛，舉凡資金之運用，不管其屬於何種性質，概可視爲投資。購置家俱，投設廠房，購買配方等當爲投資；採購原料，購買保險，買進證券，甚至於存款於銀行，亦爲投資。爲方便討論，爰將投資分爲廣義投資與狹義投資。本書所探討之投資乃從廣定義，採廣義投資，藉以擴大投資決策之運用範疇。

## 一、廣義之投資與投資範疇

在企業營運上，或個人理財上，運用資金以求取利潤之行爲，乃屬廣義投資。從廣而論，經營者或個人之投資，理應包括資產負債表中各項資產項目之購買或取得行爲。因此，廣義投資，具體言之有:

1. 餘存現金之運用與有價證券之投資。
2. 應收帳款之投資。
3. 存貨投資。
4. 固定資產之投資。

## 二、狹義之投資與投資範疇

一般人所了解之比較嚴謹投資行爲，通常係特指運用資金換取企業營運之固定設備，或個人理財上，運用資金換取耐久（長期）財如房屋、地產、耐久家電設備等資產之行爲。從此定義，狹義投資項目，當較廣義投資項目爲數較少，概言之，包括:

1. 資產負債表所列項目中之固定資產。
2. 資產項目中之「廠譽」（good will）。

上述兩項中之「廠譽」評估標準不一，估價甚難，目前較少在投資決策領域中詳加分析。本節亦不加探述。

# 貳、投資決策與資本預算

投資決策必然涉及投資分析與方案之評估，最後反映於資本預算。雖然資本預算通常與長期投資較有密切關連，但就廣義之資本預算觀點論衡，資本預算之觀念及作法，當亦可運用於廣義投資決策上。此一理念亦爲本書所具有之特殊層面。

## 一、投資決策之整體觀念

投資決策，一如管理決策，宜以整體系統觀念，遵循決策之程序，始能提高決策績效。整體系統觀念可從圖例 6-2 窺視而得。一如例7-2所示，影響投資決策之因素，有屬於外在不可控制者，諸如總體環境與行業環境等；有屬於可控制者，如企業目標之訂定與企業內資源之運用等。投資決策者，在下定決策時，當應愼加分析，做應有之調適。

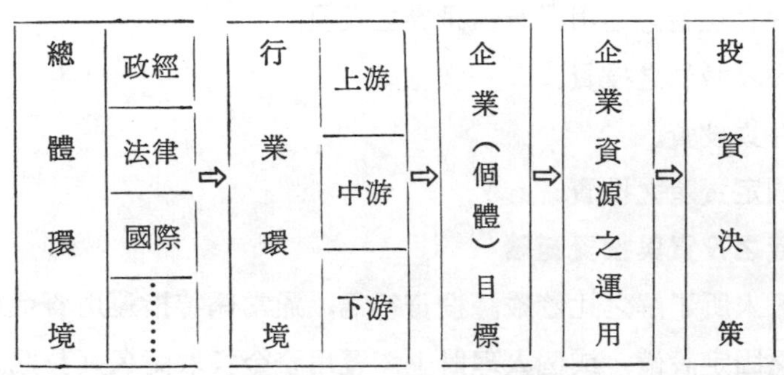


圖 7-2　影響投資決策之因素

至於投資決策所涉及之過程，盛禮約教授認爲宜將重點下於投資目標之確定、投資機會之評估、方案之選擇以及資金來源與預算各項上❼。

**二、投資決策之層面**

一如上述，投資決策之層面，宜從整體系統觀念，就外在環境之分析結果所獲得之投資機會，作可行性分析，藉以決定採取之投資方案。此種可行性分析當然涵蓋：市場可行性、設計可行性、產製可行性、經濟可行性、財務可行性，以及風險之考量等等。基於此種可能，讀者宜在投資決策着重於投資機會（方案）之評估與方案之選擇，以及特殊、投資相關因素之考慮，諸如通貨膨脹與投資決策、租稅考慮、風險情況下之投資，以及不景氣時期之資產、投資決策等等。同

❼ 盛禮約著，投資決策，臺北市：正中書局，民國66年印行，以及林財源著，管理會計，臺北市：華泰書局，民國73年印行，第442-446頁。

時投資項目亦由於採從廣定義，將涵蓋資產負債表中之資產各項目。

## 第四節　證券投資分析概述

證券投資決策，在資本市場尚未健全發展之情況下，實爲一非常繁雜之課題。影響證券投資決策之因素涵蓋層面與層次相當廣大，無法一一詳述。本節僅就證券投資分析上，應具備之基本常識概述於後，俾供讀者參考。

一般而言，投資分析的導向，有者偏向於廠商之營運狀況與獲利能力之考量，有者強調證券在證券市場上之「表現」，重視市場上之供需狀況。前者稱之爲「基本分析」，後者曰之「技術分析」。玆將兩種分析之重要項目簡述於後。

### 壹、基本分析（Fundamental Analysis）

基本分析所需資料概係廠商之各種財務報表以及相關財務資料，這些資料通常可從證管會（如係上市公司）或公司財會單位獲得。基本分析之主要目的爲確定證券所代表之公司之實質價值，以及未來成長之狀況，藉以作爲投資與否之決策。大凡此種分析所涵蓋之項目有:

1. 資產涵蓋之幅度與層面。
2. 資金流動性。
3. 自有資金或負債狀況。
4. 獲利及成長性。
5. 經營及財務風險。

在作投資決策時，投資者當然會選擇具有前瞻性，獲利能力高，風險低之證券，一般人所謂之本益比（Price/Eamg Ratio）之高低，正反映證券之是否高估或低估之情況。

## 貳、技術分析（Technical Analyses）

技術分析之重點在於證券市場之供需狀況以及由此導致之各種買賣趨勢，因此較不重視公司之財務資料分析，因此買賣動態之偵測成爲相當重要之資訊分析。

技術分析所重視之項目概爲:

1. 每日、每週股價變動情況。
2. 證券交易量。
3. 大戶賣買動向。
4. 整體市場動向，通常反映於股票指數。

投資決策者，通常藉判斷股市趨勢作決策之依據。惟諸多學者認爲在「效率市場」（efficient market），亦則市場情報能相當充分獲得並反應眞實情況之情況下，新的市場資訊將不斷影響證券之價格。因此技術分析之投資決策實需依賴充份而快速之市場情報，當然包括政經、社會、國際以及投資者之心理反應等等❽。

關於效率資本市場，理論上，華馬氏(Fama)認爲有四項模式❾：

1. 期望報酬模式（Expected Return Model）

　期望報酬模式可藉下列公式表達之，

$$E(P_{j,t+1}/\phi_t) = \left[1+E(r_{j,t+1}/\phi)\right] P_{j,t}$$

　式中: $P_{j,t}$＝證券 j 在 t 期之市價

---

❽ John J. Clark, *et. al.*, *Financial Management: A Capital Maskef Approach* (Boston: Hollrvak Press, Inc., 1976), p.45.

❾ Eugene F. Fama, "Efficient Capital Market: A Review of Theory and Empirical Work," *Tournal of Finance*, May 1970, pp. 383-417.

$P_{j,t+1}$＝證券 j 在t＋1期之市價（含t＋1期之股利）

$$r_{j,t+1}=\frac{P_{j,t+1}-P_{j,t}}{P_{j,t}}$$

$\phi$＝充分反應之資訊（Fully Reflected Available Information）

2.劣賭過程模式（Submortingale Model）

此一模式意味 $\phi_t$ 下之決策行為在資訊較多之基礎下，較為優勢，可以同樣之符號表示於後。

$$E(P_{j,t+1}/\phi_t)\geq P_{j,t}$$

3.隨機漫步模式（Random Walk Model）

證券市場之價格或報酬之變動係隨機行為，互相獨立，有無特殊資訊，不致影響市場股價。亦則：

$$f(r_{j,t+1}/\phi_t)=f\ (r_{j,t+1})$$

4.效率性一致之市場（Market Condition Consistent with Efficiency）。

構成「效率性一致市場」之條件為：無交易成本；可獲得之資訊亦無成本；投資大衆對決定目前證券價格與未來證券價格分配之資訊所隱含之意義，所持之看法相同。

投資者在下定投資決策時，除上述各項要點外，宜考慮，潛在投資者之「過度反應」⑩以及「市場異常」（Market Anomalies）現象，諸如廠商規模效果、低本益比、一月效果、年末效果、週末效

⑩ 洪祥文撰，臺灣股票市場投資者過度反應之研究，國立臺灣大學商學研究所未出版碩士論文，民國七十六年六月。

果、偏差利率、過度波動等等現象⑪，始能避免無謂之投資決策之偏誤。

⑪ A) Edwin J. Elton and Martin J. Gruber, *Modern Portfolio Theory and Investment Analysis.* (NY: John Wiley Son, Inc. 1987), pp. 390-393. B) D. Gilad and S. Kaish (ed.), *Handbook of Behaeior Economics-Behaviioral Macroeconomics.* Vol. B (Greenwich, Conn. : JAI Press, Inc, 1986),pp. 277-278.

## 【企業個案三】 鉅大綜合工具機公司*

### 一、鉅大金屬開發中心

鉅大金屬綜合開發中心成立於民國五十二年十月，迄今已有十二年歷史，以促進我國金屬及機械工業之成長及發展爲主要業務使命。該中心在成立之最初五年，由國際機構捐贈特別基金 999,700 美元，我國政府亦捐助相對經費新臺幣 42,340,460 元。於五十七年國際協助計劃期滿後，移交我國政府督導，繼續運行，該中心遂進入長期爲工業服務時期。

鉅大中心之最高權力機構爲董事會，置董事十人，由政府及工業界人士依捐贈比例選任，負責制定業務方針，審核預算決算，任免重要人士，以及其他重要決策。監察人二人，負責監察業務及財務事宜。該中心總經理爲行政首長，秉承董事會之政策、方針及決議，綜理一切業務，並設協理一人。

在成立之初，該中心在總經理下分設廠務、訓練、研究發展、及秘書處四部及臺北辦事處，各設經理一人。於五十四年五月，將研究發展部改爲技術發展部，訓練部與秘書處合併爲行政訓練部。五十七年九月，改組，設工業發展部、技術發展部、訓練部、公共業務部，及臺北辦事處，各部之下分設各組辦事。六十二年七月一日起，爲增進工作效能，加強授權，將有關工業推廣發展、技術發展、與行政業務等各組室列爲一級單位，可對外直接具名發文，並於總經理下設副總經理、協理及經理，分別襄助總經理處理(1)工業發展推廣計劃，(2)技術發展計劃，(3)行政管理計劃，(4)臺北業務推廣計劃，並設特別助理一人，處理總經理指定之任務。至是，該公司組織在總經理下，有二位協理，二位經理，監督四大計劃，並由十七個組室主任推行，其組織系統如圖一所示。

### 二、綜合工具機計劃小組

鉅大金屬綜合開發中心經過十年之努力，已達自給自足之境界，並繼續擴大對工業界之技術及管理服務。在其努力之過程中，發現工具機（工作母機）工業

---

* 取材自陳定國撰「鉅大綜合工具公司」，楊必立主編，臺灣企業管理個案第三輯，民國65年政治大學企業管理研究所，第423-444頁。

之技術發展最爲困難，但亦爲最重要，因爲工具機爲一切機器之母，而機器又爲一切工業發展之母，但其投資額大，報酬率低，資本回收期長，技術複雜度高，所以業者鮮欲投資發展此行業。然而工具機之需求隨工業發展而急速提高，進口數額年年增加，令人無法坐視我國工具機工業之落後。

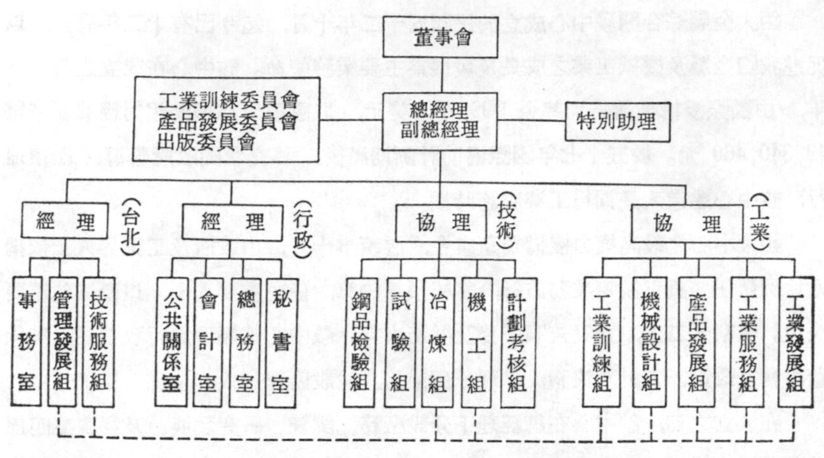


圖一　鉅大金屬綜合開發中心組織系統圖

在民國六十年政府終於下定決心，成立綜合工具機計劃小組，由政府及工業界代表人士組成，由鉅大綜合開發中心林董事長任召集人，季總經理爲委員兼執行秘書，積極籌劃由海外引進高級工具機製造技術，在我國成立鉅大綜合工具機公司，生產國內所需高級工具機，並圖外銷，爭取外滙。

鉅大發展中心季總經理在綜合工具機小組開會數次後，遂指定管理發展組，進行國內工具機市場之調查及投資可行性研究。季總經理亦同時展開與世界聞名之數家工具機公司進行洽商技術授權 (Licensing) 及合資 (Joint-Venture) 事宜，並曾爲此事出國二次。外國廠家亦曾派人數次來臺進行調查及商談。最後於六十二年五月提出詳細可行性研究報告，等候綜合工具機計劃小組之意見。以決定是否報請政府批准進行執行工作或終止籌劃工作。

鉅大綜合工具機公司可行性研究報告係由瑞士鄂立崗 (Oerlikon) 工具機公司之工業專案服務部（簡稱 IPO）提出，其資料取自我國及世界各國。鉅大金屬綜合開發中心之管理發展組人員負責搜集國內資料，IPO 則負責搜集國外資料，最後報告由 IPO 撰寫。我國政府爲此籌劃案，特撥出經費二萬美元，IPO 爲此事亦貢獻出對等經費四萬美元，並議定將來若此可行性報告爲政府核可，則 IPO 有優先投資之權利，假使此方案不被接受，則雙方無任何責任及義務關係。

## 三、臺灣工具機工業概況

從1953年到1967年，臺灣製造業的成長率爲14.3%，而機械工業的成長率爲14.1%。臺灣的機械生產仍然趕不上製造業急劇成長所產生的需要量。機械設備的進口在1960年爲四仟萬美金，在1967年則爲一億三千五百萬美金，而其中九百伍拾萬美金爲進口工作母機。

在1968年，臺灣地區約有50家製造工作母機的工廠，而其中大部份都是員工少於20人，機器設備少於20具。主要廠家爲揚鐵、長興、金鋼、永進、大興、東、連豐等等。其中較具代表性29家之員工，設備生產量之大約分配如下；

A. 員工分配情況:

| 員工人數 | 少於20 | 20-50人 | 50-100人 | 超過100人 |
|---|---|---|---|---|
| 工廠家數 | 13 | 11 | 4 | 1 |

B. 設備分配情況:

| 擁有機械臺數 | 少於20臺 | 20-50臺 | 50-100臺 | 超過100臺 |
|---|---|---|---|---|
| 工 廠 家 數 | 17 | 9 | 2 | 1 |

C. 年生產量分配情況:

| 工作母機臺數 | 少於20臺 | 20-50臺 | 50-100臺 | 超過100臺 |
|---|---|---|---|---|
| 工 廠 家 數 | 7 | 13 | 7 | 2 |

## 四、各種工具機使用種類分配

工具機之種類大約可分爲車床、磨床、銑床、鑽床、鏜床、鉋床、線及齒輪切割機。各種工具機又有尺寸及精密度之差異，所以使用種類之分配情況影響投資生產之決策甚大。爲瞭解此事，鉅大中心管理發展組之市場調查專家，曾抽查八十家工廠所使用工具機種類，發現從1965年至1970年已安裝之工具機中，以車床(35%)爲最多，鑽床(32%)其次，再次者爲銑床(11%)及磨床（9%)。但詢及到1974年計劃安裝之工具機，亦以車床（43%）爲最多，其次爲銑床（18%），磨床（15%），及鑽（12%）。詳細之調查資料如表一。

表一 工具機使用種分配

| 機型 | 已安裝（1965-1970） | | 計劃安裝（1971-1974） | |
|---|---|---|---|---|
| | 臺數 | % | 臺數 | % |
| 車床 | 450 | 35 | 217 | 43 |
| 磨床 | 126 | 9 | 74 | 15 |
| 銑床 | 145 | 11 | 91 | 18 |
| 鑽床 | 411 | 32 | 59 | 12 |
| 鏜床 | 45 | 4 | 24 | 5 |
| 鉋床 | 37 | 3 | 7 | 2 |
| 線及齒輪切割機 | 80 | 6 | 28 | 6 |

資料來源：鉅大中心調查，1970。

## 五、主要工具機之產銷及需求情況

國內工具機工廠之生產量每年增加，由1962年之 2,364 臺增至 1968 年之14,274臺；金額則由1962年之755,000美元，增爲1968年之 4,315,000美元。七年內約成長6倍多。

工具機之進口，在數量上增加不大，但在金額上則增加甚大，表示高級工具機之國內需求甚昂。

工具機之出口在數量及金額上皆增加甚多，從 1965 年至 1968 年，成長約五倍。至於國內需求量亦年有增加，從1962年至1968年，約成長10倍以上。表二爲1962年至1968年，我國工具機產銷及需求之詳細情況。

調查所得資料亦指出臺灣國內生產之初級工具機，以車床(64.2%)爲最多，鉋床（18.51%）其次。但進口的較高級工具機，則以車床、銑床、及磨床爲較多，其種類之分配與國內生產者頗有不同。

在單位價格上，國內生產之工具機遠比不上進口者，表示國內產品因品質較低及聲譽關係，在價格上無法與外貨相比。表三爲國產及進口各種工具機之比率及價格水準，從其上可大約看出將來應研究發展之方向。

表二　主要工具機產銷及需求表

(單位：US$1,000)

| 年份 | 國內生產量 | | 進口 | | 出口 | | 國內需求 | |
|---|---|---|---|---|---|---|---|---|
| | 臺數 | 金額 | 臺數 | 金額 | 臺數 | 金額 | 臺數 | 金額 |
| 1962 | 2,364 | 755 | 1,049 | 848 | — | — | 3,413 | 1,603 |
| 1963 | 892 | 285 | 1,331 | 510 | — | — | 2,223 | 795 |
| 1964 | 4,250 | 1,343 | 1,312 | 690 | 5 | — | 5,562 | 2,033 |
| 1965 | 6,476 | 2,055 | 966 | 1,635 | 1,296 | 502 | 6,146 | 3,188 |
| 1966 | 11,512 | 3,630 | 990 | 2,200 | 7,460 | 677 | 5,042 | 5,153 |
| 1967 | 9,790 | 3,055 | 1,369 | 3,700 | 4,000 | 425 | 7,158 | 6,330 |
| 1968 | 14,274 | 4,315 | 1,187 | 4,115 | 7,000 | 960 | 8,461 | 7,470 |
| 總數 | 49,558 | 15,438 | 8,203 | 13,698 | 19,756 | 2,564 | 38,005 | 26,572 |

資料來源：調查。

表三　國產及進口工具機比率及價格水準 (1970)

| 種 | 國產 | | 進口 | |
|---|---|---|---|---|
| | 比率 (%) | 單價 (US$) | 比率 (%) | 單價 (US$) |
| 車床 (Lathes) | 64.20 | 550 | 32.80 | 2,900 |
| 鉋床 (Shapers) | 18.51 | 1,000 | 3.00 | 11,000 |
| 銑床 (Milling Machines) | 4.07 | 700 | 28.80 | 7,000 |
| 磨床 (Grinding Machines) | 4.54 | 800 | 21.40 | 4,200 |
| 鑽床 (Drilling Machine) | 8.68 | 100 | 14.00 | 2,400 |
| 合計 | 100.00 | — | 100.00 | — |

## 六、工具機市場需求潛力預測

經由統計分析，發覺工具機之需求值與臺灣之金屬工業生產值（包括基本金屬、金屬產品、機械、電機電器等四大類產品）關係密切，遂利用廻歸分析法，預測1969至1979年國內工具機需求潛力如表四之B欄。並假設表三所列五種主要工具機佔所有工具機之90%，以及國產及進口之比率分爲46%對54%，預測1969

表四　主要工具機需求潛力及國產與進ロ預測値

| 年度 | 金屬工業的預計生產值 A | 工具機的市場潛力 B | 車床、鉋床、銑床、磨床及鑽床的需求預測 | | |
|---|---|---|---|---|---|
| | | | 總數 C | 國產（46%） D | 進ロ（54%） E |
| 1969 | 402,680 | 9,345.02 | 8,410.52 | 3,868.84 | 4,541.68 |
| 1970 | 455,000 | 10,731.50 | 9,658.35 | 4,442.84 | 5,215.51 |
| 1971 | 507,180 | 12,114.27 | 10,902.84 | 5,015.31 | 5,887.53 |
| 1972 | 559,430 | 13,498.90 | 12,149.01 | 5,588.36 | 6,560.65 |
| 1973 | 611,680 | 14,883.52 | 13,395.17 | 6,151.78 | 7,223.39 |
| 1974 | 663,930 | 16,264.15 | 14,637.71 | 6,733.35 | 7,904.36 |
| 1975 | 716,180 | 17,652.17 | 15,887.49 | 7,308.25 | 8,579.24 |
| 1976 | 768,430 | 19,037.40 | 17,133.66 | 7,881.48 | 9,252.18 |
| 1977 | 820,680 | 20,422.02 | 18,379.82 | 8,454.72 | 9,925.10 |
| 1978 | 872,930 | 21,806.65 | 19,625.99 | 9,027.96 | 10,593.03 |
| 1979 | 925,180 | 23,181.27 | 20,863.14 | 9,597.04 | 11,266.10 |

資料來源：調查預測。

表五　五種主要工具機需求潛量

（單位：台）

| 年度 | 車床 | 鉋床 | 銑床 | 磨床 | 鑽床 | 總數 |
|---|---|---|---|---|---|---|
| 1969 | 5,029 | 727 | 413 | 450 | 3,619 | 10,238 |
| 1970 | 5,770 | 836 | 473 | 517 | 4,153 | 11,7 |
| 1971 | 6,515 | 941 | 534 | 584 | 4,688 | 13,262 |
| 1972 | 7,257 | 1,050 | 596 | 650 | 5,232 | 14,785 |
| 1973 | 7,991 | 1,160 | 655 | 717 | 5,761 | 16,284 |
| 1974 | 8,744 | 1,267 | 717 | 783 | 6,301 | 17,812 |
| 1975 | 9,485 | 1,375 | 778 | 851 | 6,840 | 19,329 |
| 1976 | 10,247 | 1,485 | 839 | 918 | 7,380 | 20,869 |
| 1977 | 11,002 | 1,593 | 901 | 986 | 7,919 | 22,401 |
| 1978 | 11,720 | 1,699 | 960 | 1,051 | 8,439 | 23,869 |
| 1979 | 12,475 | 1,811 | 1,022 | 1,118 | 8,971 | 25,397 |

至1979年國產及進口值如表四之 C.D.E 欄。

再根據該五種主要工具機之使用比率，國產及進口種類比率，以及價格水準等因素，綜合預測車床、鉋床、銑床、磨床、及鑽床的未來十年需求臺數如表五所示。很明顯地，高級車床及銑床乃是綜合工具機方案的優先候選對象。

## 七、世界工具機市場分析

透過 IPO 之情報中心，在1970年世界各國工具機之生產值爲78億 4 仟萬美元，其中以歐洲共同市場，東歐、美國、日本爲主要生產者，其詳細國別爲：

| | | |
|---|---|---|
| 美國 | 1,460 | （百萬美元） |
| 西德 | 1,434 | |
| 蘇俄 | 1,185 | |
| 日本 | 1,098 | |
| 英國 | 475 | |
| 法國 | 290 | |
| 捷克 | 245 | |
| 瑞士 | 240 | |
| 東德 | 275 | |
| 義大利 | 471 | |
| 其他各國 | 667 | |
| 合計 | 7,840 | （百萬美元） |

在1970年，世界各國對工具機之需求量爲74億 3 仟 8 百萬美元，約低於同年之生產量，其中以東歐、歐洲共同市場、美國、及日本爲主要使用者，其詳細國別爲：

| | |
|---|---|
| 美　　國 | 1,290（百萬美元） |
| 蘇　　俄 | 1,278 |
| 日　　本 | 1,160 |
| 西　　德 | 860 |
| 英　　國 | 410 |
| 法　　國 | 330 |
| 捷　　克 | 196 |
| 加 拿 大 | 143 |
| 印　　度 | 83 |
| 東　　德 | 195 |
| 義 大 利 | 390 |
| 其他各國 | 1,103 |
| 合　　計 | 7,438（百萬美元） |

在1970年，世界各國工具機之出口爲25億5仟8百萬美元，進口爲20億9仟4百萬美元。各主要出口地區亦爲主要之進口地區，指明工具機之規模繁多，市場甚爲複雜，各國生產者不一定符合當地之需求者。主要地區之出口及進口統計如下：

| | 出口（百萬美元） | 進口（百萬美元） |
|---|---|---|
| 歐洲共同市場 | 1,131 | 537 |
| 東歐各國 | 478 | 539 |
| 美　　國 | 310 | 140 |
| 英　　國 | 194 | 130 |
| 瑞　　士 | 195 | N. A. |
| 印　　度 | N. A. | 40 |
| 澳　　洲 | N. A. | 36 |
| 瑞　　典 | N. A. | 62 |
| 西 班 牙 | N. A. | 56 |
| 日　　本 | N. A. | 153 |
| 其他國家 | 250 | 272 |
| 合　　計 | 2,558 | 1,965 |

## 八、鉅大綜合工具機投資方案之主要假設

按照一般技術發展之順序，可將工具機分爲四朝代，不同經濟發展水準的國家，需用不同朝代的工具機。第一代爲「原始」粗略工具機；第二代爲「傳統」式工具機；第三代爲「半自動」及「全自動」式工具機；第四代爲「數據控制」式工具機。開發中國家以第一代工具機爲主；部份工業化國家以第一代及第二代爲主。工業化國家則以第二代及第三代爲主。圖二表示不同經濟發展水準國家，所需不同朝代工具機之比重。

A. 開發中工業　B. 部份工業化國家　C. 工業化國家

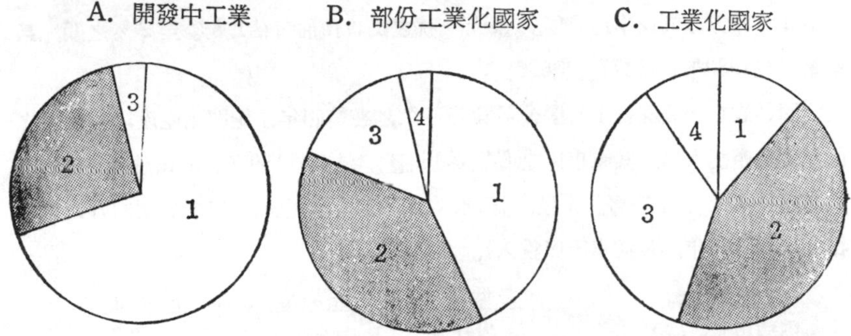


圖二　經濟發展水準與使用工具機之關係

說明：1. 第一代工具機；2. 第二代工具機；3. 第三代工具機；4. 第四代工具機

依據一般經驗，工具機中金屬切割機 (Metal Cutting Machines) 約佔70-80%；金屬形成機 (Metal Forming Machines) 約佔20-30%。而此方案假設五種主要工具機之將來市場分佔率爲：

| | |
|---|---|
| 車　床 | 25% |
| 鑽　床 | 20% |
| 銑　床 | 15% |
| 磨　床 | 20% |
| 其　他 | 20% |

鉅大綜合工具機投資方案所選定之發展對象，爲第二代之車床臺光一號 (TN 200) 及銑床臺光二號 (TN300)。就國內市場而言，與原有工具機廠家之產品不

會發生競爭，但與國外名廠之產品則可能發生劇烈競爭，因之必須瞭解國外各名廠類似產品之規格與價格水準。就臺光一號車床而言，競爭廠牌就有9家，價格（以臺灣售價爲準）有從13,180美元到5,980美元，統一號預定售價爲5,500美元。表六爲世界各國車床價格比較表，以1972年2月爲比較基礎。

## 九、市場分佔率及銷售目標

IPO研究人員預測1969至1980年，世界各國對車床的市場潛力如表七所示，約計在1980年時，世界需求量爲31,818臺，北美洲及遠東地區之成長率爲10%，南美洲與非洲之成長率爲5%。臺光一號之出口預估可佔1.5%至2%之間，其數量（在1980年）爲477臺至636臺。

因爲設立一個綜合工具機公司費時甚久，在第四年才能開始生產，第七年才能達到全產能水準，其時車床之產能爲480臺，銑床爲180臺。所以IPO之研究人員以「最低」、「平均」、「最高」三水準來設定全產能時，可能的國內外銷售目標（約在1978年，包括車床與銑床）。

| | 最低時 | 平均時 | 最高時 |
|---|---|---|---|
| 內銷數量（臺） | 250 | 300 | 360 |
| 外銷數量（臺） | 411 | 487 | 563 |
| 一泰　國 | 30 | 38 | 46 |
| 一馬來西亞 | 12 | 15 | 18 |
| 一越　南 | 35 | 40 | 45 |
| 一菲律賓 | 28 | 33 | 38 |
| 一印　尼 | 6 | 9 | 12 |
| 一香　港 | 17 | 20 | 23 |
| 一新加坡 | 38 | 46 | 54 |
| （東南亞地區合計） | (166) | (201) | (236) |
| 一日　本 | 40 | 47 | 54 |
| 一澳大利亞 | 20 | 24 | 28 |
| 一歐　洲 | — | — | — |
| 一美國與加拿大 | 185 | 215 | 245 |
| 內外銷合計 | 661 | 787 | 923 |

表六　世界各國車床價格比較表（規格與臺光１號類似者）

價格基準：一九七二年二月

| 生產廠商 | 型式 | 中心高度 | 切削幅度 | 動力（馬力） | 重量（公斤） | 不包括包裝的工廠價格 (sFr) | 瑞士的售價 (sFr) | 美國的售價 (US$) | 臺灣售價 (US$) |
|---|---|---|---|---|---|---|---|---|---|
| Graziano & Co. Tortona,義大利 | SAG 210 | 210 | 268 | 7,5 | 2040 | 20,500.00 | 24,500.00 | 8,500.00 | 8,130.00 |
| Colchester Lathe Co. Colchester, 英國 | MASCOT | 215 | 267 | 10 | 2040 | 15,630.00 | 21,500.00 | 6,750.00 | 6,305.00 |
| Weisser & Co. Heilbronn, BRD | GOLIATH | 220 | 240 | 12 | 4250 | 34,000.00 | 43,000.00 | 13,850.00 | 13,180.00 |
| Vernier S. A. 法國尼斯 | T230 | 230 | 278 | 10 | 2000 | 20,000.00 | 24,100.00 | 8,300.00 | 7,965.00 |
| Cazeneuve 法國巴黎 | HB575 | 250 | 300 | 12 | 1900 | 25,300.00 | 29,700.00 | 10,300.00 | 9,905.00 |
| Mondiale Vilvoorde, 比利時 | CELTIC20 | 250 | 285 | 8,5 | 1650 | 18,500.00 | 22,600.00 | 7,700.00 | 7,325.00 |
| Cumbre Barcelona, 西班牙 | 30 | 230 | 260 | 10 | 2000 | 15,406.00 | 18,800.00 | 6,600.00 | 6,230.00 |
| Voest Linz, 奧地利 | DA 210 | 210 | 260 | 7,5 | 1160 | 14,000.00 | 17,800.00 | 6,300.00 | 5,980.00 |
| Yamazaki Niva-Gun, 日本 | MAZAK JUNIOR | 230 | 260 | 7,5 | 1960 | 15,900.00 | 24,200.00 | 6,800.00 | 6,340.00 |
| Machine Tool Complex 臺灣（臺光１號） | TN 200 | 200 | 240 | 7,5/10 | 2050 | 17,200.00 | 27,300.00 | 7,100.00 | 5,500.00 |

匯兌率 1 US$＝sFr. 4.00

表七　世界車床市場潛力及成長率預估

| 地區<br>年別 | 北美洲<br>數量 | 北美洲<br>美元 | 北美洲<br>增加率 | 遠東<br>數量 | 遠東<br>美元 | 遠東<br>增加率 | 南美洲非洲<br>數量 | 南美洲非洲<br>美元 | 南美洲非洲<br>增加率 |
|---|---|---|---|---|---|---|---|---|---|
| 1969 as basis | 9111 | 11231309 | 10% | 1553 | 4395777 | | 824 | 2343356 | |
| 1970 | 10022 | 12380427 | 10% | 1708 | 4835354 | 10% | 865 | 2460523 | 5% |
| 1971 | 11024 | 13618469 | 10% | 1878 | 5318889 | 10% | 908 | 2583549 | 5% |
| 1972 | 12126 | 14980315 | 10% | 2065 | 5850777 | 10% | 953 | 2712726 | 5% |
| 1973 | 13338 | 16478346 | 10% | 2271 | 6435854 | 10% | 1001 | 2848362 | 5% |
| 1974 | 14671 | 18126180 | 10% | 2498 | 7079439 | 10% | 1051 | 2990780 | 5% |
| 1975 | 16138 | 19938798 | 10% | 2747 | 7787382 | 10% | 1104 | 3140319 | 5% |
| 1976 | 17751 | 21932677 | 10% | 3021 | 8566120 | 10% | 1159 | 3297334 | 5% |
| 1977 | 19526 | 24125944 | 10% | 3323 | 9422732 | 10% | 1217 | 3462200 | 5% |
| 1978 | 21487 | 26538538 | 10% | 3655 | 10365005 | 10% | 1277 | 3635310 | 5% |
| 1979 | 23626 | 29192391 | 10% | 4020 | 11401505 | 10% | 1341 | 3817075 | 5% |
| 1980 | 25988 | 32111630 | 10% | 4422 | 12541655 | 10% | 1408 | 4007928 | 5% |
| | | | | 1408 | 4007928 | | | | |
| | | | | 25988 | 32111630 | | | | |
| 總計 | | | | 31818 | 48661213 | | | | |
| 臺灣製造之臺光一號型機械銷至上述三地區之出口可能性 | | | | | | | | | |
| 市場佔有 | 1,5% | | | 477 | 729918 | | | | |
| | | | | | | | | | |
| 市場佔有 | 2,0% | | | 636 | 973224 | | | | |

## 十、資金需求及獲利能力

需在七年之內達到每年生產 480 臺第二代精密車床及 180 臺銑床之能力，需要資本支出新臺幣 2 億 9 仟 3 百多萬元，開辦費 5 仟 8 百萬餘元，流動資產 1 億 1 仟萬餘元，總資金需求量爲 4 億 6 仟 2 百餘萬元，詳細之分項資料如下：

| | |
|---|---|
| A. 固定資本支出 | NT$ 293,820 (000) |
| 1. 土　　地 | 2,750 |
| 2. 開 辦 費 | 5,815 |
| 3. 廠房建築物 | 19,371 |
| 4. 公共設施 | 13,700 |
| 5. 機　　器 | 177,829 |
| 6. 設　　備 | 42,501 |
| 7. 特殊工具與模具 | 15,392 |
| 8. 建造成本 | 16,462 |
| B. 開辦費用支出 | 58,056 |
| 1. 工程設計成本 | 9,212 |
| 2. 基本服務費（付給瑞士 Oerlikon) | 11,800 |
| 3. 技術授權費 | 13,900 |
| 4. 生產技師指導費 | 23,144 |
| C. 流動資產支出 | 110,752 |
| 1. 原材料存貨： | |
| 鑄鐵原料 | 7,000 |
| 其他原料 | 4,000 |
| 零件（外購） | 8,000 |
| 材料（耗用性） | 1,000 |
| 切削工具 | 7,000 |
| 2. 在製品存貨 | 44,527 |
| 3. 成品存貨（依生產成本計算） | 10,930 |

4. 應收帳款 100,752

5. 現　　金 10,000

D. 總資金需求

(A+B+C) NT$ 462,628,000

研究人員亦為此投資方案準備詳細之生產成本分析表（見附錄一），營運及損益預算表（見附錄二）資金需求及現金流程表（見附錄三），資產負債預算表（見附錄四）。再經由現金流程折現法（Discounted Cash Flow Method），將不同年度之現金流入量流出量，以某一適當之「折現率」（Discount Rate）折爲現值（Present Value），使兩者接近相等，此時該「折現率」即為外在投資報酬率（External Rate of Return）。附錄五以0%，10%，15%，25%，及40%等五組試錯（Trial-and-Error），發現「流入現值」與「流入現值」之比值與「折現率」之關係如附錄六所示，所以適當之折現率應為22.3%。

IPO 研究人員亦計算不同年度之銷售利潤率及平均報酬率（Average Rate of Return）如下列，其中「銷售利潤率」（亦稱銷售報酬率，Return on Sales）是以盈餘除以純銷售額。「平均報酬率」是以盈餘除以總投資資本。

| 年　度 | 投資報酬率 (ROI) | 銷售報酬率 (ROS) | 說　明 |
|---|---|---|---|
| 7th | 15.0% | 19.2% | 達到全產能 |
| 10th | 13.6 | 19.1 | 債務償清及免稅期滿 |
| 11th | 15.1 | 22.4 | 開辦費分攤完畢 |
| 13th | 15.1 | 22.4 | 開工生產後第十年頭 |

【討論問題】

1. 瑞士鄂立崗公司 IPO 之可行性研究中所預計之收入及支出是否可靠？有無可檢討之處？其投資報酬率是否太高或太低呢？

2. 綜合計劃小組應否建議政府採行此方案呢？若是時，其出資方式應如何決定呢？

3. 你若是國內工具機廠家，對此綜合工具機方案之反應如何呢？

4. 你若是市場研究專家，能否更新這些資料，使更合乎目前情況。

（本文承黃憲一先生提供資料，謹此致謝。）

附錄一　車床與銑床生產成本分析表

| | 合計 | 車床 | 銑床 |
|---|---|---|---|
| 間接費用分配基準：生產時數（P） | 359,791（小時） | 64.4% | 35.6% |
| 機器時數（M） | 201,974（小時） | 70.1% | 29.9% |
| 銷售額（S） | 208,200（NT$） | 66.28% | 33.72% |
| 直接成本： | | | |
| 原副料 | 31,145（NT$） | 23,097 | 8,084 |
| 零件 | 32,286 | 21,226 | 11,060 |
| 一般附件 | 13,680 | 7,200 | 6,480 |
| 直接人工成本 | 11,186 | 7,204 | 3,982 |
| | 88,297 | 58,727 | 29,570 |
| 間接成本： | | | |
| 間接費用 | 4,211（P） | 2,712 | 1,499 |
| 一般耗用材料 | 1,842（P） | 1,186 | 656 |
| 機器耗用材料 | 2,020（M） | 1,416 | 604 |
| 設施成本 | 805（P） | 518 | 287 |
| 工具 | 7,069（M） | 4,955 | 2,114 |
| 折舊 | 26,872（M） | 18,837 | 8,035 |
| 總生產成本 | 131,116 | 88,351 | 42,765 |
| 研究與發展（銷售額之百分之一） | 2,082（S） | 1,380 | 702 |
| 管理費用 | 10,680（P） | 6,878 | 3,802 |
| 銷售費用 | 7,619 | 5,051 | 2,568 |
| 生產獎金與其他 | 3,000 | 1,932 | 1,068 |
| 機會成本（即總資本投入額之百分之十二） | 53,703 | 34,408 | 19,295 |
| 總成本 | 208,200 | 138,000 | 70,200 |

附錄二 車床與銑床營運及損益預算表 (單位：新台幣1,000元)

| 年度 | | 1 | 2 | 3 | 4 | 5 | 6 | 7 | 8 | 9 | 10 | 11 | 12 | 13 |
|---|---|---|---|---|---|---|---|---|---|---|---|---|---|---|
| 臺數 | 車床 | — | — | — | 120 | 320 | 480 | 400 | 480 | 480 | 480 | 480 | 480 | 480 |
| | 銑床 | | | | — | 60 | 135 | 180 | 180 | 180 | 180 | 180 | 180 | 180 |
| A. 淨銷貨收入 | | | | — | 34,500 | 115,400 | 190,650 | 208,200 | 208,200 | 208,200 | 208,200 | 208,200 | 208,200 | 208,200 |
| 代加工或副產品收益 | | | | — | 3,579 | 8,640 | 10,926 | 11,340 | 11,340 | 11,340 | 11,340 | 11,340 | 11,340 | 11,340 |
| 淨收益 | | | | — | 38,079 | 124,040 | 201,576 | 219,540 | 219,540 | 219,540 | 219,540 | 219,540 | 219,540 | 219,540 |
| 在製品及零件之增加 | | | | 6,917 | 19,766 | 16,953 | 891 | — | — | — | — | — | — | — |
| B. 直接成本 | | | | | | | | | | | | | | |
| 原副料 | | | | 2,169 | 13,539 | 26,700 | 30,160 | 31,145 | 31,145 | 31,145 | 31,145 | 31,145 | 31,145 | 31,145 |
| 購入零件 | | | | — | 8,844 | 22,372 | 29,521 | 32,286 | 32,286 | 32,286 | 32,286 | 32,286 | 32,286 | 32,286 |
| 購入附件 | | | | — | 1,800 | 6,960 | 12,060 | 13,680 | 13,680 | 13,680 | 13,680 | 13,680 | 13,680 | 13,680 |
| 直接勞工成本 | | | | 887 | 5,809 | 9,862 | 10,550 | 11,186 | 11,186 | 11,186 | 11,186 | 11,186 | 11,186 | 11,186 |
| C. 製造費用 | | | | | | | | | | | | | | |
| 間接薪津 | | | | 218 | 1,433 | 3,108 | 3,881 | 4,211 | 4,211 | 4,211 | 4,211 | 4,211 | 4,211 | 4,211 |
| 消耗用品 | | | | 306 | 2,006 | 3,405 | 3,642 | 3,862 | 3,862 | 3,862 | 3,862 | 3,862 | 3,862 | 3,862 |
| 水電設施成本 | | | | 64 | 418 | 710 | 759 | 805 | 805 | 805 | 805 | 805 | 805 | 805 |
| 工具 | | | | 561 | 3,671 | 6,232 | 6,667 | 7,069 | 7,069 | 7,069 | 7,069 | 7,069 | 7,069 | 7,069 |
| 折舊 | | | | — | 15,078 | 25,278 | 25,891 | 26,872 | 26,872 | 26,872 | 26,872 | 26,872 | 26,872 | 26,872 |
| D. 生產成本 | | | | 4,205 | 52,599 | 104,627 | 123,131 | 131,116 | 131,116 | 131,116 | 131,116 | 131,116 | 131,116 | 131,116 |
| 研究發展 | | | | — | — | — | — | 2,082 | 2,082 | 2,082 | 2,082 | 2,082 | 2,082 | 2,082 |
| 管理費用 | | | | 2,712 | 9,985 | 10,680 | 10,680 | 10,680 | 10,680 | 10,680 | 10,680 | 10,680 | 10,680 | 10,680 |
| 銷售費用 | | | | — | 2,237 | 4,836 | 7,094 | 7,619 | 7,619 | 7,619 | 7,619 | 7,619 | 7,619 | 7,619 |
| 生產獎金 | | | | — | — | — | — | 3,000 | 3,000 | 4,000 | 4,000 | 5,000 | 5,000 | 5,000 |
| 開辦費用的折舊 | | | | — | 1,904 | 6,202 | 10,079 | 10,977 | 10,977 | 10,977 | 10,284 | — | — | — |
| 信用保險費 | | | | — | 623 | 623 | 623 | 623 | 312 | — | — | — | — | — |
| 利息支出 | | | | — | 18,749 | 19,899 | 17,247 | 11,275 | 4,796 | 882 | — | — | — | — |
| E. 總成本 | | | | 6,917 | 86,036 | 146,867 | 168,854 | 177,372 | 170,582 | 167,356 | 165,781 | 156,497 | 156,497 | 156,497 |
| 在製品增加之成本 | | | | 6,917 | 19,766 | 16,953 | 891 | — | — | — | — | — | — | — |
| 稅前利潤 | | | | — | -28,251 | -5,874 | 33,613 | 42,168 | 48,958 | 52,184 | 53,759 | 63,043 | 63,043 | 63,043 |
| 所得稅22% | | | | — | — | — | — | — | — | 11,480 | 11,827 | 13,069 | 13,869 | 13,869 |
| 稅後利潤 | | | | — | -28,251 | -5,874 | 33,613 | 42,168 | 48,958 | 40,704 | 41,932 | 49,174 | 49,174 | 49,174 |
| 工廠折舊 | | | | — | 15,078 | 25,278 | 25,891 | 26,872 | 26,872 | 26,872 | 26,872 | 26,872 | 26,872 | 26,872 |
| *開辦費用折舊 | | | | — | 1,904 | 6,202 | 10,079 | 10,977 | 10,977 | 10,977 | 10,977 | — | — | — |
| 盈餘的現金流入 | | | | — | -11,269 | 25,606 | 69,583 | 80,017 | 86,807 | 78,653 | 79,088 | 76,046 | 76,046 | 76,046 |

## 附錄四 資產負債預算表

(單位：新台幣1,000元)

| 年度 | 1 | 2 | 3 | 4 | 5 | 6 | 7 | 8 | 9 | 10 | 11 | 12 | 13 |
|---|---|---|---|---|---|---|---|---|---|---|---|---|---|
| 流動資產 | | | | | | | | | | | | | |
| 現金 | 109 | 236 | 619 | 1,700 | 2,277 | 3,035 | 2,985 | 3,492 | 10,000 | 10,000 | 10,000 | 10,000 | 10,000 |
| 應收帳款 | — | — | — | 3,173 | 10,336 | 16,796 | 18,295 | 18,295 | 18,295 | 18,295 | 18,295 | 18,295 | 18,295 |
| 庫存直接材料 | — | — | 7,870 | 14,650 | 23,250 | 26,300 | 27,000 | 27,000 | 27,000 | 27,000 | 27,000 | 27,000 | 27,000 |
| 庫存製成品 | — | — | — | 4,383 | 8,718 | 10,260 | 10,930 | 10,930 | 10,930 | 10,930 | 10,930 | 10,930 | 10,930 |
| 在製品 | — | — | 6,917 | 26,683 | 43,636 | 44,527 | 44,527 | 44,527 | 44,527 | 44,527 | 44,527 | 44,527 | 44,527 |
| 總流動資產 | 109 | 236 | 15,406 | 50,659 | 88,217 | 100,920 | 103,737 | 104,244 | 110,752 | 110,752 | 110,752 | 110,752 | 110,752 |
| 固定資產 | | | | | | | | | | | | | |
| 機器設備 | 26,795 | 65,867 | 252,184 | 252,184 | 252,184 | 252,184 | 252,184 | 252,184 | 252,184 | 252,184 | 252,184 | 252,184 | 252,184 |
| 一折舊 | — | — | — | 14,150 | 37,873 | 62,171 | 87,389 | 112,607 | 137,825 | 163,043 | 188,261 | 213,479 | 238,697 |
| 建築物／設施 | 2,152 | 18,492 | 33,071 | 33,071 | 33,071 | 33,071 | 33,071 | 33,071 | 33,071 | 33,071 | 33,071 | 33,071 | 33,071 |
| 一折舊 | — | — | — | 928 | 2,483 | 4,076 | 5,730 | 7,384 | 9,038 | 10,692 | 12,346 | 14,000 | 15,654 |
| 土地／開發 | 4,204 | 8,565 | 8,565 | 8,565 | 8,565 | 8,565 | 8,565 | 8,565 | 8,565 | 8,565 | 8,565 | 8,565 | 8,565 |
| 總固定資產 | 33,151 | 92,924 | 293,820 | 278,742 | 253,464 | 227,573 | 200,701 | 173,829 | 146,957 | 120,085 | 93,213 | 66,341 | 39,469 |
| 遞延資產 | | | | | | | | | | | | | |
| 開辦費用 | 16,979 | 23,807 | 36,094 | 51,872 | 60,220 | 61,400 | 61,400 | 61,400 | 61,400 | 61,400 | — | — | — |
| 一折舊 | — | — | — | 1,904 | 8,106 | 18,185 | 29,162 | 40,139 | 51,116 | 61,400 | — | — | — |
| 資本化的利息 | 261 | 2,033 | 12,280 | 12,280 | 12,280 | 12,280 | 12,280 | 12,280 | 12,280 | 12,280 | 12,280 | 12,280 | 12,280 |
| 保留盈餘 | | | | | | | | | 16,945 | 64,433 | 108,879 | 153,325 | 197,771 |
| 總遞延資產 | 17,240 | 25,840 | 48,374 | 62,248 | 64,394 | 55,495 | 44,518 | 33,541 | 39,509 | 76,713 | 121,159 | 165,605 | 210,051 |
| 總資產 | 50,500 | 119,000 | 357,600 | 391,649 | 406,075 | 383,988 | 348,956 | 311,614 | 297,218 | 307,550 | 325,124 | 342,698 | 360.272 |
| 流動負債 | | | | | | | | | | | | | |
| 中期購買貸款備款 | | | 37,700 | 37,700 | 54,700 | 54,700 | 55,300 | | | | | | |
| 中期財務貸款備款 | | | — | — | 18,000 | 43,500 | 31,000 | 23,500 | | | | | |
| 總流動負債 | — | — | 37,700 | 37,700 | 72,700 | 98,200 | 86,300 | 23,500 | | | | | |
| 中期負債 | | | | | | | | | | | | | |
| 購買貸款 | 7,500 | 43,500 | 177,400 | 155,700 | 109,000 | 55,300 | | | | | | | |
| 財務貸款 | | | 35,000 | 92,500 | 98,000 | 54,500 | 23,500 | | | | | | |
| 總負債 | 7,500 | 43,500 | 212,400 | 248,200 | 207,000 | 109,800 | 23,500 | | | | | | |
| 權益 | | | | | | | | | | | | | |
| 股東權益 | 43,000 | 75,500 | 107,500 | 134,000 | 160,500 | 176,500 | 197,500 | 197,500 | 197,500 | 197,500 | 197,500 | 197,500 | 197,500 |
| 累積損益 | | | | -28,251 | -34,125 | -512 | 41,656 | 90,614 | 99,718 | 110,050 | 127,624 | 145,198 | 162,772 |
| 總權益 | 43,000 | 75,500 | 107,500 | 105,749 | 126,375 | 175,988 | 239,156 | 288,114 | 297,218 | 307,550 | 325,124 | 342,698 | 360,272 |
| 總權益及負債 | 50,500 | 119,000 | 357,600 | 391,649 | 406,075 | 383,988 | 348,956 | 311,614 | 287,210 | 307,550 | 325,124 | 342,698 | 360,272 |

附錄五 現金流程折現計算表

| 時間 | 第一組試驗 | 第二組試驗 | | 第三組試驗 | | 第四組試驗 | | 第五組試驗 | |
|---|---|---|---|---|---|---|---|---|---|
| 期間 | 眞正的支出額<br>(A) | 係數 | 現值 | 係數 | 現值 | 係數 | 現值 | 係數 | 現值 |
| 第一年中間 | 43,000 | .952 | 40,936 | .929 | 39,947 | .885 | 38,055 | .824 | |
| 第二年中間 | 32,500 | .861 | 27,983 | .799 | 25,968 | .689 | 22,393 | .553 | |
| 第三年中間 | 32,000 | .779 | 24,928 | .688 | 22,016 | .537 | 17,184 | .370 | |
| 第四年中間 | 26,500 | .705 | 18,683 | .592 | 15,688 | .418 | 11,077 | .248 | |
| 第五年中間 | 26,500 | .638 | 16,907 | .510 | 13,515 | .326 | 8,639 | .166 | |
| 第六年中間 | 16,000 | .577 | 9,232 | .439 | 7,024 | .254 | 4,064 | .112 | |
| 第七年中間 | 21,000 | .522 | 10,962 | .378 | 7,938 | .197 | 4,137 | .075 | |
| 第八年中間 | | .473 | | .325 | | .164 | | .050 | |
| 第九年中間 | | .428 | | .280 | | .120 | | .034 | |
| 第十年中間 | | .387 | | .241 | | .093 | | .023 | |
| 總數<br>(A) | 197,500 | | 149,631 | | 132,096 | | 105,549 | | |

| 期間 | 眞正的收入額 | 係數 | 現值 | 係數 | 現值 | 係數 | 現值 | 係數 | 現值 |
|---|---|---|---|---|---|---|---|---|---|
| 第 1 年中間 | | .952 | | .929 | | .885 | | .824 | |
| 第 2 年中間 | (B) | .861 | | .799 | | .689 | | .553 | |
| 第 3 年中間 | | .779 | | .688 | | .537 | | .370 | |
| 第 4 年中間 | | .705 | | .592 | | .418 | | .248 | |
| 第 5 年中間 | 25,606 | .638 | 16,337 | .510 | 13,059 | .326 | 8,348 | .166 | |
| 第 6 年中間 | 69,583 | .577 | 40,149 | .439 | 30,547 | .254 | 17,674 | .112 | |
| 第 7 年中間 | 80,017 | .522 | 41,769 | .378 | 30,247 | .197 | 15,763 | .075 | |
| 第 8 年中間 | 86,807 | .473 | 41,060 | .325 | 28,212 | .154 | 13,368 | .050 | |
| 第 9 年中間 | 78,553 | .428 | 33,621 | .280 | 21,995 | .119 | 9,348 | .034 | |
| 第 10 年中間 | 79,088 | .387 | 30,607 | .241 | 19,060 | .093 | 7,355 | .023 | |
| 第 11 年中間 | 76,046 | .350 | 26,616 | .207 | 15,742 | .073 | 5,551 | .015 | |
| 第 12 年中間 | 76,046 | .317 | 24,107 | .178 | 13,536 | .057 | 4,335 | .010 | |
| 第 13 年中間 | 206,123 | .287 | 59,157 | .154 | 31,743 | .044 | 9,069 | .007 | |
| 總(B)數 | 777,869 | | 313,423 | | 204,140 | | 90,811 | | |
| NB 比率 | 0.2538 | | 0.4774 | | 0.6470 | | 1.1622 | | |

附錄六 適當折現率計算圖

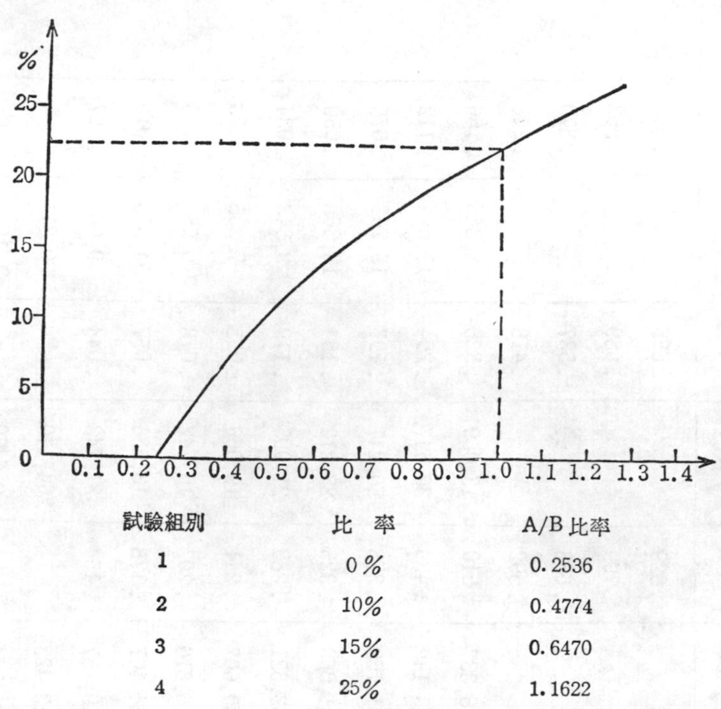


| 試驗組別 | 比 率 | A/B 比率 |
|---|---|---|
| 1 | 0% | 0.2536 |
| 2 | 10% | 0.4774 |
| 3 | 15% | 0.6470 |
| 4 | 25% | 1.1622 |

資料來源：附錄四。

從上面的圖，可求出適當之折現率爲22.3%。

# 第八章　企業之人事

企業的人事管理，乃企業內部有關人力資源的管理與作業，如人力資源的開發、選任、訓練、儲備、給薪、升遷、人與人之間關係的調配與合作、人員之健康與福利等。其主要目的，乃在發揮組織的團隊精神以達到工作績效的提高。本章的目的即透過有關人事管理基本概念與重要性的介紹，人事管理之基本功能，如工作分析與職位分類、員工之甄選與訓練、員工的福利與待遇、考核與升遷、公共關係與勞資關係、衛生與安全……等，作一系列的說明。

## 第一節　企業人事之基本概念

我們可以大致將企業的人事作業區分爲「管理的機能」與「作業的機能」兩大類，前一類主要爲主管人員的工作職責，如人力資源的計劃、人員的組織、任用、領導與控制等；後者則屬中下層人員的作業職責如選任、給薪、考核、升遷、訓練、……等工作；實際上，企業人事的機能均屬幕僚作業，站在協助直綫主管選任適當的人員及建議可行的方法，而無權決定人員的任免。就企業人事的目的而言，即在爲企業體聘用適當的人員、提供給人員適當的技能訓練，使職位適得其人，人適得其所而能勝任工作愉快；就輔助性的目的而言，即希望透過人事的作業，使全體人員團結合作，減少不必要的衝突與磨擦，提高工作情緒與氣氛，減少人事流動，使生產成本降低而增加企業總生產力。

爲了使人事作業有效推行，通常有幾項基本原則值得我們注意:❶

(一)注意科學方法的運用：人事作業上以往單憑主事者直覺判斷的時代已過，因爲人員的聘用與管理愈來愈需靠客觀的制度與方法，才能保證人事作業的成功。

(二)要注意人羣關係的運用：企業的成功，不僅僅靠資金與設備，最重要還在於人才所發揮的功能。因此，如何留用人才也是人事管理的一大課題。爲了達此一目的，人群關係的運用，包括個人尊嚴、人際間交互影響、人員的激勵技巧、化解衝突、提高忠誠度等便相當重要。

(三)巧用員工個人的長處：人各有所長亦各有所短，人事作業的另原則爲發覺員工的長處，促其發揮潛力，使其長才發揮到極點，而非專注員工短處的懲治，這樣才能提高工作效率。

(四)重視教育訓練：員工辛勤的工作固然爲了工作上的報酬，但另方面也在追求自我的成長與潛力的發揮，沒有成長的員工，組織亦必然無法發展，所以教育訓練也是人事作業的重要原則。

(五)建立標準與制度：人雖然有個別差異，但除個人能力、個性差異之外的群體行爲，應有一個標準的規範，以免因個別差異而影響及群體的合作與團結。

(六)避免無謂的浪費：人事管理亦應與其他企業機能一樣，應以最經濟的方法達成最有效的作業，以免額外的付出，影響整體的企業績效。

## 第二節　企業人事之重要性

任何一個企業或機構本身就是一個團體，一個組織，其組成之要

---

❶ 陳定國著，企業管理，（臺北：三民書局，1981）pp. 716-18.

素雖然包括人力、設備、資本、物料……等，但從個體企業之觀點論之，人力實乃企業營運的最重要因素。這是因爲其他要素，諸如土地、資本、物料、產銷及管理技術等，無一不受用於人，任人支配，因此企業之營運若無充沛之人力或適足的人才，便無法充分運用其他非人力的資源。但是另方面而言，縱然有了充沛的人力，如運用不當，企業之營運便無法臻於至善，因此人事管理對於人力之來源、求取、發展、運用、留才等之計劃、作業與評估改進，對於企業的興敗，有絕對性的影響。

## 第三節 企業人事之基本功能與人事管理

企業的人事功能，就其一般之分類可以分爲聘僱作業、聘後作業與企業對外關係之作業等，聘僱作業所含之功能應包括工作的分析與職位分類，員工的甄選與訓練，聘後作業則包括員工的福利與待遇、員工的考核與昇遷等，而對外關係作業則涵蓋了公共關係與勞資關係，另外我們還要附加討論及有關員工之衛生與安全的問題。

### 壹、工作分析

所謂工作分析，是指管理人員以有系統的方法，去研究分析企業內各種工作的權責、任務，以及執行此等工作所需的管理知識、技術和能力。透過工作分析，可以確定各項工作的工作要件，以便員工得以了解他們的工作職掌❷。

麥柯米（E. J. McCormick）認爲進行工作分析可從四個角度來加以探討❸：㈠從工作分析所獲知識之類別，㈡從工作分析所獲知

❷ 同❶。
❸ 同❶第 780 頁。

織之形式，㊂工作分析方法，㊃蒐集工作知識的人員與裝備等。

麥柯米也提出工作分析的方法，主要包括：直覺觀察工作人員的工作行爲；與工作人員進行晤談；擧行技術討論會；利用結構式問卷調查；查看工作記錄；使用記錄儀進行記錄分析……等。馬希士與傑克森（R. L. Mattris & J. H. Jackson）認爲主要的工作分析方法可歸類爲三種，卽：觀察法；調查表法；與晤談法等❹。下面我們將對幾種常用的工作分析方法略加說明。

## 一、現場觀察

工作分析的目的主要是在探討工作的內容（卽做什麼）、工作的程序與方法（如何做）、工作的預期成果（爲什麼要這麼做）、工作的執行者（誰來做）、工作場合（在什麼地方做）等問題。透過實際現場觀察，可以將工作者的整個行爲過程有系統地記錄下來。其記錄方式可利用檢核表（Checklist）來記錄。在進行現場觀察時，必須事先了解該工作的性質及有關事項，觀察結果列記於檢核表，同時還須整理出該工作之工作內容描述，及工作者的角色規範。

同一項工作必須選取不同工作地點的多位員工加以觀察，以獲取普遍性的資料。切不可只觀察某一員工卽驟下定論。以此種方法進行工作分析可直接獲得有關工作的各項基本資料，但在實施過程中必須注意避免下述問題的發生。

第一，觀察過程應避免干擾到員工的工作行爲。最好是採取秘密觀察的方式，因爲員工若知道有人在記錄他的工作表現，可能產生兩種後果：可能更加賣力，儘量做得更好。也可能產生焦慮而做得很差。

第二，不適用於心智活動的觀察。有許多工作的內容包含廣泛的心智活動，此一內在的行爲，無法經由外在的觀察得知。如果只利用

❹ Mattris & Jackson, *op. cit.*, pp. 133-37.

觀察法，將無法獲得該有關工作的重要資料，因此，必須輔以其他方法來進行工作分析。

第三，不適用於工作週期很長的工作。對於工作週期很長的工作，如設定完成一部精細的汽車模型，也許需要花費數日到數年的時間，此種工作即不宜利用觀察法來進行工作分析。

## 二、現場晤談

觀察法在使用上有許多限制，譬如，有關工作任務、責任、權利與義務等，均無法獲得正確資料。此時，可利用現場晤談的方式來解決此一問題。透過晤談，還可解決工作週期過長的問題，因爲，工作執行者本身對整個工作過程相當了解，經過適當的晤談即可取得有關資料。此外，還可進一步探究工作人員的心智活動。

實施晤談，必須事前有周詳計劃，將有關問題有系統地整理好，同時還須注意晤談的技巧，以免迷失晤談方向，徒然浪費寶貴時間。下面兩個問題是進行現場晤談必須注意的問題：

第一，應先與被晤談人員建立起良好的關係，以取得他們充分的合作意願。如此，才能便利資料的蒐集。

第二，避免被晤談人員歪曲其工作過程。此問題可透過選樣的增加來消除其不利影響。

當然，最重要的還是事先須有結構式的晤談綱要以及詳細的晤談計劃。

## 三、問卷調查

此方法是利用結構式問卷，要求受試者詳實塡寫有關資料，譬如，其工作任務、工作環境，使用的材料設備，工作方法與工作程序等。以此種方式蒐集資料可節省時間與人力，不過較乏彈性。若受試者對問卷內容的意思有誤解，則其資料即產生偏差，而難以校正。晤談法則可適時調整，避免其誤解，而可獲得較正確的資料。

另外，問卷調查法也可能產生受試者歪曲事實的現象。此種錯誤可透過其直屬主管的審閱來加以調整修正。

根據過去的經驗顯示，此法適用於教育程度較高的人員或中、高階層的工作。

四、歷史資料

從過去資料來判斷分析是另一種節省時間精力的做法。從歷史資料的整理分析中，常可發現若干可循軌跡，而有利於工作分析。通常公司若能保留各種工作內容描述的檔案，可使工作分析的實施得到極大的方便。如果公司內部沒有此等資料，則可想辦法從其他公司取得，或是查尋職業辭典或職業分類標準卽可取得有關資料❺。

取用公司外的資料，須注意事先調查分析自己公司該項工作的執行過程，並考慮彼此間所運用生產方法，或技術上的差異。如此，才不致於誤導了工作分析的方向，而建立了錯誤的工作內容描述。

## 貳、職位分類

至於職位分類，乃指將職位經過前面所指之分析調查、整理，依其所需技能差異而加以歸類，如此企業便可簡化不同工作的職位為幾種類別，而且可針對同類別的職位採取較適當的招募措施，這樣便可達到人適其職的目的。通常職位分類有一定之標準，以各個職位的職權與職責，區分各職位的異同。簡而言之，先按縱向將職位分成各

❺ 有關資料可從下列來源尋獲:
①*International Standard Classification of Occupations.* (Geneva, Switz. : International Labour Office, 1958.)
②United States Department of Commerce. Bureau of the Census, *Alphabetical Index of Occupations and Industries,* (Washington, D. C. : Government Printing Office, 1960.)
③United States Department of Labor, *Dictionary of Occupational Titles,* 3rd ed.,(Washington, D.C.;Government Printing Office, 1965.)

種職門、職組與職系，再按個別所負之職權與職責區分爲不同的等級。

爲了明確的瞭解職位分類的作法，我們常以較具體的幾個項目來區分，如：工作的特性、工作的複雜性、有關法令或規定的依據，所需的創造力等；在責任區分等級上則包括：此職位應遵守上司指示之嚴格性，對部屬督導的緊密程度，與外人接觸的頻繁程度，其所負責任範圍的大小與影響力等，最後再考慮職位所需的經驗與學歷背景等。

通常職位分類會帶來下列企業管理上的優點❻：如可因而建立公平合理的給薪制度、可提供選任人員時之客觀標準，可使員工的績效考核標準具體化，可明示員工自我的前程發展，可健全組織之發展且可因而改進主管與部屬間的關係等。

### 參、員工的甄選與訓練

在人員甄選之前必須對人力之需求有適度的預估；如企業剛創業不久，其人力需求固然需視營業量而定，但另方面可透過公會獲取同業間人力需求的歷史資料當作參考，爾後，企業之人員也會因爲業務擴展、辭職、病故、退休或請假等原因而有很大的變動。因此，此種變動率在人力預估前也應做一番的考慮。此外，由於科技的進步，往往會因而減少員工之需求，此點亦應列入考慮，如自動化事務機器之使用於辦公室，工廠的採用機器人從事製造加工，因爲效率之提高而減少員工需求就是最好的例子。

企業所需人力旣經估定，若遇有人力短缺現象時，人事主管即應協助直綫經理招聘新員工補缺。這時聘僱作業於焉開始。透過聘僱作

---

❻ 同❶ pp. 724-25.

業程序，使能號召集合廣大的應徵者，再從中經過評選任用。因此，如何挑選最適合的人選，便爲員工甄選的重心。通常此項工作可分爲兩類，其一爲明瞭遺缺待補職位之特性與應具技能，其二則爲認識應徵者之才能是否與遺缺所要者相匹配，如圖 8-1 所示。

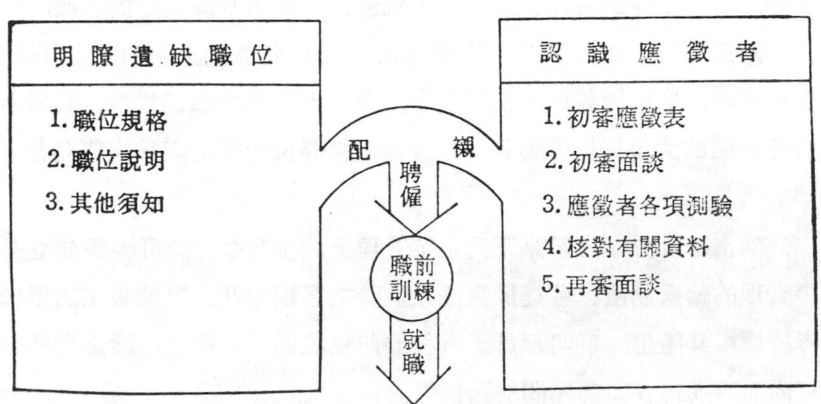


**圖 8-1** 聘僱作業要項

資料來源：郭崑謨著，現代企業管理學導論（台北市，民國65年印行）第219頁。

人事單位就每一職位，加以分析研究結果，將每一職位之性質、與其他職位之相互關係、所需之設備用具、原料，以及如何達成職責等，加以明文規定，並據此規定編成各種職位之職員資格表——通稱職位規格表，以做遴選職員之依據。每一人事主管遇有職位出缺或增添人員時，應就各該職位規格表加以充分研讀，才能把握重點，於遴選時作正確之判斷。有時出缺待補、或新增職位，其情況特殊，在網羅人才時又迫於人力市場之壓力，須作種種之妥協。在此種情形下，人事主管應事前釐訂特別注意事項，俾便應變。否則聘僱制度易流於窒息或呆板❼。

確切地認識應徵者乃爲聘僱適當員工之契機。評定應徵者之工作

❼ 郭崑謨著，企業管理——總系統導向，修訂版（臺北市，民國 73 年印行）第248-249 頁。

十分困難，評定標準亦不易釐訂，尤其有關應徵者之個性、心理狀態、爲人作事態度，更無一定之尺度衡量。雖然如此，人事主管可按下列步驟，力求對應徵者之精確認識。

㈠初審職業申請表（或應徵者）

㈡初審面談

㈢應徵者各項測驗（包括智力及心向測驗及體檢）

㈣核對應徵者有關資料

㈤再審面談

職業申請表格，因廠商而異，內容及格式頗不一致。概言之，所應包括之項目是：1.身份居所；2.學歷；3.經歷；4.專業技能；5.申請職位及職屬；6.參加社團及職業組織；7.專門創作或著作；8.婚姻及家庭狀態；9.信用調查資料；以及 10.刑警記錄等。初審應徵表時應就表格資料與職位規格項目相較，權衡得失，斟酌實況，做取捨之決定。聘僱業務，費用浩大，若能在初審申請表格時去除多數不合資格之申請者，人事經費可大大地節省。初審面談之主要目的乃爲憑面談所得，對應徵者之儀表態度、言談舉止作周詳之評價，據此作進一步之遴選工作。面談之時間不必過長，所問問題通常是一些不能在申請表上獲得之資料。諸如：『爲何申請本廠技工職位？』，『爲何要離開現單位?』等等。爲確定初審面談合格者之心理與身體上的健全與對待補職位是否配襯，各廠商已逐漸採用各式之測驗。心理測驗的項目甚多，諸如智力測驗、性向測驗、興趣測驗、個性測驗等❽。此種

---

❽ 有關各種心理及體格檢查之特別說明，讀者可參閱：
Edwin B.Flippo, *Principles of Personnel Management*, 3rd ed. (New York : McGraw Hill Book Company, 1973), Chapter 8, Tests and Interviews.
O.K. Buros, *The Sixth Mental Measurements Yearbook*. Highland Park, N.J. ; The Gyyhon Press, 1965.

種測驗由於費用較鉅，小公司通常以面談來代替。據美國國家實業局(National Industrial Conference Board)之研究報告，智能與技能測驗，比較廣泛地被使用，其他測驗尚欠普遍❾。至於核對應徵者有關資料問題，企業主管應視實際需要作核對對象及核對項目之決定，核對作業不必硬性規定。據比生教授(George M. Beason)之實際調查研究結果核對項目，多半偏重於學歷、經歷與刑警記錄之核對，而對推薦人供給之資料以及信用項目即不常核對❿。核對的方法則以面談查詢，通信查詢以及電話查詢比較通用。再審面談可說是聘僱作業裡決策性的面談。該時企業主管除了盡量覓求對應徵者尚具疑慮之解決及進一步加強對應徵者之信心外，應設法使應徵者明瞭聘僱單位之環境。因此面談地點通常要在職位所屬單位。入選再審面談之應徵者稱之爲職位候選人。其人數多寡不一，要視經費情形而定。

對應徵者之認識，愈充分正確，聘僱適當人選之機會愈大。最後之聘僱決策，便是就職位候選人中，選定最具優異條件者。有些業企經理把此一最後遴選決策權遞授委員會，由委員會投票決定。在許多情況上聘僱單位之主管在決定聘用後，在未通知應徵者前，需報備上峯主管核准，一般之報備手續應包括携候選人晉見上峯主管。

職位候選人接受聘僱後，爲使新員工能『同化』於新工作環境，安心工作，有關單位應聯合舉行職前訓練。職前訓練包括：1.介紹新工作環境與2.作業訓練兩項。前者的目的是使新員工了解新環境，而後者則爲使新員工熟悉其崗位工作。

介紹新環境之工作可由人事單位負責，亦可由聘僱單位負責。介

---

❾ 美國有關企業的研究報告，以及其他統計資料可從國家實業局索得。國家實業局爲很重要的企業資料來源之一。

❿ George M. Beason and John A. Belt, "Verifying Job Applicant's Backgrounds" *The Personnel Administrator*, Nov-Dec, 1974, pp. 29-72.

紹項目通常是：1.整個公司組織及業務；2.各部門處所；3.公司對員工之福利；4.介紹舊員工；5.員工守則及有關注意事項等。倘可能，這種介紹可佐之以幻燈或電影，以節省時間。

新進員工對其崗位工作，不一定十分熟悉；就是熟悉，對新單位之工作程序及作業方法往往不諳。是故對新進工作人員應加以適當的作業訓練，作業訓練可以種種方式舉行。如新進人員衆多，則可開設特別訓練班，授訓由舊專業人員負責。作業訓練亦可於各個別崗位舉行，由舊員工指揮，這些均稱之在職訓練。在許多情形下，聘僱單位可把新進員工送往專司訓練或教育之機構，如大專院校或職業學校受訓。另外，政府新設之職訓班亦是重要作業訓練場所。

職前訓練之重要性往往被忽視，殊不知新進員工之是否能適應於新組織，同化於新環境，與堅守於新崗位，職前訓練負有大半之責任。根據加馬索（Earl R. Gomersall）等於著名的美國德州機械公司(Texas Instruments)作有關新員工職前訓練之實驗結果，揭櫫適當而正式化之職前訓練遠比潦草而非正式化的職前訓練所收效果大有四倍以上之巨。據該報告，如就生產率與缺職率言，正式化與非正式化職前訓練得效果之差別，為九三件產品對二七件產品，以及千分之五缺職率對千分之廿五缺職率⑪。企業主管不可因節省職前費用而草率舉行職訓或甚至於忽略了該項訓練。職前訓練係一種不可缺少人力投資，其效果雖有時難以辨明，但其對企業營運長期生產力之貢獻既深且遠。

## 肆、員工的待遇與福利

---

⓫ 資料來自哈佛大學哈佛企業季刊：
Earl R. Gomersall and M. Scott Myers, "Breakthrough in On-the -Job Training "*Harvard Business Review,* Vol. 44, 1966, pp. 62-72.

雖然員工工作不全然是爲了金錢上的報酬，但依照馬斯婁的慾望論，報酬的獲取還是最重要的因素，因爲金錢可以提供員工生理與安全上的需求，而且還可能維持社交關係與社會地位的工具，因此待遇的合理化是個相當重要的作業；爲此，一般企業常訂有一套薪資制度，依員工的貢獻給予不同程度的酬賞。爲了給賞的公平與合理，薪酬制度應依據下列的要點來訂定：①必須能滿足員工的基本生活需求；②必須與同業間的給薪制度同一水準；③應同工同酬，以求公平合理；④其計算方式應簡單明瞭，又不失獎勵之意；⑤應具某些彈性水準，以因應突發之狀況。

至於薪酬給付方式則有按時計算，有按件計算，按年資計算者。另外業者往往爲了激勵員工之績效，更有用獎功制度者。只要員工超過某標準便自然給予額外獎金，類此有稱爲效率獎金者，有生產獎金者，亦有工作獎金者。

就員工之福利言，已因爲社會的進步益受社會大衆的重視，因爲人們工作賺取酬勞的所得，已足以提供員工額外的生活欲求，所以福利也變成員工就業的另一指標；例如休假制度之頒行，工作時間由六天縮爲五天的趨勢，醫療保健制度的推展，員工子女、親屬各項經費補助等，在員工工作場所之福利措施則有如餐廳、伙食的改善、娛樂設施的建設、員工旅遊活動、辦公室或工廠的空氣調節與燈光設施、分享紅利與送股等都是員工報酬外的福利制度。

## 伍、員工的考核與昇遷

除薪酬給予外，員工所重視的另一制度乃有關員工之考核與未來的昇遷問題。倘若考核與昇遷失卻公平，導致員工之不平與抱怨，便會影響士氣，破壞團隊之和諧，終造成生產率的減低，但是公平的昇遷實繫於良好的考核制度，因此考核作業之重要由此可見。

職位名稱：＿＿＿＿＿＿　　編　號：＿＿＿＿＿＿

屬何單位：＿＿＿＿＿＿　　考核年月日：＿＿＿＿＿＿

| 考核項目 | 一級 | 二級 | 三級 | 四級 | 五級 | 職位得分 |
|---|---|---|---|---|---|---|
| | 12* | 10 | 8 | 3 | 1 | |
| 必具教育程度或專業訓練 | | | | | | |
| 職位所附權責 | | | | | | |
| 用腦程度 | | | | | | |
| 用體力程度 | | | | | | |
| 工作環境 | | | | | | |
| 工作危險性 | | | | | | |
| 相關職位之有否 | | | | | | |
| | | | | 評語： | 總得分 | |

考核者：＿＿＿＿＿＿　　簽名：＿＿＿＿＿＿

*：給分標準，各廠商，各部門可不一

圖 8-2　企業職位考核表

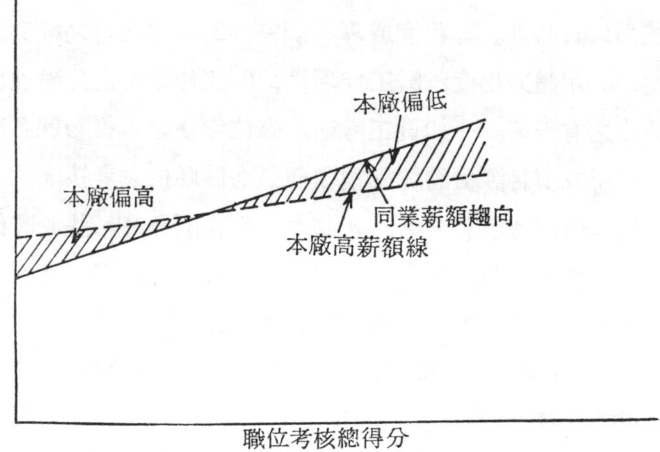


圖 8-3　職薪相關綫與同業薪額趨向

客觀之考核是基於預定之標準受考項目從事考核，受考項目之多寡悉依業務性質而定。通常下列項目受用較廣；1.工作數量；2.工作品質；3.工作態度；4.責任感；5.創新能力；6.技能知識及7.年資等。考核之本質乃對就受考核人員就各受考項目加以評價。評價方式甚多，諸如記分、分等、分級、分次等等。綜合各項目之評價便得員工個人考核成績。圖 8-2 所示之考核表，反映出上述之項目及評價。當然必要時可細分各項，詳訂標準。雖然考核項目及評價標準應由企業主管釐訂，實際考核工作之執行如能由經專業訓練之考核員擔任，考核作業才不致流於主觀。

獎懲酬賞與昇調之基本依據是考核成績，企業主管可視實際情況就各員考核成績劃定獎懲基準並酬賞數目，遇有出缺考核成績應成爲昇調之重要考慮因素。

至於各職位基本薪額之釐訂，企業經理應兼顧同業或類似職業之現金薪金趨向，以及各職位之難易情形，方能一面在人力市場上經得起競爭，而另一方面在組織內獲得酬賞之公平。關於單位內各職位之難易情況，大可仿員工考核制度，將各職位加以考核。這種職位考核，其項目概爲：1.必具教育程度或專業訓練；2.職位所附之權責；3.用腦力程度；4.用體力程度；5.工作環境；6.工作本身之危險性；以及7.相關職位之有否等。一如員工考核，職位考核之本質乃就各項目加以評價。而所有項目評價的總累積價便是各該職位之考核成績（參閱圖 8-2，按理職位考績愈高者，其基本薪額自應愈高。基於職位考核所得之資料，並參酌同業之薪額趨向，主管人員可劃成一『職薪相關線』俾便作基本薪額決策之參考（如圖 8-3)。薪金可按時（時、日、週、月、或年）計算，亦可按件計算（佣金制度可歸此類），職薪相關線，可適用於兩者。

考核、獎懲酬賞、以及昇調作業是激勵在職員工安心努力工作，增進員工向心力及團隊精神，以及促進員工上進的重要關鍵作業之一，倘辦理得當，企業人力便容易保持與發展。其他人事作業亦易臻善⑫。

## 陸、勞資關係與公共關係

基本上勞、資雙方即處於互相對立的立場。因此，為了彼此的利益，常會發生衝突，以致造成雙方無可彌補的損失，雖然我國因為基於戡亂時期臨時條款之規定，工人不得罷工，使得勞資衝突未呈表面化，但是歐美國家由於擁有強大的工會組織，因此勞資糾紛時有所聞。勞資雙方為了彼此之利益，如何透過良好之溝通管道來調節彼此立場，實為雙方之責任。

勞、資雙方倘有糾紛，應設法調節。勞、資各方可延聘經雙方同意之仲裁專家作集體談判，就糾纏之處，折衷求解。我國勞工組織之力量薄弱，政府經常就地輔導勞工組織，企業主管通常要注意現行法令之解釋，才能在調解時做有利之談判。這意味着，我國勞資糾紛調解之重心偏重在法定權利與義務上，而非倫理與道德責任上。雖然如此，對倫理道德之積極重視，乃是時日問題而已。勞資糾紛可起自聘約、除職、薪額、昇調、班制、休暇、請假、出差、工作設備、獎懲等等人事作業。依糾紛（或不滿）性質之異同，調節本質亦異。概言之，調節本質可別為：1.誤會之冰釋；2.息爭權責；3.謀求合作；4.觀念之澄清；5.歧見之妥協；與6.雙方困難之諒解等等⑬。企業主管

---

⑫ 有關運用企業人力資源之詳細探討讀者可參閱：
Hersey, Paul, and Blan Chard, K.H., *Management of Organizational Behavior: Utilizing Human Resources*, 2nd ed. Englewood Cliffs N. J: Prentice Hall Inc, 1972.

⑬ 對集體談判之本質及技術，讀者可參閱：
French, Wendell. *The Personnel Management Process*, 3rd ed. Boston: Houghton Mifflin Co. 1974.

對此種本質應能把握，始能在集體談判時求到快速與妥切之結局。

企業公共關係乃指企業與外界之關係而言。「外界」包括同業、異業、政府機構、財社團體、非消費公衆以及消費公衆（在海通大開之現今自應包括國外各種機構及社會公衆）。舉凡一切能增進外界對企業之感觀及態度的種種活動皆屬公共關係作業。從此若把員工整體視爲社會公衆之一部，勞資關係之改善未嘗不是公共關係之特殊作業。由於公共關係作業性質，以及工作人員應秉持之特質與人事作業所需者有相仿之處，許多企業家以及企業學家認爲，人事若秉司公共關係，兩者效果一定增高無疑。話雖如此，邇來由於企業界開始強調行銷對整體企業營運之重要性，加以行銷或市場單位對大衆傳佈技術、設備、與人員均十分齊備，公共關係之作業已逐漸由市場（行）銷單位所承擔。

## 柒、安全與衛生

現代生產設備的大型化與複雜化，常常在生產過程中帶給員工生命或健康上極大的威脅，例如生產設備之高速運轉、可能的化學毒素與塵煙、噪音的產生、高度輻射綫、強光與烈焰、爆炸力及氣壓、水壓等，都隨時可能對員工造成意外事件，因此企業爲了安定員工心理、提高生產力，就必須重視生產環境中的安全與衛生的問題。

在過去美國企業界之生產部門，據統計每年約有十萬人因生產而身亡，有九百萬人受傷，因此而損失將近七十億美元的費用。爲此，不單是員工個人的生命受到傷害，對企業也造成莫大的金錢損失，政府有鑑於保障員工的安全與衛生，於是也有工廠法與勞動基準法的頒訂。我國亦有勞動基準法之立法與施行。

通常工作上的傷害可概分爲兩類，一類乃基於員工個人在生理、心理上之缺憾、遭遇與經驗、工作性質與運氣等所造成之傷害。另一類別爲因機器本身設計不良或欠缺安全設備之防護，所引起之傷害；爲了防範這些意外，我們對意外事件應加以合理管制。

在工作環境的管制上，廠商應做到：制訂安全防護的規定供員工有所遵循，設備與佈置應有良好的管理制度，對照明、採光與通風設備應符人體機能的適應，在環境較惡烈下工作的員工應提供於防護用具與衣物。此種在環境上的管制實乃工業安全與衞生最基本的措施。

在員工個人行爲的管制上，當然不若工作環境管制之容易，這是因爲人的行爲常會受到遺傳、情緒、營養和個人習慣所影響。因此，爲了管制其行爲，廠商應確實做到員工安全防護上的訓練、對工作內容與步驟應有詳細說明，經常性的工作監督與指導，儘量固定工人的工作位置，對於行爲亦應訂有明確的獎懲措施，以防範員工可能引起意外傷害的行爲等。

此外，廠商基於經濟上的理由與人道觀點的考慮，員工的衞生維護亦應如何安全防範受到同樣重視，因爲員工身體狀況會因疾病，壓力與緊張會導致怠工與低生產力的情形，所以衞生維護計劃有其正面的影響。

衞生維護的目的就是在於預防職業病的產生，職業病和意外傷害不同，前者是因爲長期間曝露於不良環境中逐漸形成的，而後者則發生於特定的時間與地點之內。因此，一個良好的衞生防護應包括下列目標⑭㈠要爲全體員工謀求健康與福利，㈡管制工作環境中所發生的傷害和疾病，㈢消滅發生職業病的導因，㈣透過適當措施，以確保員工的安定力。其措施則有定期的健康檢查、環境衞生的管制、輕微疾病的防護、健康服務（如勞、公保的醫療保障，與外界特約醫療團體對員工提供衞生顧問等）及從事保健、醫療紀錄的追踪考核等。

---

⑭ 蔣靜一著，企業管理，（臺北，三民書局，1975）pp，92-94。

## 捌、文書與檔案

工廠的生產設備是製造與運送工具，而辦公室中的生產作業則完全靠文書與檔案的處理；在過去一百多年的生產作業，工廠的生產與製造生產力已因設備的改良而有很大的進步，而辦公室作業囿於無機械的協助，生產力總是無法有所突破，雖然近來已有自動化處理機械的引入，但在還無法有效推廣之前，文書處理生產力的提高仍是相當重要的課題。

提高文書處理的生產力，首重於文書的簡化，其要點有⓯：

㈠縮短文書處理時間─應建立權責劃分的分層負責制度，以追究文書處理的責任，另方面有關業務會議所訂方案，不要爲了推卸責任，而行會簽、會稿等繁瑣事務。

㈡設法減少公文處理的數量─盡量以表格代替行文，勵行剔除、合併、排列與簡化四步驟來簡化處理手續，可用電話、電報、公告或廣播者，盡量採用之，可簡化不少作業。

㈢應確保文書處理期限─如依事情緊要程度，區分處理速度，並沿用文書追查制度，可控制文書的流程。

一旦文書經過內部收發作業及文書處理過程後，通常將文書予以彙總成檔案資料予以日後參考用，其彙集存放方式有集中一處管理者，有分交各單位保管者，或有依其資料新舊程度與使用率高低，將新而且使用率頻繁者分交各單位，而將舊而且使用率低集中管理者。至於檔案分類則可分爲：⓰㈠順序歸檔法：即按收件順序予以彙編，如會計憑證及傳票之保管；㈡分類歸檔法，乃根據檔案性質、類別予以分類；㈢區域歸檔法：即按來文地區或發文地區予以歸檔者，如貿易資料。

⓯ 解宏賓著，企業管理學，（臺北，三民書局，1975）p. 390，

⓰ 同⓮，p. 391。

關於檔案處理，自從電腦被引入企業以後已經造成相當大的改變，因為電腦資料處理的迅速、確實，以及其儲存的方便，帶給文書檔案莫大的助益，終有一天辦公室會變成一處看不到紙張的文書檔案作業。

## 第四節　企業人事的組織

隨着業務之擴展，各部門經理所需掌管之工作益趨繁複。企業經理實無暇，亦無法有效地總攬全部作業。應運而生者乃各種專業助理單位以協助各部門主管達成決策。人事單位乃專司人事之助理單位。在整個企業組織裏人事單位，除了助理各其他部門之人事作業而具助理參謀權責外，對其本單位亦具有指揮權責，可作指揮決策。在特殊情況下，對其他部門或科室兼具指揮權責。例如人事單位屬下之企業警衛，遇有工廠受到水電危險之威脅時，可直接下令關閉工廠，停止作業。這種權責通稱「功能權責」乃其於人事功能而產生。企業經理應明瞭人事單位之功能與其在整體組織內之關係，而授予所需之協助。（見圖 8-4）

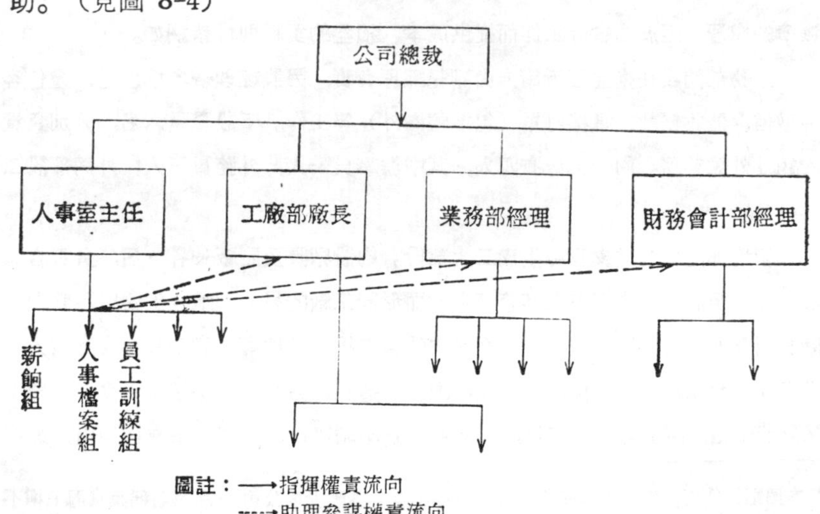


圖 8-4　人事單位之組織關係

## 【企業個案四】 大昇有限公司*

公司簡介;

大昇公司是民國六十二年由葉董事長所創，至今已有五年，公司目前資本額是一千萬元，預計到年底將增資到一千五百萬元。大昇公司的工廠座落在桃園南崁，總共佔地兩千多坪，以合成皮爲主要產品，另有再生皮，唯其產銷尙未滿一年。另外在臺北臨沂街設有營業處負責徵信、收帳以及承接訂單的工作。

大昇公司的上游供料及銷售尙稱順利，內部運作亦無重大問題，唯葉董事長認爲尙應有進一步的改進。

### 一、組織及人事狀況

大昇公司無明確的組織系統圖；唯根據其分工狀況，其組織結構大致如圖(一)所示:

財務部門共有四個人，董事長夫人爲財務工作的負責人；出納由王小姐負責，專司業務上的收入、支出；稅務是指退稅工作，由王小姐負責；會計則限於稅捐帳簿的處理，至於由會計工作而提供成本、損益的資料則付諸闕如。

業務部門設在臺北臨沂街，由副總經理負責，另設經理一名協助之，擔任客戶徵信、催收帳款、承接訂單（包括國內外）等工作。下設職員六名，分別負責內銷及外銷業務。內銷部份有四人，其中辦事員一人，外務員三人；外銷部設二辦事員。

廠務部門分合成皮及再生皮二大部份。內設廠長及副廠長各一名，負責合成皮部份，至於再生皮則不在其管轄之內而形同工廠的另一天地，影響廠務管理，廠長對此亦曾有微詞。廠長負責合成皮的生產排程及技術，副廠長負責廠內人事及庶務。合成皮下又分調配課、技術課、製造課，另有一位小姐負責倉儲；課下又分若干組，調配課下有底料組、面料組及印刷專員；技術課下有技術組，製造

---

* 本個案係作者參與合作金庫建教合作之中小企業診斷受診公司，所用名稱與實際名稱不同。

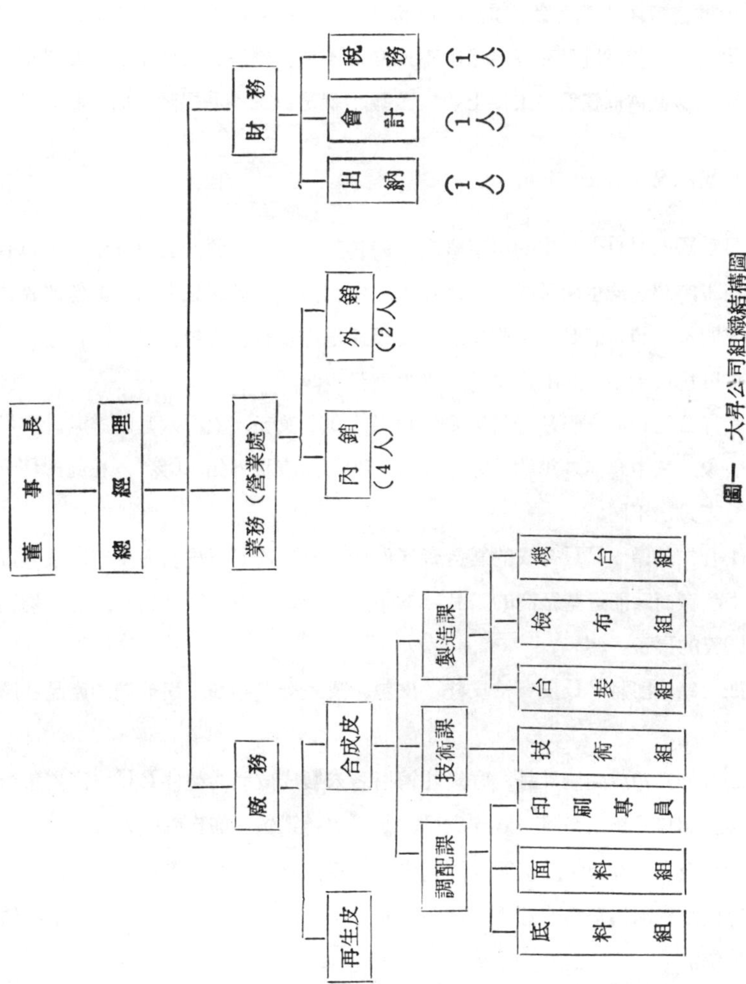


圖一　大昇公司組織結構圖

課下有包裝、檢布、機台三組。工廠的線上操作員有三十餘人，由於人少工作場所不大，工作上接觸頻繁，再加上工廠要到市中心交通不甚方便，員工休閒大都看電視或下棋，彼此感情頗稱融洽。其對廠方的意見則是：宿舍太差、薪水平平，與同業間相近。

大昇公司之員工流動率頗高，新進員工不易招募，而離職他去的，亦多屬新進員工。廠長認爲流動率高的原因不外交通不便、適應新工作不易以及嫌薪資不高。而工廠領班也認爲在工作上並無困難，就是員工不易招致，而流動率又大。

## 二、行銷狀況

目前國內ＰＵ合成皮的生產廠商的銷售，依同業公會的資料顯示，均以合作外銷爲主，超過總生產量的百分之八十，內銷只佔百分之五左右，其餘的爲直接外銷或間接外銷。而ＰＵ合成皮的主要用途爲作皮鞋、皮包、皮衣，而這三種中又以皮鞋爲最大宗，其次爲皮包，皮衣爲最少。

大昇公司目前一個月的營業額平均爲 1,000 萬元，七、八月旺季時，有供不應求現象，其中合作外銷約 50%，內銷 30%，直接外銷 20%；在此解釋一下這三種方式之不同：

⑴合作外銷：ＰＵ合成的製造廠（例如大昇）將ＰＵ皮售與皮鞋、皮包或皮衣的生產廠商，而這些廠商的成品再外銷，一般以這種途徑銷售時，客戶均開給45～60天的票子。

⑵內銷：即將ＰＵ皮賣給皮鞋、皮包、皮衣製造廠商，而他們的產品在國內銷售。

⑶直接外銷或間接外銷：直接外銷指將未製成成品的整件ＰＵ皮直接售給國外客戶；間接外銷則是將未製成成品的ＰＵ皮透過貿易商賣到國外去。

大昇公司的客戶中，以製鞋、製皮包的廠商爲主，這些客戶也較爲固定；而皮衣方面，則因爲季節的關係，需要量有上下起伏的情況，在公司業務中不佔重要的地位。

因爲大的ＰＵ皮生產廠商有他們自己的大市場，而小的生產廠商也自己擁有適合自己特性的市場，所以目前大昇公司並沒有很大的競爭困擾，不過無法任意變動價格，必須由外界整體的供需狀況來決定價格。

公司現在有一位副總經理管理銷售部門，下有一位業務經理，業務經理下有六位職員分別負責內外銷，另有一南部經銷商；公司的行銷作業程序爲：外務員接訂單時，先考慮目前工廠方面的產能，然後接下訂單，訂明交貨日期，一般均是二十天，若是市的顏色較特殊，則須延長到五十天，接下訂單後，訂單轉呈業務經理、副總經理，然後轉送工廠排日程生產。有時候，業務經理也到外面接訂單；另外，業務經理還有徵信、催收的任務。

大昇公司對於未來的可能變化採用這種處置方式，業務經理依據他對市場現況、趨勢的了解，判斷未來半年的可能情況，然後與董事長商量，二人取得一致的看法後，業務部門的人員就以這一未來的預測爲藍本去努力，舉例來說，若業務經理判斷在未來半年皮包用的ＰＵ皮需要量將大增，而總經理也同意這種看法的話，那麼外務員及業務經理就盡量去接皮包用ＰＵ皮的訂單，也就是努力的方向是皮包製造廠。

業務經理表示，未來的ＰＵ合成皮的需要將繼續成長、增加，因爲製皮鞋、皮包、皮衣的另二種原料ＰＵＣ合成皮和自然皮有性質或產量、價格的限制，無法大幅度成長，所以用ＰＵ皮將是必然的趨勢。目前大昇公司正在拓展墨西哥市場，因墨西哥最近有油源發現，故成爲努力的目標。

### 三、生產狀況

該廠產品分「合成皮」及「再生皮」兩種，目前產量以「合成皮」爲大宗。就「合成皮」生產設備而言，主要有:⑴表面處理機乙部。⑵塗布/烘乾機兩部。⑶捲布機兩部。⑷離型機乙部。⑸加工印刷機乙部。⑹裁布機乙部。⑺針車乙部。

所謂「合成皮」乃是將調配好顏色的ＰＵ樹脂黏著在布料上，形成一種「皮狀」的成品，可應用作皮鞋、皮衣、皮包等的製造材料。大昇目前「合成皮」的產能視訂單狀況，彈性配置，實施「訂單生產」，通常每日開工時間約八至十小時，產量可達一天十五萬碼至十八萬碼左右，其產能很少有閒置現象。

「合成皮」製造之主要原料有三：布料、顏料、及ＰＵ樹脂，其中ＰＵ樹脂又分「一液型」及「二液型」兩種。關於「合成皮」的製造流程，可參考圖二。

另外，「再生皮」的生產係在六十七年初開工，所謂「再生皮」乃是收集民間廢棄的眞皮，予以攪碎，經過化學處理後壓成「新皮」，這種「新皮」可用來製造皮帶、鞋底等耐久性粗皮品。「再生皮」的製造流程可參考圖三。

在物料管理方面，就原料部分而言，大昇公司目前並沒有建立明確的存貨制度，原料之請購及安全存貨之決定，全權由管倉儲的小姐依據訂單狀況及其經驗逕作判斷。就成品的倉儲而言，大昇公司的成品並不入庫，只堆積在廠房門口附近，俟生產批量達一定程度時，隨卽派遣卡車運走，根據大昇過去生產經驗，並不曾造成成品堆積太多，影響工作的現象 。

## 四、研究發展

大昇目前並沒有專門負責研究發展的人員，技術之改良完全仰賴廠長一人。（蘇廠長原來學商，到大昇任職後，自己苦學研究，據他自稱，目前大昇的技術水準已在同業之上。）

## 五、財務狀況

大昇在財務結構上，尙稱健全。董事長的父親在臺北另有事業，隨時可以作資金週轉上的支援。目前大昇公司的財務工作，係由董事長夫人負責（詳見組織及人事狀況），截至目前爲止，並未建立完整的財務及成本會計制度。

關於產品成本的計算，對大昇公司而言，相當重要，產品成本的多寡可以作爲售價的參考，並決定利潤水準。大昇公司董事長說：「我們自覺成本會計方面太弱了，無法合理地算出每批產品的成本，以致於有時在事後詳細計算，卻發現虧本的現象。」目前大昇公司的成本計算，是先將每批訂貨所需的材料成本（材料爲最主要成本）由工廠以一定公式分別計算於特定的表單上，送至臺北辦事處，由會計小姐按月彙總，再計算出總成本，至於人工費用和製造費用以及利潤額的預估，全是由經驗而來，沒有詳細的計算及分攤，因此目前最令負責財務部門的董事長夫人頭痛的事情，便是有時事後發現原先預期賺錢的生意反而虧本，甚至於賠本了也不曉得。

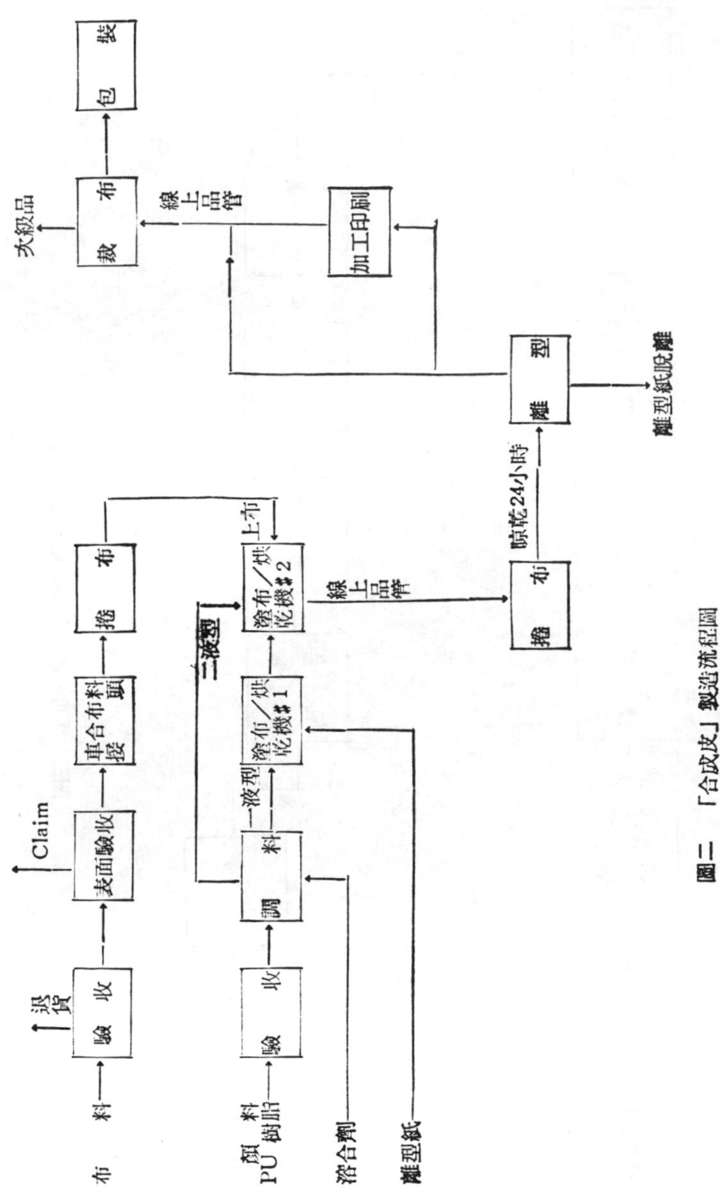
布料
驗收
退貨
表面驗收
Claim
車合布料接頭
捲布
顏料
PU樹脂
溶合劑
離型紙
驗收
調料
一液型
二液型
塗布／烘乾機#1
塗布／烘乾機#2
上布
線上品管
捲布
晾乾24小時
離型
離型紙脫離
加工印刷
線上品管
裁布
次級品
包裝

圖二　「合成皮」製造流程圖

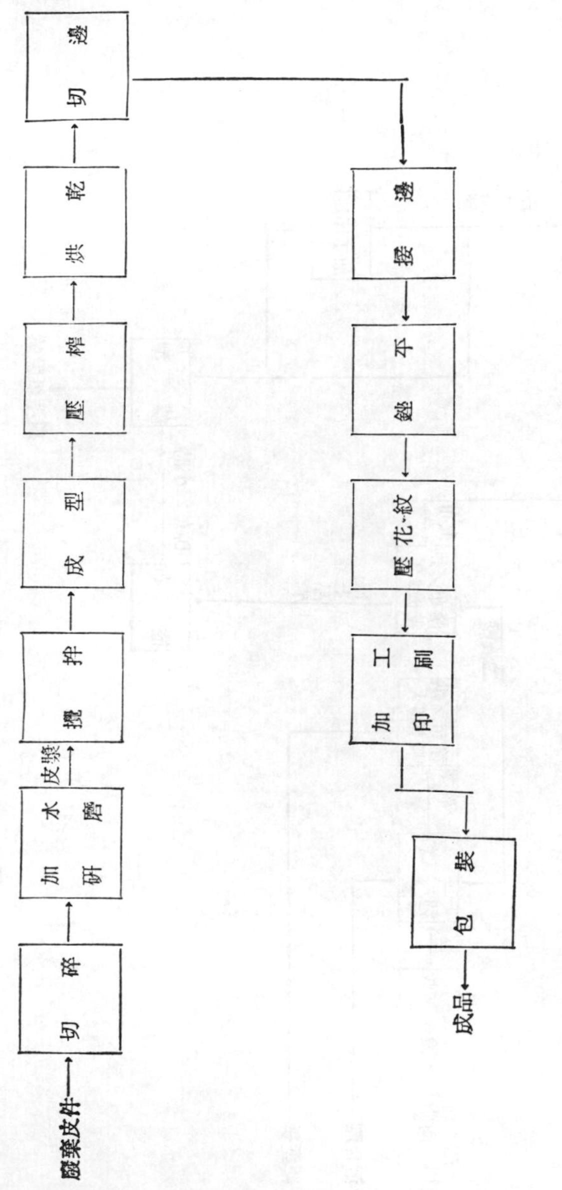


圖三 「再生皮」之製造流程圖

# 第九章　服務業之經營策略

服務業不同於一級產業和二級產業，種類相當多而且繁雜，特性也不一。雖然環境、背景不同，但有些相同的特性，可供擬定競爭策略時作決策的依據。

以下就從服務業市場和供應的特質兩方面，來探討服務業應採行的競爭策略❶。

## 第一節　從市場特質論策略

服務業的市場，大略可歸納出六大特質：(一)強調方便和快速；(二)很重視購買風險；(三)尖峯、離峯的現象相當顯著；(四)多現金交易，少信用銷售；(五)極易感受到服務效果；(六)變化多且快。

針對這六大特性，廠商可擬定下列幾項策略。

### 壹、建立小型、密集化的連鎖制度，並運用套裝服務

例如理髮業、保險業、金融業……等服務業，都是消費對象與供應商直接參與交易往來。因爲消費者參與交易，所以企業的運作要強調方便和快速。

配合這項市場需求，將來服務業的策略導向，是建立小型或迷你型的連鎖制度，而且要走上密集化的連鎖制度，以便消費大衆可以很

---

❶ 取材自郭崑謨著：強化火力，重新出發，改善服務業的經營體質，現代管理月刊，第121期（1987 年 2 月號），第17—20頁。

容易接近，而購得消費產品或服務。

連鎖制度在國外已非常發達。從臺灣近幾年來市場發展的趨勢來看，將來勢必走向迷你、密集化的連鎖制度。

臺灣中小企業衆多，規模小、資金缺乏，要建立密集化的連鎖制度，的確不容易，但可仿效美國，採行「自願連鎖」制度。透過這種制度，可以以很小的資本達到效益，並可提高採購效率。

其次套裝服務的運用，也可滿足消費大衆的方便性及快速性。隨着科技進步，許多業務都走向自動化，不但速度快而且效率高，服務業運用這些自動化的操作設備，更能符合市場需求。

### 貳、加強售後服務，設立海外服務據點

服務業市場的第二項特性是廣大的消費大衆沒有組織，交易條件薄弱，因此服務業要比一級產業和二級產業更重視如何降低消費者的購買風險。

爲降低消費者的購買風險，服務業可加強售後服務。售後服務是品質保證的一項利器，尤其像出口商、國際貿易商或外銷業者，倘能加強售後服務的觀念，並積極推動，更有利於在國際間塑造商品形象。

目前國內的服務業對售後服務的重視程度不如一級和二級產業，常見的方式是實物換實物或修理，其他服務比較少見。不論零售業、批發商或餐飲業者，通常較重視型式上的售後服務，忽略其實際效果。

有人認爲中小企業規模小，實在沒有能力到海外成立服務據點。其實，海外服務站並不一定要規模很大，透過代理制度或委託制度，任何一個商店或住家都可成爲服務中心。最重要的是業者一定要具有服務的觀念，提供消費者品質的保證，以降低購買風險。

### 叁、採用預約制度及尖峯、離峯差別定價法

服務業市場尖峯、離峯相當顯著，每年、每月、每週、每日都有尖峯、離峯現象。譬如：發薪水後幾天、特定年節，都可能形成尖峯時間。

爲符合市場這項需求，並避免爲因應尖峯需求而擴充太多產能，廠商可以運用預約制度和尖、離峯差別定價法兩項策略，以做好產能規劃，避免產能的不敷需求或浪費。

### 肆、提倡信用銷售制度

服務業市場的另一特性，就是對消費大衆多現金交易，少賒銷及信用交易。換言之，服務業通常是應付帳款多於應收帳款，忽略了消費信用的銷售。

目前雖有許多公司採用信用卡，但使用的層面、範圍、額度，不很理想。提倡信用銷售制度，讓消費者可以賒帳、信用交易，除了可擴張市場外，還可配合應收帳款出售策略，將應收帳款賣斷或外包給專業應收帳款公司，而集中全力於市場的開拓。

### 伍、推廣服務產品要用有形、實質化的表現方式

服務業所提供的服務項目、服務產品及面對的服務對象，彼此間差異相當大，但卻有一項共同特徵，就是服務的效果極容易被感受到。

針對此項特性，擬定策略時就要將服務的效果充份表現出來。由於服務業不斷發展，將來會有更多推廣活動，但有些服務項目是無形的，不易被覺察出來，因此要強調實質化、有形的表現方式。

例如促銷夏威夷旅遊的廣告，可用禮物、親切的服務，來表現到夏威夷的一切享受。另外如餐廳乾淨的器具、服務人員整潔鮮明的穿

著，或旅遊業者製作的旅遊手册，都是將服務品質實際、有形地表現出來。

### 陸、用暫時的產品來滿足暫時的需求

服務業市場的變化相當快，反映消費者的生活習慣變遷的速度，因此服務業市場的需求週期愈來愈短。

因應這種暫時性的需求，廠商應該做小幅度、創新性的改變，都是以暫時的產品來滿足暫時的需求。

以上這些市場特質，都是我們在擬定服務業的競爭策略時，應該掌握的原則。

## 第二節　從供應特質論策略

若從服務業供應的特質來看，也有幾項特性和一級及二級產業不大相同。爰依不同供應特性，說明宜加重視的競爭策略。

### 壹、生產功能往往被忽略，應重視採購策略，採取聯合運作

一般人往往太重視服務業的服務，因而忽略了它的生產功能。每個行業都有生產功能，服務業也不例外。當服務業要提供顧客服務，就必須進行採購，這種採購工作就是生產功能。

採購成本在服務業的生產成本中所佔的比例相當高，因此服務業要在採購上多下功夫。由於中小企業採購數量不多，如果能聯合採購，就能降低成本，提高競爭力量。將來服務業應該重視聯合採購。

### 貳、存貨的成本特高，宜藉多功能，或外包方式降低其成本

因配合市場區隔的關係，服務業產能的使用不太容易控制，比如

淡、旺季時產能的使用差異極大；或飛機、戲院的座位沒坐滿，就是產能的浪費。這些現象都會造成存貨成本的偏高現象。

針對存貨成本特高特性，廠商可以制定下列幾項策略：

(一)擴展產能的用途：例如減少戲院上演次數，其他時間做其他用途；或擴張產品線，設計不同的產品，以因應不同季節、不同尖峯時刻的需求。

(二)租賃產能設備：爲彌補產能不易控制這項缺點，服務業可考慮採用租賃產能設備的方式，以減少設備的支出。

(三)用外包方式：爲避免過度投資，導致產能的閒置，服務業也可採用生產業常見的外包制度。

## 叁、提供的服務屬無形的產品，應加以有形化

服務業的供應有另一項特性，就是提供的服務很多是無形的，因此要用有形的東西來襯托，例如餐廳的服務是無形的，但是服務人員的穿著、餐廳的設備是有形的，可利用這些實質的東西來表現無形的服務。

## 肆、服務品質的標準難制定，不必過份強調訂價策略

不同的地點、時間，所提供的服務不盡相同，有時差異甚大，因此很難制定服務品質的標準。因難定標準，供應商不必過份強求價格策略。

其實，供應商可從其他方面取勝，例如多開發新產品，利用產品差異化來建立服務形象；或利用實質的東西來表現服務，比如將保證制度證券化，就是使用證券，讓消費者可以憑證索賠，以享受該有的權利。

## 伍、中小企業家數多，資金有限，可利用專業售後服務商的服務

臺灣目前的服務業大多屬中小企業，規模零星，而服務業又必須不斷提高品質，推動售後服務，可見將來會出現專業的售後服務公司。

這些公司針對規模小、能力小的服務業，專門做售後服務或其他服務的外包工作，將來廠商可不必設立服務站，而將其售後服務「出售」。

從服務業市場的特質和供應的特質觀看，服務業未來的策略導向，反映於專業化、有形化、實質化、差異化、簡便化、套裝化等數種特性。雖然各行的背景、環境各異，但這些都是應考慮到的基本原則。服務業的運作效能倘能提高，必可促使經貿結構的改善，提高我國經貿生產力。

# 第十章　研究與發展

在行銷導向的企業環境中，我們發覺企業為迎合消費者的需求，便須不斷的提供吸引顧客的產品或服務，以求得長期的生存與發展。為達此目的，企業從事研究發展以開發新產品與勞務便變得相當的迫切。企業從事研究不但可以引導發展而且可以認清事實眞象，並有助於解決發展上所可能遭遇的問題與預測發展上之未來物象，所謂的「有研究斯有發展」實非過份之言。所謂「研究」，我們可以解釋為透過系統化與比較正式化的探索問題，研析並解決問題或預防問題之過程。此種過程必然產生甚多有助於企業經營決策的資料，以及衆多企業發展上的基本知識。企業發展之涵義則指就研究所得之知識轉變為對組織、系統、管理、產品、勞務、產銷過程，以及顧客服務等之革新，因此，我們可見研究與發展對處於行銷導向的企業環境中，企業之生存與發展是何等重要。

## 第一節　研究與發展之基本概念

當此競爭激烈的環境裏，企業為謀求競爭的獲勝或為了企業未來的成長，研究發展必須加以重視。雖然研究發展之觀點不盡相同，但基本上它必須與企業的經營目的相配合，使之成為企業活動的一環。雖然研究發展作業會因產業的不同，而實施方法互異，但它還是有一些基本的原理與原則存在。

## 壹、研究發展必須考慮之因素

在進行研究發展工作之前，有些影響的因素，我們必須加以考慮❶：

㈠可投入之生產因素的多寡：如人力資源如何？設備之優劣如何？原料性質如何？資金是否充裕？是否有專利權的困擾？

㈡企業本身發展的目標：如產業之性質如何？本身之生產規模是否能與研究發展出來的成果相配合？研究發展對商譽的影響？企業本身獲利能力之高低如何？

㈢市場行銷因素對研究發展的影響：如產品之季節性與週期性的影響？產品特性之優劣？現存及潛在的市場如何？行銷力之多寡？準備時間之長短？行銷通路之繁簡如何？競爭能力之強弱等。

㈣營運績效之影響：如新產品營銷之費用高低？資金成本之多寡如何？銷貨金額之高低？可能之投資報酬率爲何？對研究發展之獲益前置時間之長短？有無投資機會？及企業之長期計劃等。

## 貳、研究發展之特徵

至於研究發展之作業，因爲與其他功能如生產、行銷、人事、財務等作業有些差異，因此其執行也需要一些較特殊的方法；嚴格來說，企業的研究發展有下列的特點❷：

㈠它是推動企業成長的原動力：研究發展之工作主要在探求新產品或新市場的開發。新產品的開發可使企業擺脫成熟產品的競爭，而新市場的進入有利於企業奪得更多的營業額與利潤。因此，研究發展成爲企業生存的生命泉源。

---

❶ 褚宗堯著，現代企業概論，（臺北：巨浪出版社，1983）pp. 367-8.

❷ 陳定國著，企業管理，（臺北：三民書局，1981）p. 789.

㈡研究發展不能走上重複的地步：研究發展就是在從事新領域的開拓，或新觀念的落實，它不像其他企業功能有太多連續而重複的工作，否則那就是仿冒與模仿了。

㈢企業研究發展的績效較難評估：由於研究發展屬於創造性的心智活動，我們無法像其他功能作業一樣，以一套規定或模式能巨細無遺的加以控制；而且往往其成果還得視生產製造及行銷作業的配合而定，因爲只有其他功能密切的配合，才能證明研究發展的成效。

## 參、研究發展之種類

研究發展之種類，若我們依照其性質，可分爲下列幾種❸。

㈠長期性的研究發展：此種研究發展的週期，通常都超過三年以上，這是可能因爲短期間企業內部各功能作業之規模無法因應市場需要，而將研究發展之成果商品化。此外，也可能考慮及企業外部之政治因素、消費者需求因素等，而從事的長期研究發展計劃。

㈡中期性的研究發展：此種研究發展乃預期企業內、外各因素，可於一至三年內將概念化的產品商業化上市者。

㈢短期性的研究發展：乃指考量各生產因素與企業環境，一年內即可將概念化產品商品化上市者。

㈣防衞性的研究發展：此種研究發展乃跟隨新產品開發者之後，視產品之銷售情況再從事研究發展活動，以免因產品首先推出而冒過大的新產品開發風險。

㈤攻擊性的研究發展：有時有些擁有技術上優勢之企業，爲了擺脫其他競爭者而首先推出新產品上市，雖然此種做法可能獲得市場

❸　同❶，pp. 366-7.

先機，但是，相對的此種做法要冒上不少風險。

## 第二節　研究發展之基本功能

一般科學或工業上的研究發展，主要可以分爲基本研究、技術開發研究與新產品開發研究。以下我們將逐一加以說明。

### 壹、基本研究

此種研究並非直接爲了實用目的而從事的活動，而是爲了增進科學上的知識或是爲了新原理的發現。此種研究往往耗時甚長，而且一項新觀念可能是在無意中發現，所以所冒風險相當大。雖然說基本研究之結果不一定能够對企業利潤有所貢獻，但它卻往往是下一步技術開發的基礎。

也由於此種研究風險大，所以並非所有的企業都適合從事基本研究。一個想從事基本研究的企業應該遵守下列四項準則：❹㈠要能有負擔得起因長期基礎研究，而無成果回收的風險準備；㈡企業之未來發展與長期計劃，要能與基礎研究成果回收的漫長週期相配合（如美國杜邦公司從事尼龍的基本研究，從發現到進入商品化足足有七年之久）；㈢要有足够的資金能够支援一項基本研究，由新觀念產生至商品化上市這段時間的經費預算；㈣企業的產業規模够大到足以應用此項基礎研究的成果，換言之，企業體應該有把握獲得從基礎研究上所得商品化的報酬，否則縱然因爲基礎研究而獲取專利權，但專利權的銷售報酬，終究利益過小。

由以上諸點可看出，眞正有能力從事基礎研究的企業畢竟少之又少，所以通常都是由政府在政府機構內，或委託學校或研究機構從事

❹ 謝安田著，企業政策，(臺北：自版，1982) p. 691.

基礎研究，當然，也有由政府在經費上的補貼，委由企業從事基礎研究者，但這在國內還是少有的。

## 貳、技術研究開發

如果基礎研究所產生的新觀念，其成效不明顯的話，相對的便很難預測技術研究會有所成果；因此很多企業便把重心放在將已證實可行性之基礎研究的新觀念上，研究如何將之實用化，也就是在從事研究 know-how 的獲取，而不必花大量的金錢去冒無謂的風險。此部分主要作業，包括了科技情報的搜尋，並研究如何將之直接應用到商業上之以實用爲目的的工作。

從事此種研究的考慮就如同前述之基礎研究一樣，只是此一步驟之風險相對的小且回收期限也較短，雖然有些技術因爲時機與成本問題，可能暫時留在試驗的階段，但不可諱言的，一旦技術成熟，很可能被應用爲產品的開發，而爲明日之星。

## 參、產品研究開發

「沒有創新，就沒有未來」，企業要生存就不得不重視研究發展，但觀諸國內之研究發展歷史，基礎科學研究的欠缺，技術累積又由於時間過短而貧乏，所以研究發展的工作就只有從產品研究上着手，因爲這是成本最低，風險最小的研究發展方式。

通常企業之所以要從事新產品的開發，有下列幾個原因:[5]

(一)爲配合新市場之開拓而從事產品研究：由於國民所得之提高、人口之增加與社會年齡的老化，許多新的需求與購買力於焉產生，如新潮市場、老年人市場或雅痞市場就是最好的例子；企業鑑於這些新的需求，便須從事產品開發。

[5] 陳勝年編著，新產品計劃，(臺北：中興管理顧問公司，民國64年) pp. 48-9.

(二)來自同業間或潛在競爭者的競爭壓力：產品的開發、推廣，常常都是來自於競爭者間的壓力，假若企業擁有專利上的優勢還好，如果專利技術已公開，那麼企業就只有儘量在產品的相對優勢下下功夫了，以儘量強調自己的優點，設法在顧客心中建立起優良的形象，否則只有淪爲價格競爭一途。

(三)閒置產能的充分運用：有時企業可能擁有多餘而閒置生產產能或行銷產能。前者有如設備、物料、人員之未充分利用，後者則有如廣告、銷售人員的未充分利用，企業便常以產品的開發來彌補這些空隙，以達到規模的最大效益。

雖然有前面所談這些理由，但往往我們發現有的企業對於新產品開發卻是駐足不前，或許被「新產品大部分都失敗」迷思所恐嚇。誠然，據研究統計，剛導入市場的新產品有將近 80～90% 是失敗的個案，其失敗原因則可能因爲：產品有缺陷、市場狀況分析不够、推出新產品的時機不對、成本之控制不當或行銷不力。但是，企業若想求發展，切不可因噎廢食；因爲那成功的10～20%的新產品所獲取的利潤，可能千百倍於那些開發失敗的成本。

爲了減少新產品開發的風險，與新產品開發有關的問題必須加以瞭解：❻

(一)新產品對通路與銷售方式，可能與現行產品有很大的差異，所以有必要學習新的通路推銷方式與技能。

(二)開發新產品在生產及行銷上的週轉金可能必須加以籌措。

(三)爲了開發新產品可能必須重新學習新技術與使用新原料配方，這種改變可能引起員工之抗拒。

(四)新產品的使用者可能與現有的顧客不同，如何研究其可能的消費者行爲實是相當重要的問題。

---

❻ 樊志育著，經營管理，(臺北：三民書局，1982) pp. 325-6.

㈤為了生產新產品，在內部的管理可能必須面臨新的變革。

這些問題，在從事新產品開發的過程中，我們都必須加以克服，雖然它們可因市場調查、商品試銷、市場試驗等方式來減低其風險，但終究這些還得靠管理者的步步為營，方能有成功的希望。

## 肆、新產品開發程序

雖然新產品之開發會因為產品之種類而有所差異，但是一般而言，還是有一套的發展程序。玆將之分別說明於後。

### 一、創意的發掘與收集

雖然創意不一定能發展成為一項成功的新產品，但是成功的新產品卻有賴無數創意的堆疊，因此如何有組織有計劃的發掘與收集來自企業內、外的創意將是非常的重要。

### 二、創意的篩選

新產品的創意必須符合企業的目標或資源。因此，必須過濾不合經濟效益的創意。篩選的方法很多，有者僅由中、高階管理作概括性的評價，有經由一固定組織作集體評價，也有的將所有創意列表，按標準加以評分者。

### 三、經營分析

一旦有價值的創意被選定後，必須更進一步分析就企業內部現有之資源規模，是否有利於開發此項新產品，又開發此項新產品是否符合公司之利潤目標，因為只有能貢獻利潤的產品，才是值得開發的產品。

### 四、產品開發

接下去便是從工程設計上的考慮，是否模具的生產與製造過程具可行性？其應配合的行銷技術是否能承擔此項新產品的變遷？因為只有在工程設計、生產與行銷足以相互配合，才能使產品順利應市。

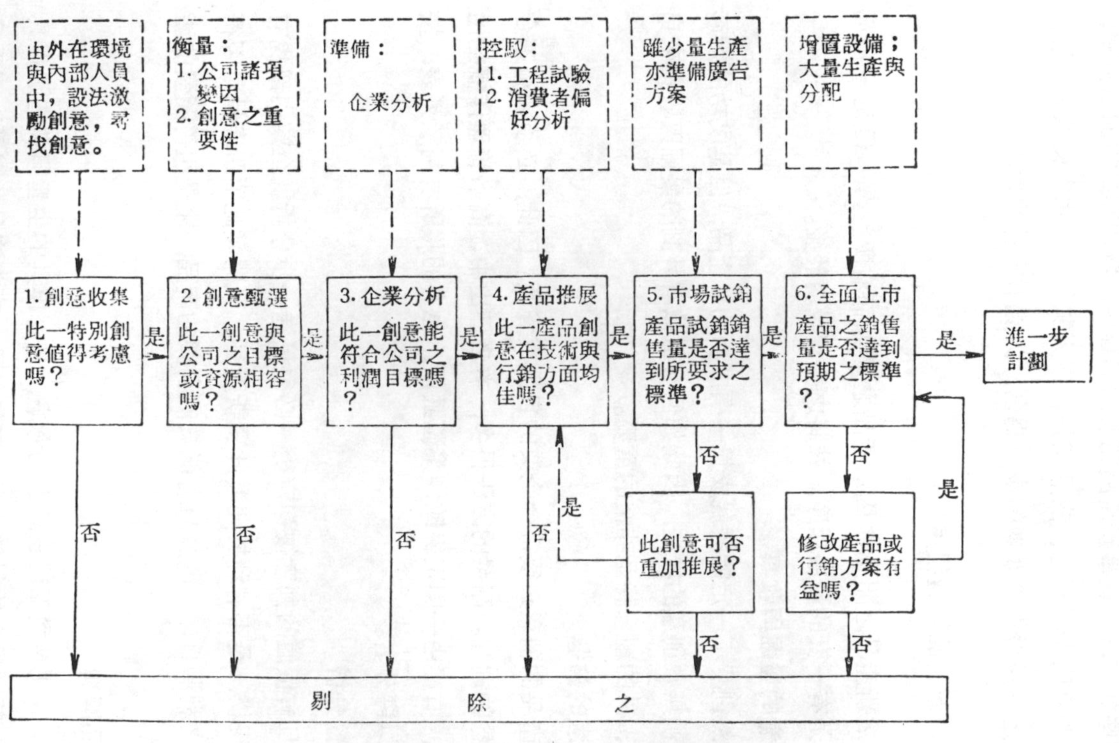


圖10-1　開發新產品之決策系統圖

資料來源：陳定國著，企業管理，（台北，三民書局，民國70年印行）第589頁。

**五、市場試驗**

當產品雛形開發完畢，應該做試產試驗，再將認可之產品試銷到某幾個試驗市場中。在市場試驗中，可根據消費者的購買行為，作為產量與產品的改進與正式上市時行銷作業上之參考。

**六、產品商業化**

新產品一旦經過以上這些步驟，確認可能的缺點已減低至最低限度，便可開始投資各種生產因素從事量產，以便在最適當的時機推廣至市面上；當然，我們也應隨時注意銷售量是否達到預期標準，否則實應做進一步的檢討。

為使讀者對整個新產品之開發過程有所了解，玆將整體性的概念，以圖10-1 示意，以供參考。

## 第三節　企業研究的方法

探索、研析、解決，或預防問題之過程實係科學與藝術之結晶。這是因為研究本身除了側重事實之依據、精確之估量，與不斷之追求原因外，仍要依賴研究人員本身之主觀判斷與其獨特之構思。研究程序雖因各研究人員之構思以及研究對象之性質而異，但其基本程序實大同小異。企業研究之基本程序可大別為：㈠辨認問題所在；㈡收集有關資料；㈢整理所收集資料；㈣分析及研判；以及㈤研究所得之報備等五步驟。如圖10-2所示，倘研究所得不合理想或研究結果對所遭遇之問題，無所關連，在程序上應重新檢討問題，覓求對所遭遇之問題力求正確之了解，然而再度循序求解。研究程序實質上與解決問題之步驟相仿。有時企業研究旨在發掘問題、或探索問題之有無，甚或防備問題之發生。此種研究，其所應依循之階段除偶而停留在辨認問題階段而不必再進一步進行各種研析就可獲得答案外，亦大都遵循解決問題之步驟。

## 壹、問題之辨認❼

研究任何問題，首應辨別並認清問題之本質。其重點乃在辨別問題之徵候與問題之徵結所在以及認清問題之確切範圍，進而作解決問題之構想。此一步驟在研究問題之過程中佔有非常重要之地位。蓋了解問題後所作之解決問題構想引導其他各研究步驟。如圖10-2所示，問題一經辨認清楚，如情況表示需要進行更進一步之調查研究分析，其所需資料悉依問題之本質而定。其若辨認問題之結果表示問題並非眞實存在、或問題之解決不需進一步之調查研究分析，研究作業自停留於此而終結。

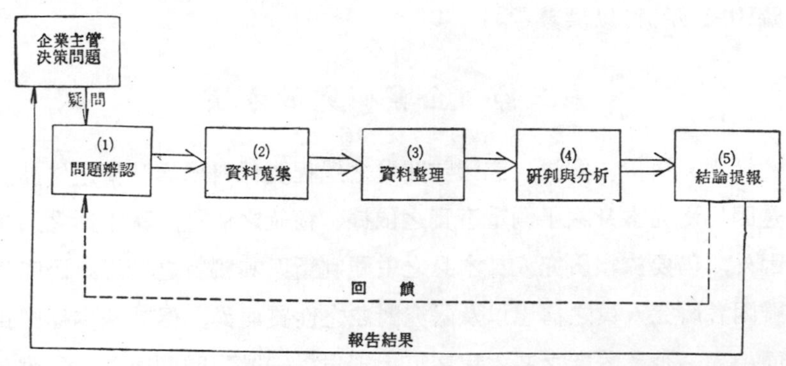


圖註：⇒研究作業流向
┄→反饋流向
—→報備流向

**圖10-2** 企業研究程序

背景分析上所需資料通常有兩個來源：一爲廠商內部資料，諸如銷售記錄、存貨、發票、客戶記錄、會計資料、賒帳等等。另一爲自外界覓獲之資料，如同業界之銷售額，消費者之所得額、人口、同業

❼ 郭崑謨著，現代企業管理學導論，(臺北市，民國65年印行)第371～373頁。

競爭、同業人士及專家學者之意見等等。據此資料所作之背景分析指在辨別是否問題『眞實』存在。如問題眞實存在，何者爲徵候，而何者爲徵結所在，應分別清楚。所謂徵候係反映問題存在之情況，亦則問題之指標而非問題本身。若以廠商利潤年年低減爲例，利潤之減低並非問題之本身而是反映出問題存在之徵候，眞正問題——問題徵結所在——可能是成本之激增，亦可能是銷售量之驟降。在辨別徵候與徵結時，研究人員不妨採用下列數種方法以探求問題之眞象。該數種方法亦可用以明確地劃定問題範圍以利解決問題之構想。

㈠從時間觀點上探討問題：若銷售額驟減，可細究每季、每月、甚至於每半月之賣額以探知究竟何季、何月、或何週爲問題之徵結。

㈡從產品觀點上探討問題：若成本之激增爲問題所在，研究人員當可研究各主要產品之成本細目以判明何種成本爲問題中之問題。

㈢從地域觀點上探討問題：廠商銷售額之減少，可能不是整個市場之萎縮問題，而是某特別區域市場之問題，如能細查各市場分區之銷售額眞正問題所在或可一目了然。

㈣從同業競爭上探討問題：問題之發生往往歸咎於市場競爭因素，研討同業競爭態勢或可根求眞正問題所出。

問題之本質旣經明確劃定，研究人員可進而擬定解決問題之構想或腹案。其爲構想或腹案，並非意味問題已可迎刃而解，只是表示問題解決之可能性而已。一如上述，在特殊情況下，此種可能性十分明顯，試以解決構想或腹案，問題就已消除，無須進一步之探究，研究於斯結束。但在一般情況下，問題之解決需要更多之探究，需要特定資料以資究考、研判，非有周詳愼密之研究設計無法順利遂行資料之蒐集、整理分析、研判等等之具有系統之研究作業。

### 貳、資料之蒐集

研究上所需資料可分爲初級資料與次級資料兩類，前者爲所從事研究之問題而由研究人員初次蒐集之一切資料；後者則爲其他人員，機關單位所蒐集之資料或由從事研究問題之人員爲其他問題所收集之資料者。顯然次級資料不一定能運用於所要研究問題之分析。是故研究人員應愼重挑選，而不可隨便取用。一切業經出版或發表之資料或業經收集存檔之資料均爲次級資料，這些資料旣容易獲得，成本又低，甚至免費，省時省費，如能取用應優先取用，只是在取用次級資料時應注意下列數端：

㈠資料是否新穎及時。

㈡資料是否與所要研究之問題十分相關。

㈢資料蒐集者或機關單位之作業可靠否。

㈣資料蒐集方法是否正確妥當。

㈤資料所示度量單位是否與本研究所用單位相符。

㈥資料出版是否有連續性，易言之，該資料是否陸續出版或供應。

㈦資料之本身有否一貫，系統確立而明顯。

次級資料之來源甚爲廣泛，若依其來源性質分，可歸爲下列數類：

㈠政府普查資料：如人口普查，工商普查等等。

㈡各項登記資料：如車輛登記、結婚登記、營業執照、建築許可、選舉登記等等，依法應行申報事項。

㈢各項刊物及研究報告：如學術論著、書籍、專題報告、文摘、報章雜誌、學報等一切業經登刊發行之資料。此種資料概可在圖書館、研究機構等尋獲。

㈣政府機構之經濟調查統計資料及有關檔案：包括中央、省、縣、市、區、鎮等單位所搜集之資料。

㈤各工、商、農、漁、林、牧、礦業同業公會及工會所搜集之資料及檔案。

(六)企業資料商所備售資料：專司企業資料之蒐集及研究公司，雖在我國台灣省不甚普遍，就我國現今工商農林工礦等各業之逐漸趨向專業分工之情況看，企業顧問公司及研究公司之普遍乃是時日之問題而已。企業顧問公司及研究公司皆可視為企業資料商皆以出售其服務或資料為營運之目的。

初級資料之蒐集，不但較費時日，費用也較鉅，且往往不易取得資料蒐集對象之通力合作。惟在無次級資料可資查考之情況下必須設法求得。蒐集初級資料之方法，大別之有調查與觀察兩大類。前者之調查對象為一般個人或代表組織團體之個人。後者之觀察對象為事物之動態、人群動態、事故紀錄等等。調查方法又可分通訊調查、面談

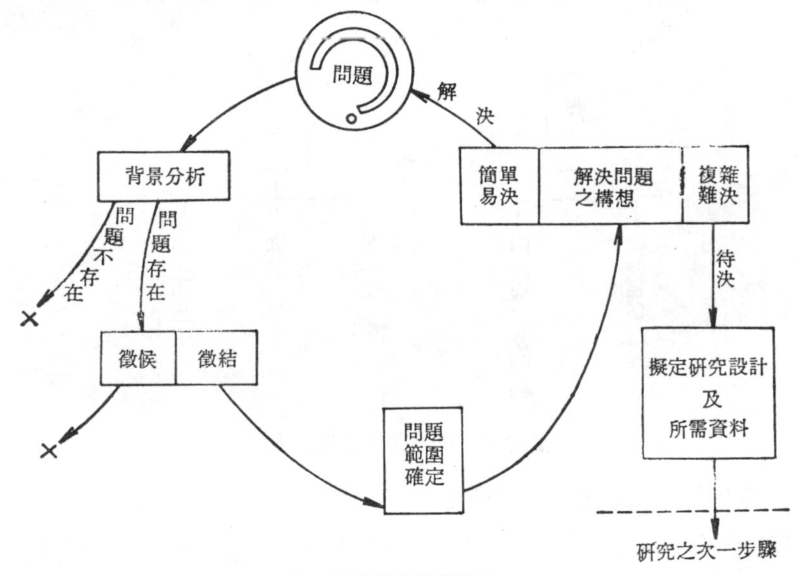


註：⟶　辨認問題之整體作業流向
×　非研究對象
……　研究作業上之各步驟分界

**圖10-3　辨認問題之整體作業**

資料來源：郭崑謨著，現代企業管理學導論，（台北市，民國65年印行）第372頁，圖例 20-2。

以及電話調查等三項。觀察可分儀器觀察記錄與肉眼觀察及聽察等兩項（見圖10-4)。不管採用何法搜取所需資料，初級資料之蒐集意旨乃在正確地向蒐集對象搜取『第一手』消息或資料以供研究分析。是故如何有計劃有系統地遂行蒐集作業乃爲每一研究人員所關心之問題，通常有計劃有系統的蒐集資料工作反映在標準調查表（或記錄表）之製訂，調查或觀察對象之遴選，以及實地調查之規劃及執行三大項目上。每一項目均係『可能』誤差之泉源。任何誤差終必導致分析究判之錯誤而抹殺研究作業之價值。研究人員蒐集初級資料時，不能不愼重行事。

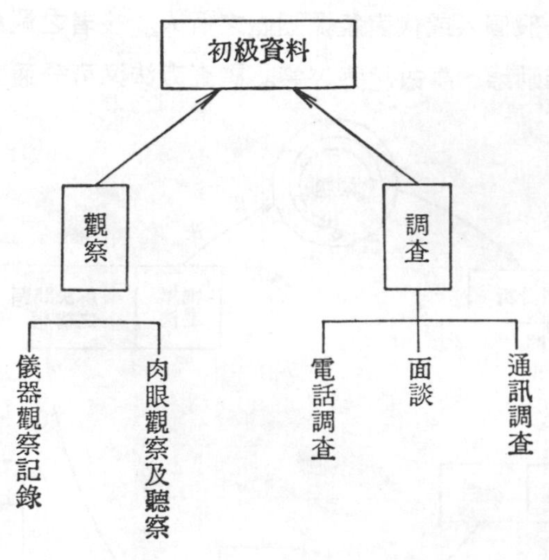


圖10-4　初級資料蒐集方法

調查表製訂上之基本原則是簡明、易爭取被調查對象之合作，以及反映所需蒐集之各項問題。向被調查者所問問題，可用『問答對話式』，或『選擇答案式』——二個或三個以上之可能答案。所謂問答對話式係提出問題，由被調查者自由作答。選擇答案式乃爲就所提問問題，提供數種可能答案，由被調查者擇一作答，擬定問題時應避免雙重否定文句、難澀詞語、被動語態，以及具有偏見而易暗示答案之詞句（參閱圖10-5 調查表樣本）。編排調查表時應注意下列事項:

㈠比較具有吸收被調查者興趣之問題應編排在先。

㈡分類分段編排，其順序應有連貫性。

㈢編插難答之問題於調查表之中途處。

㈣如辨認被調查者之個人資料，應有之問題可編排於調查表末段。

## 榮民輔導方案專題研究問卷表

全部問卷共分三節，在您作答之前，請細心閱讀每一節前面的簡單說明。

說明：以下四個問題是有關惠予答卷者的個人資料，請在適合您的答案前面橫線上劃一個對號（√）。

1. 年齡：

□ a_____40歲以下。b_____41～50歲。c_____51～60歲。d_____61歲以上。

2. 教育程度：

□ a___初中以下。b___初中（初職）。c___高中（高職）。d___大專。e___研究所以上。

3. 每月收入（正常平均所得）：

□ a___2000元以下。b___2001～3000元。c___3001～4000元。d___4001～5000元。e___5001元以上。

4. 現在擔任之職務：

### 第一節

說明：請先想一想您對目前或以往的工作感到滿意的情況。下面列舉18項可能造成您當時對工作感到滿意的因素，請將各該因素造成您對工作滿意的重要程度，表示在每條右面的適當項目下。只在空格內劃個對號（√），請勿多劃，也不要跳過。

| 問卷內容 | 答案選擇 | | | |
|---|---|---|---|---|
| | 此項因素不存在 | 此項因素存在，但對我並不重要。 | 我認爲此一因素相當重要 | 我認爲此一因素非常重要 |
| □ 1. 我感到很有被提升的機會 | a | b | c | d |
| □ 2. 指派給我的工作對我具有考驗性 | a | b | c | d |
| □ 3. 我完成的某項工作因成績特優而受到賞識 | a | b | c | d |
| □ 4. 我與上司之間在工作上的關係良好 | a | b | c | d |
| □ 5. 我與相同級職的同事之間在工作上的關係良好 | a | b | c | d |

| | | | | |
|---|---|---|---|---|
| □ 6. 我的直屬上司對他自己的職務瞭若指掌 | a | b | c | d |
| □ 7. 得到工作獎金 | a | b | c | d |
| □ 8. 我對所做的某項工作感到很有成就 | a | b | c | d |
| □ 9. 我的工作環境及設備用品非常好 | a | b | c | d |
| □10. 我的職責越來越重大 | a | b | c | d |
| □11. 我感到工作很有保障 | a | b | c | d |
| □12. 我在工作中所得到的經驗或接受的訓練對我的前途發展很有幫助 | a | b | c | d |
| □13. 本單位的員工福利計劃對我很重要 | a | b | c | d |
| □14. 我對所做之工作非常喜歡 | a | b | c | d |
| □15. 我的工作情況之改變，使我的家庭生活得到改善 | a | b | c | d |
| □16. 同我一起工作的同仁們很穩健，而且效率很高 | a | b | c | d |
| □17. 本單位在制訂管理決策時影響同仁情緒的因素都列入考慮 | a | b | c | d |
| □18. 我所擔任的工作需要我發揮最大的才幹 | a | b | c | d |

## 第二節

說明：此節與第一節的格式相同，只是內容相反。請先想一想您對目前或以往的工作感到不滿意的情況。下面列舉18項可能造成您當時對工作感到不滿意的因素，請將各該因素造成您對工作不滿意的重要程度，用對號(√)表達在各題右邊的適當項目下：

| 問卷內容 | 答案選擇 | | | |
|---|---|---|---|---|
| | 此項因素不存在 | 此項因素存在，但對我不重要 | 我認為此一因素相當重要 | 我認為此一因素非常重要 |
| □ 1. 我感到被提升的機會渺茫 | a | b | c | d |
| □ 2. 指派給我的工作單調乏味 | a | b | c | d |
| □ 3. 我完成的工作成績優良但未受到應有的重視 | a | b | c | d |
| □ 4. 我與上司之間在工作上關係很惡劣 | a | b | c | d |
| □ 5. 我與相同級職的同事之間在工作上關係惡劣 | a | b | c | d |
| □ 6. 我的直屬上司對他的職掌簡直莫名其妙 | a | b | c | b |
| □ 7. 我不曾得到工作獎金 | a | d | c | b |

| | | | | |
|---|---|---|---|---|
| □ 8. 我對所做的工作不覺得有成就 | a | d | c | b |
| □ 9. 我的工作環境及設備用品非常差 | a | d | c | d |
| □10. 我的職責未曾晉升 | a | d | c | b |
| □11. 我感到工作沒有保障 | a | d | c | b |
| □12. 我在工作中沒有得到或接受過有助於我事業發展的經驗或訓練 | a | d | c | b |
| □13. 本單位的員工福利微不足道 | a | d | c | b |
| □14. 我對所做的工作不感興趣 | a | b | c | b |
| □15. 我的工作情況之改變，使我的家庭生活每況愈下 | a | b | c | b |
| □16. 同我一起工作的同仁們傾軋不和，而且效率很差 | a | b | c | b |
| □17. 本單位在制訂管理決策時從不將影響工作同仁情緒的因素列入考慮 | a | b | c | b |
| □18. 我所擔任的工作使我無法發揮才能 | a | b | c | b |

**圖10-5　調查表樣本**

資料來源：劉一忠著，中國榮民輔導計劃之研究（英文版）（美國奧克拉荷馬大學博士論文）第221頁。

由於調查成本之限制，以及實際作業上之困難，初級資料通常僅向部份調查對象蒐集，如何遴選被調查者乃為抽樣問題。抽樣方法有機率抽樣與非機率抽樣兩類。前者之抽樣係根據機率原理使每一調查對象均有被抽選調查之可能，後者之抽樣乃出自研究者之主觀判斷做計劃性、代表性或方便性選樣調查。愛國獎券之抽獎乃為機率取樣之例，其過程若用於對被調查者之選樣，所抽選者便係機率取樣之結果。現今有許多種機率或隨機數目表可資數用，可節省不少選樣時間及費用。隨機數目表之應用非常簡單。在應用前只需將被調查對象或潛在對象編號（數目字），然後依據隨機數目表之數目循序擇取便得。被調查對象潛在總數若有三位數，在隨機表上擇取之單位亦以三位數為準。隨機表之編訂係採用各種隨機過程之結果，故表上之數目不管是縱序或橫序、斜序、或逆序均屬隨機安排，依此表取樣當屬隨機（或機率）取樣。非機率選樣之例有配額任選、標準性取樣、方便性取樣等等，該種取樣，深具取樣者或研究人員之主觀成份，故其結果往往帶有偏差。從統計學觀點着論，只有從隨機取樣調查所得結果纔能確定研究結果之精確度，因此隨機取樣方法，已逐漸普遍受用。隨機取樣方法甚多，諸如單純隨機取樣、層次隨機取樣 (Stratified Random Sampling)、集群隨機取樣(Cluster Sampling)、系統隨機取樣、區域隨機取樣等等不勝枚擧。應用何法當視研究性質，潛在被調查者名單之整全與否，以及研究經費之多寡而定❽。

抽樣調查之另一問題是抽樣多少之問題。此種問題，如採取隨機抽樣，則易做統計上之解決，否則悉依研究人員之主觀判斷外，並無特別精確具統計依據之決定。如採取單純隨機取樣，則可循統計學上之常態分佈觀念決定抽樣數目於後❾。

抽樣方法及取樣數目既經決定。研究工作人員便可逐行現場調查作業。對調查工作人員之職前訓練非常重要，職前訓練之重點應如下：1.如何執行面談式訪問；2.如何覓找被調查者；3.如何減低調查差誤；4.如何與現場主管取得連絡解決問題；以及5.如何報備塡妥之調查表格等。如調查作業規模龐大或調查作業特別重要二、三次之「模擬」預演，係良好之訓練項目之一。現場主管對現場調查人員之管制及考評制度亦應事前釐定。抽查工作人員，進度之報備、審核塡

❽ 有關抽樣技術之詳細究討，讀者可參考：
Cochran. E. G. *Sampling Techniques*. New York: John Wiley & Sons, 1963.

❾ 抽樣數目之決定方法許多，本法只是比較簡單之方法而已，比較詳細之方法參閱：
Boyd H. W. Jr. and Westfall, R. *Marketing Research-Text and Case*, 3rd ed. (Homewood, Illinois: Richard D. Irwin, Inc., 1972), 第八章。

妥調查表、完成調查面談件數之比例等等皆屬可行之辦法。

整理所蒐集資料之主要目的是使分析究判作業容易精確達成。所蒐集之資料堆集一處，各項目資料若不加以歸類成系，去除誤差、分析之結果必滲有誤差，分析究判當較費周章。

資料之整理涉及編輯、分類、編號，以及計算列表等作業。編輯之重點在乎去除錯誤並求取資料之一貫、清晰明瞭，此種作業可於現場執行亦可於研究中心統籌進行。資料之分類應依循研究分析之構想設定分類分組之組距。每一分類或分組不得重覆，並且應能使每一資料均有所屬。在許多情況下須特設類、組以吸收或容納無任何適當歸類或歸組之資料。編號之目的乃在使計劃列表容易進行。但究竟何種編號較佳，悉視所用計算工具而定。

### 參、資料之分析與研判

資料分析之重點乃在將所整理妥善之資料隨一細驗探求各部份間之關係，進而覓求整體資料之一貫性並且尋出偏差（包括取樣及非取樣誤差）以確定研究之精確性，研判之要旨乃在就所分析之結果做研究本題之總評論。該種總評論應能明晰地道出所研究問題之原因所在，以及可以解決問題之途徑，每一研究人員在研判分析結果時，應對研究精確度有所闡述，同時提供並忠告解決問題上可能導致之偏差。分析與研判作業所運用之統計及推論上之技術相互連貫，其所受用較廣而且較爲基本者有：中央傾向及偏差分佈之估定、相關性之究定、統計顯異性研判、概差平方分析、差異源研判、兩極分析，以及因素分析等數種。這些分析方法因涉及較深之統計數理方法，不在本書加以討論。

### 肆、提報研究結果

研究結果之最大用處乃爲提供企業決策者作種種決策之依據，是故研究結果之提報首重簡明、扼要、可行，而最忌繁文褥節、術語充棟、抽象空洞。

提報研究結果之方法有書面報告與口頭報告兩類。不管採用何種報告，報告內容及技術應配合報告之閱讀者或聽衆之水準，並斟酌實際需要作各種補充說明，或借助於各式視聽儀器及設備，以表達報告之目的及內容。

書面報告之格式雖依廠商或個人而異。但圖10-6所示者係使用較廣而比較典型之格式，可供讀者參考。

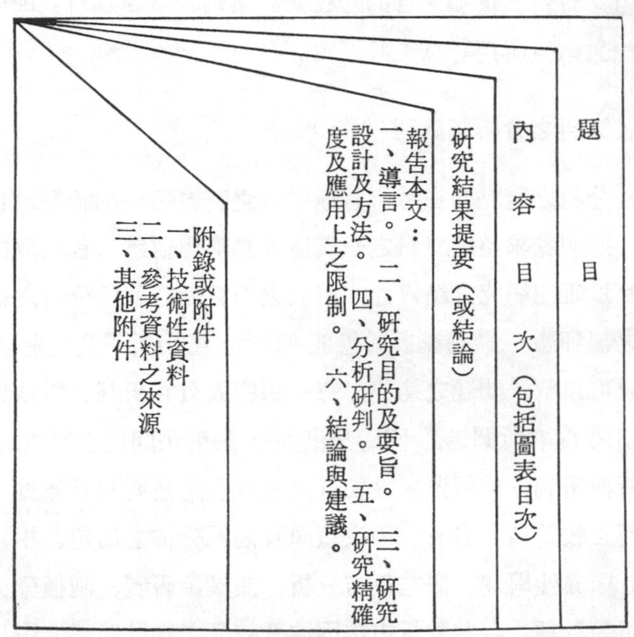


圖10-6　書面報告之格式

# 【企業個案五】 北方光學公司*

## 一、眼鏡市場概況

隨著知識水準的提高，閱讀雜誌、書報已成爲每一個人每天例行事項之一，而眼鏡除了能幫助人們得到閱讀上的便利外，還能改善人的臉部觀瞻，因此眼鏡的顧客，除了學生、社會人士外，婦女也是一不可忽視的來源。依據六年前的調査，日本人 4 人中有 1 人是戴眼鏡的，中國人20人中有 1 人是戴眼鏡的，韓國人40人中有 1 人是戴眼鏡的，可見戴眼鏡人數的多寡，似乎和經濟發展有密切的關係。又據最近的研究報告顯示，世界上共產國家除外，各國40歲以下的人有40%是戴眼鏡的，40歲以上的人中有70%是戴眼鏡的，眼鏡的顧客似乎愈來愈多了。

臺灣市面上的鏡片有三種：一爲隱形鏡片，約占市場的 5 %，一爲塑膠鏡片，約占市場的 15～30%，其餘是普通鏡片的天下。而這些鏡片又可分爲兩大類，一類是有品牌的，如Eeiss, AO, Lord, Rodenstock, Licar 等；一類是無品牌的。一般來說，有品牌的鏡片大多是進口貨，品質較好，所以售價也較高。

臺灣鏡片的來源有三個，一是外國直接進口的鏡片，如德國的 Eeiss, 美國的 AO；一是外國進口毛料，而後加工而成鏡形，如自英進口毛料之 Lord（羅德鏡片）；一是本省自製的鏡片，大多無品牌。本省鏡片的銷售，都是經由經銷商售出，經銷商又可分爲特約的或非特約的二種。所謂特約代理商卽爲地區代理，除直接和公司及各地營業處直接進貨外，由公司發給代理證書，非特約經銷店，再向該地區之特約代理店進貨。

鏡架和鏡片是分不開的，賣鏡片之處必也賣鏡架，故二者的銷售通路是相同的。本省鏡架的來源有三，一是國外進口，如 Morel；二是國外進口而後加上品牌標誌，如 Lord（羅德華麗鏡架），三是國內自製的。

---

* 本個案係作者參與合作金庫建敎合作之中小企業診斷之受診公司，所用名稱與實際名稱不同。

鏡架、鏡片品質之受重視，也是最近幾年來的事，由於缺乏政府積極的輔導（如韓國禁止鏡片進口，由政府輔助業者生產），眼鏡業的發展甚爲緩慢。

## 二、公司沿革

北方光學公司王董事長，曾經營過旅社，現在除主持北方公司之外，在高雄尙擁有一家鐘錶行（與寶島鐘錶公司合作），王董事長經營鐘錶眼鏡業已二十餘年了。

提起成立公司的動機，王董事長說：「眼睛是靈魂之窗，眼睛有了問題，就配得上眼鏡來矯正，所以眼鏡對我們眼睛的健康是很重要的，而眼鏡的生命在鏡片，但國人却常常忽略它。我在經營旅社時，接觸到不少人，發覺很多都是戴眼鏡的，而且度數都愈戴愈增加，照道理說如果眼鏡片好的話，度數是不會增加的，於是我就產生了保護眼睛的概念。在那時，我曾對市場研究過，發現我國的鏡片大多自日本進口，而進口的鏡片，又大多是日本的次級品，這樣對我國國民眼鏡有很大的傷害，在外國鏡片是屬於醫療器材，不是一般普通的商品，所以我就下定決心要製造一流的鏡片，使視力不好的人能受到較好的保護。」於是王董事長自行籌資，自日本分批進口了一套磨鏡片的機器（到目前爲止，臺灣只有這一套，成本不含關稅大概花了十萬美金）於61年在近郊設立了工廠，於64年在臺北正式成立了北方光學公司，迄民國67年底公司已成立三年餘。

## 三、銷售概況

公司目前的產品是鏡架和鏡片，鏡架是由國外進口，而冠以「羅德」商標，鏡片之毛料由國外進口，而後研磨加工，亦冠以「羅德」商標，由於均係國外進口，故成本較高。鏡架有K金的、鍍金的、鍍銀的三種，鏡片則有珠玉鏡片、999鏡片、琥珀鏡片。琥珀鏡片是67年9月推出的，該鏡片的特點是能過濾電視螢光輻射線、日光燈熱線及防止紫外線等功用，並具有偏心3mm適於眼睛集中焦距之優點，所謂偏心鏡片之焦點，並不在圓鏡片的正中心點，這是根據眼鏡架帶在臉上之後，觀察眼睛視物狀況後，算出偏離圓心3mm最適合眼睛的視物狀態。公司在推出鏡片的同時，曾透過電視、報紙推介鏡片，至於成效如何，據王董事長表示，銷售情況並不理想，原因可能是只有近視鏡片沒有散光的，目前散光之毛片已運抵高雄，不日將轉運臺北，年底可以上市，屆時再看情況是否會好轉。

公司的銷售情況很穩定，旺季有兩期2～6月及8～10月平均每月2000打，其餘月份爲淡季平均每月賣1000～1500打，其中0°～125°的鏡片占銷量的25%，125°～450° 占銷量的65%，450°～600°占銷量的10%，若以地區分，則北部包括臺東、花蓮約占60%，中部約15%，南部爲25%。存貨保持在五千打的水準，66年到67年的成長率達50%。

公司主要是銷售鏡片，鏡架並不是銷售的重點，故促銷活動均以鏡片爲中心。

目前市面上各種鏡片的批發價，大致如此：65mm 無色 AO -200, EC-400, Lord-130, 有色 AO 無 EC-600 Lord-280, 公司產品的價格是這樣擬定的，批發價約爲成本的2倍，零售價是批發價的2～4倍，公司都有公定之價目表，價格都訂的稍高，這樣可以使零售商依不同的地區打不同的折扣，比方說西門町打八折，木柵地區打五～六折，彈性較大；至於爲什麼要這樣做，董事長表示，這是行業傳統。新出品的琥珀鏡片，並非染上彩衣，而是玻璃本身的顏色，故價格比一般要高，零售訂價 950元，平均打八折出售。一般說來公司的價低於蔡司鏡片，可是由於市場上冒牌貨甚多，價格甚低，比較起來，羅德的價格就顯得高了，無法和冒牌貨競爭。

公司在高雄：臺中有業務代表，高雄的代表負責嘉義以南地區的業務，臺中代表負責嘉義（不含）以北至苗栗的業務。目前的經銷店有400～500家，其中有的特約商店，有的不是，公司的銷售量中，有95%是特約店賣出，5%由非特約店賣出。爲了維持市價的安定，所有經銷店的零售價都是相同的。

在公司剛成立時，都是派人直接和經銷店洽商，以出售公司的產品，但現在由於公司有了知名度，常有經銷店自願銷售公司的產品。

臺北、新竹、臺中、臺南、高雄五大都市的經銷店，所擁有的店面均係租來的，由於須付昂貴的租金，故不願意銷售利潤較低的鏡片，羅德鏡片因利潤較低，一般經銷店的銷售都不太主動。

王董事長爲了經銷店銷售不太主動，以及經銷店不按規定的零售價格出售鏡片之事而傷透腦筋，一度曾經以分類簽約（卽只售珠玉、或999、或琥珀），但情況並未見好轉。王董事長為了突破經銷商不主動的銷售瓶頸，及惡性競爭，特別擬訂了67年行銷計劃，在強化銷售通路方面，改採重點式合約代理制度，合理分配經銷地區，確保代理店的合理利潤，這是鑒於以往經銷店太多，彼此競爭殺價，因此劃分地區，選定該區業績良好，而且願意經銷羅德產品的眼鏡行，作為其地區代理店與其長期簽訂合約，約中訂定每期數量不得少於若干付，否則取銷其代理權。各合約代理店可依照公司所定額折扣辦法，及贈品辦法獲得優待。

另外王董事長鑒於歐美各國及日本都有政府所訂的鏡片標準，使業者在製造鏡片時有標準可循，乃根據美日德之國家標準，建立「眼鏡片國家標準」，以供中央標準局參考，但未獲得同業支持，是故未獲中央標準局的頒布（據王董事長透露，同業反對的原因，是因該鏡片的標準只有羅德鏡片能够達到之故）。

## 四、生產概況

工廠設在臺北市，廠長陳先生，現年30出頭，大學機械系畢業，過去在其他行業有過四年多的管理經驗，半年前由王董事長聘來管理工廠。陳廠長說：「光學這一行，以目前的趨勢看，戴眼鏡的人愈來愈多，每個人也都不只配一付，對品質的要求也越來越高，只要好好的做，這一行將來必定前途無限。眼鏡片的製造作業方面都屬高度精密性，技工來源方面是由朋友介紹，或登報招募，先跟著熟練的技工學習，分為3個學習階段，第一個階段完後，不及格的人予以淘汰，經過三個學習階段後就可獨立作業了。由於工作技術性高，技工的待遇不錯，大家對此行的前途都抱著希望，所以大家都很努力，員工流動率也很低。

工廠內設廠長一人，組長三人。分成切削、打光、散光、檢驗四個部門，共有員工二十餘人。三位組長分別負責切削、打光、散光三個部門。檢驗部門直接由廠長負責，另外廠長還負責生產排程、物料管理、人事管理以及各部門的協調工作。

提到生產技術方面，陳廠長表示：「本廠的生產設備、技術及材料方面都是國內最好的，我和三位組長時常搜尋及研究國外有關眼鏡光學製作技術的資料，並做過動作時間研究，以提高操作技術，增加生產效率。檢驗部門有三位同仁，憑着他們多年經驗以及量度儀器，做嚴格的品質檢驗工作，每個鏡片都要經過檢驗分析，不合格的鏡片就丢掉，公司對品質要求高，已達國外先進國家的標準，有些本公司丟棄的廢品，在某些小廠還不見得能够做得那樣好。目前廢品率約爲2％左右。我們的品質和外國名牌比起來，絕不遜色。眼鏡光學這一行業生產技術及管理方面都非常特殊，國內尚無專門養成機構，很多技術都靠經驗及自己不斷研究改進，公司過去常派人出國學習。目前本廠在國內製造眼鏡片的工廠中，是規模最大一家，工廠作業方面，一向保持秘密。」

工廠採存貨生產方式，十幾部機器，主要是切削機、磨光機、高眞空蒸着機等。生產平光、近視、老花、散光等各式眼鏡片。由公司依照過去顧客訂單做出銷售預測，交給廠長，然後由廠長做出生產日程表，以從事生產。偶而會有一些急單。這時就需要加班或改變生產日程以趕工製造。每個鏡片都得經過七八道手續，每道手續都有賴工人的判斷與技術。

工廠內使用之材料共有二十多種，主要有毛片、鑽石刀、金鋼砂、各式磨光粉。毛片是主要材料，大部份向代理商購買，也有部分由公司直接進口。其他材料也都很容易買到，材料來源多，公司也有不少存貨，所以也不發生材料缺乏的情況。每種材料都有做存貨記錄。定期盤點，由於材料品質單純，又輕便，物料管理方面沒什麽困難。產出的成品檢驗合格後，「立刻送入公司打標記包裝及存放，由於產品輕、每次數量不大，運送也很方便。

眼鏡片的磨製，由毛片入廠，經過各階段的切削磨打光及檢驗等步驟，過程單純，成品好壞，主要依賴工人的經驗與耐性。生產成本方面約人工材料各半。」磨鏡業類似藝匠生產形式，老技師以自己的經驗傳給新手，新手熟練了之後照著去做就行了，只要工作日程排好，生產方面就不會有什麽問題了。國內有一些小廠，只是製造某一步驟，然後再由其他工廠完成，不太注重品質，而以價廉取勝。對這方面，陳廠長表示：國民生活水準不斷提高人們已逐漸注重品質。本廠一向抱著品質第一的原則，相信久了之後，必能得到人們的信任與愛戴。

## 五、廣告策略

北方公司三年來，在廣告上的花費將近二千萬元，然而成效却不理想。公司當局檢討的結果認爲，過去的做法缺乏系統和計畫，以致未能充分發揮廣告的效果。於是從今年起，每年編列廣告及促銷預算，針對既定廣告目標，實施強力的計畫性廣告活動。根據公司擬定之「羅德珠玉鏡片」1978年行銷計劃，本年廣告目的，在於提高珠玉鏡片的知名度，並建立消費者對羅德產品的信心。

實際做法，公司分別以下列各媒體實施廣告：

(1)電影院廣告：公司取其爲地方性廣告媒體。對於協助各地代理店拓展當地之銷售業務，有所幫助。公司因此投資三十萬元，攝製長達一分鐘的彩色大銀幕CF，選擇全省主要根據60餘家電影院放映，在臺北的電影院看新聲、青康、東南亞、復興、僑聲等。以後再逐漸增加家數。放映費用每家電影院都不太一樣，看地區而定。電影院的旁白是這麼說的：「各位戴眼鏡的朋友，請注意，眼鏡的生命在鏡片，而鏡片的好壞在它的透視率，來自名門的羅德珠玉眼鏡片，像水晶般的晶瑩透徹，透視率接近百分之百，羅德珠玉眼鏡片使您的眼睛從此輕盈舒適，珍惜您的眼睛，請明智的抉擇，來自名門的羅德珠玉鏡片，世界性的商標LORD」。

(2)電視廣告：製作幻燈片及30秒鐘的影片，選擇收視率較高的節目插播廣告，其頻率以眼鏡旺季來臨前較高。由於電視廣告費用特別高，尤其在各種特別節目如棒球賽時每30秒廣告高達五萬元。據董事長的了解，做廣告時知名度卽上升，不做時馬上又回跌。

(3)報紙廣告：適當時機，在各主要報紙刊登大篇幅報紙廣告。由於銷路較廣的報紙，廣告檔期很擠，且有限制，因此廣告策略的運用無法隨心所欲。

(4)雜誌廣告：選擇學生階層常閱讀的雜誌刊登廣告，加深消費者對羅德眼鏡片品質的認識。

(5)購置其他車站招牌及路牌廣告。

(6)廣播電臺廣告：目前只在中部地區七家電臺，以國語廣告播出，明年打算在調頻電臺中播出其廣告。

另外，公司最近又委託廣告公司在全省重要鄉鎮都市的鬧區繪製大幅牆壁廣告，設十餘處。

在促銷方面，進口國外印製之大型海報，供應代理店張貼，美化店面。另外提供代理店標示燈座。公司還印製壹佰萬份保護眼睛知識的小册子，每份約6毛錢，由各代理店，免費贈送顧客，代理店可加印店名於小册子，以期建立良好的顧客關係。

不久之前，公司推行新產品，董事長將之命名爲「羅德琥珀眼鏡片」。至於爲何以此爲名，董事長有他的看法：「人們日常生活中所接觸的諸如電視螢光輻射線，日光燈、電燈的熱線，以及太陽光的紫外線都會傷害眼球，使水晶體混濁，引起眼睛疲勞、眼睛痛、頭痛，所以這些有害的光線都是“邪”惡之物，羅德的這種新產品是目前唯一能過濾有害光線的鏡片，這使我想到古代中國人用之避邪的“琥珀”，就拿它當了新產品的名字。」董事長也就根據這個理念，設計廣告，刊登於各報刊雜誌，如圖。媒體大致和以前差不多。

有關這種產品的廣告設計工作包括構想、文案等，也都由董事長自己動手，而由一個熟識的朋友從旁協助，他認爲以北方公司的廣告量，如果委託國內知名的廣告公司，大都會派一些大學剛畢業的 AE 來接手這件工作，這些 AE 沒有經驗，事事要由公司方面加以指導，等於付錢給別人，而又幫他人訓練員工，不如自己來比較划算。

公司還以同樣方式拍攝了琥珀鏡片的 CF（旁白和報紙廣告之右邊問句類似），輪流在名戲院放映，據董事長表示，公司當今產品的知名度已經差不多，因此要強調的是讓消費者了解羅德產品的品質的確優異，進而建立其對羅德產品的信心。因爲公司曾對經銷商承諾，故對各地經銷商的數量略有隱瞞，公司刊登廣告時，不能將全省之經銷店名列出，使消費者未能確知那些家爲羅德經銷店，目前琥珀鏡片只有五百度以下近視鏡片，尙缺散光，因此當顧客驗光後發現有散光，便沒有此種鏡片可配，所以廣告雖然在做，可是效果並不理想。關於廣告效果，董事長未做市場調查，僅屬猜測、估計，而亦無如此做之意圖。公司之廣告預算約佔營業額的15%左右，以媒體來分，電影、電視各佔30%，報紙約15%，路牌廣告約佔20%，廣播電臺5%。

根據幾年來的經驗，董事長了解到，由於目前劣質鏡片充斥市場，消費者基於這方面的知識欠缺，無法辨認，而經銷售販賣劣質鏡片獲得的利益要高出其他品質較高的鏡片甚多，因此往往罔顧商業道德，出售劣質鏡片謀取暴利，傷害國民眼睛莫此爲甚。所以當務之急是在教育消費者指名購買好的眼鏡片。保護自己的眼睛。

對於這個新產品，公司把目標放在於學生市場。董事長打算在學校刊物刊登廣告，來推銷他的產品。

# 琥珀避邪

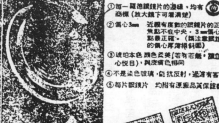

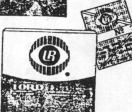

看電視或日光燈下看久了，眼睛會疲勞、頭痛……請配帶羅德眼鏡片。

太陽光紫外線，會傷眼睛，大家都知道。但是，電視螢光輻射線、日光燈電燈超量熱線，傷害眼球，使水晶體混濁，引起眼睛疲勞，眼睛痛，頭痛……您是否注意到了呢？

半世紀以來，光學專家們針對這些問題，不斷研究，終於成功發明了「羅德琥珀眼鏡片」，其品質媲美高級相機鏡頭，硬度媲美水晶，不但能過濾有害光線，而且色彩柔美與皮膚色相同，不反射，無論室內室外配戴，均能保持最大可見度。故推出後即榮獲世界各國眼科醫師的一致推薦，譽為十全十美的眼鏡片，風行世界80餘國，使羅德眼鏡片躍居世界的領導地位。

眼睛的生命在鏡片，為了保護您的眼睛，配眼鏡時請選購：半世紀以來對人類最有貢獻，唯一能過濾電視螢光輻射線、日光燈電燈熱線、太陽紫外線，色彩柔美無反射，可見度最高的——羅德「琥珀」鏡片。

羅德琥珀眼鏡片
唯一能過濾有害光線
電視螢光輻射線(邪)
日光燈電燈熱線(邪)
太陽紫外線(邪)
室外強光室內弱光均能適應，
保持眼睛最大的可見度。

①每一羅德眼鏡片的邊緣，均有商標（放大鏡下可看清楚）
②偏心3mm　近視有度數的眼鏡片的正確焦點不在中央，3mm偏心焦點最正確。（請注意眼鏡片的偏心厚薄相斜面）
③琥珀本色，顏色柔美（若有若無，讓您賞心悅目），與皮膚色相同
④不是染色玻璃，能抗反射，過濾有害光線
⑤每片眼鏡片　均附有原廠品質保證書

世界上最珍貴的眼鏡片

## 羅德琥珀眼鏡片

遠東區總代理 寶島光學股份有限公司

# 第十一章　企業之未來趨向

企業就如同有機的生命體一樣，有萌芽、成長、成熟與衰老等階段。但是，有的企業生命有限，未及數年便中途夭折，有的企業則有如長青樹可歷經十幾、數百年的時光，仍然健壯如昔。其中的差別固然與企業體本身體質強弱有關，但最重要者在於有遠見的企業都會隨時着眼未來企業變化的趨勢，做了最充分的準備以因應未來的發展。

縱觀未來環境的變化，筆者管見所及，認爲未來的企業之趨向可從運作方式、環境演變，以及組織結構等三層面討論。

## 第一節　企業運作之趨向

### 壹、企業經營之國際化或多國化

所謂的企業經營國際化乃指一企業獲得外國政府的許可，同時在幾個國家中從事經營活動；它們雖散布於世界各地，但其經營理念與方式又同屬一經營的企業組織，它們又與傳統的國際貿易不同。因爲它們不但擁有消除一般經濟障礙的力量，又具有足以超越政治上障礙的力量。

基本上，多國籍型態的企業與企業所在的地主國在主權上卽有些衝突存在。這類企業一方面必須承認地主國的政治管轄權，另一方卻又對地主國的經濟有影響力。固然地主國可以政治力來防範其經濟力量的過度擴張，但是往往地主國會因多國企業之存在所導入之資金、就業機會與技術，而有所讓步。甚有者主動提供多國公司予土地、礦產權與諸多稅捐上的便利，所以多國企業與地主國政府經常就在彼此互利的情況下生存與發展。

細究企業國際化之原因，固然因爲交通的便利縮短了彼此的距離，但最重要者有下列諸項因素：

(1)爲了獲取不同地區生產製造上之相對利益，如便宜的工資或原料上。

(2)爲了節省運費而將生產就近原料或市場生產。

(3)爲了逃避貿易上的保護主義，便就地生產、就地銷售。

(4)爲了獲取當地政府投資獎勵上的規定，而就地設廠。

(5)由於契約上的協議，而就地設廠以此濟彼，共享經濟上的利益。

### 貳、企業間的併呑與合併的浪潮

由於許多企業體認到規模經濟所帶來驚人的效益，所以企業與企業間大規模的合併，近年來已達到最高潮，單是美國一地，自1950年以來已有兩百家的大企業收買了兩千多家的企業行號。當然，企業大型合併之背景，乃是肇因於巨大市場的拓展與推陳出新的產品逼着企業界在生產、購買、銷售各方面擴大規模，並採取多角化的經營。

### 參、專業化經營的趨勢

雖然企業經常會爲了規避風險而採多角化經營的策略，但是由於消費者日求產品的高精密度與高品質，因此技術設備必須走向專業化的地步，在專業領域以內求產品功能的多樣化。因此，傳統的橫跨不同行業的多角化經營方式會因下列原因而日趨減緩：

(1)未來之精密、高品質產品，經常需要龐大的資本投資與較獨特的技術，企業常限於本身能力所及，不可能樣樣涉足，否則會因爲專業化不精，而致產品無法與他人價廉而物美的產品相競爭；終而走上倒閉一途。

(2)或有可能企業之資本雄厚，足以涉足多種產業，但政府爲防止壟斷，常立法對企業之規模加以限制，以防過度的膨脹，如美國電報電話公司（AT & T）即被美國政府裁定因違反"反托拉斯法"而解體，因此專業化還是企業的終途。

## 肆、白領工作將呈普遍化

由於近年來電腦資訊與機械人的大量採用，傳統之昂貴勞工，將逐漸被自動化的生產所取代，導致藍領工人之需求日漸萎縮，取而代之則爲白領工人漸滲入各個企業內。因此職員與工人之界限模糊，工會組織會逐漸弱化。

## 伍、企業分包作業將更爲蓬勃發展

通常企業限於內部經濟與外部經濟的雙重考慮之下，會將不合經濟效益的零件或半成品委由外面的企業代工，而外界的企業也因爲代工的結果，能充分的應用其本身的產能，使雙方均蒙其利。這種互相合作的作業方式就叫做企業分包作業。換言之，就是某一企業的剩餘產能，經過一個聯繫機構或管理中心，能公開地提供給其他企業應用，使生產功能在統籌的分配下，由某一企業擴展至另一企業，高度發揮其效能與使用價值。此種作業之例就是國內汽車工業與工具機工業的"中心衛星工廠制"；其實現代的企業也惟有互助合作，才能帶來彼此間的利益。

## 第二節　企業環境之變動

現代企業經營所面臨最大的問題，便是因爲環境變遷過快所帶來的不確定性及風險，不確定性或風險越大表示企業所面臨的問題越大，因此企業如何去認識這些變動，直接關係着經營策略的改變。

環境的變動，一般可分爲下列數個方面:

**科技環境的變遷**

1. 電腦資訊自動化設備的使用：自從1940年電腦被發明以來，人們便開始全心注力於自動化設備的發展與運用。電腦之快速處理大量資料的能力，提高不少辦公室的生產力，讓白領階級有更多的時間從事決策性的思考；自動化的生產製造設備替代人力，不但使企業節省下大量的工資成本，而且增加生產製造的彈性與多樣化。
2. 交通運輸設備的發展：交通運輸之便利實乃經濟發展的主要因素之一。自從二次大戰結束，許多新式的運輸工具被應用，如噴射機、高速「子彈快車」的發明，大大減少兩地間運輸的問題；而人造衛星的使用，更使訊息之溝通有天涯若比鄰之感，如「同步衛星轉播」各種實況，衛星數據傳播讓電腦的使用效率更加高超。
3. 能源與資源耗竭的危機：產業的發展，相對的對能源與資源的依賴更大，雖然技術的發展有助於能源與資源的開發，但終究其存量總是有限，所以可以預見的，能源與資源的缺乏將是一個大問題。
4. 新技術與製程不斷的被開發：由於新技術及製程的開發，使企業得以更低的成本，更有效率的方法從事生產製造，這種變遷對於無效率的產業將產生極大的正面刺激。

## 二、來自社會環境上的變革

由於臺灣經濟發展僅是最近卅年的事，不可否認的，我們的社會整體發展的步調不一致，新文化的滲入與舊有文化之間造成許多的衝突，結果卻阻礙了整體經濟更有效的發展，因之如何加強學校與社會教育，以求在最短的時間內取代舊有的落後力量，實有賴我們共同的努力。綜觀今日臺灣社會環境有下列的優點:

⑴良好的傳統文化，尤其是禮教的約束，使社會較不會走上極端的路途。

⑵勤勞節儉的習慣，厚植了我國早期經濟發展的潛力。

⑶由於現代化的司法系統，有效的保障人民的自由與安全，所以社會秩序相當良好。

但是，就不利方面而言包括:

⑴缺乏現代的企業管理精神，人民普遍缺乏「冒險犯難」「合作團隊」的精神，所以不易有特殊的表現。

⑵「寧爲雞口」,「不爲牛後」古老觀念作祟，使得人人想當老闆，造成太多無謂的競爭。

⑶家族觀念過分濃厚，導致企業經營無法突破家族氏的障礙，企業體質與管理制度因而無法提升。

⑷企業經營眼光過分「短淺」，從事企業沒有長期的發展計劃。

⑸商業道德敗壞，詐騙、倒債、經濟犯罪發生頻繁，給我國經濟發展史上蒙上一個污點。

## 三、政治變遷的影響

過去臺灣經濟發展的奇蹟實拜卅多年來政治的穩定，惟目前我國仍處動員戡亂時期，敵人的任何擧動或政治強國的外交情勢，隨時都會對企業經營造成很大的影響，因此企業的經營，脫不了政治因素之影響。

**四、經濟環境的變遷**

就國際經濟情勢之變化來說，近年來有些現象值得廠商注意。

1.已開發國家與經濟落後國家之財富差距會越來越大，這是因爲落後國家因本身工業不興，須由外界輸入民生物資而導致貿易上的逆差，先進國家卻因科技的優勢，佔盡了貿易上的優勢。

2.國際性托拉斯組織的出現，如石油輸出國家組織，任意以聯合壟斷的優勢擡高價碼，使國際市場相當混亂。

3.近來各國爲防範本國工業受到外國的競爭，常以不合理的關稅障壁，阻礙自由貿易之進行，結果世界經濟更加不景氣。

而就臺灣而言，由於先天上缺乏天然資源，大多經濟力量均仰賴外貿，只要世界市場有些風吹草動，立即會影響到國內的經濟情勢，因此如何擺脫落後國家的追趕，趕上開發國家之產業水準，實爲當今重要課題。

## 第三節　組織結構之變動

組織面對愈來愈複雜、多樣而不可預測的動態環境，到底在結構上需不需要做調整？如果需要的話，又應該如何調整？探討組織理論的學者，近幾十年來對於此問題從事過很多的研究，本節中僅就重要的幾位有名的研究發現做一介紹，藉以說明組織結構因應環境的變動。

㈠有機式與無機式組織（Organic vs. mechanistic organization)：

柏恩斯與史托克（Tom Burns & G. M. Stalker）曾對英國二十家工業公司進行研究❶，探討這些公司的管理過程與組織

❶ Tom Burns and G.M. Stalker, *The Management of Innovation*, (London ; Tavistock Publications, 1961) pp. 78-120.

環境的關係。他們發現在不同產業中的管理方法有顯著不同的型態，而自技術與市場改變的速度來說，此等產業的環境彼此差異甚大。經由進一步的分析，他們發現這些不同的改變速率確實影響每家公司的管理實務，並促使各管理階層去應付不同程度的變化。

柏一史二氏的研究結果認為，組織的結構與體系取決於某些外在因素，並將此等外在因素歸之於市場或技術的變化。藉由他們的分析，柏一史二氏將組織結構與管理體系區分成有機式與機械式兩種類型。有機式體系適用於環境不穩定的狀況下，其特性是工作較無正式的界定，較為分權，員工必須運用自我控制，而組織內的溝通與主動則允許垂直、斜向、或側面進行。機械式體系則採效率導向，以高度專業分工、集權、以及垂直溝通為其特性，適合應用於穩定環境中。

㈡分化與整合 (differentiation and integration):

勞倫斯與洛希（P. R. Lawrence and J. M. Lorsch）的研究❷一方面是承續柏一史二氏的發現，尋求分析組織環境不確定因素與其內部結構之關係，另一方面則在探討組織內各部門如何被構成與管理，即他們所說的"分化與整合"的問題。

依勞一洛二氏的研究分析，他們認為環境的不確定性反映在：㈠環境情況改變的速度；㈡一定時間內環境情況資訊的確定性；㈢得到回饋（feed back）的時間幅度。而組織內各部門，由於環境不同，部門之結構也會有差異。依他們的研究發現：組織內以生產子系統的結構最強；銷售子系統的結構其次；而以研究發

❷ P. R. Lawrence and J. W. Lorsch, "Differentiation and Integration in Complex Organizations, " *Administrative Science Quarterly,* Vol, 12, No. 1 (June 1967).

展子系統的結構爲最弱。

勞一洛二氏認爲，組織爲有效完成目標，將經由專業分工分化成若干子系統，每個子系統則配合其有關環境而發展出各自的特質。如此分化的結果雖能達到專業分工的優點，但欲有效完成組織目標則需予以協調整合，使得各子系統達到力量一致，以完成組織任務。

## 第四節　企業未來之機會與挑戰

面對着如此急驟變化的環境變動，在愈不確定的未來，企業必然面臨更多的挑戰，通常企業的經營管理者面臨到下列的困難：❸

㈠來自同業與潛在競爭者的競爭壓力會越來越大

在一個生產進步的環境裏，生產不再是個嚴重的問題，所以競爭者加入容易，形成供過於求的買方市場，益使企業面臨的競爭壓力愈大。

㈡消費者之要求品質提高

由於生活水準的上升，消費者意識覺醒，人們對產品與服務品質的要求，已不再像過去十多年前的無知，結果廠商只有提高其產品或服務的品質方足以滿足客戶的需求，否則，固步自封，徒然增加庫存與人力的閒置，企業也只有走上關門一途。

㈢能源、物資原料的缺乏

自從能源發生危機、天然資源因日以繼夜的開採而耗竭，無形中增加了原料與生產的成本，這種成本的高漲，面對激烈的競爭，企業如何提高生產力以降低整體成本，實是一大挑戰。

㈣工資上升的挑戰

❸ 陳定國著，企業管理，（臺北：三民書局，1981）pp. 612-3.

生活水準提高連帶着會帶動工資的上揚，工資高漲必然不利於成本結構，在要求物美前提下，又要價廉，這又成爲企業面臨的一大挑戰。

㈤產品生命週期愈來愈短：

當人們生活愈富裕，其需求便趨於少量而多變化，爲了因應多變化的需求，產品之生命週期因而縮短，這種現象意味着企業必須更注重市場之需求與技術之革新，方能適時適量的滿足消費者。

面臨着以上種種挑戰，雖可說企業將因而更加難以經營。但相對而言，這種挑戰對體質健全的企業不啻也是一種成長的機會。由於競爭的激烈，體質不良的企業會因而倒閉，體質健全者便可因而強壯、成長。由於消費者意識的上升，健全企業所生產的良好產品便可因而獲得消費者的肯定而大爲暢銷。由於人工，物料成本的上升，懂得如何減少成本、提高生產力的企業便可脫穎而出；更由於能源危機的威脅，使得從事高技術的產業得以大展鴻圖。因此，所謂的「危機」實是一體的兩面，因爲「危者」是種危險，但是「機者」卻是另一種機運的轉捩點。明智企業管理人員，宜密切注意並掌握企業營運之趨勢，始能提高企業運作效率。

# 第四篇

# 管理功能概論

- 管理之一般概念
- 釐定目標
- 規劃
- 組織
- 領導
- 控制（一）——概論
- 控制（二）——基本原則
- 管理觀念與原則之一般性應用

# 第十二章　管理之一般概念

西方學者艾文陶佛勒（Alvin Toffler）在其所著的「第三波」（The Third Wave）一書中，曾概括的將人類的歷史分成三個階段。第一波就是指我們的老祖宗運用農業革命生產出了更豐富的農產品，來提供人類的基本需求。第二波乃指經由產業革命，發明了機器代替手工從事大量化、標準化的生產，製造更多的資源帶給人類無數的便利。第三波則指運用尖端的科技引發資訊革命，給人類的生活帶來更大的變革。綜觀艾文陶佛勒的分類，我們當然慶幸科技滿足了人類千百年來的慾求，提高了我們的生活水準，但相對的，我們發覺隱藏在這一黃金時代的背面，人類同時亦捲入了一連串的紛爭與衝突之中，如國家與國家間的衝突，種族與種族間的衝突，管理者與被管理者間的衝突，甚至於與鄰居間的衝突。由此現象，我們可以瞭解到科技並沒有辦法解決人類間所有的問題。因爲我們所面對的，不再只是「物質」上的問題，而是更難令人掌握的「人性」問題，而解決這些問題，惟有靠社會技巧的運用才能達成。因此，我們談論「管理」理論，也就是嘗試着以它來解決工商企業內所遭遇到的人際問題。

## 第一節　管理之涵義

工商企業營運上所使用到的人力與物力，在良好的組織體系中，若無人加以推動，便無法作用。同樣道理，若此種人力與物力，雖然有人推動，若所推動的目標不一，系統失明或者方法不當，亦無法發揮效果，所以如何將企業體內所擁有的人力與物力加以整合與運用，以達成企業體的目標或使命，便是管理的目的。有關「管理」一詞的定義相當多，在本書我們將「管理」定義爲「有系統的推動組織內人力與物力，朝旣定的目標運作，以期順利達成任務之整個行爲過程」，而這個行爲過程乃是以「人」爲，心中是故管理之課題就自然環繞在人與人之間的關係上。雖然上面這個定義，我們並未指出它屬於那一種組織，但實際上管理的原理可適用於任何一個組織——商業組織、教育機構、醫院、政治團體、甚或家庭等。

## 第二節　管理之發展

管理思想早於三千多年前就萌芽於中西各國。孔孟儒學之「選賢與能」掌管公事，蘇格拉底的「管理技巧」❶，均對其後管理思想之演進有十分深遠的影響。昔日羅馬教會之組織與管理，以及古羅馬軍隊之組織與指揮早已具備「層次權責」（Scalar System）之指揮管理系統與參謀制度之雛型。雖然如此，企業管理上比較完整之管理思想可說於本世紀初葉才逐漸發揚光大。仿照西古拉教授（Andrew F. Sikula）之構想，管理思想之演進可分爲兩大階段，第一階段爲演進階段，第二階段爲現今理論。如圖 12-1 所示，虛綫外圓圈象徵着思想系統應有之總體觀念，虛綫圓圈內之小實綫圓圈部分相互重叠，反應着各理論學派之基本類似處，小實綫圓圈之大小相仿，寫着各學派

❶ 儒家之管理思想可參考「禮運大同篇」。蘇格拉底之「管理技巧」可參看 Plato and Xenophon: *Socratic Discourse*, book 3, Chapter 4, New York: E.P. Dutton & Co., Inc. 1910.
Harold Koontz and Cyril O' Donnal, *Principles of Management; Analysis of Managerial Function*, Fifth Edition (New York: McGraw Hill Book Company, 1972), p. 20.

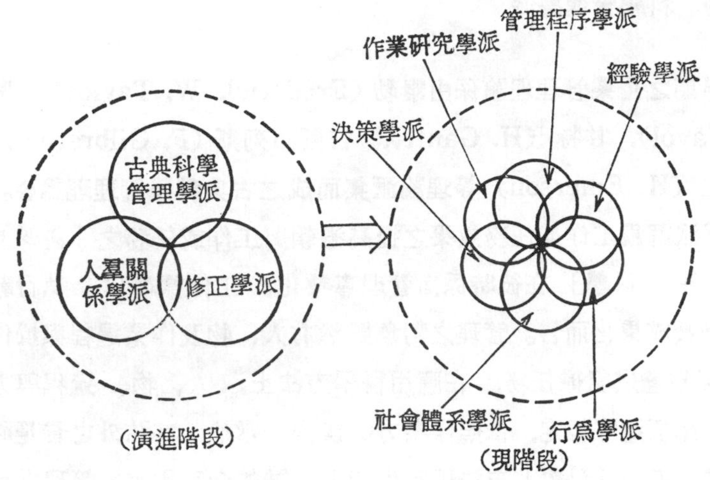


**圖 12–1** 管理理論之演進及分類

資料來源：Andrew F. Sikula, *Management and Administration* (Columbusm Ohio: Charles E. Merill Publishing Co., 1973), p. 11.

註：此圖業經筆者修改而得，與原圖略有差異。

具有同樣之重要性，此種觀點係研究企業管理理論時所應持有者，亦爲筆者所強調之處。實際上管理學派既繁多，理論又分歧，觀念上混淆不清之學派甚衆，往往阻碍管理理論之正常演進，孔兹教授（Harold Koontz）早在其「管理理論叢林」一文中呼籲正本清源，力求名詞及觀念上之統一❷，本節之討論當然亦顧及名詞及觀念上之清正明瞭。

管理理論的演進，通常可據學說被提出來的時間來分類。玆將之逐一加以說明於后。

---

❷ 參看 Harold Koontz, "The Management Theory Jungle", *Journal of the Academy of Management*, Vol. 4, No. 3, (Dec. 1961) pp. 174–188.

### 壹、科學管理學派

早期之企業管理理論係由泰勒（Frederick W. Taylor），費堯（H. Fayol），甘特（H. Gantt），吉爾布列斯（F. Gilbreth）以及愛默生（H. Emerson）等理論滙集而成之古典科學管理理論❸。該管理學派認爲工作或任務效果之提高悉賴對工作或任務之「科學」管理。所謂「科學」在彼時係指管理專業化、工作標準化、執行敎導化、酬賞成果化而言。管理之對象雖然有人、物及作業過程與操作方法，但爲達成組織任務，在應用科學方法上，人、物、過程與方法等，一律須遵守規定，依照作業方法操作。當然，其弦外之音是視人同機械，可用「科學」方法提高生產力。誠如泰勒所言，管理之首要在乎明確之工作規律、任務守則與作業方法。此一「科學」管理學派之鼎盛持續有二十年之光景（1910～1930）。其所論「科學」涵義，範圍於上述之工作及任務上之管理特徵比較狹窄，與現代之科學涵義實不能相提並論。因此，泰勒所肇基之科學管理可視爲「古典」科學管理學派，古典管理學派對各種增進工作效率上之創作皆屬於技術及工程方面，諸如泰勒之「測時制定工作標準時間」，吉爾布列斯之「精密時間研究」，甘特之「工作計劃規劃表制度」等等便是其例。

### 貳、人群關係學派

---

❸ 早期之企業管理思想實係「狹義」科學管理思想，亦爲「古典」科學管理思想，與「現代」科學管理思想之意義略有出入。參看第五章第二節。至於泰勒、費堯、以及甘特等論調可參考下列諸書：
Taylor, F. W. *The Principles of Scientific Management*. New York: Harper & Brother, 1911.
Faylo, H. *General and Industrial Administration*. London: Sin Isaac Pirman & Sons Ltd., 1949.
Hicks, Herbert G. *The Management of Organization: A System And Human Resources*. Second Edition New York: McGraw-Hill Book Company, 1972.

古典科學管理學派側重於各種管理原則之制定及實施，而忽略了人群因素，其實工作效率之提高亦要靠工作人員對工作有良好的心理反應。如風紀、團隊精神、熱情、忠誠、樂群、篤善等等。強調人類之心理及生理因素對工作效率之重要性，而主張管理應重視人類行爲因素者謂之人群關係學派，該管理學派繼古典科學管理學派之後，以梅友 (Elton Mayo)、羅斯利斯保 (Fritz Roethlisberger) 及狄可生 (William Dickson) 爲主流❹。在其著名之西屋電氣公司霍桑廠 (Hawthorne Plant, Westen House Electric Co.) 作爲一連串之勞工工作實驗，結果梅友教授等發現，管理人員對工人之態度顯然地比古典學派所重視之勞工標準作息時間、工作時間、酬賞制度化等等「物質」因素更加重要。彼等認爲管理者如果將工作人員，看成是有靈性之「人」，則工作人員之效率便容易提高。對此種人群關係之發掘與推展，對後日各社會心理學家之貢獻莫大。諸如荷曼 (G. C. Homams)、卡妶 (D. Katz)、可恩 (R.L. Kohn)、麥格里哥 (D. McGregor)、阿其利斯 (Argyris) 等等不勝枚擧❺。著名之馬可列哥管理論調X理論與Y理論，實際爲人群關係之應用❻。以梅約爲主人人群關係思想，由萌芽至開花，持續有二十餘年時光，全盛時期約爲1950年代。

## 參、修正學派

---

❹ 梅友之理論在其 *The Human Problem of An Industrial Civilization*, N. Y.: The Mc-Milliam Co., 1933.一書中有詳盡之闡述。

❺ 對人類行爲學有所貢獻之學者，不列爾遜及史提那兩氏所著「人類行爲」一書中有比較詳盡之列述，參看:
Berelson, B. and Steiner, G. A. *Human Behavior*.N. Y.: Harcourt, Brace and World Inc. 1964.

❻ 値得特別一提者爲馬可列哥之管理理論，見:
McGregor D. *Human Side of Enterprise*.N.Y.: McGraw-Hill Book Company, 1960.

近二十餘年來，管理科學之演進一日千里，一般管理人員及管理學家開始認爲「古典」科學管理學派與人群關係學派所力主之管理理論缺一不可。兩者應同時並重，對管理問題之觀察、分析與決策，不但應用數理、工程科學原則，而且強調人類行爲科學之引用，所謂修正學派於焉形成，「現代科學管理」、「管理科學」之名稱於是開始出現。「修正派」之主要倡導者爲阿其利斯(C. Argyris)❼、利卡(R. Likert)、梅亞(M. Maree)諸氏。修正派之思想實涵義着比較廣泛之管理科學管理，亦卽應用有系統之求知及解決問題的方法於管理作業上，此乃吾人所應瞭解之現代科學管理——管理科學。

## 第三節　現代管理理論

從管理理論之演進史上，吾人可以觀察到現階段之管理理論係綜合性的管理理論——綜合古典與人群關係兩大主流。在管理方法上，已引進各不同科別之知識及方法，這象徵着現代科技之進展情況與不同科技間之整合，此種整合的結果產生許多新理論，在商榷現階段管理理論時，所要強調者，乃各種理論之相異處，而非其是否屬於科學範疇。一般而言現代科學管理理論可分爲六大學派——經驗學派、社會體系學派，行爲科學學派、作業研究學派、決策學派及管理程序學派。

### 壹、經驗學派

經驗學派之重點在乎實際經驗之可靠性。實際管理經驗既然印證

---

❼ 參考:
Argyris, C. *Personality and Organization*, N. Y.: Harper & Brother, 1957.
*Integrating the Individual and Organization*, N. Y. : John Wiley & Sons. Inc 1964.
*The Human Organization*, N.Y.: McGraw-Hill Company, 1967.

着人群關係之道理與作業技術之功效，管理原則自可從過去之管理史中覓求而得，管理問題亦可在管理經驗裏找到答案。此一學派顯然相信人與人之關係、事與事之關係、物與物之關係，綜合地反映在經驗信條中。管理者所下定之決策依據誠然爲彼等之經驗信條。因此成功企業家必寓有非常珍貴之管理信條。於是研究企業家王永慶、何傳、郭榮七等之奮鬥史，對良好管理原則與信條之把握有莫大之幫助。可見管理思想之形成乃經驗累積之過程。

## 貳、社會體系學派

社會體系學派認爲管理係一種社會過程，是故對社會整個體系應有明確之認識始能達到效果。由於社會文化交互影響，形成不同之群體。所以整個社會之行爲準則以及個別群體行爲之研究乃爲非常重要之工作。群體，包括有組織與無組織兩者。此兩者在企業組織內到處存在，對企業組織行爲影響鉅大。因此管理者之首要任務便爲如何協調各群體行爲，使之配合整個企業組織之行爲。所謂寓管理於『協調企業組織內之社會體系行爲』者，便是該管理思想之中心思想。

## 參、行爲科學學派

與社會體系學派有密切關係，但將重點放在「人際關係」之理論謂之行爲學派。此一將管理視爲集衆人之力來完成經釐訂之任務過程，因而強調人與人之人際關係者，益趨普遍。人際關係相當奧妙，研究人類之心理現象，人與人之交互影響後果，以及各個體或群體之文化背景對個人之心理與群體行爲之發展關係，確係有效發揮衆人力量達成共同目標之要訣。了解「人」成爲每一管理者之最大課題，領導者統禦能力之大小有繫於對被領導群體行爲之了解。著名之X理論與Y理論，亦即基於被領導之群衆的心理狀態相異性而區分之管理人員管理作風與政策❽。按X理論假定人類不愛好工作，並有避免責任之傾向，是故管理者應嚴紀律、重賞罰、權責自行集中于管理者手中。Y理論則假定人類並不厭惡工作，亦不避責。管理作風應開放，工作者若能參與決策，管理效果必會大增。顯然統禦與管理不分軒輊。

### 肆、作業研究學派

此派乃應用數理原理於管理上，將管理問題視爲可藉數理原則求到解決問題之邏輯系統，而寓管理於數理模型之管理思想謂之作業研究學派。該學派正方興未艾，依此管理理論，管理者應將企業活動邏輯化、系統化，而視管理過程爲包括各種相互關連之邏輯系統，因此管理者可以數理關係來解決，推動或改進企業營運上的問題。

### 伍、決策學派

另一與作業研究學派類似之管理理論稱之爲決策學派，管理者既然是決策者，便須時時做各種之決策。而且是從事正確而良好之決策。因此，依據共同目標，挑選最有利之方案、政策、策略、作業方法等等，乃每一位管理者理應操執的工作。通常該學派以經濟效用來衡量價值之基準，當然其他所要考慮者尚應包括人類行爲因素與其他物質因素。

### 陸、管理程序學派

此學派認爲管理可依其功能而區分爲可識別之過程，每一過程若加以分析與研究，必定可發現許多原理、原則，循此原則求得管理作

---

❽ 參考❻與 Henry L. Sisk, *Management and Organization,* 2nd Edition, (Chicago, Ill. South-Western Publishing Co., 1973) pp.268-275.

業之改進。由於此種理論容易揭橥，條理易明，於是便成爲現階段管理學上最通俗之管理理論架構。

## 第四節　管理之功能

依據管理程序學派的觀點，管理乃集衆多人力與物力，在不論其作業之簡繁，工作時間之長短，管理者均必須按照某一程序，有系統的帶領組織完成預定的目標，而推動人力與物力以達成目標之過程乃管理者重要的管理功能之所在。至於管理功能，事實上應包括那些細目，則各學者所提的看法不盡相同（看表 12-1），雖然各學者所提細目

表 12-1 不同學人所主張之管理程序細目

| 學人<br>管理職能 | 費堯 Fayol | 戴斯勒 Cessler | 海曼及史考特 Haimann, Scott, and Connor | 韓甫登 Hampton | 孔茲及歐登列爾 Koontz, O' Donnell, and Weihrich | 西斯克 Sisk | 史東納 Stoner | 倫恩及佛區 Wren and Voich |
|---|---|---|---|---|---|---|---|---|
| 計劃 (planning) | ✓ | ✓ | ✓ | ✓ | ✓ | ✓ | ✓ | ✓ |
| 組織 (organizing) | ✓ | ✓ | ✓ | ✓ | ✓ | ✓ | ✓ | ✓ |
| 指揮 (commanding) | ✓ | | | | | | | |
| 選任 (staffing) | | ✓ | ✓ | | ✓ | | | |
| 指導 (directing) | | | | | ✓ | | | |
| 影響 (influencing) | | | ✓ | | | | | |
| 推動 (actuating) | | | | | | | ✓ | |
| 協調 (coordinating) | ✓ | | | | | | | |
| 領導 (leading) | | ✓ | | ✓ | | ✓ | | |
| 控制 (controlling) | ✓ | ✓ | ✓ | ✓ | ✓ | ✓ | ✓ | ✓ |

資料來源：R. M. Hodgetts, *Management-Theory, Process and Practice*, 臺灣版，（台北；華泰書局，1975）

有差異，但筆者認爲其中有些實是語意上的差別，實際上，他們所指的仍有很多的共同處，因此綜合各學者之理論，筆者認爲管理程序可由圖 12-2 來說明。圖 12-2所示管理程序始自目標之釐訂，而後依循箭頭所示方向流動，最終會因爲程序的完成而回饋至原程序中，再週

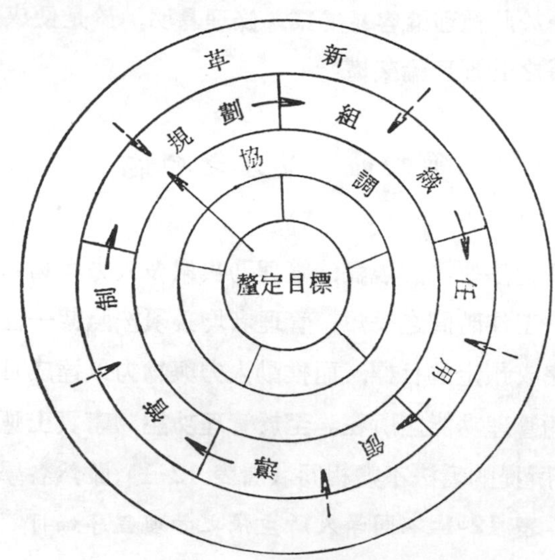


圖 12-2 管理程序

資料來源：郭崑謨著，主管人員之八大職責，企銀季刊，第五卷第二期（民國七十年十月），第10—18頁。

而復始的修正運轉。圖中之協調圈乃用以串通各程序，顯示協調中應達各過程，使整個管理作業能順利進行，最外圈則係創新，虛綫箭頭分別指向各程序，揭櫫着各程序創新之可能性，管理者若不能創新其管理行爲，人力、物力之高度運用便無法臻善，終必成組織內資源的無謂浪費，因此，革新列爲重要的管理功能，可助長管理程序的改善，不可忽視之。

## 壹、釐定目標

目標是組織人力與物力之基本動機，亦爲引導人力、物力之燈塔，目標若不清晰明確，組織力量必定分散，而其生產力亦無由發揮。清晰明確」之團體組織目標應受個別成員之擁護方能屹立不搖。是故釐訂目標時，應考慮個別成員之需要，力求團體目標與個別成員目標之調和。當然個別成員之目標會因各人而有很大的差異，甚難使團體與個體目標完全符合。因此，目標之調和僅指部份目標之相交集而言。此乃通常團體目標達成效果若對個體有所貢獻，便顯示着兩者之間具備調和性。圖例 12-3 兩圓圈重疊處乃表示該種調和，反映團體目標與個體目標之部份吻合，當然若重疊愈多，兩者目標之調和程度亦愈大，團體和個別目標調和良好則其生產力便愈大❾。

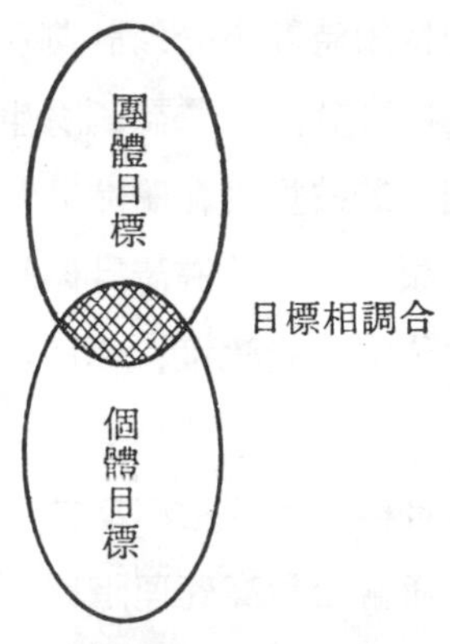


**圖 12-3** 團體及個體目標之調和狀態

資料來源：郭崑謨著，企業管理—總系統導向，修訂版（台北：華泰書局，民國73年印行）第56頁，圖 4-3。

企業目標大別之有兩大項目。第一項目爲經濟目標。第二項目爲社會目標。經濟目標包括利潤之獲得、業務之擴展，而社會目標則包括一切企業社會責任之達成，諸如提供貧民救濟、環境衞生之改善、貨品或勞務之適時適當供應等等。邇來消費大衆業已大大覺醒，對生活素質之改善開始積極重視。企業之社會目標已成爲達成經濟目標之先決條件。因此，明智的企業家應秉顧兩者作其長期性目標之擬定。

---

❾ 郭崑謨著，企業管理——總系統導向，修訂版（臺北市，民國73年印行）第56～57頁。

## 貳、規劃

所謂規劃乃決定為達成目標所採取之行動的過程，在其作業過程中需依據有關的資料作客觀之判斷，才能選擇出最有利的決策。計劃一詞通常用以表明為達成目標所採取的「行動過程」，因此「計劃」係決策的產物。

如依其執行的持續時間來分：計劃有長程、中程與短程之ㄉ。如依其所運用之作業性質分，企業計劃有生產、人事、財務會計、行銷與研究發展等規劃。若按規劃範疇區分，其本身就包括政策、實行程序與作業方法三大類了。由於辨清計劃範疇乃為分工專業、分層負責與專業管理之重要依據，對政策、程序以及作業方法等，每一管理者應有明晰的概念。

政策實係達成目標之重要指導綱領，指導綱領應廣泛而穩定，切忌繁雜瑣碎。綱領通常由最高管理階層，如董事會、執行委員會、或經理聯席會擬訂。如何依照政策實行，係中級主管或各部門經理所應關心之事。至於推行政策之細則乃一般人所了解之實行程序。標準實行程序之制 定應操在 各部門經理手中。原因乃在各部門，諸如生產部、行銷部、會計部、人事部等等作業性質相異，程序特別，理應由各部門專業主管擬訂較切實際。程序既釐訂，各部門之作業應遵循程序，始能不紛不亂，順利進行。由於各個別作業不盡相同，工作人員應賜于『標準規範』，此種個別作業之『標準規範』乃作業方法。而其履行是基層工作人員之任務，是故基層主管有其指揮與輔導之責。因此，作業方法之規定自應由基層主管負責。基層主管，名稱不一，有些公司名為課長，有些商號稱之「主辦」，有些工廠謂之領班等等。政策、實行程序、與作業方法三者之關係應一貫而無相剋之現象（看圖 12-4）。

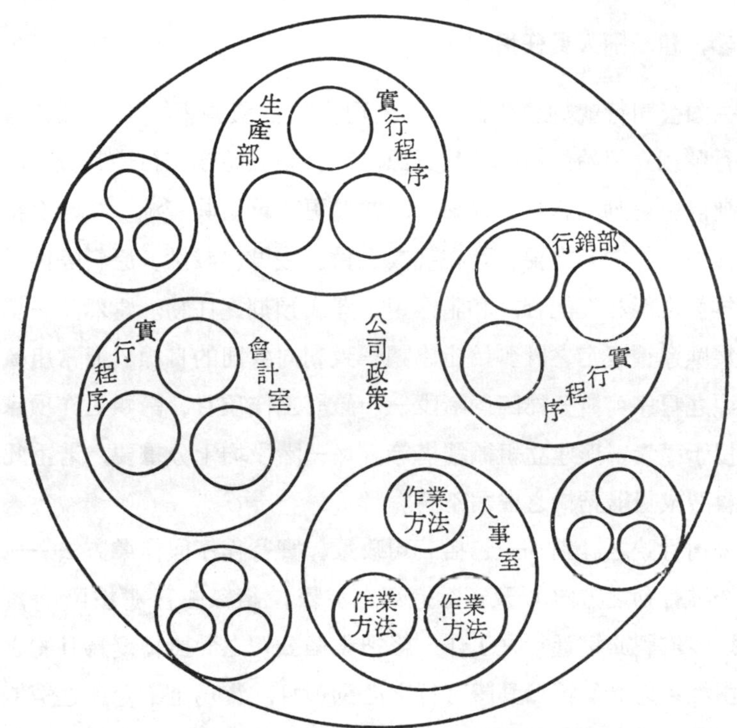


圖 12-4 政策、實行程序、與作業方法關係圖

資料來源：郭崑謨著，主管人員之八大職責，企銀季刊，第五卷第二期（民國七十年十月）第10～18頁。

良好之計劃應兼顧下列數點：

㈠有效使用個體企業所有資源，如人力、財力、物力等。

㈡容易達成計劃目標。

㈢容易統御營運作業。

㈣具有必備之伸縮性。

㈤容易明瞭遂行。

㈥時效適當。

## 參、組織與人員任用

一如公司行號之整體計劃、公司行號之資源組織係一種持續作業。行號創立伊始便需組織其資源，業務擴展時亦需組織其資源，企業營運計劃更動、修整、或翻新時當然更要重組其資源。組織企業資源（人力、物力）之要訣乃在就其人員、機械、設備、原料等作最佳之安排使之能相互配合，和諧作用，達成預期之任務。當然，一切組織行為應遵循既定之計劃始能協調一致朝向共同的目標。通常組織企業資源之程序可概分為四個階段——釐訂工作項目、歸類工作項目、依類授于權責、與建立組織結構等。每一階段均十分重要，若重此薄彼終會造成組織結構之虛弱不靈。

公司行號之計劃——包括公司政策、實行程序與作業方法——顯示着企業行動之方向以及應行追隨之步驟。組織主管應按照計劃指針，逐步辨認必需進行之工作，終把整個公司之計劃轉變為具體之行動。由抽象之計劃轉為具體可行之活動項目，實為企業營運之契機。企業營運效果之良莠有繫於此。例如汽車公司為製造質優價廉，既大衆化又有利潤可圖之各類型汽車，必需釐訂所需物質，諸如零件、車體、分電盤、發火星、輪胎、車內裝潢品件、減震器、工廠機械設備，所要加工製造之工作，製造後之銷售工作，管理人力，所需工作人員，必備之融資等等。這皆屬於組織之第一步驟。然此種工作項目之釐訂，貴在其確實與周詳。

工作項目既定，歸類工作將順理成章；通常歸類之目的乃為發揮專業分工之效能。每一專業類別或部門，在歸類同時應指定或推選一負責主管，以利部門內工作之安排。以汽車公司為例，工作項目可歸為工廠生產製造、銷售運輸、財務主計、人事公共關係諸門，必要時當可細分各部門。

歸類工作項目可將整個企業活動劃分成可以識別之部門，各個體企業由於業務性質之異同與經營政策之不濟，其採取之基準便會有差別。比較常用之分類基準為：㈠產品別；㈡地域別；㈢營運功能別；㈣生產過程別、與㈤顧客別等五大類。歐美各國大企業，由於業務之不斷擴大，迫於分散權責之要求，有混合地域、產品、與營運功能三大基準之趨勢。如圖 12-5 所示第一階層之權責係基於產品別；第二階層之權責乃基於區域別；而第三階層之權責則基於營運功能別而劃分。綜觀我國臺灣省企業規模逐漸擴大，合併企業風氣熾盛，事業管理與分散權責營運勢將日趨普遍，歸類工作項目之依據，因此將會採用多項基準。組織結構自也會更為複雜。

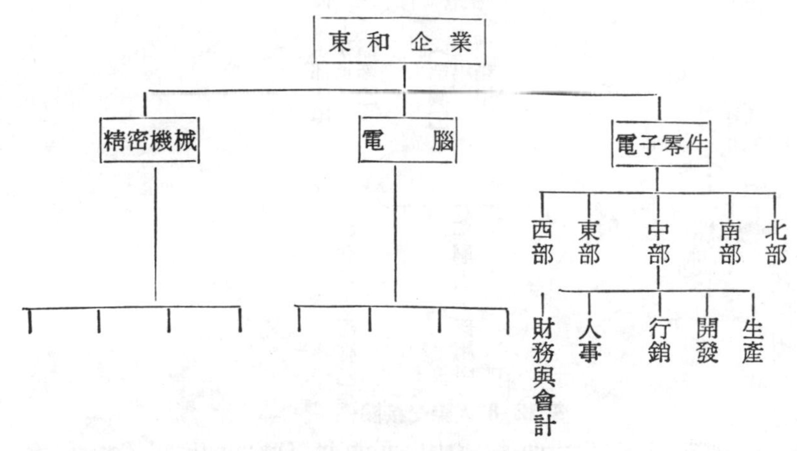


圖 12-5 工作項目之歸類

依類授于權責時，應特別注意者是管理幅度之問題，由於人類之腦力所能管轄之活動有限，每一管理人員所能有效直接統禦之部屬顯然受到限制，到底直接管轄多少部屬最能發揮統禦效果，除受管理者之才能、工作性質、與組織內之通訊協調力等影響外，實繫於人際交接之頻繁程度。頻繁程度於是可用以測度管理幅度之適當與否。此種人際交接關係，按格來庫納（A. V. Graicunas）之研究所得可分直接關係，群體關係，與橫面關係❿。例如某一單位其組織成員有三，一位主管，二位部屬；則其直接關係便指主管與個別部屬之關係，其接觸次數有二。群體關係則指主管與群體部屬之關係，其接觸次數也有二。橫面關係乃指部屬與部屬之間的關係而言，其接觸次數同樣有二（參看圖 12-6）。由此可見 小小之三人單位， 其人際交 接關係便

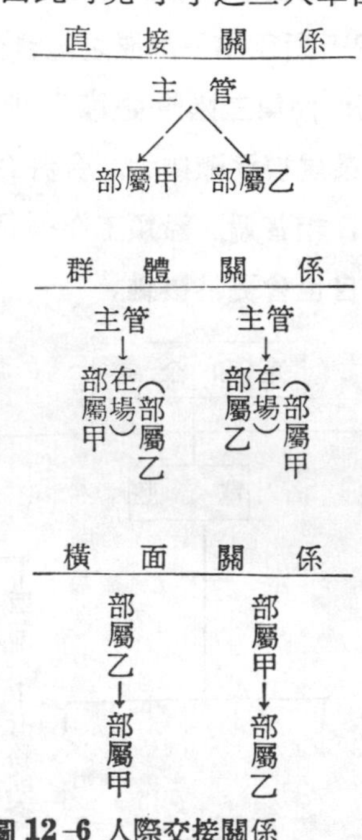


**圖 12-6 人際交接關係**

料來源：A. V. Graicunas, "Relationship in Organization," *Papers on the Science of Administration* ed. L. Gulick and L. Urwick (N.Y.: Columbia University, 1947) pp. 183-87.

顯出六種不同之接觸。如該單位再增添一人，那麼人際交接便更形頻繁。根據美國管理學會調查之結果，管理幅度一超過七人，人際交接

❿ 參看：
A.V. Graicunas, "Relationship in Organization," *Papers on the Science of Administration* ed. L. Gulick and L. Urwick (New York: Columbia University, 1947) pp. 183-87,

關係之頻繁足使管理之效率大大地減少。此正說明一般公司不管大小其平均管理幅度之所以大凡在七人以下之原因所在⓫。管理部屬之人數與人際交接之潛在次數關係可由下面公式推算而得⓬:

$$r = n\ (2^{n-1} + n - 1)$$

公式中之r代表組織內人際交接次數。n代表部屬人員,按此公式,企業單位之成員,如由三人增至四人,其人際交接次數便由六次增至十八次之衆。

管理幅度之大小與管理層次之多寡有直接關係。幅度愈狹小,層次自會愈繁多,而事業類別數目亦必隨之而繁複。權責之類別與層次於是更增加。

依類授予權責時,應注意職權與職責之平衡。而遵守權責上統御系統之一貫性。權力雖是導源於企業業主,部屬如果不接受管理者之統御權也無濟於管理之達成。是故現代管理學家以及企業家均開始重視部屬對管理者之接受及順應態度。該種重視,甚至於激起了主張『權力導自被管理者』之論調。不管如何,依類授予職權時應兼顧被管理者之接受與否始能發揮管理效能。管理者應具有:⑴決策權;⑵授命部屬權;⑶執行決策權;⑷督導部屬權;與⑸賞罰部屬權。授予職權之同時,應對職責有所規定。職責之範圍需劃分清楚,使具有職權者無推諉責任之餘地。此外在規定職責時應做之事需包括:頒發各層、各部門主管、. 及其所屬階層或部門之計劃, 所有之資源如人力、物力,報備程序、通訊系統、以及其他應注意事項,以便各主管確切遵循。各層級各部門主管雖有權遞層授予部屬職權,但仍然要負其全盤

---

⓫ 參看:

Henry L. Sisk, *Management & Organization*, 2nd edition, (Dallas: South-Western Publishing Co, 1972) pp. 301-311.

⓬ 同⓾。

責任。例如業務課長授權其外銷股長辦理公司之國外營運事宜，並規定職責所在，一旦外銷股長出於疏忽，在辦理國外商約時未能周詳地規定延期交貨責任，以致發生與外商之糾紛，業務課長仍然需要負其責任，是故一般管理學家均異口同聲地強調，權責雖然要規定，其確切確立實行要視部屬之內在可靠性而定。

依類授權之另一重要關鍵爲指揮權責與助理權責之辨認與劃分，指揮權責與助理權責之相異處，在乎前者首重公司各種營運之決策，而後者則重輔助決策之進行，兩者就如同軍中之指揮權責與參謀權責。在企業界，財務生產、行銷主管所具有之權責，涉及各項營運之重要決策，對公司目標之達成具有比較直接之影響乃屬指揮權責，而人事、會計、工程設計等，則僅對指揮系統提供必需資料或協助達成主要決策，乃屬助理權責。話雖如此，指揮與參謀權責有時實難僅僅依據「決策」觀點來劃分。參謀權責本身亦帶有決策權力，而指揮本身對其上層主管乃含有多少助理參謀之意味。此種現象從圖 12-7 可

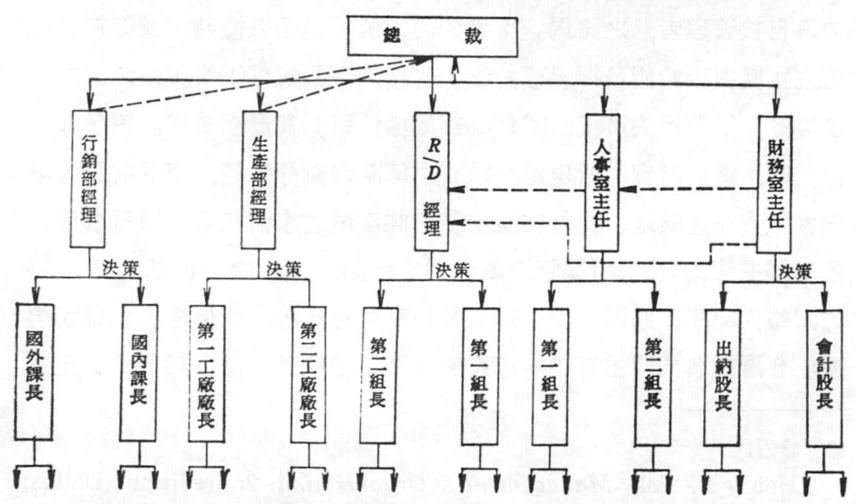


圖 12-7 指揮及參謀權責之流動
註：---→參謀權責　——→指揮權責

窺視其例。基於此種現象之存在，企業經理人員在組織其資源時，應認明指揮與參謀之關係與其在整個組織內之相互作用作妥切之依類授權。

組織企業資源之最終步驟是建立組織結構，此爲組織體系問題，組織體系依其權責在組織內流動情況可識別爲純指揮、純功能、指揮參謀、委員制與綜合等不同類型。何者較爲適合，當然要看業務之大小類別、企業資源、業主之政策等等而定。

### 肆、指揮與領導

企業組織體系既確定，企業所擁有之人力、物力在整個體系中便可開始作業。企業營運一開始，一切活動將均以「人」爲中心。雖然組織內之員工雖有既定政策、實行程序、與作業方法可依循，但工作上疑問之處在所難免，時刻需人指導。又各員工之個性、思想、作

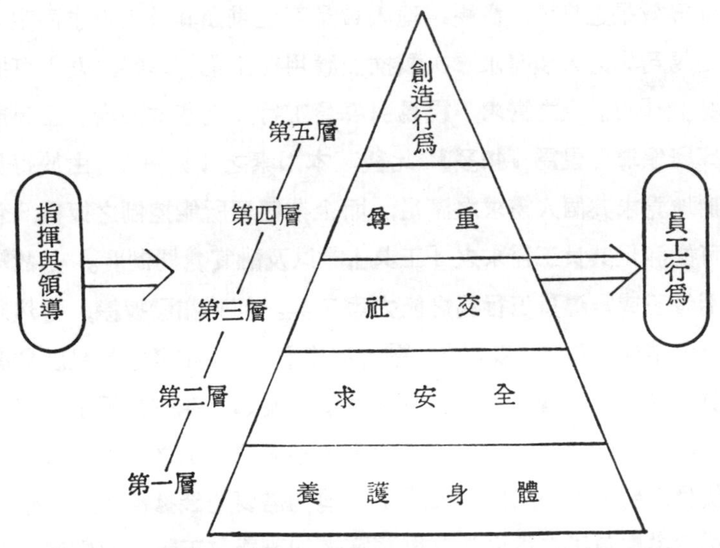


圖 12-8 馬司婁 (A. H. Maslow) 之「人類需求層級」應用在企業管理上之指揮與領導

法、態度不盡相同。對工作及任務之達成所下之努力，不甚一致。管理人員如不加以領導與啓發，工作效果不易提高，團隊力量更無法發揮。是故指揮與領導實爲管理過程中，增加「生產效率」之重要動力。有效地指揮與領導，要基於對員工之心理與生理之了解，始能事半功倍。企業經理人員應能針對員工之心理與生理行爲之需求，作各種指揮及領導措施。

著名之心理學家馬司婁(A. H. Maslow)，認爲個人行爲雖有不同之動機，但其爲滿足需要與欲望則人人皆一。如圖12-8所示。人類需求可概括分別爲五種不同之層級，每一層級均爲行爲動機。低層級需求一般可壓過高層級需求，而優先地求得滿足。待低層級需求滿足或部份滿足後，遞轉向上求取較高層級需求之滿足。就一般正常人言之，如果其文化背景、個人環境，以及其對外界『激勵』所呈現之反應相差不大，如其受到良好之指揮與推導，定會產生預期之行爲。指揮與領導效果之良莠，悉視經理人員是否能秉顧其員工需求而定。

由馬司婁之人類需求層次類推而應用在企業管理時，吾人可將員工「身」「心」上之需求，視爲引導員工行爲之基本因素。企業經理之指揮與領導可視爲『扣發』此種基本因素之『扳機』。由於每員工均不斷地覓求其個人需求之滿足，而企業經理所能控制之扳機，包括許多可能滿足其員工需求之「工具」，以及酬賞處罰制度。是故經理實具備修正或規導員工行爲之能力與工具。何時扣發扳機，當然須視需求之纍積程度而定。概言之，需求程度愈高時，扣發之效果就愈高。例如員工領導欲強者其創造實行需求就會高超，達成其需求之工具便是在組織內之升遷職位。指揮與領導如不考慮員工之升遷機會，顯然無法使員工努力安心工作。又員工如迫切需要金錢抵補家庭不斷增加之費用，激勵員工之途徑當首重薪賞，加班對員工講，便成額外之收入而不是額外之工作，因而升遷機會對員工並不重要。可見企業經理針對各不同員工之心身需求狀態，可不在同時候扣發不同之扳機。話雖如此，經常我們發現經理人員本身之作爲及態度，往往使其管理方法不顧及員工心身之發展。因此如何調和管理者之作爲及態度與員工心身之發展，成爲指揮與導領之基本任務。每一企業經理如能剴切明瞭此種基本任務，其指揮與領導定可收事半功倍之效。

按全美前管理學會主席希克斯（Herbert G. Hicks）言，調和管理者之作法與態度以及員工心身之發展，要分三部進行。亦卽：㈠釐訂員工工作範圍；㈡在員工工作範圍內授于員工充份行動權；與㈢依據員工工作成果，作考核及管制⓭。在實行這些步驟時管理者對員工之態度應合理化，旣不能偏X理論又不得偏Y理論，同時應釐訂廣泛之工作規則與充分靈活之通訊系統。

## 伍、管制

企業營運工作是否按照計劃順利進行，是每一經理人員所關心之事。管制乃係與實際工作，使其能與計劃吻合不差。其步驟包括：㈠制定標準；㈡追蹤檢查與考核；㈢依功過獎懲；與㈣矯正差誤。此種業務管制制度要分層負責，貫徹施行，始能消弭虛僞粉飾，推諉責任之現象。

整個管制之過程，如果有良好之報備制度，定能益臻效果。經理人員可從各項報表裡核查各項工作之進行情形，並與計劃進度或業務標準核對以便明瞭差誤情況。往往預算是一種普遍受用之標準，如果工作人員能參與制定標準或編製預算，管制效果必會大增，管制工作才容易達成。我國中央機構最近積極地在倡導追蹤管制與追蹤考核制度。行政院頒佈施行之『業務檢查辦法』規定各項列管要點，逐級實

⓭ Herbert G. Hicks, *The Management of Organization*, 2nd ed. (New York; McGraw-Hill Book Co, 1972) pp. 310-311.

施，分層負責，乃為邁向科學管制之實際行動。

管制忌苛，蓋業務之推行操於『人』，不顧及人性，一味嚴求，終成壓榨控制，既失卻管制之本質，又有扼殺工作人員革新之機會，此乃每一經理人員所應嚴戒者。

## 陸、協調

分工專業造成企業組織內各種活動間之距離。在整個企業營運上各種活動相互關聯，任一活動之阻滯將導致營運上之『瓶頸』現象。故如何使各活動能在整個計劃下，順利進行，互不相剋，乃為協調之要旨，協調實係分工專業下調和各專業，一貫各活動之過程。概言之達成協調之法有二：一則自動協調。再則被動協調前者以工作人員間之合作為必要條件，後者則以管理者指揮權力為必要條件[14]。因此，如何鼓勵員工間之合作風氣，對經理人員言係一種非常重要之事。員工間之合作可從不同角度去推展，諸如團隊精神之培養、員工作業方式之改進、經理人員對員工自制之倡導等等。管理權力之使用於協調，乃着重於行政上指揮各部門，各作業之相互配合順利達成整個組織之目標。

協調之另一重要涵義是調和計劃、組織、指揮與領導，以及管制等作業，使其一貫，一有差誤能速求改正，回饋於計劃甚至於目標之修正上。

良好迅速之協調必靠體系完善之通訊及報備制度，除此而外，組織內非正式通訊系統，如組織內各部門員工間之私人溝通亦對協調工作有擧足輕重之影響。此一員工私人間之通訊網，經理人員可作適切之利用以傳遞組織內必要之消息。協調工作最忌繁文縟節，而首重扼

[14] 按百地得教授，協調有自願與指導兩者，筆者認為應區分為自動與被動兩者。有關百地得之論點，讀者可參閱彼著：
Thomas A. Petit *Fundamentals of Management Coordination*, New York; John Wiley & Sons Inc., 1975.

要簡明，公司業務益趨繁雜，愈需簡化協調手續。

## 柒、革新

革新是維持企業青春活力之源泉。其在企業競爭激烈之現今，倍加顯出其重要性。革新有改革創新之涵義。對經理人員講，乃意味着對企業營運活動之革新。這當然包括對計劃、組織、指揮與領導、管制與協調等管理作業之改革與創新。經理人員如對新進之思想與作業，無法容納，閉關自守，則經理人員本身便沒有革新之可能。每一組織革新風氣之養成要靠：㈠經理人員本身之倡導；㈡多與外界接觸；以及㈢組織內設置人才發展及訓練機構以謀求新進思想之繼續發掘。企業家若能朝此三向，持之有恒，假以時日，革新風氣定可蔚成。

# 第十三章　釐定目標

## ——我國目標管理觀念導向——

自從一九七〇年代後，策略規劃逐漸開始被企業重視❶。企業管理人員，尤其高階管理之作業重點業已偏重於策略性決策。企業營運之規劃作業層次與幅度亦已擴大。企業運作目標體系之厘訂，顯然爲企業主管人員八大職責之首要任務❷。此一首要任務，是組織人力與物力之基本原因，亦爲引導人力、物力之火光。

本章擬就企業目標之內涵與表達『工具』以及企業目標體系加以探討後，提出訂定企業目標體系之程序與厘定企業目標體系時應考慮事項，供企業主管人員參考，期能對加強此一引導企業營運之火光及目標管理理念之認識，有所助益。

## 第一節　企業目標之內涵與表達「工具」

### 壹、目標之內涵

目標可視爲達成組織使命之「手段」，爲運用組織資源所欲達成之「理想境界」，亦爲引導組織人力與物力之「指針」或「火光」。例如國防部福利總處之使命爲：『貫徹　總統關懷軍公教人員以及眷屬

---

❶ William H. Newman and James P. Logan, *Strategy, Policy and Central Management*, 8th ed.(臺灣版，臺北：華泰書局印行，1981)p.v,

❷ 郭崑謨著，主管人員之八大職責，企銀季刊，第五卷，第二期（民國七十年十月），第11～18頁。

生活之德意，以「低價供應」，協助政府穩定物價，提高部隊士氣，安定社會民心，促進經濟繁榮』❸。為達成此一使命，福利處之運作目標為：

㈠充分供應民生必需品，增進軍公教人員及其眷屬直接福利。

㈡為廠商開拓廣大市場，保障其合法利潤❹。

當然隱含在此兩個目標之中者為本自給自足原則有計畫地拓展福利業務，亦即福利處營運利潤與成長。

一般而言，企業目標可大別為經濟目標與社會目標兩大類。邇來消費公衆業已大大覺醒，對生活素質之改善開始積極重視。企業之社會目標已成為經濟目標之先決條件。

依據經濟部國營事業委員會總體經營制度草本第八章第一節第一款之條文，企業『經營目標係指在一定時間內，各事業期望經由各種行動所完成之理想境界或事務，其設定為總體經營制度之中心工作。』❺此一定義十分顯露訂定目標之重要角色。

目標之內涵當然依不同管理層次而異。在同一組織內，最高階層之目標當應包括整個組織之對外「社會」責任（諸如提供價廉物美安全之產品，公平任用，防備公害等等）以及組織之利潤與成長目標；次一階層之目標包括生產與銷售之配合，再次一階層之目標包括工作之分配額及進度等等……❻。

## 貳、目標之表達工具

用以表達目標之工具有整個群體之目標指針、長、短期計劃書、

❸ 國防部福利總處建立「企管制度」作業規定，國防部福利總處印行（印行日期未標示），第1頁。

❹ 同❸。

❺ 陳定國著，高階管理，民國六十六年印行，第624頁（附錄二）。

❻ 郭崑謨著，企業與經濟時論，民國六十九年，六國出版社印行，第173頁。

預算、工作分配表、工作進度表、工作標準、工作說明書等等。不管爲何種工具，應具體明確，容易明瞭以利遵行。

由於目標之內涵與表達工具，亦爲來日衡量工作績效之內涵與標準依據，目標之內涵應盡量數量化以資比較與改進，使績效更昭彰。易言之，目標不是敍述性的作業名稱，而應該是道道地地具體的預期成果。玆擧數例於后。

△創新目標：如組織內部每年開發X種新產品。

△工作進度目標：何日何時生產多少，何日何時完工。

△預算：收入、支出各項數目之詳細列出。

△成長目標：今（明）年銷售額增加百分之五。

△產品品質：達到國家標準（以數量表示）。

△利潤：提高百分之廿。

倘目標無法數量化，亦不必勉強進行數量化，以免歪曲事實。質的衡量可以輔助對目標的了解。譬如：

△訂定成本會計制度以便各層員工控制其作業。

△編訂品質等管制手册。

△擧辦推銷員推銷技術講習會。

△改變廣告之內容使之配合季節性民間活動。

△增強持有碩士學位員工，加強研究發展之進行等等。

既然目標之內涵與表達工具，亦爲來日衡量工作績效之內涵與標的，帝勤氏（Seymour Tilles）所提議之判斷組織績效之各種「指標」，實可做爲訂定目標之參考。帝勤氏之判斷組織（或達成目標）績效的各種指標，依所要滿足之「對象」而異，玆列擧於后：❽

---

❼ 同❻，第174頁。

❽ 許是祥譯，經理人職責的系統觀，理幾文集第23集，民國七十年漢苑出版社印行，第30頁。（原著 Seymour Tilles, "The Manager's Tob– Asystem's Approach" *Harvard Business Review*, Jan-Feb., 1963）.

(一)股東：股價之變動幅度，實付股利。
(二)員工：工資水準、就業機會、職業安定性。
(三)消費者：產品價格、滿足程度。
(四)同業（競爭者）：市場成長率、新市場之開發率。
(五)債權人：遵守合約之程度。
(六)供應商：付款速度。
(七)社區或社會：對社區或社會發展之貢獻。
(八)國家：公共責任的承擔。

## 第二節　企業目標體系

### 壹、目標圈觀念

整個規劃作業，實際上，可視爲一連串目標圈之環接過程。循此觀念企業目標體系有下列之數個不同層次之目標：

(一)追求滿足社會大衆（消費者與使用者）之「哲理目標」——亦卽主管人員價值觀念之表白或反映，如可口公司之基本目標爲『滿足社會大衆之「保健」需求』。「哲理目標」往往以「宗旨」標示。
(二)提供某特種產品（貨品或勞務）業務之「基本目標」——「使命」，如裕隆汽車之「供應地面運輸工具」，首都旅行社之「提供大衆旅遊服務」等等。
(三)整個企業或組織成員所欲達成之具體理想，亦卽「策略目標」，如中興電機公司之利潤率，成長率，以及社會服務等。
(四)公司內各部門企業達到之運作目標——「策略次目標」，如人事部之幹部訓練與輪調，財務部之淨資本比率之提高等等。
(五)公司各部門內組成機構或單位所欲達成之理想——「策術目標」，如訂定廣告費支用方式，銀行借款額度等等。

上述數目標之連貫性，可藉圖例示明。如圖 13-1 所示，基本目標（使命）爲達成哲理目標（宗旨）之手段；策略目標爲達成基本目標（使命）之手段；策略次目標爲達成策略目標之手段；而策術目

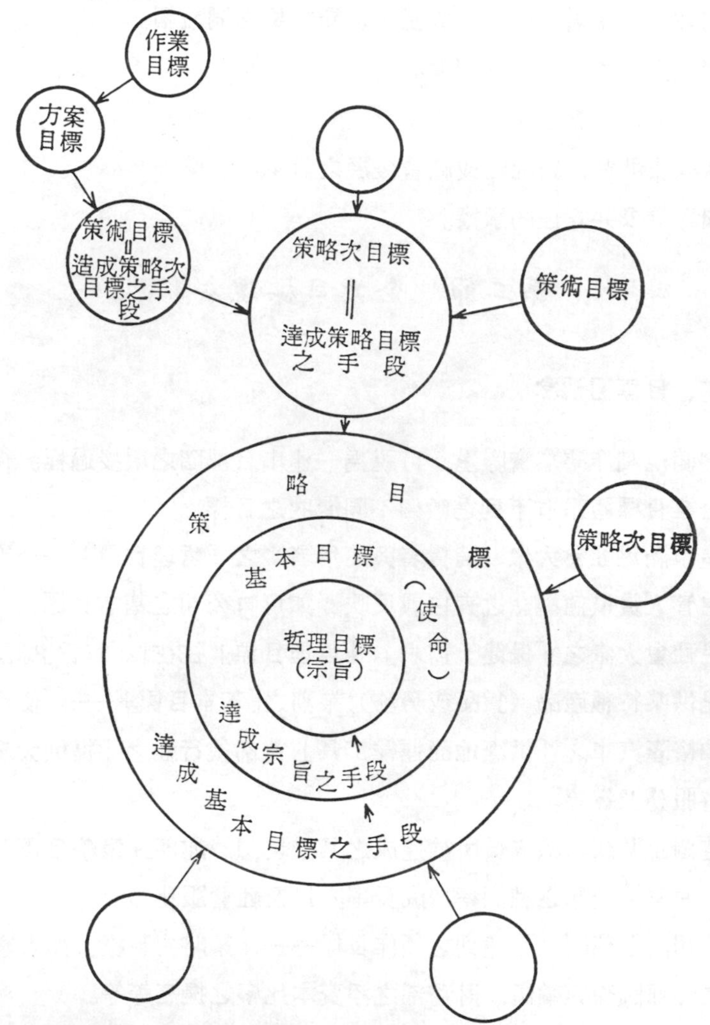


**圖 13-1** 目標圈觀念

資料來源：郭崑謨著，「論企業目標體系之訂定」，台北市銀行月刊，第14卷第12期（民國七十二年十二月），第54～63頁。

標爲達成策略次目標之手段等等，形成一連貫之目標圈群。

## 貳、目標體系

企業目標不但「多元」而且具有層次及時間幅度。所謂多元乃特指企業目標除本身之獲利能力外有衆多其他目標，諸如成長、社會服務等多重目標而言。層次之高低乃指由經營者經哲理與企業環境生態因素所促成之宗旨，而至策略而言。至於時間幅度有長程、中程、短程之別。玆將此一兼顧三向度之目標體系理念以圖 13-2 示明後，再以一比較具體之目標體系圖範例（見圖 13-3 ），供作參考。

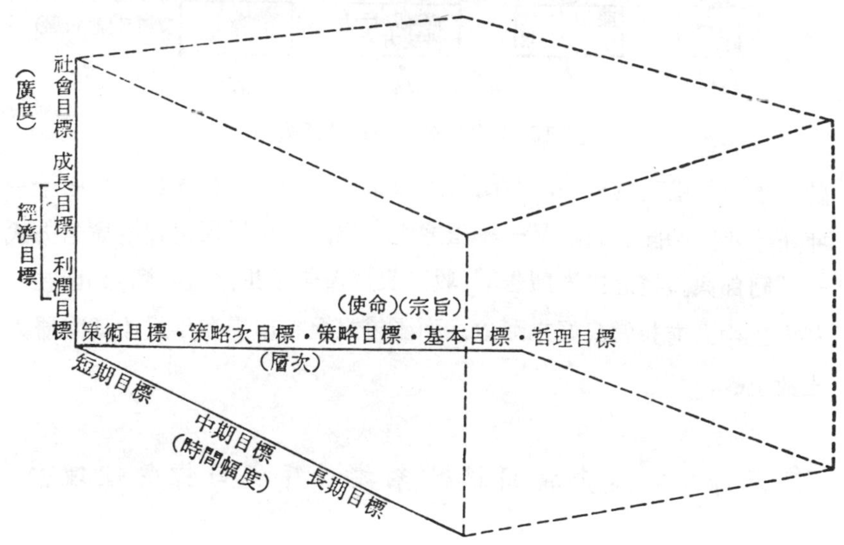


圖 13-2 三向度目標體系理念

資料來源：郭崑謨著，「論企業目標體系之訂定」，台北市銀行月刋，第14卷第12期（民國七十二年十二月），第54～63頁。

一如圖 13-3 所示，策略目標之時間「向量」，應兼顧長程、中程、短程；策略次目標之時間「向量」多半屬於中、短程；而策術目標之時間「向量」卽以短期者居多。譬如廣告方式之訂定，應見時轉

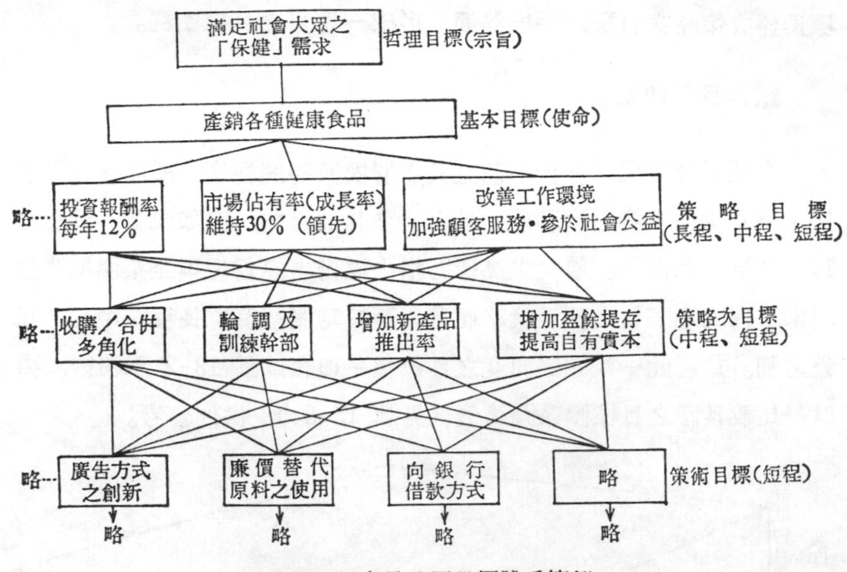


圖 13-3 食品公司目標體系範例

舵，須要具備高度彈性，始能收到效果。舉如可口公司自民國七十一年下半年開始配合新產品——蛋捲之推出，採用嶄新之電視廣告方式——「阿郎與蛋捲之主題廣告」，收到良好廣告效果，蓋「阿郎」已在一般女工中具有相當良好之形象，而蛋捲之潛在市場多半爲中低階層人士故也❾。

## 第三節　訂定企業目標體系之程序與目標管理理念

### 壹、訂定企業目標之精神

企業目標體系之厘訂，若基於目標管理之理念與作法較能確定掌

❾ 此乃可口公司總經理張信雄先生之看法。民國七十一年十二月十四日與可口公司總經理張信雄先生訪談。

握重點，易於進行。概言之，目標管理體制可分1.組織中心型；2.個人中心型、以及3.成果中心型三種❿。組織中心型目標制度之厘定程序係由上而下；個人中心型之目標制定程序係參與式之「商議性」作業；而成果中心型之目標制定則寄重於各事業單位或責任中心。

一般而言，具有事業部或責任中心之相當分權企業，較合於成果中心型；營業性質適集權管理，且營運成果不易數量化者可採組織中心型。近幾年來，參與式管理普受重視，目標體系之建立，以個人中

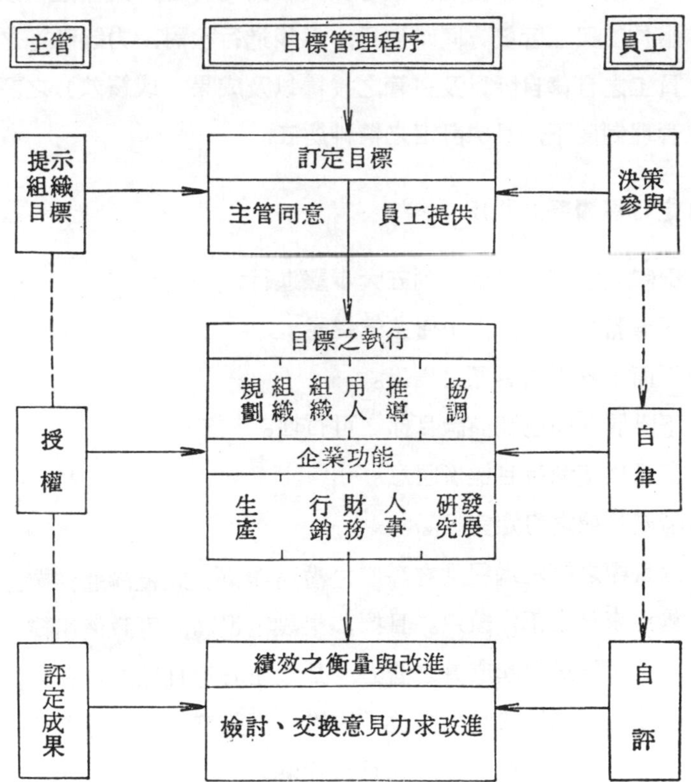


圖 13-4 目標管理實施程序與目標之訂定

資料來源：郭崑謨著，目標管理之認識與實施

企銀季刊第三卷，第三期（民國六十九年元月）第14-17頁。

❿ 陳定國著，實用目標管理學，民國七十年印行，第51～61頁。

心型受用較廣，亦應加以推廣。此種體系之建立，一如圖13-4所示，顯示訂定目標體系之基本精神。

目標管理涉及主管與員工之決策參與。在目標制訂時員工提供其所能達到之目標，而主管則一面提示組織之目標，一面商討並同意部屬員之目標。為提高員工目標之訂定。主管往往可藉『職務之擴大』以增加其工作興趣，藉『分工』以提高其工作效率。如斯員工之潛力可在無形中發揮。目標旣然係主管與員工共同訂定，對營運績效之評定自亦由員工與主管雙方同時進行，然後進行檢討，力謀改進之道。因此，員工之自律自評以及主管之授權以及成果（或績效）之評定亦為目標管理制度下，目標訂定之精神所在。

## 貳、訂定目標體系之程序

目標體系之訂定可依下列五大步驟進行:

㈠了解群體之目標，由上層主管提示。

㈡由下而上各層次目標之提出。

㈢上下階層共同協調商議目標之可行性。

㈣修正目標使執行目標者同意。

㈤各階層目標之訂定完成。

整個目標之訂定過程具有高度之溝通作業。此種溝通作業之完滿與否，奠定來日之工作績效。目標如果設定過高，可致使組織成員士氣不振，反而無法激起成員之潛力，是故在訂定目標之過程中，上下級主管，或上下階層人員均應放大胸襟，溝通協調。畢竟個人之目標與群體之目標無法完全吻合，執行目標者之參于目標之訂定，與上層主管之參于商議乃一重要過程。

部屬提出之目標，代表部屬之承諾，主管之參于商議可使目標系統化。

上述群體目標，包括哲理目標（宗旨）、基本目標（使命）、策略目標（長程、中程及短程）、策略次目標（中程及短程）以及策術目標（短程）等各層次，長短程，以及各類型（如經濟性、技術性、社會性）目標。

概言之，哲理目標（宗旨）以及基本目標（使命）之訂定，係以董事會爲中心，而策略目標及策略次目標之訂定通常以最高管理階層以及（或）一級單位（部門）爲中心，至於策術目標之厘訂則以部門階層以及（或）部門內一級單位爲中心。

訂定目標時，應參考環境生態資料、市場調查分析資料，以及企業之內部可控制資源之情況，並以未來市場景況爲主導，儘量以量化方式（諸如百分比、數字、時間、尺度化指標等等）表達。

圖 13-5 爲一目標體系圖，可供參考。

## 第四節　釐定企業目標體系應考慮事項

### 壹、一般事項

爲使企業目標體系之訂定能切合需要，發揮規劃與控制功能，主管人員應注意下列數端：⓫

㈠目標不能訂得過廣、過高，以免分散資源，誘使員工之消沈士氣。

㈡目標雖不能訂得過高，但要富有『善意挑戲性』氣味，始能激發員工之潛力。

㈢主管人員要去除權力遺失之恐懼，始能有效地授權。主管人員沒有理由恐懼權力之遺失，授權並不等於『去權』。最後之權責仍

⓫　同❺，第176及178頁。

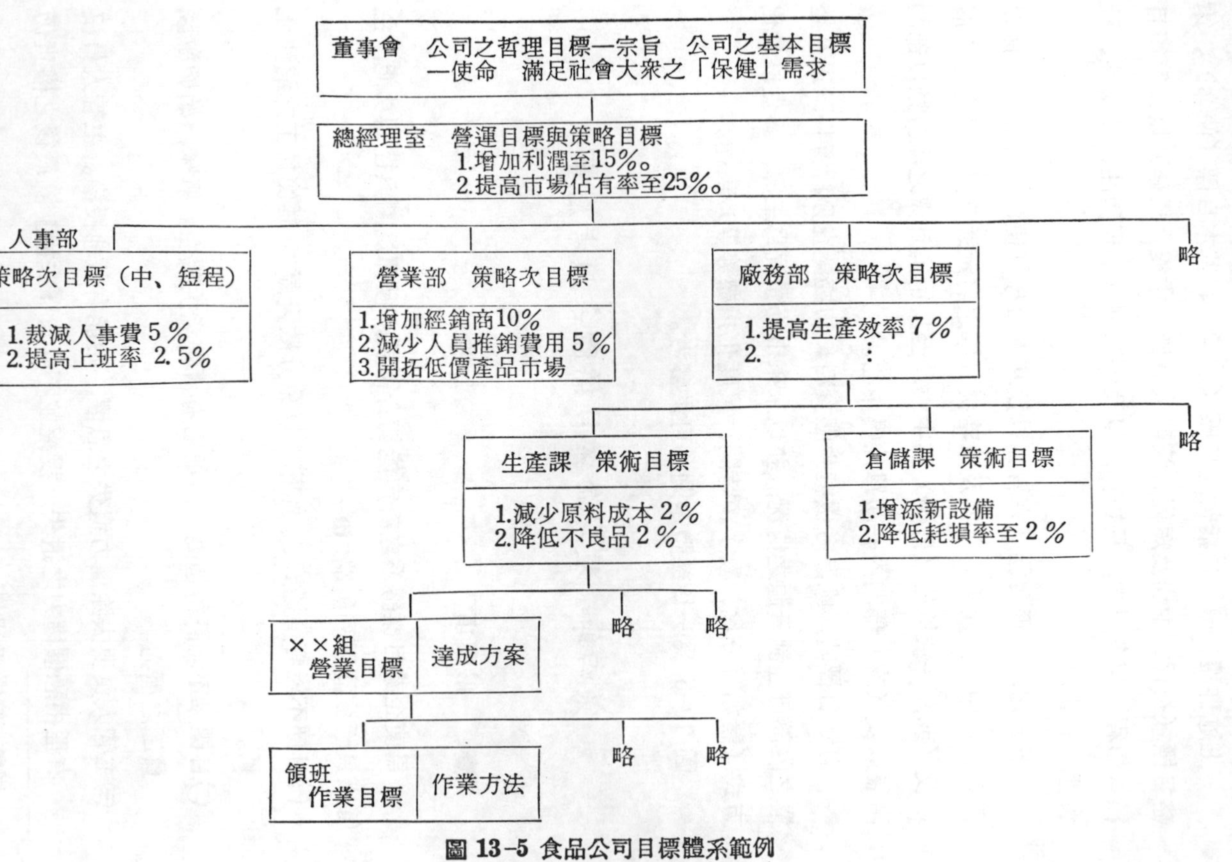


圖 13-5 食品公司目標體系範例

然操於主管。

(四)主管之目標一定要與其所受上級主管所授予之權力相一致。倘目標大於所受之權力則目標無法達成；苟目標小於所受之權力則目標執行雖易，企業資源容易浪費，亦易引起部門間員工之爭議。

(五)目標執行須經常追踪考核衡量績效，力求改進，否則目標管理將徒流於形式

(六)爲便於目標之訂定執行與管制，有關部門可製訂目標卡，以利作業（見表 13-1)。

## 貳、特殊事項—重視「管理外管理」之目標規劃

歐西各國目標的制定非常明確而且詳細，甚至含有根本沒有社會哲理所依據之諸多社會目標。正因爲他們缺乏固有傳統社會哲理依據，因此目標要規定得更詳細，寫得非常明確，諸如，與社會目標共生之利益目標，公司的成長目標等等。這些目標我們不能有所非議。

我們不但要了解目標的訂定，更重視非正式目標。非正式目標乃特指沒有正式化，但涵蓋組織成員「心中」重大的個人目標與意願。我們要訂立一個新方案，把這些非正式目標吸納進來，如此我們的目標更易達成，且效率將會比歐西各國目標效率要好。玆以圖表示於后。

如圖 13-6 所示個人（丁）之目標與組織目標吻合處甚少，意味加入組織後組織成員（丁）可達成個人目標程度甚低，與組織成員（甲）相較，有天淵之別。組織成員（甲）可能是特有股權之部門經理，或可能是董事兼總經理。非正式目標圈之擴大（如箭頭所示）必能增加成員（丁）之個人成就感。

團體目標與成員目標吻合越大，成員所下的功夫會愈賣力。我們講管理外的管理是要把非正式的目標表達出來。每一員工加入組織

**表 13-1 以目標卡計算績效之例**

| 目標次序 | 重點目標<br>具體基準、設定目的 | | (a)<br>達成速度 | (b)<br>困難程度 | (c)<br>努力程度 | (d)<br>（各目標初步評定） | (e)<br>修正 | (f)<br>各目標評定 | (g)<br>目標比重 | (h)<br>比重評點<br>e×g | (i)<br>修正理由 | (j)<br>備註 |
|---|---|---|---|---|---|---|---|---|---|---|---|---|
| 1 | 提高生產效率<br>TOV 107%<br>・控制器104-108<br>・臥床103-105 | 1 | A 60<br>B 50<br>C 40 | A 36<br>B 30<br>C 24 | A 24<br>B 20<br>C 16 | 104 | +10<br>114 | A | (%)<br>40- | 46 | 機械課設計變更不充分，採購課能率課目標未達成，影響生產計劃 | ・控制器、工作分析、工程管理者有成效。臥床方面事前分析不足。 |
| 2 | 縮短工期<br>上期4個月→3.5個月<br>・傳票書類簡化<br>・減少不動時間 | 2 | A 60<br>B 50<br>C 40 | A 36<br>B 30<br>C 24 | A 24<br>B 20<br>C 16 | 206 | 0<br>116 | B | 30 | 32 | | ・事務簡化方案尙須進一步研究 |
| 3 | 降低成本<br>以VA達成CD 2%<br>・每一品種設定細部目標 | 3 | A 60<br>B 50<br>C 40 | A 36<br>B 30<br>C 24 | A 34<br>B 20<br>C 16 | 110 | -20<br>90 | B | 101 | 9 | 技金、各課達到預期以上的效果 | ・達成程度尙可，但目標不够緊 |
| 4 | 減少製品事故<br>減少上期的25%<br>・展開ZD運動 | 4 | A 60<br>B 50<br>C 40 | A 36<br>B 30<br>C 24 | A 24<br>B 20<br>C 16 | 90 | 0<br>90 | B | 10 | 9 | | ・僅止於減15%，方法的分析須加强，還須徹底進行 |
| 5 | 提高上班率<br>直接員前期95.2%→95.5%<br>間接員維持工場平均值 | 5 | A 60<br>B 50<br>C 40 | A 36<br>B 30<br>C 24 | A 24<br>B 20<br>C 16 | 96 | 0<br>96 | B | 5 | 55 | | ・須再研究方法，惟初步成效尙著 |
| 要指導事項 | | 6 | 綜合不屬上記的各種業務就d予以評定 | | | 100 | 0<br>100 | B | 5 | 5 | | ・尙可委讓部分權限 |
| | | 評定基準 | (e)<br>(h)合計 | 111<br>以上 | | 90<br>100 B | 89<br>以下 | | (g)計<br>110 | (j)總分<br>106 | 總評 | 全般而言，不够努力，必須進一步提起奮鬪志奮力而爲 |

來　註：ZD＝無缺點計劃；CD＝降低成本；VA＝價值分析；TOV＝總生產值。
員工之積分＝（目標達成程度）×（目標複雜程度）×（員工努力程度）＋（修正因素）：
此一考核之模式當然亦適用於一級主管對二級主管。二級主管對三級主管之評核。

**資料來源**：東京芝蒲電氣株式會社編著，林文仁譯，目標管理實踐手册，民國六十六年臺北現代企業服務社印行第113頁第25表。

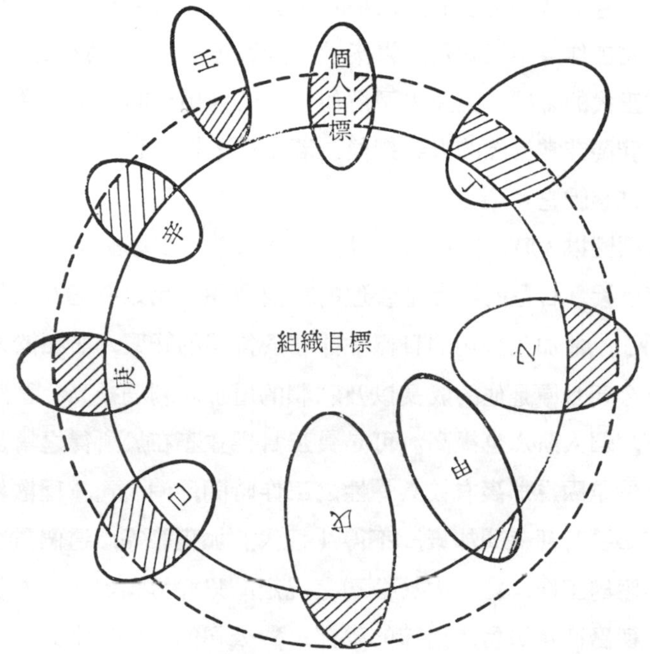


圖註：……：非正式目標或目標外目標之吸納範圍
▨：組織成員個人目標滿足程度之增加
—→：組織目標圈之擴大（實質）

**圖 13-6** 組織目標與個人目標之關係

資料來源：郭崑謨著，管理外管理緒論，現代管理月刊，民國七十年十二月號第28～30頁。

註：本圖業經修訂。

（公司）都具有個人目標，而不一定以達成公司目標被聘進。不論是何種意願，也許因爲一時無法謀得一職，臨時找一跳板機會，安定生活，一方面尋找另一工作，所謂「騎馬找馬」。管理外管理的目標要眞正發覺成員非正式或不願表達的目標，將之納入組織目標範圍之內。個人有很多目標存在，但有些不敢表白或未便講出來的目標可能佔了百分之八十。如果如此，試想在公司的組織範圍內，上班時間內員工爲能「心、身」八小時上班，八小時花在公務？如果有百分之八十的個人目標在工作時不能滿足，答案顯然是否定。因此，我們要盡量納入個人非正式的目標，盡量去了解他沒有表達出來的，不敢講出來的目標。主管要非常自然的去發掘他，若主管發掘出它時，自可藉目標「外圈」來容納它。

在目標圈擴大時，亦卽藉「外圈」擴大時，組織必定可以增加效率。無可置疑，目標的訂定是管理的首要課題。比如有些人在外面兼差讀夜間部，他加入公司的目標並非在於待遇的好壞，而在於方便進修。但是公司目標是他的成長以及利潤的增加。利潤提高，當然個人分紅提高，個人薪水也提高。可是員工目標並不在於所得之增加，他進入的目的是因爲那裏有較具彈性之工作時間，倘公司章程嚴格規定公司員工必要時應夜間加班，不得「替代」加班等等，這個員工雖然高高興興應聘工作，結果由於公司之規定，只好另謀他職。有很多類似情況，使廠商無法留用精練的幹部，對公司的損失非常大。

訂定目標、規劃與組織爲一連貫性作業。儒家「忠恕」、「愛」、「仁義」的道統與墨家、法家、道家等相融似使一般人認爲員工加入組織，必爲達成該組織目標而加入，也許乍看之下，偶聽之餘非常正確，但若詳加思考分析，並不盡然。人有人性，我們中國人講究人性，我們當然也講究人際關係，因此，我們要考慮員工加入組織的目的，使員工能達到個人的目的，這樣才與我們傳統不違背。我們講究先強自己然後來强家，而後治國平天下。根據這個推理，我們一定要考慮個人目標，納入個人非正式目標。如此，一定可以提高我們管理效果。

要提高管理效果，要了解個人情況，必須靠領導和管制配合，才能眞正了解員工個人心中有否要表達的心願、目的，才能使員工之未達成或不願表達目標融合在組織目標之內。

企業目標體系涉及層面甚廣。包括高低層次，時間幅度，以及目標之多元廣度，不管其爲何種層面，槪可藉「目標—手段」環觀念使其連貫。在訂定目標體系時，主管人員應基於目標管理之理念與作法，採用「參與管理」導向，使有關人員能參與制定，如斯始能淬勵組織成員，自動奮發，發揮潛能，達成組織目標。

整個目標體系之釐訂過程，實爲企業規劃作業之中心。此一作業之強化，必可提高主管人員之管理績效，進而增進企業營運效果。

# 第十四章 規　　劃

管理功能的第二個項目就是規劃。它必須以組織目標爲依據進行。基本上，規劃是從組織機構未來的可能行動中進行選擇，並進一步決定此一行動應由誰來執行，在何時執行，以及如何去執行與完成。規劃所着重的是要讓事情順利進行，要讓企業未來不論是長期還是短期的作業，在有計劃的安排下，能够適時適當地達成預定目標。雖然未來的實際狀況，在目前仍難預料，也沒有適當的方法來控制影響未來的所有因素，導致我們所做的計劃可能不是很完整，但是若沒有規劃，則一切事情的發展，只能憑機運來決定，這並不是一種好的管理方法。

近幾十年來，由於管理理論與實務發展快速，愈來愈多的組織機構體會到規劃的迫切性，以及規劃生產、行銷、財務、人事、研究發展等各種企業功能中的重要性，如果沒有適當的生產規劃，則整個企業的生產綫將很快出現錯誤，而造成生產瓶頸或停工待料的問題。同樣地，沒有適當的財務規劃，公司的資金週轉也極可能出現致命的危機。

今日的企業組織所面臨的是一個混合經濟、政治、社會與科技變化的複雜環境，使得規劃工作成爲企業生存的必要條件，環境的變遷與經濟的成長，爲企業帶來了機會，也同時帶來了風險與威脅，尤其在目前競爭激烈的情形下，應如何把握機會，減少風險及威脅，實乃規劃的眞正目的。

# 第一節 規劃之基本概念

## 壹、規劃的定義

在管理文獻上，各學者對規劃的定義有不同的看法，史坦納(George Steiner) 曾言：「到目前爲止，並沒有一個爲大家所共同接受的規劃與計劃的定義存在。」❶不過，依他的看法，一個完整的規劃應考慮下列四個要點，即：規劃的(一)本質，(二)過程；(三)哲學，(四)結構❷。

斐恩 (B. Payne) 認爲：長期規劃可以視爲所有規劃功能的整體協調作業，它是一種規律，用來迫使組織的各項功能彼此協調而朝向預定目標邁進❸。

於本書中，我們採用史谷脫 (B. Scott) 的說法，將規劃定義爲：「所謂規劃就是包括對未來的評估，在未來環境下之期望目標之決定，達成該等目標的各種選擇方案之擬定，以及從上述選擇方案中決定某一最適方案的一種分析過程。」❹

## 貳、規劃的特性

規劃的主要特性有下列幾點：❺

---

❶ George Steiner, *Top Management Planning* (New York : MacMillan Co., 1969), p. 5.

❷ *Ibid.*, p. 6 .

❸ B. Payne. *Planning for Company Growth* (New York : McGraw-Hill Book Co., 1963), p. 7.

❹ B. Scott, *Long-Range Planning in American Industry* (New York : American Management Association, 1965), p. 21.

❺ Robert J. Thierauf, et al., *Management Principles and Practices* (N. Y. ; John Wiley & Sons, 1977), pp. 203-05.

(一)規劃對目標的貢獻性 (contribution): 所有的規劃作業都是為了為完成組織目標而進行。

(二)規劃的基要性 (primacy): 規劃作業乃一切管理活動之始，要做好管理，必須先做好規劃。

(三)規劃的普遍性 (pervasiveness): 是指任何管理階層的任何管理活動均需進行規劃。

(四)規劃的協調性 (coordination): 管理人員進行規劃作業時必須注意何人 (who)、何事 (what)、何時 (when)、何地 (where)、如何 (how)、與為何 (why) 等問題之協調一致。

(五)規劃方案的選擇性 (selection): 管理人員必須從許多擬具的規劃方案中選出最有利的行動方案來。

(六)規劃的效率與經濟性 (efficiency and economy): 規劃作業的執行必須能以最小的成本儘速達成組織目標。

(七)規劃的正確性 (accuracy): 在規劃過程中，必須正確的預測出經濟與科技的變動對企業所產生的影響，以免所擬具之計劃(plans) 變成不可行。

(八)規劃的彈性 (flexibility): 所規劃出來的計劃必須能隨着實際情況的變化作調整，而不致失去其效率與經濟性。企業所面臨的不確定性愈高，愈須保持企業規劃的彈性。

(九)規劃的控制性 (control): 管理人員的規劃出來的計劃，必須能在實際執行中追踪比較，核對其執行結果與預期結果間的差異，以便加強其管理活動或修正該計畫。

## 參、規劃的重要性

由上面的說明，我們可以瞭解規劃的意義與特性，以下我們將說

明何以管理功能中要包含規劃功能，其主要原因有下列幾個：❻

**一、消除或降低企業所面臨的不確定性及變化**

企業所面臨的是一個不確定的未來，它的變化很難事先做有效的預測。因此，為了消除或降低不確定性與變化，企業的規劃已成為極必要的功能。由於未來的變化還難確定，而且時間愈長，愈難把握，因此管理者必須隨時進行規劃與追踪控制的工作。

管理人員也許可以很肯定的確信下個月或下一季的定貨量、生產成本、產能、流動資金等等企業生產因素，而預估下個月或下一季的獲利情形。然而，可能由於一次無法預期的災變，就可把所有情況完全改變，因此管理者愈往更長遠的未來進行規劃時，他將對企業內外在環境的穩定性愈缺乏信心，也對其所制定的決策之正確性愈感懷疑。

即使未來情況非常確定，規劃工作仍然必要。因為：第一，我們須從若干可能的行動方案中，選擇一項達成目標的最佳方案，如果未來相當確定，我們可以根據已知事實，利用數學模式或決策分析工具，來求取達成預期成果的最佳方案；第二，當最佳方案決定後，我們必須進一步安排其執行計畫之內容，以便使企業中每一活動都能有助於任務目標的達成。

在未來的變動趨勢甚為明確的情況下，企業的規劃也可能發生困難，以過去黑白與彩色電視機的生產規劃即為一適切的例證。從黑白到彩色電視機的市場需求並非突然改變，每個廠商都了解此一趨勢，有的廠商也許會隨著市場需求的變化來逐漸調整其生產比例；有的廠商也許會毅然放棄黑白電視的生產，而全力發展彩色電視機；有的廠

---

❻ 參閱 Harold Koontz and Cyril O'Donnell, *Management: A Systems and Contingency Analysis of Managerial Functions,* 6th ed, (N. Y. : McGraw-Hill Book Co., 1976), pp. 142-43.

商也許會開拓黑白電視機的新市場，而同時維持兩種電視銷售的穩定成長。各個廠商所做的規劃與決策自然隨着個別企業特性的差異而有不同。至於，在未來變化趨勢不明確的情況時，想要做好規劃工作必更重要。

**二、可集中心力，全神貫注於目標之達成**

所有企業規劃都是爲了達成企業目標而做，因此，在進行規劃時，自然會針對企業目標全力以赴。而在規劃過程中，都以順利達成目標爲中心來考慮所有問題的解決，如此一來，各部門間的活動自是易於協調一致。企業所面臨的問題實相當多，如果沒有適當規劃，管理者往往只顧着忙於應付當前問題的解決，而忽略了企業長期發展的利益。有了適當的規劃，可以讓管理者兼顧企業短期利益及長期發展之平衡，並且可以適時地配合達成企業目標之考慮而調整或發展新的執行計畫。

**三、便於有效而經濟的進行企業營運作業**

企業規劃之所以能够降低成本，是因爲其規劃過程中特別着重企業營運效率與協調一致的緣故。企業規劃是以合作指揮之努力來取代未經協調的個別作業、均衡工作流程、以及進行深思熟慮的分析決策。

規劃的經濟效益可從生產層面很清楚地顯現出來。例如參觀過汽車裝配工廠生產作業的人，都會對各種汽車零件組合裝配成車的情形留下深刻的印象。此種裝配作業是從高架傳送系統送來車身，再從其他地方送來各種附屬零件，並在指定的時間內把引擎、傳動系統，及各種零件正確地安置在適切的部位，而組合成一部完整的汽車。從這個例子中可以看出，如果沒有週詳的計劃，汽車的製造將會一團糟，而生產成本也將高漲。然而，雖然管理人員都了解生產規劃的經濟效益，對於其他的重要規劃問題，卻常常任憑它自己發展或過份依賴個人的隨意決定。

### 四、便利公司營運作業之控制

管理者若無規劃目標，將無法查核其部屬的績效。沒有計畫的制定，卽無執行標準可資參考比較。企業的控制活動也應如同規劃作業一樣，把眼光看向未來。一位高階主管卽曾表示過，下班後卽不再想當天所發生的事情，因爲，往事已矣，重要的是未來的發展，也只有對未來的事情才可能還有作爲。

## 肆、規劃的主要構面

企業所進行的規劃並非只從單一角度來考慮。依卡斯特與羅森巍的看法，規劃的構面可分成四種：❼

### 一、規劃之層次（level）

前面提到規劃之特性時，曾說明規劃具普遍性，亦卽，企業內的各個管理階層，都需要從事規劃，不過，不同管理階層所從事規劃工作之性質各有不同。一般說來，高層主管所從事的規劃工作較偏向於策略（stratigic）性質。中層主管所從事的是偏重於部門別功能性規劃，是屬於戰術（tactical）性質。而基層主管則主要從事實際執行性的規劃，爲作業性（operational）規劃。

### 二、規劃之幅度（scope）

若從規劃的幅度來看，企業規劃幅度有廣狹之分。有些規劃係以整體企業組織爲範圍，探討其未來之發展方向，可謂之整體規劃。有些規劃係部門所涵蓋業務爲範圍而進行，謂之部門（或功能）規劃。此外，還有一種方案規劃，係以某特定具體目標之達成爲範圍而進行之規劃。

❼ F. E. Kast & J. E. Rosenzweig, *Organization and Management: A System Approach*, (N. Y.; McGraw-Hill, 1970), pp. 443-49.

**三、規劃之時距（time period）**

企業規劃常配合實際或未來發展之需要而涵蓋不同的時間幅度。一般說來，有短期規劃（short-range planning)、中期（medium-range）規劃、與長期（long-range）規劃之分。各種不同時間幅度的規劃，各有其不同的意義與目的，其規劃方法也有差別。

**四、規劃之重複性（repetitiveness）**

企業規劃的作業，有些是一次完成後即不需再重複的，如廠房擴建投資的規劃即是；而有些則需經年累月的繼續重複，例如：企業的生產規劃、行銷規劃等問題即需定期進行規劃。

## 伍、規劃的步驟

理想的企業規劃活動有一定的步驟可循。無論是興建一座工廠，購買一批重要材料，或發展新產品上市都可遵循相同的規劃步驟來順利達成。通常，規劃的步驟可概分為下列幾個步驟❽。

**一、認清機會的存在**

認清機會是規劃工作的起點，雖然實際上它是發生在規劃工作之前，但是由於在此一過程中，能對未來機會提供一基本看法，以確切地認清這些機會，將有助於規劃工作的有效性（effectiveness)，因此將它列入規劃步驟中。

在此一過程中，我們必須了解自身的優勢及弱點，要了解何以我們要解決此等不確定性，以及我們所期望獲得的是什麼。基於這些認識，我們才能擬定實際的目標。

**二、建立適當的目標**

實際規劃工作以建立適當目標為第一要務。目標是以整個企業的

---

❽ 規劃步驟的畫分可參閱 Harold Koontz & Cyril O'Donnell, *op. cit.*, pp. 441-48.

營運目標爲最先考慮，然後再逐次向下推行，一直到各個附屬單位的作業目標之建立。目標確定了我們想做的事，應注意的重點、以及應完成的工作。這些事情則經由策略、政策、程序、細則、預算與方案等所構成的工作網來完成。

企業的目標應能導引所有主要計畫，這些計畫則反映企業目標，並界定了主要部門之目標。而主要部門的目標則控制其基層單位之目標，如此層層地沿着直線職權往下控制。在此一情況下，如果基層單位的管理者能够了解整個企業以及各主要部門目標，將能使其自身目標的訂定更爲完善。

### 三、考慮規劃前提

規劃的第二個步驟是把規劃所需的重要前提建立起來，同時還須取得一致同意的運用與傳播。此乃針對事情的實質預測資料、可行基本政策、以及公司現行計劃等前提。所以，規劃的前提，實際上，就是規劃的各種假定條件，亦卽計畫執行時的預期環境。此一步驟帶來了一個重要的規劃原則：個人對所負責的規劃作業愈了解，對規劃前提的利用愈有一致的同意，則公司的規劃愈能獲得協調。

預測對規劃前提之決定非常重要，例如：將來會有何種市場出現？銷售量會有多少？什麼價格？什麼產品？發展什麼技術？成本如何？工資如何？稅率政策如何？有什麼新工廠？什麼樣的股利政策？如何籌措擴充計畫的資金？政治及社會環境如何？等等都是規劃前提的內容，它所包含的遠超出對人口、價格、成本、生產、市場及其他類似事物的基本預測。

有些前題所預測的是尙未定案的政策，有些前提則是由現行政策或其他計畫中衍生而出。例如公司尙未訂定退休金計畫與政策，則在研擬規劃前提時，須視公司是否會訂定此一政策而定，如果訂定，其內容又將如何？等問題加以預測，也許，公司曾規定每年稅前純益百分之三分紅員工，此一既定政策若無其他變化，即成爲一個規劃前提。

要建立完整的規劃前提使它能即時更新適用並非易事。其困難在於要使每個新的主要計畫和一些小計畫都成爲未來的規劃前提，例如：組織內高層主管與低層主管間的規劃前提可能略有出入。其原因在於不論主要計畫的新舊，實際上都將對下級單位管理人員所須規劃的未來有所影響。而影響下級主管權限的上層主管之規劃，即成爲下級主管的重要規劃前提。

規劃作業面對的是未知的未來，其不確定性與複雜程度均很高，因此，要想對未來環境的任一細節均做詳細的假定，實際上既不實在又沒益處。所以，在進行規劃作業時，其規劃前提應著重在關鍵性或策略性因素上，也就是着眼於對未來執行計畫時最具影響力的那些因素上。

此外，管理者之間應有一致的規劃前提。如果管理者之間各自採用不同的規劃前提，將使規劃作業無法協調一致，而造成公司資源的浪費。因此，一個良好的規劃工作，必須由管理人員先對未來情況，設定出一個劃一的標準。有些公司的規劃常常同時考慮多種情況的發生，而發展出一組因應不同情況的不同計畫，使得公司對未來情況的變化都能應付自如。此一現象表示，雖然管理人員對未來情況應有齊一的標準，但也應考慮不同情況之發生而設定不同的前提，並據而規劃出各種不同計畫，以備不時之需。不過，要想達成公司各部門的協調，一個計劃只能採用一組前提。這是一個相當重要的觀念。因此，高層主管進行規劃工作時，有一項重要的責任，就是要確使下層主管了解他們規劃時所應依據的前提。

通常一位具良好管理能力的企業主持人，常會綜合所有高階主管的不同意見，經過集體討論後，產生出一套大家都能接受的主要前提，而後指示所有管理人員據之進行規劃工作。如果幕僚人員是在不同前提下而擬訂出公司未來的發展計畫，一個理智的主持人將不會輕易地冒然去執行這些計畫。

我們可以用一個實例來說明規劃前提的重要。曾經有一家公司的總經理認爲規劃工作應由下而上，他指示各部門應各自擬訂部門預算往上呈核。當他收到後大爲驚訝，因爲此等預算間無法吻合，各個計畫大多紊亂而彼此矛盾。如果這位總經理事先知道規劃前提的重要性，他就不會在未指示有關規劃前提之前，即冒然要求他們提出預算了。

**四、擬定各種行動方案**

確定了規劃前提後，即可開始找尋可能的行動方案。有些理想的行動方案並非明顯易求的。然而，我們最常碰到的問題，大多不是如何找尋行動方案，而是如何減少這些行動方案，以便對最有可能的方案進行分析比較。即使利用數學模式和電子計算機，我們所能檢驗的方案也是有限。因此，常有必要利用各種方法來消除一些較不可行的方案，不過，對於一些不太明顯的行動方案，亦應愼加注意其評估與發掘，因爲我們常常發現若干表面上看來不太理想的行動方案，最後才被證明爲最理想的行動方案。

**五、評估各種備選行動方案**

當我們求得各種可能行動方案後，應進一步比較研究其優缺點。優缺點的比較是根據規劃前提和目標內容來決定。有些方案可能獲利率高，但現金支出多或還本年限久。有些方案也許獲利低，但風險則小。在此種情形下，如何評估出那個方案最合適即需耗費相當功夫。

如果追求的目標主要是在迅速獲得最大利潤，而未來情況又甚爲確定，現金與財務不成問題，大部份因素都能簡化成確定的資料，則評估工作就會較容易。但是往往實際的情形卻非如此，因此，即使是很簡單的問題，評估工作也很困難。例如某公司爲提高它的聲譽，可能希望增添一條新的生產線，而經預測後，可能會發現此一措施將造成明顯的財務損失，至於所獲的聲譽是否能够彌補此等財務損失則難於定論。由於大部份的情況下，可能的方案很多，其中所考慮的變數和限制之複雜，將使評估工作大爲困難，因此，必須借助作業研究、系統分析、和各種數學方法的運用。

**六、選擇理想的行動方案**

經過了適當的評估後，接下來是選擇理想行動方案的決策階段，此一階段中的決策是依據前一階段的評估結果來考慮，並經過愼重的分析比較而決定採用那個方案。也許我們評估的結果，顯示有兩個以上的方案可以適用，此時，管理人員可同時採用這幾個方案，而無須執着於只選取某一最佳方案。

**七、建立進一步衍生的輔助計畫（supporting plans）**

做完決策後，規劃的工作仍未結束，我們還需要進一步建立一些衍生輔助計畫來支援原訂計畫之不足。例如：某家公司決定投資引進新的生產設備，此一決策一旦決定，緊接而來的將有一連串的衍生計畫必須配合發展。諸如：各類操作與維護人員的招募與訓練，備用維護零件的購買與保管，財務計畫的訂定、裝置時間的安排等都可能是隨之而來的輔助計畫。

**八、編列計劃預算**

做完決策和安排好計畫後，最後的一個步驟就是使它們變得有意義而可行。因此，必須編排它們的優先順序，以及編列預算。公司的總預算是由總收入與總支出的整體結果來表示。公司的各部門或某一專案計畫都有其預算，此一預算通常以費用或資本支出來表示，而且與公司總預算密切相關。

如果預算做得好，它可以把各項計畫緊密結合在一起，而且還可以作爲衡量標準，用以衡量計畫的執行結果是否如所預期般的順利進行。事實上，由於預算具有此一功能，因此，常被利用來做爲管理控制的工具。

整個規劃過程的所有步驟可以從圖 14-1 獲得一個明確的輪廓。

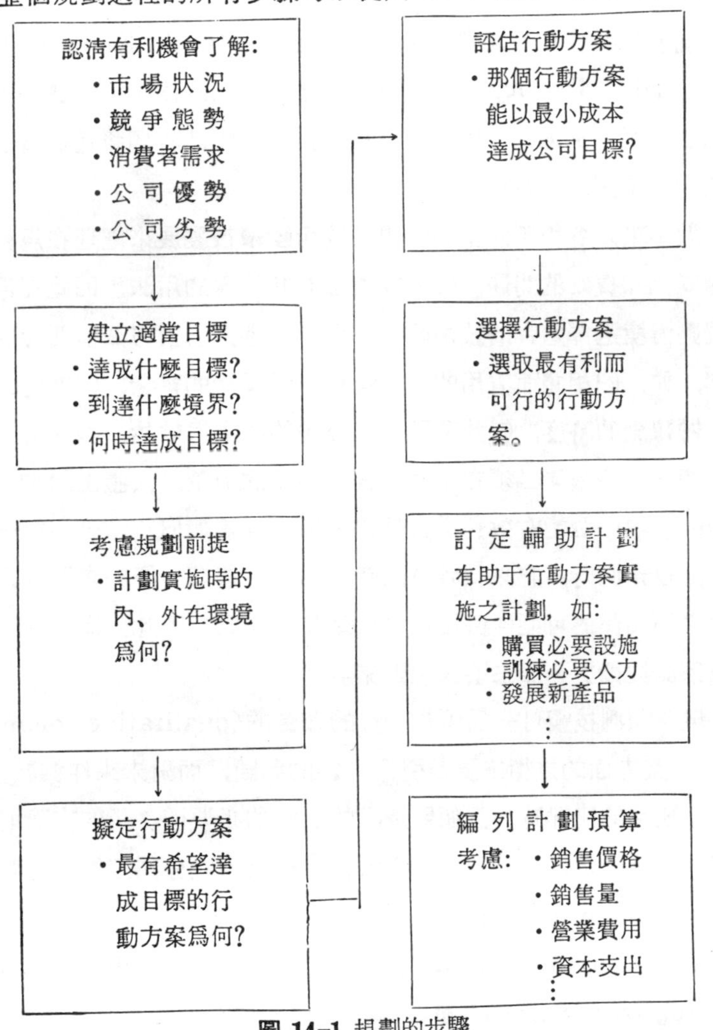


**圖 14-1** 規劃的步驟

資料來源：Harold Koontz and Cyril O'Donnell, *Management: A Systems and Contingency Analysis of Managerial Functions*, 6th ed. (N.Y.: McGraw-Hill Book Co., 1976) p. 144.

## 第二節 規劃之前提——預測

就前節所談及的規劃步驟，雖然孔茲（Harold Koontz）及歐唐尼（Cyril O'Donnell）兩位學者將之劃分為八個細部，實際上它主要仍由預測、決策與計劃三個重點所構成，因此我們將透過這三個重點來說明規劃的一些技術。

近年來，各種不同型態的預測技術陸續被發展來處理在規劃方面逐漸變化和複雜的問題，每種技術都有其特殊的用法，因此在為特殊的規劃情境選擇適合的技術時要小心。在選擇適當方法前要考慮很多因素，如：㈠相關而有用的先前資料，㈡預測的背景，㈢期望的準確度，㈣預測的時度，㈤此項預測對公司的成本與效益，㈥分析上的可用時間。這些因素必須在不同程度被不斷的衡量。大體上說來，預測者應該選取一個能有效利用資料的技術，無論如何，當公司對一項特殊產品做預測時，它必須考慮此產品的生命週期。資料之取得與建立各要素間關係的可能性直接依賴於產品的完成，因此生命週期階段是選取預測技術上一個主要決定因素。

現今預測技術可分為兩類—質的和量的(qualitative, quantitative)。質方面的技術主要是引用人為的判斷，而對未來作測試，尤其當資訊缺乏的情況時，例如新產品的引進的必要性。量的方面則運用不同的統計分析以便預測事件資料化，他們可被分為三組：時間數列分析（time-series analysis），單一方程式迴歸模式(single-equation regression model)，聯立方程式迴歸模式(simultaneous-equation regression model)❾。

---

❾ Robert S. Sobek "A Manager's Primer on Forecasting "*Harvard Business Review*, May-June 1973, pp, 181-183,

前面對預測技術的區分形成了表 14-1 的基礎。圖中第一部分量方面之典型預測技術包括歷史展望法（historical perspective）、小組齊意法（panel consensus）、和戴爾斐法（Delphi method）。這些技術強調的是預感、直覺、判斷和對未來之內心感覺。量方面的技術使用數個方法來計畫未來。時間數列分析—移動平均法（moving average）、趨勢投射法（trend projection）、指數平滑法（exponential smoothing）—試圖從過去的資料發現基本的趨勢和形式。利用此種分析，可從過去的趨勢預測未來的情形。另一被廣泛運用的方法是迴歸模式（regression models）。這種模式能確定銷售量及不同的內外部因素關係，而這些因素被認爲對銷售量有重大影響。在某些情況下單一方程式的迴歸模式就够了，但在其他情況下，必須以聯立方程式迴歸模式才能符合有效預測的需要。⑩

另外一個方法是擴散指標（diffusion index）它是建基於領先，同時和落後經濟指標上。當某一指標上升卽賦予值"1"，穩定不變卽賦予值"1/2"，下降者則指定爲"0"，並將它們的和表示成爲某一型指標的總和百分比。這最後值就叫作擴散指標，因爲它顯示出許多經濟指標的擴散程度。擴散指標值超過百分之五十者通常是表示經濟正在擴張，若低於百分之五十則表示經濟衰退，企業蕭條。

另一個量方面的預測技術是計量經濟模式（econometric model），由於經濟指數是可獲得的，因此規畫方面的預測可將經濟因素涵蓋其中而獲得改善。爲了要使預測變得可操作，必須要有充分的資料用來測試，以便在公司與經濟指標間建立明確的關係。基本上，計量經濟模型是一個相依的迴歸方程式系統，它可以描繪出公司銷售量或市場與某特定經濟指標的關係。經濟活動的上升或下降會交互影響公

⑩ "Interadive Business Modeling" *Computer Pecision*, July 1974, pp. 41-42.

表 14-1 在規畫方面所引用的一般預測技術和它們所須的資料

| 質方面的技術——————說明 |
| --- |
| 歷史展望法—假定未來會跟隨過去的形式（歷史重演） |
| 小組齊意法—利用多人之力勝過單人之力的觀念 |
| 戴爾輝法—使用一系列調查表，而依調查的答覆再產生另一份調查表 |
| **時間數列分析　　　　說明** |
| 移動平均數法—對一連續時段加權平均以預測未來的一部分時段。 |
| 趨勢計劃—將趨勢線配合到一程式中之後，以此方程式規畫未來。 |
| 指數平滑法—包括現在的預測與最近發生的實際結果以加權法爲基礎對未來時段預測。 |
| 迴歸模式—將銷售量與經濟的競爭的或內部因素相配合應將這些因素透過最小平方法相連續。 |
| 擴散指數法—利用領導，同時和落後指數算出一比例，此比例卽爲擴散指數。 |
| 計量經濟模式—利用一系統之相互依賴的迴歸方程式，這些方程式連繫着經濟指數與公司銷售量與利潤。 |

資料來源：Frederick C. Weston, "Operations Research Techniques Relevant to Corporate Planning Function Practices: an Investigative Look," *Academy of Management Journal*, September 1973, p. 267.

司中商業活動。因此規劃人員可以從預測銷售量、利潤等角度去連繫外在環境與內部環境。

通用電器公司曾發展一個名爲「管理分析及預測服務系統」(Management Analysis and Projection Service, MAP) 的數理模型，它是管理上的一個決策規劃與經濟預測的線上及時系統。它使規劃人員有能力去分析經濟、工業、財務和市場資料，有能力去做預測並使策略合於一般人了解。所有公共或私有的資料通通被整合到系統標準模式中。因此一個規劃人員能達到分析與外部經濟指數有關資料的境界。雖然 MAP 是通用電器公司所發展出來的系統，卻可以將它擴充應用到其他企業機構或公司內的各部門中。⓫

## 第三節 規劃之核心——決策

本節將銜接預測的規劃步驟，來討論企業如何將預測的結果當作決策時的依據。事實上良好的決策方法，直接影響其正確性。

爲了對決策有套完整的作業方法，現已發展所謂的決策理論 (Decision Theory)，它在減少不確定因素方面有很大的貢獻，而這些不確定因素正是一項大資本投資計畫中基本的部分。決策的制訂可分爲下列三種情況：㈠確定情況下的決策；㈡風險情況下的決策；㈢不確定情況下的決策。如果所有相關因素都已確實知曉，即可採用第一種決策方式。由於決策者確實知道事件會不會發生、因此在這種確定情況下，決策程序是直接了當的，因爲最有利的計畫已經被選定了。

在有風險的情況下使用決策理論時，我們可以將風險視爲可測定的不確定因素。在一個具有風險的情勢下，結果雖然難以確定，但我們可以先前的經驗來決定發生某項結果的機率。而機率的大小則介於 0 與 1 之間。如果過去的或客觀的機率無法決定，決策者就必須主觀的判斷發生這項結果的機會。此一程序乃將風險情勢移轉成不確定情勢。因此當主觀的機率運用在一項分析中，決策者就在此計畫中減少了不確定的程度。

確定或者不確定可視爲是計畫「連續帶」上的兩極。這並不是說

---

⓫ Richard B. Peterson " The Growing Role of Man Power Forecasting in Organizations" *MSU Business Topics*, Summer 1969. pp. 7-14,

確定的情況就鐵定什麼會發生，不確定的情況就鐵定什麼不會發生。所謂"確定"是指在一個可知的環境中運作。而"不確定"則是在一個不可知的環境中運作，在這不可知的環境中，某一項結果會發生的機率是無法預測的。

下面我們將舉一個例子來說明如何將決策理論運用於不確定未來的決策規劃之中。假設我們計畫決定應該營銷那一種產品而且已知要花費很多資本投入。在多項產品選擇中，規劃小組必須測定以下的資料、所需資本、市場佔有率、售價、價格漲幅、工業成長率、投資的殘值、市場大小、操作成本、設備使用年限，和固定成本。上面所列舉的投資只是顯示在一個營銷新產品的典型的資本決策上所存在的可能變數，並不一定要全部納入分析架構中。

在公司中沒有人具有確切評估這些變數的能力。因此，規劃人員必須接受不確定情況。先前經驗的缺乏是不確定性的來源，而且這些相互依賴的變數組成了對最後結果的影響因素。市場占有率的決定就是這些相互依賴變數的例子。它是一個售價、廣告、品質和市場大小的函數。而在這些被測定的變數中也存在着不確定性。在這些變數中一項錯誤的判斷就可能嚴重改變市場占有率之預期結果。

一旦規劃人員接到了一套對決策上相關資料的完整判斷，這些變數就被集中而投諸計算的程序。例如：現金流量貼現法（discounted cash flow method）被利用來評價資本選擇的價值。能產生最高報酬率的就被選擇出來。當然這個報酬是假定高於公司所期望的最低報酬率的。

從這個例子可以看出來只要一個或多個變數的期望值是人為主觀而測定出來，也就是說它們用機率所表達出來的，那麼最後的結果就會存在某一程度的不確定性。如果這些測定是由知識及經驗不足的人所導出時，則規劃人員將無法確定預期結果的明確度。當一個人能將這測定調節到與過去經驗相協調，不確定情況就可以被削減成風險情況。然而，在大多數的資本決策中，規劃人員卻常須憑藉個人的直覺來判定，這就是主觀的機率。雖然不確定程度能被大幅度削減，但是仍有部分的不確定性存在於決策過程中。

對於不確定情況下的決策，學者發展了決策樹(Decision Tree)技術來從事問題的分析與解決。它提供給公司內的規劃人員一個新的決策工具，因爲它將不確定的程度或未來可能發生的機率轉變成一個決策。這簡單的數學工具使規劃人員有能力去考慮不同的行動方案，賦予一個金額，並且給予適當的機率以便進行比較。

所謂決策樹是因爲它看來像一棵樹，爲了方便之故以水平方向描繪。這棵樹的基礎就是現存的決策點，經常由一個小方形表示。它的分枝從第一個機率事件開始，以一個圓圈表示，每一機率事件產生兩個或兩個以上的可能影響，而它們中的一部分又導引其他的機率事件和併發的決策點。這決策樹之價值乃基於適當資料小心研究所導引出來的，這些資料提供了確定事件可能發生的機率並預測每個可能結果回收或現金流量，這些結果是受各個不同的可能機率事件之影響⑫。

基本上，這技術可用來分析複雜決策之潛在結果，它利用簡單的圖示方法，提供一種表達現存決策、機率事件和未來可能決策的內部運作情形，並且使規劃人員有能力去評估各個不同的可能機會。

由於決策樹上決策點的多樣性，因此，當我們在尋找使企業獲得最高報酬率的方案時，必須引用反轉（rollback）的觀念來尋找方案有很大的幫助，其方法即從決策樹上的右手端反轉回到現在的決策點，如此依序尋找就可得到期望的方案。

---

⑫ William K. Hall, " Forecasting Techniques for Use in the Coorporate Planning Process " *Managerial Planning*, November-December 1972, pp. 5-10.

爲了顯示決策樹的用法，圖 14-2 表達了在兩年內其行動和潛在的事件。從左到右視察這些資料顯示決定點有兩個可能的原始行動，設置一新機器或延長工作時間，第一年的行動都可能導致銷售的增加與銷售的減少，他們的機率分別爲 0.6 和 0.4。如果在第一年有銷售

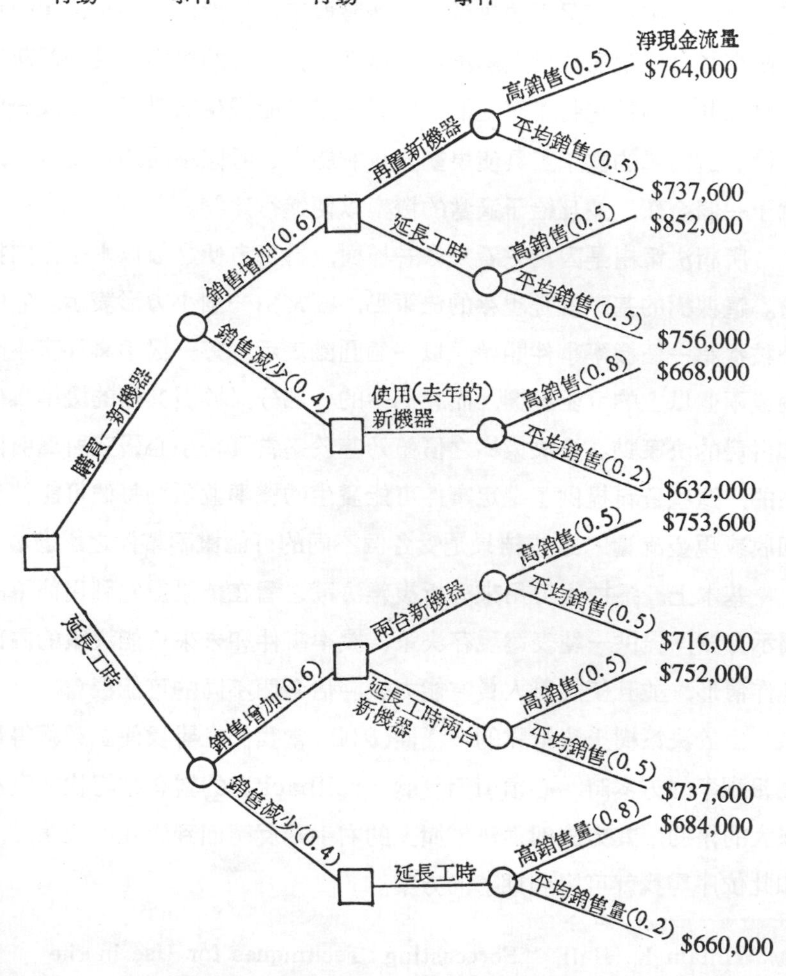


* 括號中數值表示期望機率

圖 14-2 決策樹——一年期或兩年計劃

量之增加，那麼在第二年爲高銷售量和平均銷售量的機率爲0.5。換句話說如果在第一年銷售量減少，第二年爲高銷售機率爲0.8，中銷售量爲 0.2。在這些機率下，回收或現金流量就被計算出來了（參閱圖14-2）。察視了這十二個回收量之後發現八十五萬二千元是最大的。在引用了反轉觀念之後，我們從在右邊的期望結果向左移動到決策的決定。那就是在第二年延長工作時間（Overtime）而在第一年買一台新機器。

## 第四節 規劃之產物——計劃

經過冗長的規劃過程，我們可以獲得其最後的產物——計劃，通常計劃被以預算來反映。預算係以金錢單位表示之計劃，同時也爲管制的主要工具之一。通常，預算涵蓋之層面與幅度甚廣，例如:

㈠現金預算

㈡採購預算

㈢生產預算

㈣銷貨預算

㈤年度綜合預算

㈥長期財務預算

一般而言，年度綜合預算要建立於上述現金、採購、銷貨、產製等預算之基礎上。它係以貨幣單位表達之整年「經營之目標與計劃書」，而長期財務預算係以貨幣單位表達之「長期投資計劃」。

預算之程序可以圖 14-3 所示，以收入預估爲第一步驟，亦爲最難確定之作業，倘收入之預估有誤差，支出之預估亦隨之產生差錯，而導致整年營運計劃之失確。

支出之預估，通常由於較易掌握正確資料，較不會有重大之差誤，

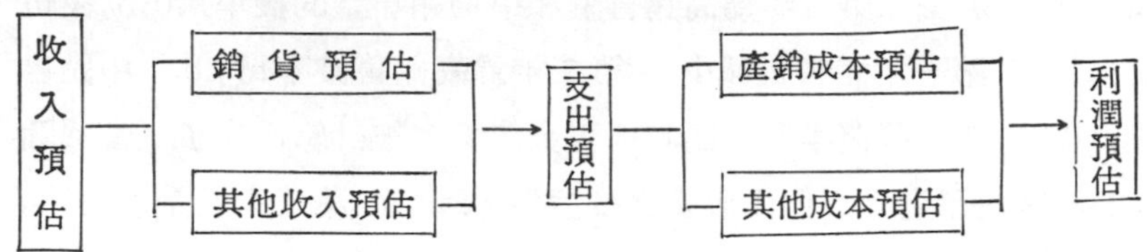


圖 14-3 簡要預算程序

惟預算作業應考慮競爭狀況，採購，付款項目與條件之實發情況而作必要之調整。

預算項目之多寡與名稱，因產業性質，產品以及公司之制度而異。表 14-2 所示者為某化學公司香皂之預算比較表，可供參考。至於預算詳細作業與方法，讀者可參閱有關企業預算之參考書籍，本節不擬贅述。

除表 14-2 之預算概念外，下列預算業已逐漸普受重視。

㈠變動預算：依據產銷量編製之預算，旨在配合銷售（市場）環境之變動，作規劃與管制之用。

㈡移動預算：將一般年度之預算，再細分為若干（如二月、三月、六月）階段，編製預算，做為短期策略應變及改進之依據。

㈢零基預算（Zero-Base Budgeting）：此一預算制度要求每一編製預算人員，對每項預算應自“0”開始，同時附有說明為何編列每項數目之充分理由。

## 第五節　整體規劃

本章前面筆者提及若規劃之範圍蓋括整個企業組織之各部門，各層次及其未來性，我們則稱之為整體規劃。在二次大戰前，雖然各國工商企業也有從事規劃的工作，但是大多均是雖包含某特定部門，或

## 表 14-2 預算比較表

產品名稱：香皂　　　　　　　　　　　　填表期限：每月20日

| 區分<br>科目　c/s仟元 | 元 | 上月份（72年4月） | | | 本年累計（年月～年月） | | |
|---|---|---|---|---|---|---|---|
| | | 實際 | 預算 | 差異 | 實際 | 預算 | 差異 |
| 銷售數量 | | | | | | | |
| 銷售淨額 | | | | | | | |
| 平均單價 | | | | | | | |
| 行業推廣（中間商，贈品及活動） | | | | | | | |
| (減)每箱行業推廣 | | | | | | | |
| 每箱平均淨單價 | | | | | | | |
| 廣告費 | | | | | | | |
| 平均每箱廣告費 | | | | | | | |
| 消費者推廣 | | | | | | | |
| 平均每箱消費者推廣費 | | | | | | | |
| 總廣告及消費者推廣費 | | | | | | | |
| 平均每 c/s 之廣告及消費者推廣 | | | | | | | |
| 製造成本 | | | | | | | |
| 銷售及管理費用成本 | | | | | | | |
| 利潤總計 | | | | | | | |
| 平均每 c/s 之利潤 | | | | | | | |

注意事項

1. 每月實銷量、淨額以會計處之銷售統計表爲準。
2. 製造成本、管銷費用成本由會計處提供。
3. 每一品牌，填一張爲原則。
4. 呈協理簽核後，底檔存各產品，影本分送董事長、副董事長、總經理、協理、副處長各一份。

資料來源：南僑化學股份有限公司提供。

某特定時間的，顯得較爲零星與不完整。殆至二次大戰以後，由於企業的成長，環境的複雜與不確定性，加上跨國企業的盛行，人們才領悟到，零星規劃下的計劃，已無法再適切的應付瞬息萬變的世界。因此，與起了整體規劃的制度。

現今廣爲人們引用的整體規劃制度有兩類，其一爲美國國防部所創的 IPPBS (Information, Planning, Programming, Budgeting and Scheduling) 規劃制度，另一則爲美國德州儀器公司 (T.I.) 所創的 OST (Objectives, Strategies and Tactics) 規劃制度，此兩種制度均着眼於未來的目標，再將化爲以金錢來衡量的預算，其與傳統的以過去爲基礎的規劃方法有很大的差別。所謂的 IPPBS 規劃，其過程可分爲五個步驟：㈠經由幕僚人員從事情報收集的工作，以做爲往後的基礎，㈡組織內之高階管理人員以幕僚所提供的情報爲基礎，從事未來性與整體性的政策規劃；㈢中階與基層主管在以高階主管之政策爲依據從事各部門之執行方案規劃；㈣將方案規劃以金錢爲基礎，做出預算，㈤最後中、基層主管再將時間與資源相互匹配，以製作出方案執行的排程。而所謂的 OST 規劃則包括：㈠目標的設定，㈡依據目標來設定策略；㈢再將策略化成可執行的戰術方案。

至於企業整體規劃，它到底包括那些範圍，概言之，它有下列數種主要的類型。

㈠新產品或新服務：企業的本質在提供新產品或新的服務。利潤不過是衡量企業對顧客服務好壞的工具而已。

㈡行銷：行銷策略的設計在於計畫如何使產品和服務到達顧客身邊，並促使他們購買。

㈢成長：成長戰略所考慮的問題是成長量多大？多快？在那兒成長？以何種方式成長？

㈣財務：每一個企業都必須有明確的財務戰略，其做法很多，限制也很多。

㈤組織：此一戰策關係到組織形態。它關係着一些實際的問題，例如，決策的分權與否，部門的形態，組織結構的矩陣，以及如何使成員有效率的工作。組織結構訂定了每個人的角色來幫助他完成組織的目標。

(六)人事：人事戰略包涵人力資源及各種關係的擬訂。如工會的關係，以及報酬、遴選、徵募、訓練、考核、工作豐富化等戰略的擬定。

(七)公共關係：此領域的戰略無法與其他領域的戰略獨立，它必須用來支持其他的戰略。其設計必須考慮到公司事業的型態，與公衆的關係，對法令之敏感程度等問題。

## 【企業個案六】 福原公司*

劉 石 若 撰

## 壹、（問題）研究

### 一、背 景

福原公司是一個多角經營的公司， 目前有 A、B、C 等主要工廠生產甲、乙、丙等主要產品，並附設有工業專科學校造就所需人才。

該公司之A、B、C工廠及學校分設於台北縣境，接近台北市，其投資額分別為新台幣10億元、8億元及5億元，甲、乙、丙產品國內、外市場都有，而甲產品以外銷為主，各廠之員工分別約為1萬人、5仟人及3仟人，總公司設於臺北市， 總營各工廠， 組織如圖(1)， 其副總經理主管總公司的整體業務， 年輕有為，為管理科班出身，近年來頗多建樹。

該公司為了配合作業加強管理，六年前即購置X型電子計算機，於A廠設置電子資料處理中心處理各公司之作業及作為專科學校之學生實習之用，頗有進展。近來發覺其現有計算機系統與資料中心之作業不能充份配合其他相關作業，副總經理為發展業務，改進計算機系統作業之有效配合，決定對該公司之「計算機化」之資料處理系統作一系統分析，確定問題所在，據以採取適當改進措施。

（該公司目前正在進行「計算機化」資料處理作業之檢討改進中，因涉及業務與機器之選擇，故暫隱其公司產品，人員姓名，與有關計算機之型號，惟該等代號方式並不影響該實際問題之研討分析）。

### 二、問 題

公司有關人員所提出的問題

・儲管經理：希望計算機能協助解決存管發料問題。

・財務經理：每次發放薪資常排隊等候，發薪資料且用人工填寫非常麻煩。

・資料處理中心主任：現有計算機之性能與容量已不能配合作業，建議將X

---

* 資料來源：楊必立主編，臺灣企業管理個案，第四輯，民國67年元月，國立政治大學企業管理研究所印行，第521頁至536頁。

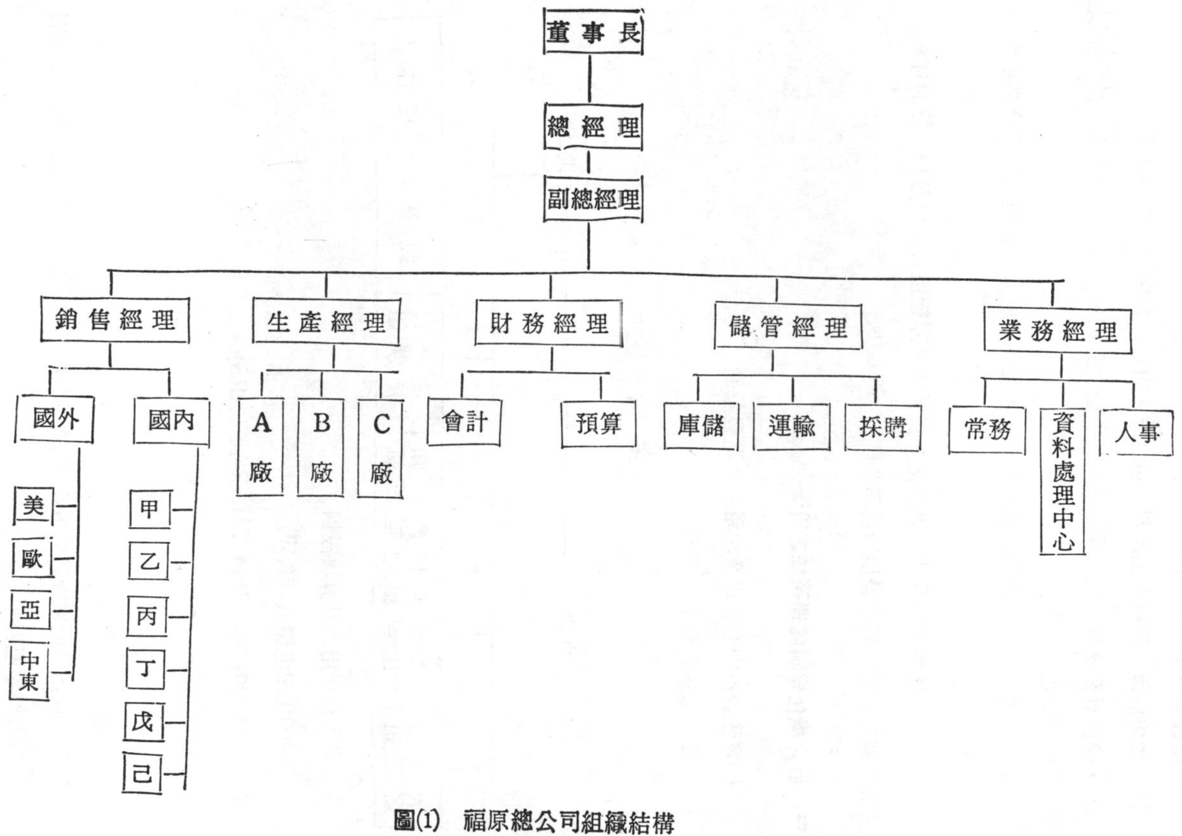


圖(1) 福原總公司組織結構

型機換裝Y大型機。

- 銷售經理：目前人工控制配銷之方式可行，無需計算機系統配合。
- 學校計算機科主任：擬選擇一套小型計算機，除供學生實習外，並可兼顧公司之部份作業。
- 副總經理：需對現有計算機中心之人員能力檢討。對現有計算機系統之作業需作評核。

因此該公司決定對其「計算機化」資料處理系統進行系統分析，檢討作業，解決當前之問題，確定發展方向與步驟。

## 三、計算機化資料處理系統之現況

㈠電子資料中心組織及現租用之電腦設備

1 電子資料中心組織

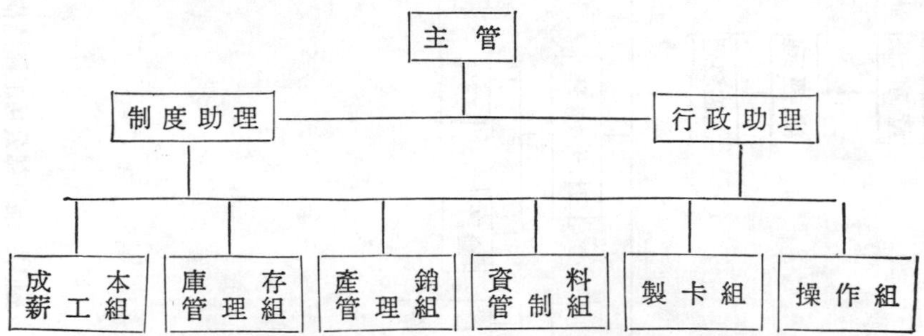


2 現租用之計算機設備

⑴主記憶體（16KW）

⑵二組磁碟（16M CHARACTERS)

⑶三組磁帶機

⑷一台列表機

⑸一組控制台

㈡作業採用整批處理資料方式（BATCH PROCESSING）之一般發展及日常資料處理程序

1 作業轉換至計算機化之發展程序

⑴瞭解現狀；⑵討論協調；⑶品目編號、表單設計並作成作業綱要；⑷計算機系統及程式設計，⑸試作，平行作業；⑹正式轉入計算機化。

2 正式轉入計算機化後之資料處理程序

⑴填製單據；⑵單據整批遞送至計算機中心；⑶清點單據及整批製卡；⑷已製卡資料之整批核對及訂正；⑸正式分期整批處理；⑹輸出報表之核對；⑺報表之撕分、裝訂及分發。

㈢採整批處理資料方式，福原關係企業各公司利用計算機處理之作業。

1 財務會計方面

⑴成本計算；⑵預算與差異分析；⑶應收帳；⑷應付帳；⑸總分類帳；⑹冲退稅；⑺現金流程。

2 存貨及設備方面

⑴材料及成品帳；⑵在建工程及設備；⑶購料及料款；⑷固定資產；⑸修護。

3 產銷方面

⑴生產管理；⑵產品銷售管理；⑶產銷調配。

4 其他方面

⑴人事薪工；⑵股務；⑶品管。

（註）； 以上作業如全部納入電腦處理時，目前租用之設備能量必須擴增。

㈣至目前止，該關係企業已完成或正發展中之作業

1 財務會計方面

⑴ 已完成者如下:

(i) B廠製造成本計算；(ii) B廠製造成本預算與差異分析；(iii) C廠成本計算與分析；(iv) C廠費用彙總與差異分析。

⑵ 發展中者如下:

(i) A廠成本計算；(ii) A廠分批成本計算；(iii) C廠原料冲退稅。

2 存貨設備方面

⑴ 已完成者如下；

(i) 公司各廠物料庫存及各種分析

(ii) 公司所有固定資產帳及折舊

(iii) 公司各產成品數量帳

(iv) 公司板橋製衣廠梭織布及衣胚庫存作業

(v) 公司門市部存貨帳及銷貨成本計算

(vi) 公司印染加工廠半成品庫存

(vii) B廠原物料庫存及各種分析

(viii) B廠配件庫存帳及折舊

(ix) C廠成品帳及各種分析

(x) C廠材料庫存、工具帳及各種分析

⑵ 發展中:

A廠之原料等庫存作業

3 產銷方面

⑴ 已完成者如下:

(i) 公司國外貿易部訂單之統計分析

(ii) 公司甲產品產銷調配作業

(iii) 公司各廠委託外廠加工、寄存外廠之存貨庫存

(iv) 公司A廠布機效率統計

(v) B廠乙產品銷售管理

(vi) C產丙產品生產管理

4 其他方面

⑴ 已完成者如下:

(i) 各廠人事及薪工

(ii) 公司股息及股票分配

(iii) B廠股息及股票分配

(iv) C廠之品管

(v) C廠之人事薪工

⑵ 發展中

(i) 公司分廠人事薪工

(ii) 利用媒體申報稅款作業

(五) 本公司「原料、半成品、成品、產銷管理編號及作業流程彙編」摘要說明。

(六) 整批處理資料方式之優缺點

1 優點

(i) 可促進與計算機處理有關各項作業規則，表單及品目代號之標準化。

(ii) 對於異動項目多，計算繁什，資料是龐大之作業，作更新、統計分析及歷史資料之儲存方面較能獲致效果。

(iii) 可改善原有人工作業中，人爲之不當措施。

(iv) 使用得當，可增進作業之處理效率。

2 缺點

(i) 無法達到必需每日，甚至於隨時提供作業範圍內某項目當時狀況之情報。

(ii) 各種作業需各作更新，關連之資料不易保持一致性。

(iii) 此一方式所需投入之維護人力及時間較多，影響作業之開發進展。

## 貳、系統分析

### 一、現 況

本案現況資料如前述係由資料處理之承辦單位所提供。

### 二、分 析

本案之分析方法係根據系統結構、組織管理、機器設備(附件(一))及使用現況，採用研討、比對之方式進行分析，所用資料係用問卷歸整、與側面查證而獲得。

### 三、檢 討

該系統於現況中顯示頗有成就，唯此處僅列缺點提供參考

㈠作業:

1.系統及程式設計未能整體化,如各分系統之設計人員多自行作業(附件㈣、二、2②),各程式設計人多獨自進行少有研討(附件㈣、二、2③)。

2.計算機之性能未充分利用,如:應採用 ISAM 設計之程式,而認爲受機型限制並未採用(附件㈣、一、3、①)。

㈡人事:

人事方面不够健全,相關協同作業欠合作,但目前該系統之根本問題不在此,現不作個別討論。

㈢成本/效益:

計算機之設置與各項作業人員之配合,動輒以千萬元計,而對業務之改善,短期不另作明確之衡量,設計之原則必須把握(附件㈢)系統設計之適當與否,資料結構之選擇對系統之效用影響太大,遠比人事管理爲重要。

故系統設計及作業方式均需配合技術方面之發展與進步隨時研討改進。

## 四、發　展

㈠目標確定:

現建系統中,有人事薪工、財務、物料等相關資料以利作業,計劃發展中的當屬存量管制及產銷管理。

㈡情報需求:

爲配合存量管制及產銷管理,需要及時用爲決策階層參考的情報爲:

①存量情報

②產銷調配情報

③成本利益分析情報

㈢限制因素:

若不以教學爲主,公司應以成本/效益之比較爲先決條件,即時系統之建立必須考慮需求之時機問題,而目前建立即時系統,現有人力程度似有問題。

## 五、教用合一

以常情而論，學校設置之計算機經常需靠企業或政府機構分用其閒置時間以補助平衡其成本費用，而企業機構設置計算機時應考量其確切需求量而決定自置或分用，另教學用之計算機在可能之情況下應屬大型以培養學生之能力增加其經驗及就業機會。（若以教學爲目的）

若企業機構與學校係相關之同一系統，設置計算機時（除非另有原因，如免稅等）應考量選用相當容量之同一系統之計算機，若在遠距離之情況下，應以相當能量之終端機相支援。

## 六、機型選擇

對計算機型式之選擇，當然應以實際需要爲準，再以機器之性能、效率、維護支援能力、今後發展、及價格等方面作比較。原則上將其分爲大型機及小型機兩類，大型機之能量，反應較佳，小型機目前多不穩定（詳細比較資料如附件㈢），但大型機之價格多超出小型機數倍，選擇時必須非常確定合於需求方可定案。

## 七、建 議

㈠現有系統程式及資料結構有研討改進之必要。

㈡應切實研討確定情報（Information）需求之項目後，再考量於適當時機建立及時系統（Real Time System）或資料庫（Data Base）

㈢企業機構與學校兼顧運用機器時，盡可能採用同一系統之計算機或充分結合之計算機系統，形成網路（Network）

㈣機型選擇時，應確實統計需求，先行完成系統及程式設計後，實地測試其可行時，再訂購或租用所需之機型。

附件一

## 研 討 評 核 項 目

一、系統結構
1.系統設計
2.程式設計
3.資料整理

二、組織管理
1.組織體系
2.作業能量

三、機器設備
1.主機性能
2.配屬設備
3.軟體配合

四、使用狀況
1.現況
2.未來

五、研究發展
1.主目標擬訂
2.情報需求
3.限制因素

附件二

系統分析:

建立 MIS 首需確定目標，檢討需求，據以分析設計該系統之限制因素，也就是說建立 MIS 之系統分析過程中必須考慮之要項為;

- 我們要解決的問題是什麼?(問題分析)
- 我們所需要的是那些情報?(需求分析)
- 建立該系統受到那些限制?(限制分析)

謹就建立 MIS 之「目標分析」、「情報需求」、與「限制因素」等項說明如下;

目標分析是求解問題之必定途徑，建立 MIS 之機構對其所要解決的問題之性質、結構、與相關因素必須充份瞭解，而把握其目標，所定目標需要明確。

情報需求，需針對目標而定，也就是決策時需要那些必要情報作為參考，情報之形式應簡單明瞭，(最好運用圖表)盡可能避免使用人員困惑。

限制因素之存在是難免的，建立該系統時之人力、財力與技術，固然是必須考慮的限制因素，而觀念之溝通、方法之運用、作業協調方面，也常是很大的限制條件，故建立 MIS，必須確實瞭解其現實環境。

作業研究:

原則確定後，對建立 MIS 之方法、步驟、時程、設備配置、程式運用、作業方式、與人員配當方面，均需作週密適當之研究規劃。

作業過程中，上級有力之支持、相關作業人員之合作配合、與輸入、輸出系統之適當設計都是非常必要的。

資料處理:

資料蒐集、資料建立、與資料處理，是一個有發展有前途的機構所必需之條件，因所有的研究、規劃、與決策，必須具備正確的資料作基礎，也就是說建立 MIS，正確迅速之資料處理是必要的條件。

在廣泛龐大的資料之存儲、選用方式固然重要，但基本資料之整理可說是資料處理之基本問題，常是建立一個系統成敗得失之關鍵所在。

決策方法:

決策所用的方法很多，但也不容易用的很恰當，因決策時涉及過去的資料，現在的情況，及未來預測的因素存在，而問題本身之變動因素不定因素又多，當視問題之性質、與結構情況與牽連之因素多少而有別。

決策時，有經驗、智慧、方法、工具、或靈感等情況存在。如何決策，也就是管理科學發展之主要課題，管理是科學、是藝術、是哲學、靈活運用是必要的，運用之妙存乎一心，而決策方法只是參考，目前決策方法很多，問題在於如何選擇適當而可用之方法。

附件三

| | Character Set | Screen | Data Rate (up to) kbs | User Memory | 價格 |
|---|---|---|---|---|---|
| IBM 3272 | EBCDIC | 1920 | 9.6 | | |
| HP 2640 | 64 Roman | 24×80 | 2.4 | 4k | 4.6k |
| 2644 | | 24×80 | 2.4 | 4k | 5k |
| Teletype 40/2 | ASCII | 24×80 | 4.8 | 4k | |
| Super BEE 2 | 128 Set | 25×80 | 9.6 | | |
| TEKTRONIX Graph | | | | | |
| 4014-1 | ASCII | 4096×4096 | 9.6 | | 8.9k |
| 4015-1 | ASCII+APL | 4096×4096 | 9.6 | | 8.9k |
| 4051 | | 1024×798 | 2.4 | | |
| Hazeltine 2000 Graph | | | | | 1-2k |

附件四

一 系統結構

1.系統設計

①各項分系統之結合關係

□網狀結構　□樹狀結構　□各自獨立　□其他

說明＿＿＿＿＿＿＿＿＿＿＿＿

②各分系統之建立

□由計算機中心發展並設計

□由各業務部門提出需求，由中心設計

□由上級指定

□由各業務相關部門提出設計構想，由中心研究執行

□其他

說明＿＿＿＿＿＿＿＿＿＿＿＿

③已建立分系統之使用情況

□已穩定　□經常改變　□經常有例外要求　□其他

說明＿＿＿＿＿＿＿＿＿＿＿＿

2.程式設計

①採用之程式語言

□COBOL　□FORTRAN　□ASSEMBLER　□PL/1　□其他

說明＿＿＿＿＿＿＿＿＿＿＿＿

②已建立程式之結合運用

☐每一分系統之程式可統一自動調配使用

☐由專人管理操作調配使用

☐任何操作員或作業人員可分別使用

☐其他

說明＿＿＿＿＿＿＿＿＿＿＿＿＿＿

③已建立程式之使用情況

☐每一程式都有規範說明

☐部份重要程式有規範說明

☐所建程式很少改正

☐部份程式正常在改正中

☐其他

說明＿＿＿＿＿＿＿＿＿＿＿＿＿＿

3.資料整理

①資料存取方式

☐SAM ☐ISAM ☐DAM ☐混合使用

說明＿＿＿＿＿＿＿＿＿＿＿＿＿＿

②輸入資料之作業

☐將原始資料直接送到中心打卡之項數

☐將原始資料經人之整理後送到中心打卡之項數

☐將原始資料直接從終端機送入之項數

☐其他

說明＿＿＿＿＿＿＿＿＿＿＿＿＿＿

③資料存儲之方式

☐資料檔 (Data File)

☐資料庫 (Data Base)

☐其他

說明＿＿＿＿＿＿＿＿＿＿＿＿＿＿

二、組織管理

1.組織體系

①計算機中心在整個組織體系中屬於

☐一級單位

☐二級單位

□直屬之獨立組織

□其他

說明＿＿＿＿＿＿＿＿＿＿＿＿＿＿

②計算機中心與研究單位之關係

□與研究單位有隸屬之關係

□與研究單位平行有良好之協調關係

□無研究單位

□其他

說明＿＿＿＿＿＿＿＿＿＿＿＿＿＿

2.作業能量

①中心現有人數

□系統設計人員

□程式設計人員

□操作人員

□其他

說明＿＿＿＿＿＿＿＿＿＿＿＿＿＿

②系統設計

□自行設計

□委託專業機構計設

□設置專案小組設計

□其他

說明＿＿＿＿＿＿＿＿＿＿＿＿＿＿

③程式設計

□自行設計

□委託專業機構設計

□臨時聘用專業人員

□其他

說明＿＿＿＿＿＿＿＿＿＿＿＿＿＿

④輸入設計

□每一分項主系統採用統一格式

□每一分項主系統採用兩種格式

□視不同之需要採用個別之格式

□其他

說明＿＿＿＿＿＿＿＿＿＿＿＿＿＿

⑤輸出設計

□大多利用表格

□大多利用圖形

□表格圖形配合使用

□其他

說明＿＿＿＿＿＿＿＿＿＿＿＿＿＿

# 第十五章　組　　織

企業體不論其規模之大小，都需集結衆多的人力與物力才能發揮群體的效果。但人有人性，物有物性，會因其個別差異而有不同的表現型式。因之，企業之營運必須依人、物個別的差異加以組合，以最經濟、有效的方法方能達成企業體的目標。否則人任其性、物順其自然，不但無法發揮規模效果，反會因「力力相剋」而浪費資源，因之，如何將人力與物力按其相互關係分門別類，歸入整個系統，以便其在整體系統下發揮高度效能達成企業營運之共同目標，乃企業營運的要務。

自古以來，有了人群就有了組織的存在，彼此基於共同的目標、通力合作的意志與可溝通思想的媒介而以不同的型態存在，有些是具體而正式化的，有些則是無形而僅存於成員之心目中。但不管是何種型態的組織，人類從悠久之組織經驗中，已得悉構成靈活健全組織的經驗。本章之目的卽在探討組織結構中之要件、組織的方法、權力之授受與分配及組織的社會性等問題。

## 第一節　組織之基本概念

擧凡兩人或兩人以上之群衆，爲追尋共同目標，分工合作，勢必劃分權責，擬定人力、物力之相互關係，俾便遵循始能發揮高度群衆力量，順利達成任務，是故組織之本要乃在如何劃分權責與擬訂人力、物力之相互關係，進而追隨達成良好組織之原則。

## 壹、權責之層次、類別與流動過程

所謂權責係指職權與職責而言。對事物之決策權與對人群行爲之指揮與領導權皆屬職權。個人在組織內應履行之義務，包括服從及順應行爲，均屬職責。在企業單位內、所有之職權均導源於業主（企業投資者），而所有之職責均依職權之發揮而存在。兩者實質上並存，例言之，有權掌管銀行放款業務之貸放部經理，同樣有義務確實地履行並遵守放款作業原則，施行放款作業。因此權責之劃分並非指職權與職責兩者之劃分問題，而是指權責之層次、類別之劃分。

企業規模愈大，權責之層次與類別自然愈多。蓋個人能力有限，其所能有效掌管工作之範圍與數量自受限制。面對繁複之業務，企業之營運只有靠多數層次之管理多數類別之專業指導，分層分類負責，始能收到高度效果。圖 15-1 中的①、②、③等與ⓐ、ⓑ、ⓒ、$a_1$、$a_2$等分別代表權責之層次與類別。

企業營運上之職權來自業主（一般人所了解之企業家）向下經由第①層、第②層，而至最低層工作人員流動。而接受職權之人員自應向直接授與職權者負責，由下而上，按層次負其責任。圖中之ⓐ、ⓑ、ⓒ及 $a_1$、$a_2$、$a_3$ 等專業類別係依業務性質之相似性而組合成類。企業規模愈龐大者，其專業分類愈要精細，方能廣達分工專業之經濟效果。權責之劃分亦要據此種企業營運上之專業分類❶。

企業營運上所需之衆多人力與物力按企業營運性質歸爲不同之專業類別。不同類別之業務應相互依存，共成一體，而不應「高築門牆，各行其是」，此乃所謂企業總體性。又同類別內各個別人力、物力亦要有其一貫關係。如斯，各類別營運效果始能提高，類別間之協

❶ 郭崑謨著，現代企業管理學導論，（臺北市，民國 65 年印行）第174 頁。

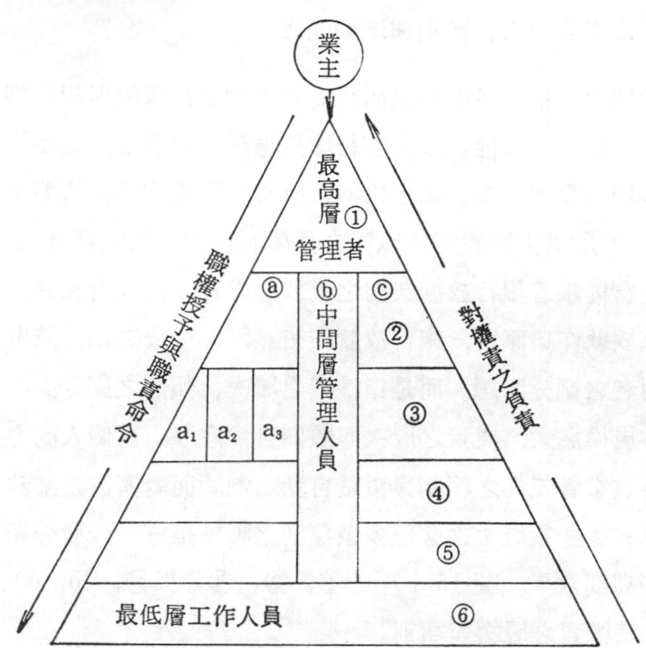


**圖 15-1** 權責層次、類別與權責流動過程

資料來源：郭崑謨著，現代企業管理學導論(臺北，民國65年印行)第174頁。

調方能圓滑進行。企業規模達到某種程度後，業務範圍拓寬，所牽涉問題既複又繁。專業化型態高度化結果，企業組織內之權責需分指揮性權責與參謀性權責，兩者之關係就如同軍中之指揮權責與參謀權責。概言之，企業營運上之人力、物力之相互關係應該是總體而一貫。權責上應分明何者爲指揮性而何者係參謀性，如此才不致於混亂指揮系統降低組織之力量。

上述權責層次反映着由企業業主向下授命其營運權責之層次。若由業主而總經理，而分部經理，而組長，權責次第遞轉授命。而至第一線員工，則其權責層次便有四個階層。權責類別說明企業營運上之專業部門，諸如生產部、運銷部、會計部、人事室、顧問室、研究室、庶務組等等。此亦爲劃分人力與物力相互關係之依據。各個體企業之權責劃分與人力，物力相互關係之釐訂，悉據爲達成企業目標而制定之政策。確定目標之大權當然操在業主，在公司組織之企業裡，目標與政策之制定權，實際上掌握在代表股東之董事會。公司組織之權責層次、類別與人力、物力之相互關係可由圖15-2中之標準型態得到鳥瞰。

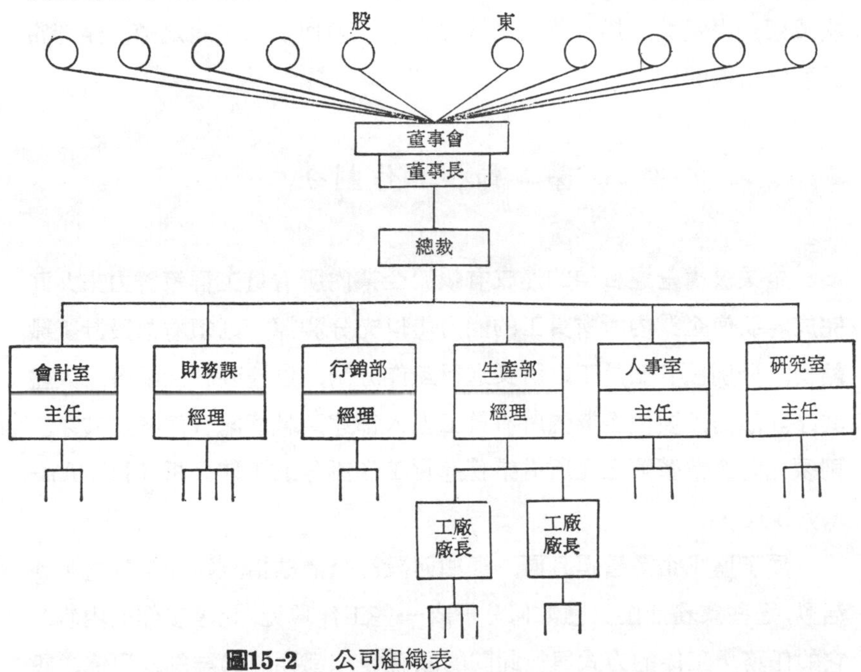


圖15-2 公司組織表

組織內權責層次、類別多寡視乎管理者之能力及統制欲而定。管理者能力愈高、權責層次類別自會愈少，蓋能力高者，可管轄較多人力、物力，因而層次自會減少。統制慾極高之管理者，勢必掌權不放，權責集中，結果不但縮小權責層次，而且減低專業分類之程度。管理者統制慾高昂，而產生之權責層次類別之萎縮不伸，往往導致管理效力之低減，而阻礙業務之進展。此種弊端，極容易發生在小企業內。

權責層次類別多寡與管理者之管理幅度攸關。層次類別若增多，管理人員之管理幅度就減少，否則相反。管理幅度在管理學上係指權責內管理人員所直接指揮之人數而言。公司總裁如直接指揮五部門經理，其管理幅度是五，圖 15-2 中，公司總裁之管理幅度有六，生產部經理之管理幅度有二。管理者管理幅度如過廣，管理效果不易臻善。相反地，管理者之管理幅度若太狹。不但浪費人才，而且由於權責層次或類別之過繁而提高無謂之管理成本。如何取其中庸之道，是非常重要之組織問題。

## 第二節　工作劃分

企業機構營運目標的達成有賴於企業內所有員工群策群力來共同完成。欲使企業內所有員工的能力得以充分發揮，則須有效設計組織結構，分別按各個員工之所長進行工作分派，以達到職能配合，人盡其才。然而，要使企業內所有員工人人都達到職能配合而各盡其才。則須先對企業營運上之所有業務進行工作劃分或工作分析（Job Analysis)。

為了達成企業營運目標，應如何設計組織結構，應從事那些業務活動，這些業務活動又應如何分解成一些工作單元。此等工作的內容，它的任務，工作的方式與彼此間的關聯等，都要經過詳細地研究、設計與分析才能劃分。

從另一個方向來看，要想有效經營一個企業，管理人員必須具有豐富的管理知識與工作技能，才能制訂適當的決策。而豐富的管理知識與工作技能，包括對工作內涵與工作特性之瞭解，以及知人善任的能力。只有管理人員具備此等條件，方可做出最佳管理決策。此等知識與技能雖可由工作歷練中獲得，但是此種獲得方式比較沒有系統，我們可以經由工作分析來得到管理決策上必要的資訊。

進行工作分析的另一個重要的原因，是在於企業管理人員之任用，必須「因事擇人」而不宜「因人設事」。既然要因事擇人，則在制定人員任用決策之前，當然應先對有關工作加以研究分析。只有在確切了解該項管理工作的範疇和工作內涵之後，才能據之選任最適當的人才來擔任該項工作。

從工作分析中，我們可以獲得很多有關資料，包括工作內容、個人必備的資格條件，以及此工作與其他工作間之關係。因此，對於新設定的工作進行分析，可做爲人員的遴選與安置、員工工作績效的評核、組織結構稽核、工作指導與陞遷調職等之參考。事實上，企業機構內的每項工作的設立，其目的乃在達成組織生產力之提高和維持企業的生存與成長，因此，透過工作的劃分，我們可以明白的看到每位員工的實際工作情形與該工作的角色規範間是否相配合。

至於劃分的方法，麥柯米（E. J. McCormick）認爲進行工作分析可從四個角度來加以探討❷：㈠從工作分析所獲知識之類別；㈡從工作分析所獲知識之形式；㈢工作分析方法；㈣蒐集工作知識的人員與裝備等。而分析的方法，麥柯米認爲主要包括有：直接觀察工作人員的工作行爲，與工作人員進行晤談，擧行技術討論會，利用結構式問卷調查，查看工作記錄，使用記錄儀進行記錄分析等等，至於馬希士與傑克森（R. L. Mattris & J. H. Jackson）❸則認爲主要的工作分析方法可歸類爲三種，卽：觀察法，調査表法與晤談法等。

## 第三節　部門劃分

企業在組織的過程中，如何將人力、物力依實際需要加以劃分權

---

❷ E.J. McCormick, " Job Analysis : An Overview, " *Indian Journal of Industrial Relations*, 1970, 6 (1), pp. 5-14.

❸ R.L. Mattris & J.H. Jackson, *Personnel: Contemporary and Applications*, 2nd ed., (St. Paul : West Publishing Company, 1979), pp. 133-37.

責，擬訂人、物間的相互關係，以期發揮團隊組織力量算是最重要的工作。人們經過長久來的經驗累積，發現了幾個原則乃是從事部門劃分的依據。當然，所謂原則並非定律。在實際的運作上，企業體要依目標的差異而加以調整，我們在此僅提供一些參考的原則而已。

第一、組織之目標及政策應明確易行。目標及政策若不明白、正確，組織內之成員無法一貫執行權責，成員間易起糾紛，工作分散，組織力量往往不易集中。目標若定得過高，政策又難於實行。成員在追逐目標過程中，遇事多頹喪，容易失卻對工作之信心，由積極而轉入消極，組織力量自然無法發揮。

第二、職權、職責兩者之份量應保持平衡。職權增加職責也應正比例增加。設想紡織公司門市部經理負有銷售公司產品之職責，如果無權決定店內陳列擺設，無權聘用所需店員，而需要一一請示廠方上層主管，則門市業務之進展必定遭受到權責之阻塞而難期順利。

第三、 組織之指揮應『單一化』，指揮單一化係指每一部屬應只有單一直隸主管而言。倘若組織成員有一個以上之直隸主管，成員之作業指揮將混淆不清。成員一遇有疑難，需求解決，向何主管請示，莫知所措，成員間步調自難一致，衆力分散，組織力量由此而削減。

第四、分層負責、分工專業乃發揮團隊力量之基本要素。良好之組織最忌權責之過份集中。權責之劃分應據實際需要及管理人員之能力而定。權責類別應視業務性質作適切之分界以作擬定人力、物力關係之憑據。權責過份集中之情形，在小企業內屢見不鮮，這正說明何以小企業之業務無法擴展之原因所在。

第五、組織之圓滑作業全賴組織內各部門間之和諧行事，一致向共同目標前進。是故組織功能之發揮，非有高度之協調莫成。協調之道在乎建立良善之協調工具及溝通系統，如會議制度、公司通報系統、資料收集制度等等。

第六、組織內之指揮權責與參謀權責應明確劃定，以防止指揮系統之混亂，助理幕僚不應沾權指揮。

第七、組織應具適切之伸縮性。組織內外環境，時刻變遷，組織本身若不具彈性，環境一變（如同業競爭、政府政策及法令、勞工運動、主傭關係等等），組織隨着易成陳腐，難濟新變化。組織之伸縮性可架構於組織政策內，以便利應變。因此在擬定政策時不能忘卻，對未來情況之估定及應變之措施。

## 第四節 組織結構

組織結構乃組織整體內權責類別層次之關係，從此定義，組織內人力、物力之關係亦表明在其結構中。管理者（或領導者）在組織內可藉其權責關係充分發揮其領導能力達成組織任務。各個體企業有其獨特之組織結構，可見企業組織結構類型琳瑯滿目，不可勝數。話雖如此，企業組織結構可依權責在組織內遞轉流動情況，歸別爲：1.純指揮結構；2.純功能結構；3.指揮參謀結構；4.委員制結構；與5.綜合結構等五大類。不管是屬於何種類型，企業組織依其組織內權責分散程度，可顯示出權責集中性結構與權責分散性結構。

### 壹、純指揮結構

企業組織結構若純由指揮權責上下連貫，而無特設參謀權責系統，其組織體系可稱之爲純指揮結構。在純指揮結構之企業組織內，指揮（管理）權責由最高層管理人員，如總經理，依序層遞轉授命而至最低層工作人員。指揮系統明確簡單，管理決策容易迅速達成，上下層權責既分明又一貫，惟管理人員需兼顧系統內人、物力之一切運用，易顧此失彼，組織內各類權責系統間之協調亦不易圓滑達成。此種組織結構屢見於小企業界。小企業經理人員大多身兼指揮與參謀活動，權責範圍十分廣泛，由管理機械、存貨、至員工之昇調。若非宏才碩彥，恐無法樣樣全顧。縱然有多才多能之管理人員，企業一旦擴展，苟無人助理管理職責，恐無法提高管理效率，擴展進度自會因之緩遲。此乃純指揮體系不能適合於大企業之原因所在。圖 15-3 是純指揮結構之典型範例。該組織之權責結構屬於三系一體之指揮結構。各系之指揮權責概由董事會而直線傳遞流向基層工作人員。例如生產系，乃由董事會而總經理，而生產部經理，而第二工廠廠長，而第一課長，而領班，終至工人。

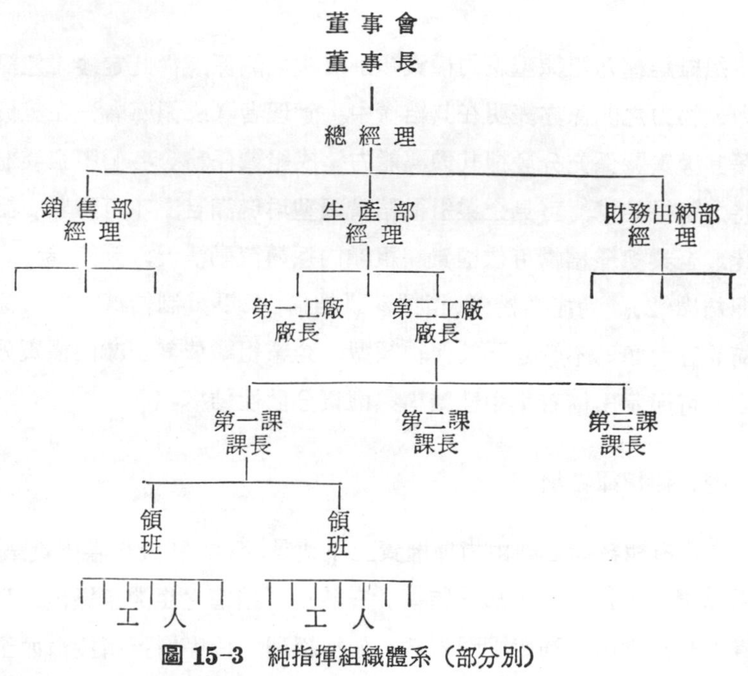


**圖 15-3 純指揮組織體系（部分別）**

## 貳、純功能結構

企業組織內之營運，權責循各不同專業功能，如生產、行銷、財務出納，下達最低層工作人員，而每一專業功能權責系統之管理人員，直接對所有基層工作人員管轄指揮其專業部份，分擔營運權責。此種組織結構，謂之純功能結構。純功能結構之優點在于專業指導，每一專業管理人員可發揮其專業技能指導部屬，其主要劣點爲每一部屬需對衆多主管負責。指揮系統極易混淆不淸，影響工作紀律，減低工作效果。在企業營運趨向多角化之現今，此種組織結構只能生存於小企業簡易經營環境中。圖 15-4，例擧純功能結構之指揮系統。在小工廠或小零售商中，時常見聞，每部門之經理均有權差使所有員工。在此種企業中，權責之層次較少，因此管理階層自然也較少。業主（往往兼任經理）易直接與基層員工接觸，明瞭企業營運狀態。但若企業營運擴展，員工人數勢必直增，管理人員之管理幅度隨着膨大，管理效率必然大大降低，該種組織結構定無法適應環境。

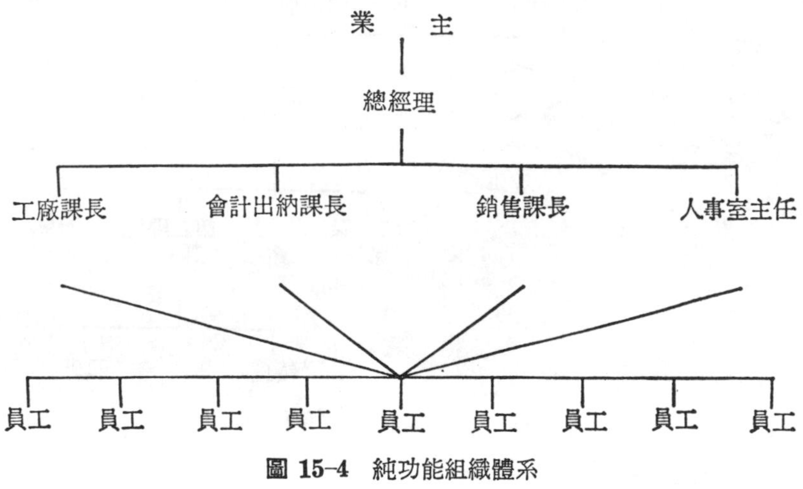


圖 15-4 純功能組織體系

取純功能結構之長而捨其短，在純指揮結構裡，增設專業參謀系統以助理指揮權責之達成，由指揮與參謀兩權責相輔而成之體系，乃今日企業界最普遍之組織結構。圖 15-5 之實線係指揮權責流動結構，虛線乃參謀權責流動架構。指揮參謀體系雖具有明確一貫之指揮系統，並具必須之專業助理服務，但往往易生指揮參謀權責衝突，或造成指揮者依賴性，以及指揮者決策緩遲等弊端。

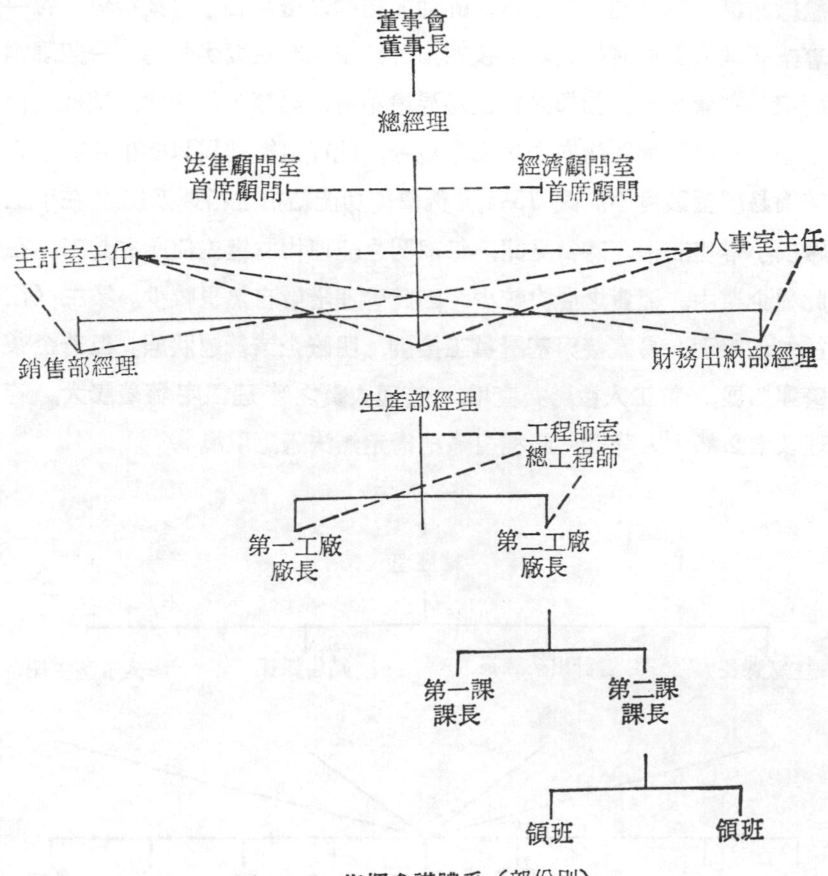


圖 15-5 指揮參謀體系（部份別）

## 參、委員制結構

委員制結構是在純指揮結構中增添由相關部門主管組成之委員會，而構成之組織結構。委員會之主要任務是輔助各部門主管擬訂管理決策並協調各部課間之作業。委員會之權責在各個體企業間差異甚大，有些委員會秉有指揮大權，實質上取代有關部課主管之決策權，而有些委員會僅具參謀權責，助理部課主管，更有些委員會，雖牌名高掛，只負有協調連絡之責。概言之委員會可集思廣益，裨益管理決策之釐訂，但人多意見亦紛紜，決策之協議往往枉費時日，頻有緩延決策之制訂。再者，委員會易受少數委員操縱，致企業業務之發展失卻應有之平衡。在組織內權責之行使上，委員會超權，甚至於篡奪指揮權之情事亦時有所聞。委員制結構雖在功能上頗似指揮參謀結構，基於上述之種種弊端，企業界對此結構之採用遠較指揮參謀結構不普遍。圖15-6 是委員制結構之寫照。該組織有總委員會及部委員會，前者由總經理，各部經理組成，後者（生產部）即由生產部經理、廠長及有關課長組成。虛線表示權責流動過程。

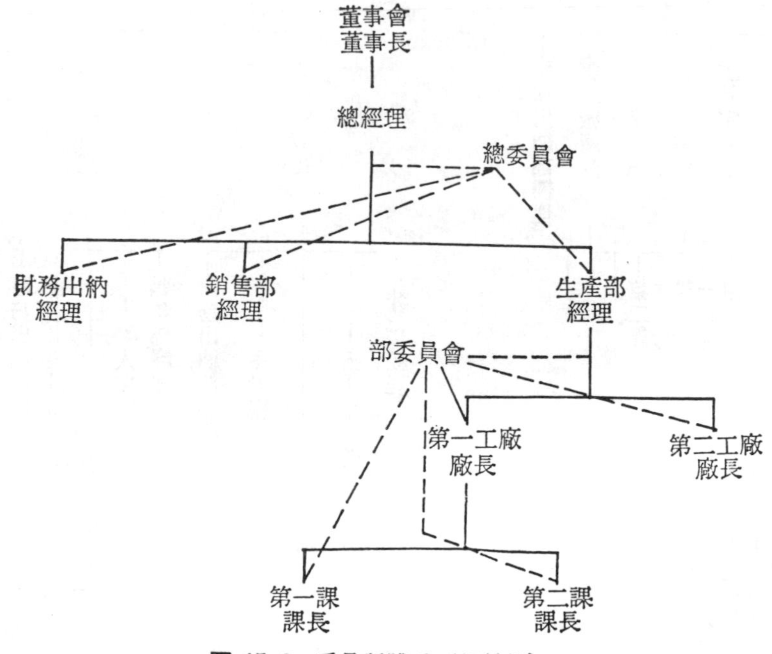


**圖 15-6** 委員制體系（部份例）

## 肆、綜合結構

綜合乃合指揮、參謀、與委員會三大系爲一體之謂。該結構中之委員會成員來自指揮及參謀人員。委員會之主要功能係磋商、協調、連絡，而不具任何指揮權責。多角經營之企業，極需此種體系，蓋委員會可連繫多角權責，彌補多角業務空隙。將來此種體系可望普及。維中小企業仍不甚適用綜合體系。此種綜合性體系在所謂『企業集團』之發展過程中具有十足之功能。

## 伍、權責集中性結構與權責分散性結構

不管是何種企業，其營運權責可集中在最高管理階層（總裁），亦

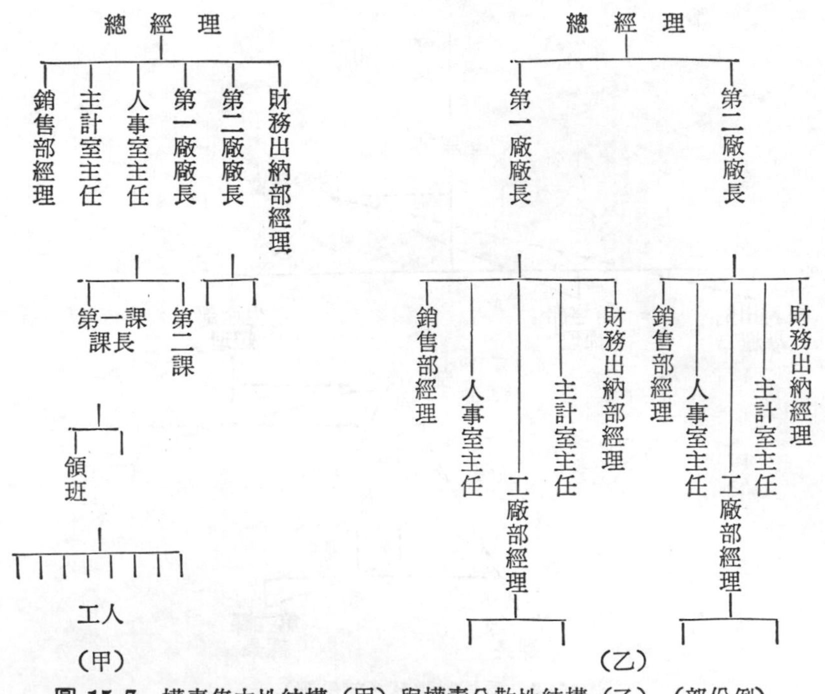


圖 15-7 權責集中性結構（甲）與權責分散性結構（乙）（部份例）

可次第分散在數次級管理階層(廠長)，於是有集中性結構與分散性結構之別。集中性結構（見圖 15-7 甲）之特徵乃在最高層主管（總經理或總裁）掌攬各部門之直接權責。其管理幅度自然非常龐大。分散性結構之特徵爲指揮權責之次第，按權責層次授命分散(見圖15-7乙)，是故最高層管理者之管理幅度相形地縮小。指揮中心外散。權責分散性結構可依產品別（或廠別）分散，亦可依區域別分散。權責分散結構往往適用於企業合併與企業集團組織。

本節所論及之數類不同企業組織結構，各有利弊，何者最爲適合，當視業主（或董事會）對企業營運之態度與作風、業務性質、企業資源，以及企業規模而定。通常家庭小企業較適合於功能性結構與指揮性結構。企業規模擴展後指揮參謀體系或委員制體系似較能廣達組織力量。至於大企業或企業集團非指揮參謀或綜合性體系莫能發揮組織力量達到經濟效果。

## 第五節　授權與分權

爲了追求更高的企業經營績效，長久以來，管理學家即不斷的探討有關組織內權力分配的問題。因爲每個企業機構，多少都有某種程度的集權與分權，而權力的集中與分散又與授權的程度息息相關。對一個完全集權而沒有分權的機構，決策權均握於高階管理人員手中，而其部屬均直接聽命於權力核心。所以，根本不需有組織結構的存在。反之，對於全部授權的機構，由於主管實際上與企業經營完全無關，終究他將除名於企業機構之外。由此可見，權力之分配又與組織結構有脫不了的關係。

企業機構是由許多人員所組成，而其目標也必須由所有人員「群策群力」方能達成。若僅由主管專權，身爲主管者將窮於應付各種迫切的日常決策，而無暇構思企業的未來發展，可能會因爲這樣而降低決策的效能與效率，結果將使企業機構蒙受重大的損失。因此，主管人員如何授權部屬成爲企業機構相當重要的工作。

爲使組織內的工作能順利進行，主管人員需適當而充分地授權部屬從事明確的工作。所以，只有適當而充分的授權才能有效推動組織的工作，而使組織結構之設計發揮最大效用。然而，充分授權並不是完全放棄職權，而是賦與部屬完成交付任務的所有必要職權，放手讓部屬全權處理。但是主管仍須保持適當的監督與管制，同時還須對部屬的工作得失負責。此卽所謂「授權不授責」的概念。

卽使主管人員有充分的能力，可以同時兼顧日常決策與企業成長方面之決策，從長期觀點來看，也不應疏於授權部屬。有些主管由於能力特強，又具有強烈的領導統御慾望，凡事均想親自處理，長此以往，將因缺乏適當的接班人，而使企業經營發生危機。

綜上所述，可知企業內授權之重要。而主管人員之所以必須授權，其主要理由可以歸結如下:

(一)經由授權可以減輕主管人員的工作負荷，使他們能承擔更重要的決策工作。

(二)授權部屬，可以提供部屬發揮其才能的機會，一方面訓練部屬獨立擔當的工作與管理能力，一方面也可激發部屬的潛能。達到部屬管理才能發展的目的。

(三)授權部屬執行任務的結果，可讓企業內的各種業務有充分而適當的人員來處理，不至於有「人在政在，人亡政亡」之虞。

(四)授權部屬可表現出主管對部屬的信任，除可激起部屬的工作信心外，還可讓部屬有知遇之心，而提高工作努力，產生更大工作績效。同時也能建立上司與部屬間的良好關係。

主管人員到底應如何授權才恰當?證諸過去企業主管授權之成敗，

管理學家歸納出若干有效的授權原則❹，可以做爲企業內各級主管實施授權的依據：

㈠按預期成果授權的原則（Principle of delegation results expected）

㈡功能分明之原則（Principle of function definition）

㈢階級層次之原則（Scalar principle）

㈣職權階層之原則（Authority-Level principle）

㈤命令統一原則（Principle of unity of command）

㈥權責相稱之原則(Principle of parity of authority and responsibility)

㈦絕對負責之原則(Principle of absoluteness of responsibility)

總之，授權本身就是一種藝術。雖然我們條列一些專家學者的結論，其眞正的實行還有待主管人員的經驗與智慧巧妙的去運用。

本節下個主題爲授權的基本態勢——分權。有關分權的定義大概可以分爲三類。第一類的學者，將之視同授權，他們認爲此二者均是集權的反面。第二類的學者則認爲所謂分權就如同組織內的利潤中心或部門劃分概念一樣，目前已爲企業機構廣泛應用❺。至於第三類的學者才認爲分權的精義在於獲得良好的控制，亦即分權本身乃包含選擇性授權與集中控制的一種組織哲學（philosophy of organization)。孔茲與歐唐納（Harold Koontz & Cyril O'Donnell）即曾

❹ Harold Koontz & Cyril O'Donnell, *Management: A Systems and Contingency Analysis of Managerial Functions*, 6th ed., (N.Y.: McGraw-Hill Book Company, 1976), pp. 378-81.

❺ 參閱John B. Miner, *The Management Process* (New York: The Macmillan Co., 1973), p. 211; Ernest Dale, *Organization* (New York: American Management Association, 1967); Alfred Chandler, *Strategy and Structure* (Cambridge: The M. I. T. Press, 1962).

說過: ❻

> 分權與授權有很密切的關係，不過分權的意義更廣。分權是一種組織管理哲學，意味着選擇性的職權分散與重點性的職權集中。……首先，管理當局必須先決定那些職權要往下授，那些職權要保留在高階主管手中，還須制定明確的政策來指導中下層主管的決策，遴選與訓練適當人員，也需有適當的管制……。因此，本書界定分權為一種過程，它包含了決策權的授予以及適當集中管制之實施❼。

通常分權的實施與公司部門劃分的方式有密切關係。在一個功能性劃分部門的企業內，總經理可能將有關生產方面的職權授予生產經理全權負責；有關行銷方面的職權授予行銷經理全權負責；……等等。各個部門經理都有權制定有關決策，但是諸如公司目標與政策方向等公司性決策則仍須由總經理集中全權負責。然而，在一個以產品別劃分部門的公司來說，部門經理所應擁有的就不只是單一的功能性決策權了。每一部門主管實際負責的決策幾乎有如一家小型單一產品公司一樣，包括所有行銷、生產、人事等功能性決策權。因此，就產品別部門劃分的公司來說，其授權程度通常高於其他部門劃分型態機構的授權程度。

至於企業分權的依據為何，乾得爾（Kendall）以為這得基於相對較低層次管理單位決策上的若干特性而定，因此他提出了一些衡量基礎。❽

(一)決策的次數一若中、低組織階層中的決策次數愈多，其分權的程

---

❻ Harold Koontz and Cyril O'Donnell, *op. cit.*, p. 318.

❼ Gray Dessler, *Organization and Management : A Contingency Approach*, (華泰書局印行), p. 107.

❽ Ernest Dale, *Planning and Developing the Company Organization Structure*, (N.Y.: American Management Association, 1952), p. 107.

度愈高。

(二)決策的範圍—若中、低組織階層中的決策範圍愈廣，其分權程度就愈高。

(三)決策的重要性—若中、低組織階層中的決策之重要性愈大，其分權程度就愈高。

(四)決策的呈核—若中、低組織階層中的決策愈不需往上呈報審核，其分權程度就愈高。

許多學者均一致認爲分權可爲企業帶來好處，然而，究竟在何種情況下適於分權。何種情況不宜分權，則會受回饋成爲控制機能中的一環，這種情形是自然界、生物界，以及社會一般制度的一項共同程序。溫納(Norbert Wiener)曾指出自然界等經由訊息的回饋，藉著發現錯誤並引發修正行動的過程，來控制他們本身❾。基本上，自然界等都消耗部分能量來回饋訊息，以便將實際績效與標準相互比較。溫納將「訊息」廣義定義之爲包括機械上能量的轉換、電振、化學反應、文字或口頭訊息、或任何其他訊息的傳遞方式。自動控制室溫的溫度調節裝置，是溫納前述自動控制系統的一個很好例子，溫度調節器收集溫度狀況，並與已定標準相比較，然後釋放出較多或較少熱量，以便調節室溫到標準狀況。在這種情況下，回饋的機能使室溫維持正常水準。

回饋在工作績效上有二項重要機能。其一，它能提供個體有關如何改進績效的訊息。其二，它能給個體帶來實體的刺激。所以會產生實體刺激，部分是因爲回饋的訊息使員工產生較大的自制力；部分是因爲瞭解工作後果所產生的競爭心理和成就感，尤其是當完成或超越

❾ Anant R. Negandhi and Bernard C. Reimann, "A Contingency Theory of Organization in the Context of a Developing Country," *Academy of Management Journal*, Vol.15, No. 2 (June 1972), pp. 137-46.

一項很有挑戰性的目標。若干研究結果已經證明，若能讓員工瞭解工作成果有多少，則這些員工不必給予額外的獎賞，也會工作得更努力、更忠心。大多數情況下，員工在工作過程中或工作剛完成後，都會得到回饋訊息。但是有些管理體系中，這種回饋訊息的傳遞往往過於遲緩，以致無法讓員工及時自我約束。學習理論中，對於工作績效能否迅速回饋的重要性，有詳細的引申，此種回饋如果無法在工作進行中卽刻進行，至少也應在員工對所爲之事還有清晰印象之時及時行之，有些控制系統就是因爲沒法達到這項要求，而失去其應用效用。

乾得爾（Kendall）在其對不同產業的樣本廠家進行調查研究發現，企業的分權程度與其所面臨環境的不確定性有密切的相關；而柏恩斯與史托克（Burns and Stalker）則發現在不確定環境下，企業機構是趨於有機式的組織與分權式的管理。此外，戴史拉（Dessler）在其研究中發現分權式管理絕大多數運用在大量生產的工廠，而卜夫（D.S. Pugh）與其夥伴則發現除了生產技術影響分權程度外，企業對其外在環境其他組織的依賴程度亦將影響企業的分權管理。❿

**表 15-1 影響企業分權管理的情境因素**

| 影響因素 | 趨於集權 | 趨於分權 |
|---|---|---|
| 企業環境不確定性 | 低不確定性 | 高不確定性 |
| 顧客差異化與產品多樣化 | 低差異 | 高差異 |
| 組織規模 | 小 | 大 |
| 對外界組織之依賴性 | 高依賴 | 低依賴 |
| 生產技術 | 大量生產 | 單位或連續性生產 |

資料來源：Gray Dessler, *Organization and Management: A Contingency Approach*,（臺北，民國66年）, p. 112.

❿ D.S. Pugh, D.J. Hickson, C.R. Hinings, and C. Turner, " Dimensions of Organization Structure, " *Administrative Science Quarterly, 13* (1968), pp. 65-105.

戴史拉（Dessler）將所有影響企業分權管理的情境因素予以整理後歸納成表 15-1。

## 第六節　組織之社會性

自從第一次能源危機發生以來，過去被認爲經濟發展背景相當穩定的假設，已不再爲人相信。在全球性經濟遲滯成長的情形下，整個社會基本制度受到打擊，傳統價值觀也忽然有了問題，加上社會商業競賽規則起了變動。要想確定未來勝算如何，就必須考慮新的不確定因素。

由於企業係一社會性組織，其管理營運對周遭的社會環境將造成密切的影響，而社會環境的任何改變，也會直接或間接的影響企業組織。綜觀這些變化，影響最深的，要算環境保護意識，消費者運動的興起及企業社會責任的被要求等三個因素⓫。

### 壹、環境保護

環境保護問題的產生，主要是源自於科技進步後，許多工業產品的製造過程與使用結果，破壞了人類和各種生物所賴以爲生的生態環境。 這種情形氾濫的結果， 對於整個生態系統的平衡造成很大的威脅。

爲了防治環境污染以維持生態環境於和諧均衡的狀態，臺灣地區目前也有防止污染的管制條例，對企業的生產製造等有關活動加以約

---

⓫ 郭崑謨著，企業管理一總系統導向，修訂版（臺北市，民國73年印行）第698-699 頁。

束，禁止廢水與廢氣的任意排放。在這種管制情形下，企業立即感受到相當的壓力。爲了處理廢水、廢氣，企業必須增添廢水處理設備，改善生產流程，或選購更合適的生產原料，來防止污染。因此，增加了企業的生產成本，影響其產品的價格競爭能力。管理人員應如何採取最佳措施，乃其所面臨的一大挑戰性工作。

## 貳、消費者運動

近數十年來，由於新產品的不斷開發成功，一方面爲消費者帶來物質享受的便利，另一方面也爲消費者帶來未知的弊害。隨著大量產品的生產與銷售，面對衆多而複雜的新產品，消費者並沒有足夠的資訊來判斷產品的優劣。尤其，許多新產品的使用，通常需要很長的一段時間，才觀察得到它對人體的危害。在廠商與消費者間，必然是廠商較了解產品的內容與製造過程，而消費者只能透過傳播媒介，或包裝標示來了解產品，如果廠商蓄意虛構產品的好處，或故意隱瞞不利事實，消費者根本無從防範，也無法抗拒。

面對財力雄厚、組織嚴密的企業，毫無組織的一般消費者常感孤立無助。如果購買產品後發現上當，大多數都自認倒楣，責怪自己未能謹愼小心，從未想到要和製造廠商或銷售者理論。

近年來，消費者的觀念已逐漸改變，開始重視與爭取自己的權益。爲了對抗企業的不當行爲，消費者組織也開始出現。目前世界各工業先進國家的消費者保護運動已相當普遍，除了立法保障消費者外，還有政府成立的消費者保護組織。此一消費者保護運動的內涵，主要在增進消費者的權利與團體力量，倡導消費者的權利應包含：

1. 自由購買產品的權利。
2. 要求產品安全的權利。
3. 獲得完整產品資訊的權利。

4.要求產品內容與廠商所聲稱者一致的權利。

5.有申訴與要求適當保護的權利。

## 參、社會責任

企業組織乃社會中的一份子，祇有在健康富裕的社會中，企業才能蓬勃發展，如果企業只是取諸社會而不用之於社會，結果社會的發展會因而緩慢，並影響到企業的成長。基於此一觀點，許多學者認為企業也應該盡其社會責任，重視社會大衆的需要。然而，社會責任的範圍究竟如何呢？杜拉克（Peter F. Drucker）曾分析過⑫。他認為早期人們對企業社會責任的要求，主要如下：

1.管理者個人的倫理責任，及其對社會大衆的倫理責任。

2.企業家對員工的社會責任。

3.企業家對社會文化的責任。

二次世界大戰以後，社會責任已轉變為要求"企業的貢獻"。於此一新概念下，社會不再過問企業活動應受何限制，不再注意企業對轄內員工應做什麼，大家重視的是要求企業負起解決社會困難的責任，負起解決社會問題的責任，負起達成社會目標與政治目標的責任，並且希望企業以維繫社會良心及挽救社會道德自許。

既然社會對企業有此一要求，從企業的立場來看，企業盡社會責任即師出正名，合乎社會倫理而正確的事。事實上，從增進企業長期利潤的角度而言，企業盡社會責任也確實於己有利，唯在盡社會責任之際須注意：

1.資源的有效利用與分配。

2.社會責任的限度——不可逾越管理者的才能和權力限度。

⑫ Peter F. Drucker, *Management: Taska. Responsibilities, Practice,* (N. Y. : Harper & Row, Publishers, 1974), ch. 24. 25. & 26.

## 【企業個案七】 王成電機股份有限公司*

王成電機股份有限公司（以下簡稱王成電機），主要生產高、低壓配電盤。公司創立於六十三年三月一日，創辦人洪先生現擔任公司總經理一職。洪總經理是技術出身，現年僅37歲，在創辦王成電機前，曾服務於臺電和其他配電盤製造公司，經驗豐富。現亦在專科學校教授有關輸、配電盤之課程。

### 產業簡介

高、低壓配電盤主要的功能是將臺電輸送至大樓、工廠的高壓電變爲低壓，同時配送至各個需要用電的地方。一般用戶家庭的變電、配電工作是由臺電負責，所以單位電費較高。大樓、工廠若自備配電設備，單位電費較低，再加計每月攤提的配電設備成本，仍屬有利。此爲高樓需用配電設備的原因之一。同時工廠中的馬達常需高壓起動，自備配電設備才能符合需要。高、低壓配電盤二者功能相同，祇是引入電源的電壓高、低不同而已。

高、低壓配電盤的壽命極長，幾乎可稱爲半永久性的產品，因此客戶汰舊換新的需求極低，該產品造價昂貴，約在數十萬至百餘萬之間。各個客戶所需產品的規格、尺寸均不相同，因此全部均爲訂貨生產。

目前臺灣製造高、低壓配電盤的廠商有十餘家，最大四家爲士林、亞力、王成、大同四家（見附表一），其銷售額約佔全部產業的百分之六十以上。這四家中除王成專營高、低壓配電盤外，其他均屬兼營性質。就整個產業而言，過去五年的情況不錯，成長率約在百分之二十左右，整個產業的成長乃隨著大樓、工廠之增加而增加。

配電盤主要可分爲兩部份：外殼和內部的電磁開關。工人在製造過程中需按圖施工，因此需高工以上程度的工人才能勝任。故基本上，該產業雖是裝配業，但亦是技術密集產業，產業技術在過去五年沒有重大改變，未來數年間亦不致有

* 本個案係作者參與合作金庫建教合作之中小企業診斷之受診公司，所示名稱與實際公司不同。

重大的創新。產業的附加價值在35%左右。

配電盤的造價雖昂貴，但所需資本並不多，除廠房用地外，因爲所有產品均屬訂貨生產，較貴的零件可到時再購買。該產業所需的資金除廠房、存貨外，主要在於品管設備，以王成電機爲例，其資本額1000萬元，品管設備即佔五百萬元。這種設備祇限定於高、低壓配電盤的使用，無法用於其他方面。高、低壓配電盤需全部安裝好之後，才做通電品管試驗，在裝配過程中並不加以品管。故品管設備的使用率極低，約僅有百分之二十多左右。

**銷售**

王成電機六十六年的銷售額已達五千餘萬，較創業第一年，成長四倍以上（見附表一）。王成目前的市場仍以國內爲主，今年已嘗試開發海外市場。由於配電盤爲工業品，因此多採用人員推銷。王成的營業部門內設有銷售工程師數名，銷售工程師均爲技術出身，在工廠實際工作過，因此有完全獨立作業的能力。當然，過於複雜的產品仍需會同設計課共同設計估價。

該公司除高、低壓配電盤兩條產品綫外，其他尚有高、低壓馬達起動盤、高壓儀表盤等十餘種。但其他方面的產量均不多。

目前王成電機促銷的方式主要是用人員，多是透過各種關係，探知那些單位已開始設計配電盤，在該客戶開始設計時，即和其接觸，儘量爲其提供許多資料，而使其很自然的願意購買王成的產品。除此之外，並未做其他的產品。

王成電機對於價格的訂定是採成本加計利潤而成。客戶購買多以一個月期票支付。

**生產**

王成電機工廠位於樹林，佔地六百多坪，爲配合日漸增加的銷貨額，該公司已在附近新購土地一塊，準備擴大產能。

整個配電盤的生產過程大致爲外殼打造—噴漆，外殼打造好後，交給裝配部門進行裝配工作。目前裝配部門分爲三組，每一組負責完成一部配電盤。各組的工作大致相同，先將電磁開關安置在適當位置，然後再將需要相互聯結的接點配上電綫或電纜、銅片，這些材料之選用視所承擔的電流大小而定。一般而言，高壓配電盤的配綫較簡單，而一般技術工人在工廠裏都希望能多學一些，廠方針對此項需要，讓各組輪流裝配高、低壓配電盤，使大家有相同的學習機會。

裝配完成一部配電盤的時間長短不定，依其工作的複雜程度，自一星期至一個多月不等。該廠商目前控制工作進度的方法是採用甘特圖（如下圖）當一件工作承包後，即在甘特圖上畫上工作的預定進度，每天再把實際的工作進度劃在下面，如此等到發現工作進度慢了時，往往已經來不及追趕了。工廠現在眞正的控制方法是由副廠長每天到工廠巡視，了解工作的進度，然後根據經驗判斷是否能如期完工，如果不能則立刻決定夜晚加班，以趕上進度。

甘特圖表

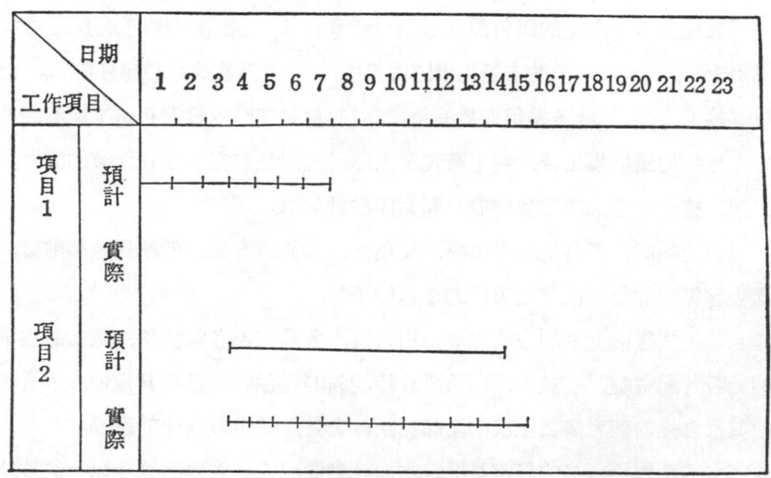


該公司儘量壓低存貨數量，除往常會用到的電綫、電纜、螺絲和少開關有存貨外，其他均是接到訂單後才開始訂貨。電磁開關的種類不下數百種，有時客戶還會主動要求選用那一種（牌子），因此根本不可能事先存貨。零件來源主要爲日本，其他西歐國家亦有。由於購買零星，對方不一定願意立刻出貨，故有時零件不能準時送達，常使工作延誤甚多。此延誤程度，實決定於本廠和對方的交情，其他廠商亦有類似的問題。

王成電機除面臨待料問題外，在生產方面還遇到下列幾點問題：

(1)工廠中一些共用的工具，如：電鑽等無專人管理，工人用完後即隨便置於地上，使得工具極易損壞，同時下一位要用的人又要四處找，浪費時間甚多，工具的損壞，九個月來的統計，平均每月耗損1,800元。

⑵配電盤中用來連結各接點的是電綫、電纜、銅板。電綫較便宜，工人常是整綑拿去用，但往往不能全部用完，剩餘部份隨便散置，棄之可惜，但是大家又不願意去用那些舊綫。電纜、銅板成本甚高，每尺成本爲兩百元以上，工人常是到要用時才來剪，但往往剪得比所需要的長，而造成許多浪費。一至三月在這方面的損耗一萬八千餘元。(十一月初，該廠曾將廢棄的電纜出售，出售的價格減掉原始成本，卽得上列數字）

⑶技術工人在裝配過程中，常需使用螺絲釘，而釘子有數百種之多，工人用時往往一次抓一把來，用完後卽隨便置在地上，使廠房顯得髒亂，且浪費極多。

⑷在整個裝配過程中，爲使以後檢查方便，常需套上塑膠圈（上印文字）做記號，記號用的號碼有英文26個字和10個阿拉伯數字，技術工人花在找這些字的時間甚多，幾佔整個裝配工作的四分之一。

**組織和人事**

王成電機現有員工97人， 其中業務、會計 8 人， 設計18人， 品管及生管11人，現場作業人員60人。組織圖見附表二。該公司採秘密薪水制，據了解，一位高工畢業、無經驗、未服役的工人月薪約爲4500元，服役後則爲6000元左右，薪水每年調整二次，一年後可增加一千多元。

員工流動率高亦爲該公司面臨的問題之一。由於該產業需要的是技術工人，而一位工人技術的好壞除和學校習得的知識有關外，尚需數年的經驗才能使工作做的完美。據該公司統計，工廠在上半年的效率和工具耗損率均遠比下半年爲差，主要原因便是上半年新手較多。

員工流動的去處，據了解，一般同業並不多，而多是去擔任配電盤的保養工作。因爲各工廠、大樓裝置了配電盤後，均需有一位負責修護、保養的人員，這種工作的份量不重，每天祇需按時抄錄電流、電壓卽可。同時工作環境又有空調設備，待遇亦不差，故常吸引該產業中的員工前往工作。由於該維護工作需定時的抄記電壓、電流之變化，要自行設置一個服務單位去爲這些客戶服務，似乎不太可能。

附表一　國內四家配電盤生產廠家歷年銷售比較

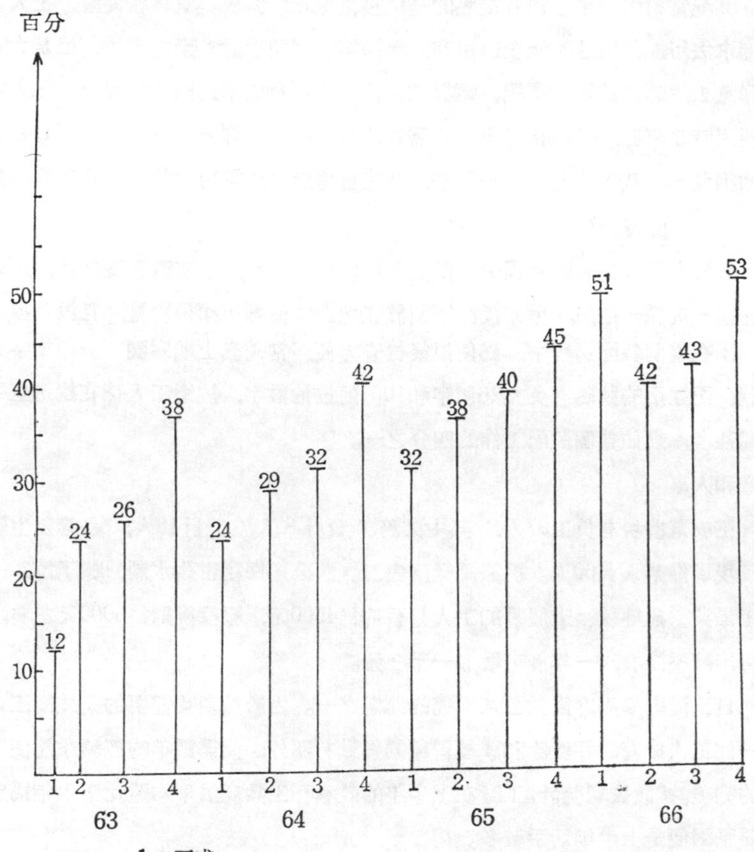


1：王成
2：大同
3：士林
4：亞力

附表二 組 織 圖

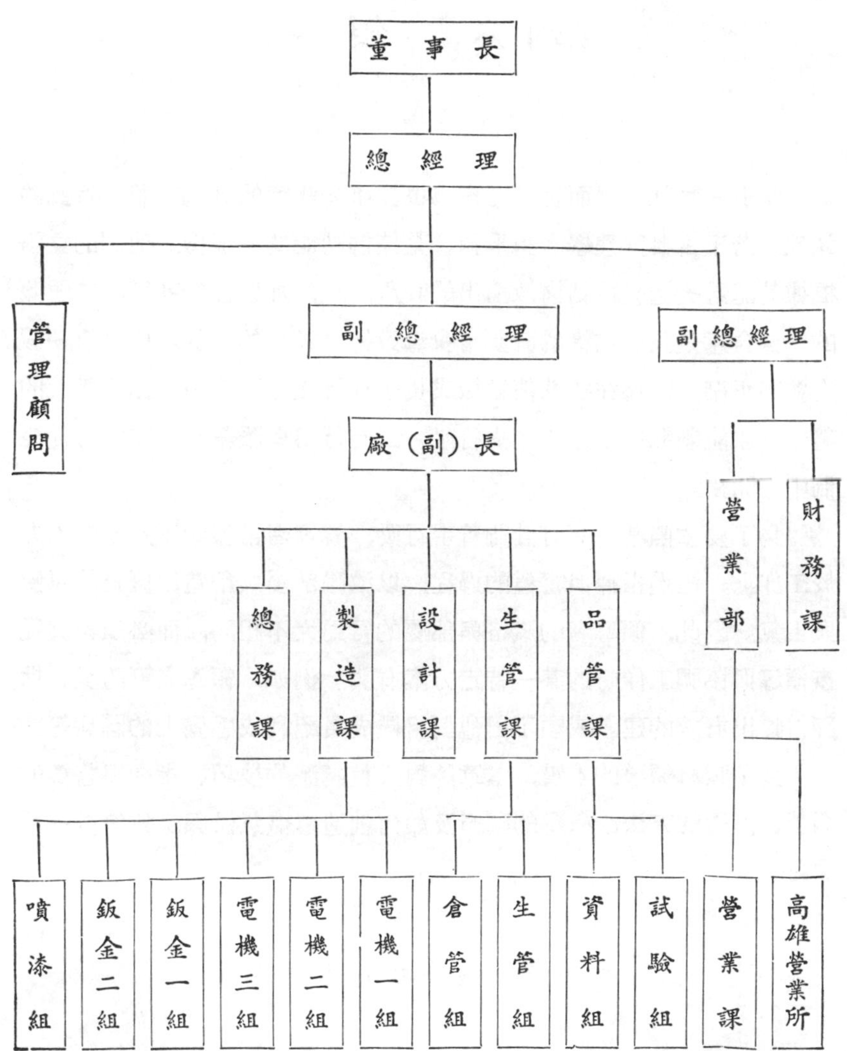
董事長
總經理
管理顧問
副總經理
副總經理
廠(副)長
營業部
財務課
總務課
製造課
設計課
生管課
品管課
噴漆組
鈑金二組
鈑金一組
電機三組
電機二組
電機一組
倉管組
生管組
資料組
試驗組
營業課
高雄營業所

# 第十六章 領 導

領導一詞就廣義而言，乃指爲根據事先決定的計劃，着手行動的過程。若干古典管理學者認爲領導是控制功能的一部份。他們的立論根據是認爲透過組織結構散播出的計劃，只須加以控制就可。其隱藏的一個含意是良好結構的計劃常會導致組織成員的順從。但是這一假定並不正確，因爲往往欲使組織成員順從計劃的要求須付出相當大的努力，才能刺激或激勵部屬去行動。因此行爲學派認爲應將領導從控制中分開來。

爲了要依照某一原訂計劃着手行動，管理者常須調派適當的人力於工作上，透過指揮與督導的過程，以激勵部屬，創造出優良的氣候與士氣。因此，領導者的風格與部屬的行爲大不相同，而必須與其從事領導與協調工作時的某一特定方案有關。例如：領導者可誇獎、批評、提出有效的建議或顯示出他對組織成員福利或感覺上的關切等。

爲了瞭解領導的本質，本章將對人員調派的技巧、指揮與督導的涵義、溝通的方法、激勵的藝術及如何創造組織氣候與士氣等做一番探討。

## 第一節 領導之基本概念

多數從事領導方面的心理研究均集中於工作導向（task oriented）與群體導向（group oriented）兩類型，前一型的領導行爲於傳統的監督和軍事制度上較常被採用❶。此型的領導者採行權威主義，他負擔所有決策和指導團體成員之責任。他的立論根據很簡單："我負責思索，而你們只要執行我的命令就可以。"後者由麥葛里果（Douglas McGregor）和李克特（Rensis Likert）所倡導。民主式團體導向領導者使用整體而非密切的監督，其關心的是人力資源是否透過參與（participation）而有效的加以利用。實際顯示不同型的領導者在某些情況下各有成就而在某些情況下就不然。因此每一種情境對領導型態的要求均不相同。

領導在古典及行爲管理理論中均占一重要部分，它可被定義爲用來刺激和激勵部屬達成指定工作的方法。領導者雖然是團體的一部分，但是他『特出』於其引導，指揮和指導的職能，因此團體的反應常要看領導者的能力而定。爲使組織內產生有效領導效能，有三種力量（forces）須特別注意：此即分別來自領導者，部屬與情境的三種力量。這三種力量的消長常依情境而不同，較敏銳的管理者可依其不同而決定採用何種領導型態較爲適當，以下分別對這三種力量略予討論。

㈠來自領導者之力量

一般而言，領導者的行爲常受各種力量的影響，基於各人的背景，知識和經驗之不同，各個領導者常以個別的方法去理解領導問題。影響個人的內部力量包括⑴個人的價值體系（Value system），⑵對部屬的信心，⑶領導傾向（Leadership Inclination），和⑷在不確定情況下的安全感❷。如果一領導者能理解到這些力量對其行爲的影響，那麼他就更能體會到是什麼使部屬

❶ 參閱 Frederick W. Taylor, "*Principles of Scientific Management*, New York : Harper & Brothers 1910. 一書。

❷ Robert Tannenbaum and Warren H. Schmidt," How to Choose a Leadership Pattern, " *Harvard Business Review*, May-June 1973, pp. 173-175.

有如此之表現，因而能更發揮領導效率。

㈡來自部屬之力量

在決定如何領導一團體之前，管理者須考慮影響其部屬行爲的一些力量。管理者應記住影響其員工的個人變數（Personal Variables）和需求。此外每一部屬也持有一套老闆應如何對待他的期望。一個管理者愈能了解這些，他就愈能準確決定領導的風格而使部屬反應得更有效率。

大多數這種力量的限制效果是受到部屬對老闆信心的整體感覺所影響。如果部屬們尊敬並信任其主管，那麼該主管將可較自由的變換其行爲方式，而且也較能確定當他做決定時不會被認爲是獨斷專行。或是被視爲使用幕僚會議（Staff Meetings）來逃避決策責任。

研究顯示部屬表現的品質會直接影響到管理者的領導行爲。根據報告指出，一個高成就團體之領導者常會表現出對其部屬的支持與促進員工間的互動，並能發展出員工對團體的凝聚力與團體生產力的增長❸。反之，低成就團體的領導者常表現出威脅的態度，而導至成員滿足感的降低和成品品質的低落。一般說來，領導者較常有表現者是介乎兩極端之間，而且部屬的成就對管理者會產生影響；相對的，領導者的表現也會對部屬之表現產生影響。

㈢來自情境之力量

除管理者本身的因素及部屬因素對管理者行爲有影響外，一般說來，情境特性也會影響管理者行爲。圍繞在管理者身旁的關

❸ George F. Farris and Francis Go Cion Jr., "Effects of Performance on Leadership Cohesiveness Influence-Satisfaction and Subsequent Performance," *Journal of Applied Psychology* Vol. 53. No. 6 Dec. 1969 p. 496.

鍵性環境壓力包括那些來自組織、工作團體、問題的性質和時間壓力❹。

近來有關領導方面的研究都集中在情境問題上，他們的結論是：情境因素決定了領導的型態。在此一觀點下，一個人在某一情境下可能是領導者，而在另一情境下可能是部屬。一領導者可能會發現他的才能適合某一情境，而在另一情境則否。

至於領導技術方面，它有幾項基本原則被運用到各管理階層上，這些原則如下所示：

㈠促進目標達成原則（Principle of Facilitation of Accomplishing Objectives)：

指導功能的意義在促進組織目標的達成，指導功能的運用愈有效，部屬對既定組織目標的貢獻愈大。

㈡領導原則（Principle of Leadership)

此重要的指導原則把激勵要素（Motivational factors）與管理行動結合在一起。此原則表示領導者不僅要激勵部屬滿足其個別目標和需求，更要專注於既定組織目標的達成。因此這一原則認爲組織中的人員都具有某些個人慾望和目標，他們願意服從那些有助於滿足他們個人慾望與目標的主管。

㈢直接監督原則（Principle of Direct Supervision)

有充分的直接監督，指導功能較能收效，透過直接監督，管理人員可與部屬有更好的溝通，而能直接面對問題，並迅速得到員工的建議。

㈣領導風格原則（Principle of Leadership Style)

如同人員與工作隨組織環境不同而有差異，領導型態也應適當求變，在某一環境有效的領導風格，在另一環境並不一定有效

❹ Tannenbaum and Schmidt, *op. cit.* p. 178.

率。因此，成功的領導者常依部屬的可能反應來採用領導風格。

## 第二節 指揮與督導

指揮與督導的主要課題乃在探討領導的行爲模式(Behavior patterns)，它通常可分爲數種類型。不過，黎溫（Lewin）把它們概分爲：獨裁式的領導、參與式的領導及放任式的領導等三種。李克特(Likert）則提出另一類似的領導行爲的分類，本節將針對兩者的理論加以說明。

### 壹、獨裁式領導

在領導構面的連續帶（leadership continuum)上獨裁領導(Autocratic Leadership Style）是一極端的類型。此類型的領導者，其決策權完全操在於領導者手中。它可分爲正面領導(Positive leadership）與負面領導（Negative leadership)。如果此法主要是以恐懼、威脅和迫力來刺激或影響他人的話，稱之爲負面領導，反之如果以誘導、獎勵者則稱之爲正面領導。領導者決策的施行可以下列方式來達到：威壓（coercion)、仁慈（benevolence）或操縱（manipulation）的方法。威壓式領導者是要求和命令別人絕對服從的人。他是獨斷獨行的，對部屬給予撤銷獎勵或懲罰來達到控制的目的。強硬的獨裁者往往使用負面領導。而仁慈的領導者常使用正面領導的多數技巧，如：誇獎、「拍拍肩膀」、機智、和外交手腕以達到其理想結果。操縱型領導者允許部屬參與決策過程，而他則在幕後操縱。但事實上，參與決策的部屬都被操縱來達成領導者所希望的結果。

在存有強有力工會（labors unions)的社會，負面領導比較不恰當，而且在繁榮期也比蕭條期不恰當。此外負面領導較適合於軍中，因為服役期限一定，不同於私人企業。因此在工商企業中正面領導比負面領導廣泛。但是，由於正面領導之複雜性常使其難以運用。正面領導者與負面領導者同樣要影響其追隨者執行某些任務。在了解其成員個人的需求之後，就可讓其成員在指定方式內完成任務之後滿足其慾望，且其滿足須在公司能力範圍之內。公司的需求與個人的要求之配合，對任何領導者而言，均是一項高度複雜的運作過程。由於其複雜性和時間上的限制常使很多管理者使用負面領導，雖然正面領導使人推崇，但是負面領導沒有絕對不好。在某些情況下管理者仍然需要使用負面領導來應付X理論型的人。但值得注意的是要以領導者、追隨者和情境之不同，來考量其適用性。

## 貳、參與式領導

此型領導者在領導連續帶的中間。當決策影響此團體或部屬能有所貢獻的時候，參與型領導者允許其部屬參與決策的制訂。參與領導（Participative Leadership Style）是建基於“人都想要參與”的假設之下，如此非但能給予他們發揮創造力的機會，同時也有助於他們完成其任務。領導者使用讚美或建設性的批評試圖喚起部屬對於完成團體目標的責任感。雖最後決策的責任和依靠都在於領導者，但是決策的制訂卻由組織成員來分擔。對於此型領導方面有很多的研究，斐力與豪斯（Filley and House）發現參與型對組織成員的滿足有正趨勢，但是領導型態與生產間並沒有一致的關係❺。總而言之，這些學者指出要能以任務性質和部屬本身為依歸，才能成功的運用領導型態。他們認為在以下兩種情形之下參與型最有效❻：⑴當任務不需非

❺ Alan C, Filley and Booert J. House, *Managerial Process and Organizational Behavior*, (Glenview, Ill: Scott, Foresman and Co., 1969). p. 403.

❻ *Ibid.*, pp. 404-5.

例行決策（Nonroutine decisions）與標準資料，以及決策不需很快的做出時。⑵當部屬對獨立自主有強烈的需求，覺得自己應參與決策並會有所貢獻，且對其工作能力有信心，認爲不需要嚴密的指導時。

依照史坦梅玆與葛凌尼基（Steinmetz and Greenidge）❼的看法認爲當管理者管理的是被適度鼓勵的員工時，參與型管理才能發揮效果。但是如果部屬對任務有不同見解（也許他不喜歡此工作）那麼此法則就不合用，而須以少許的利他法則來替代，也就是"己所不欲勿施於人"。換句話說對員工只能以他們本來面目來管理，而不能以希望他們應有的面目來管理。

在研究過以不同見解來面對工作的員工之後，史坦梅玆和葛凌尼基把他們歸成三類：毫不關心者（indifferent)、優越者（ascand-ant）以及對同一對象有兩種不同感情者❽（ambivatent)。前兩類是麥葛里果的X理論和Y理論的基礎。最後一類雖然他們喜歡工作，卻對它懷有複雜的情緒者。由於類型之不同，最高管理者不應強迫中、下屬管理人員使用參與型，因爲並非所有的人都不喜歡工作，無論如何，當管理者面臨了選擇管理型態問題的時候，如果能對人們工作行爲和態度有一眞實的了解，那麼，他對管理工作應有的見解就能更合理實在。如前所述，我們應採取員工最佳反應的管理型態。

## 參、放任式領導

放任型與獨裁型正好位於兩極端上，此一型態下的領導者，試圖把決策責任轉移到群體中。領導者給予組織成員極少的指導而讓其擁

---

❼ Lawrence L. Steinmetz and Charles D. Greenidge " Realities That Share Managerial Style : Paricipative Philosophy Won't Always Work, " *Business Horizons,* October 1970, pp. 23-32.

❽ Larry E. Greiner," What Managers Think of ParticipativeLedaership " *Harvard Business Review,* March-April 1973, 111-117.

有充分的自由。所以此群體的結構鬆散，決策緩慢，更有許多推諉責任的情形。結果任務無法達成，情況變得有些混亂。此一型態的領導所假設的團體與Y理論導向相同。麥葛里果自己對於這世界是否眞有不需指導的員工也感到懷疑。他曾在1954年寫下這段話❾：在未到安地哥(Antioch)大學以前，我相信一個領導者可以成功的在他的組織中當顧問。後來，不知不覺地，我希望能躲開那作困難決策的不愉快，或在很多不確定的情況中擔當某一行動的責任。例如做錯或是接受結果和事實。我想，如果我可以一種使人人喜歡我的方式來操作——良好的人羣關係——如此一來就可降低所有不協調和失望，也不會在過去發生那麼多的錯誤。因此，麥葛里果自己最後了解到直接領導的

**表 16-1　十項最高效率的領導特性**

| 等級 | 領導特性 | 被認爲最有效率之百分比（第二羣） | 參與率（第一羣） |
|---|---|---|---|
| 1. | 諮商、訓練和發展部屬 | 56.5 | 5.34 |
| 2. | 與部屬有效的溝通 | 44.7 | 5.22 |
| 3. | 讓成員知曉組織對他們的期望 | 37.9 | 4.36 |
| 4. | 在成就上設定較高的標準 | 35.4 | 3.66 |
| 5. | 了解部屬及其能力 | 28.0 | 4.74 |
| 6. | 給予部屬參與決策之機會 | 27.4 | 6.08 |
| 7. | 隨時注意組織的士氣狀態並且儘量使它保持高昂 | 26.7 | 5.45 |
| 8. | 使部屬了解眞正的情境 | 24.3 | 5.69 |
| 9. | 願意改變做法與否 | 21.8 | 4.96 |
| 10. | 對部屬有好的表現表示贊賞 | 21.1 | 4.80 |

資料來源：Larry E. Greiner "What Managers Think of Participative Leadership" *Harvard Business Review*, March-April 1973, p. 115.

---

❾ Douglas McGregor, *Leadership and Motivation*, (Cambridge Mass; MIT Press 1966), p. 67.

重要性。為了使工作順利完成，團體成員可能會要求以某種結構來運作。然而，放任型結構的運作結果往往得不償失。

儘管放任式領導（Laissez Faire Leadership Style）有其缺點，然而在某些情況下還是相當管用。例如在一研究團體中有一羣管理者或工程師正從事對一問題的定義和診斷的工作，並試圖發展出可行的步驟來解決它。在這組織中的此一團體，唯一直接感受到的，就是老闆所設定的那些限制。於此種領導型態下，如果老闆參與決策過程，他將不會使用權威，而願意協助完成任何團體所作的決定。

在此情況下對決策過程的參與性比較大。但是管理者仍然要依其上司的期望負起責任，縱使這決定是以團體為基礎作成，他也必須承擔此委任部屬們所作成的決策，及可能發生的任何風險。縱使此組織結構鬆散，但是訊令的一致仍應存在於組織之中。

密西根大學社會科學研究院的李克特發展出一種包含四種領導型態的連續帶（Likert's Continuum）⑩與黎溫的分類很相似：它們分別是系統一——剝削獨裁（Exploitative-autocracy），系統二——仁慈獨裁（Benevolent autocracy），系統三——諮商領導（Con-

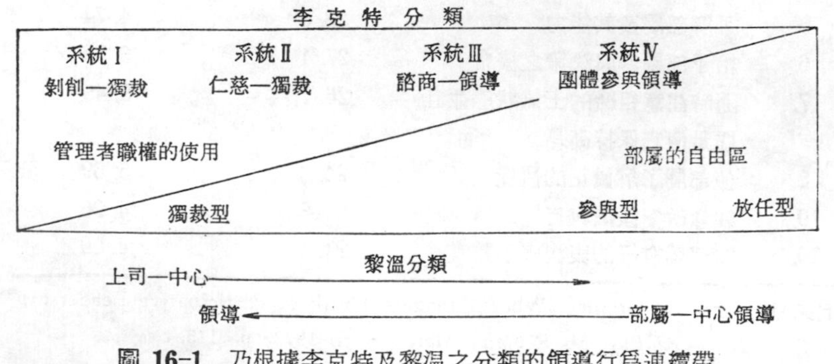


圖 16-1 乃根據李克特及黎溫之分類的領導行為連續帶

⑩ Likert, *op. cit.*

sultative Leadership) 系統四——團體參與領導 (Participative group leadership)。在圖 16-2 中前兩個系統屬獨裁式領導的部分。系統一如同高壓領導，系統二同仁慈領導，系統三中團體成員在決策做成前受到諮商雖然他們沒有直接參與決策之製作。團體參與領導 (系統四) 如同參與型領導。必須強調的是團體參與是參與達到決策的全部過程。部屬能自由的與其領導者討論事情，而領導者則以輔助方式對待部屬而不以擺架子方式對待他們。李克特主張整個機構應順着系統四加以設計，以一系列的重疊團體 (Overlapping groups) 來進行工作。團體領導者則充當其團體與其他組織單位的一種連繫角色。

一位有效的領導者會與部屬分攤決策制訂、目標設立，和工作單位的控制責任。有關研究證明，具有高等教育、經驗，和專業傾向的個人 (Professionally oriented individual, Porfessional secretaries) 常具有較高管理效能的傾向。一般認爲愈有效率的管理者，愈是傾向於參與式領導；而愈差的管理者，則愈傾向於獨裁式領導。

對於目前李克特結構中領導型態的測定是以組織成員對於他們在一系列規模上的管理評價來測定。這些項目包括如：激勵的力量、溝通的過程、信心、決策的程序、內部交互影響的程序、目標之設定、控制之過程等，以這些規模和四個系統相關性爲基礎，在領導方式上，即可發展出一領導型態的輪廓。如前所述，系統四是較理想的一個 (李克特表示系統四與生產力之間有相關性)。若管理者缺乏此一系統，那麼可以透過着重於團體參與領導的管理訓練方案加以改善。

## 第三節 溝 通

溝通是一種將訊息經由傳遞，讓接受者瞭解並能正確反應之雙方交通的過程。透過這種過程，人們才能交換不同的訊息與觀念。理論上，溝通看似簡單，實際上它卻是相當的複雜。因為不良的溝通雖然有傳遞的過程，可是卻由於技巧上的缺陷，常導致誤解或訊息的漏失。

一般的溝通過程常包含了下列四項要素：

㈠發送者（Sender）——如作者、說話者及編譯者。

㈡訊息（Message）。

㈢傳遞媒介（Medium）——如信件、備忘錄、報告、演說及圖形。

㈣接受者（Receiver）——如讀者、聽者、解譯者及認知者。

其四者間的關係，可以圖 16-2 來表示：

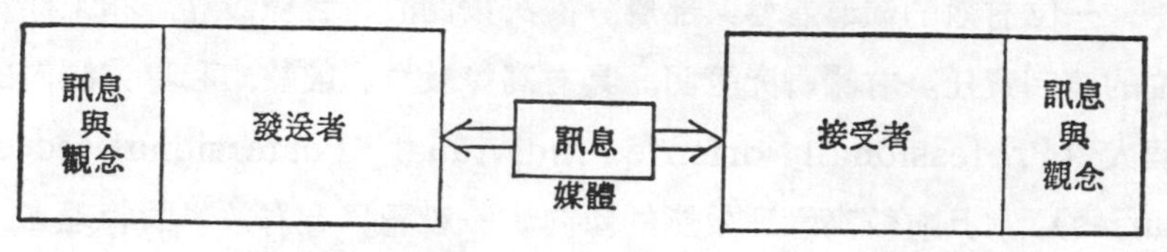


**圖 16-2　溝通系統**

在溝通過程當中，發送者對於整個溝通的有效性佔有極重要的角色。因為發送者站在主動的地位，對於媒體的選擇，表達的方式與接受者接受訊息的能力必須做適切的判斷。當然，這並不意謂着溝通成敗的責任應完全由發送者來承擔，其實接受者亦應擔負一部分的責任，如接受時的態度與成見都會影響溝通的成敗。

另外，在溝通過程中，由於個人生理狀況，心理與情緒上的差異，又有者，因為文化、社會及環境背景的不同，常常會引起溝通上的問題，假若雙方的差異越大，則造成誤解或無法溝通的情況也愈嚴重。因此，吾人可以歸納而言，影響溝通有效性的因素包括：彼此對字義、語意或圖表意義解釋的差異，彼此對於認知的信賴度以及彼此間的態度、意見與情緒的不同等⓫，這些因素所可能造成的障礙，對於領導者而言，便不得不加以注意。

在組織內的溝通上，除了雙方個人因素外，其立場與職位上的差異亦會有很大的影響，如員工常會站在本位的立場來解釋所收到的訊息，不是以有利於己的方式，不然就是採取防衛性的自我保護。因此，主管人員應站在部屬的角色來考慮其訊息的傳遞，同時亦應常居於協調者的立場，使部屬能捐棄本位立場，共同爲全體利益效命。另一情況則存在於主管與部屬間的溝通問題上，由於主管多握有決定部屬升遷、考績與獎懲的權利，因此部屬常會歪曲事實的眞象，誇大或渲染事實，使其傳到主管身上時，已經失掉眞實性，這樣常會延誤先機，造成無可彌補的損失。因此，主管應該建立適當的溝通管道，以容忍的氣氛，鼓勵部屬發表意見或發洩情緒，這樣才能確保溝通的效度。

## 第四節 激 勵

在領導上另一重要的任務，就是如何透過激勵的措施，激發員工的潛能與工作意願，以使追求組織的生產力。影響激勵成效的因素頗多，而且這些因素所造成的相互影響作用，要比想像中的還來得複雜，但爲了清晰起見，常將激勵系統以三個因素來蓋括。它們是：㈠個人，㈡工作本身，㈢工作環境等。爰就其間關係以圖 16-3 來表示於后。

### 壹、個人

⓫ Herta A. Murphy & Charles E. Peck, *Effective Business Communications*, (Washington ; Grolier Incorporated, 1980) pp. 16-18.

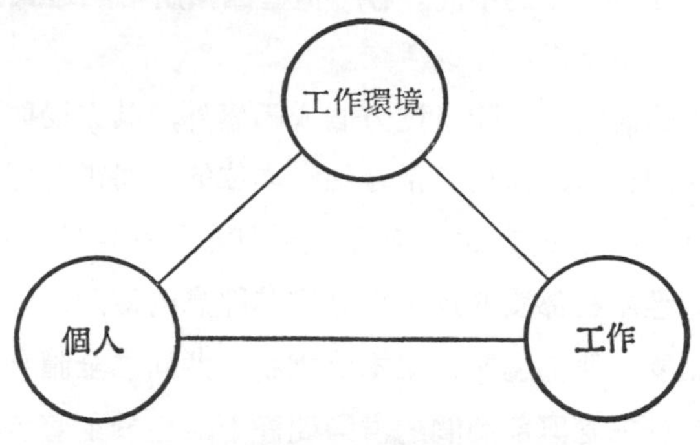


圖 16-3 激勵系統的要素

我們提到組織成員不論是管理人員或非管理人員彼此在智慧、能力、態度及需求上均存有差異。所以若認爲在許多方面存在著顯著性差異的每個人對某特定激勵措施均有相同之反應，是個不合理的假設。

在激勵系統中，最重要的一個差異是每個人的需求不同。激勵訴求的強度決定於每個人的需求，而需求也因人而異。馬士洛（Maslow）的需求層次理論假定各種需求本身不僅具有差異性，需求還有優先順序的層次性。在任何時間，尙未實現的需求提供了激勵的最佳機會。事實上這意卽把食物給予飢餓的人較給予吃飽的人所產生的激勵效果會來得大。我們用不著全盤接受 Maslow 的需求層次理論卽可印證這個觀點對激勵制度的影響。譬如，我們知道刺激已滿足的需求較刺激尙未滿足的需求所產生的效果會較小。

此外，如價值觀念與信仰的不同亦同樣會影響到激勵制度的運行。譬如，在衡量自己能否達成某特定目標的信心時，過去成功或失敗的經驗會使他（她）對於本身達成目標的能力產生樂觀或悲觀的看法。這種種差異自然而然會使許多激勵措施產生不同的反應。

部屬也會猜測當其達成目標後，管理階級是否會予以褒揚或獎勵。

基於經驗，其部屬可能會認為上司向來不注意部屬的努力，反之亦可能認為上司會褒揚、感謝及獎勵任何對組織有建設性貢獻的努力。很明顯地，這些期望的差異會影響激勵措施的下一步行動。

## 貳、工作

進行工作設計時，必須注意有關工作的必要條件與吸引條件的變化。對某些人而言，高度例行性的工作變成單調、煩悶，而且有挑戰性的工作則被視為是享受與得意的源泉。個人喜好加上工作設計決定工作的吸引條件。並非所有員工都喜愛挑戰性的工作。然而，在激勵措施中所遭遇的主要難題常出現在許多高度標準化的工作內。

有關工作設計與工作滿足最常被提及的理論是赫茲柏（F. Herzberg）所謂工作激勵的兩因子理論⓬。根據這個理論，某些因素可歸類為滿足因子或激勵因子，而其他因素則歸類為非滿足因子或保健因子（hygiene factor)。在早期的一項研究中指出下列五項因素在增加工作滿足方面，扮演著極重要的角色⓭。

1.成就感
2.讚譽
3.工作本身
4.責任感
5.晉陞機會

這些因素均著重於所執行的工作，而與工作的進行、喜愛工作、從工作中領略成功、得到讚賞，以及代表職業上成長的晉陞有關。

相對地，亦有些非滿足因子一亦稱為維護或保健因子，如：⓮

⓬ 參閱 Frederick Herzberg, Bernard Mauoner, and Barbara Block Synderman, *The Motivation to Work*. New York: John Willey & Sons Inc. 1959. 一書。,

⓭ 同⓬, pp. 59–63.

⓮ 同⓬, pp. 70–74.

1.公司的政策及管理。

2.不佳的技術上的監督。

3.薪資水準。

當然，包括短少某些滿足因子等其他的因素亦可視爲是非滿足因子。不過值得注意的事實是滿足因子與非滿足因子不同。

這項發現已經由其他的研究予以證實。譬如，美德州儀器公司的研究人員曾調查科學家、工程師、工廠領班、技術人員及裝配工人的滿足因子及非滿足因子⑮，研究發現，正面的激勵效果通常是由於工作之具有挑戰性及透過成就感、責任感、成長機會、晉陞機會、工作本身與所得到的讚譽而產生。另方面，非滿足因子則包括工作本身以外之因素，例如薪資報酬、實體工作設備、噪音、工作規則、社會關係及工作安全。

另外一項依據對某研究發展實驗室的八十二名科學家及工程師的調查，意圖比較影響他們留在現職或離開現職的因素⑯。能够吸引而留住科學家的主要滿足因子與工作的過程有直接的關聯，譬如：對工作的興趣、工作的重要性、富挑戰性的研究計畫等。促使人員離職的負面激勵因子則在工作過程之外而與工作環境有關。譬如晉陞、薪資水準、對督導的評價、領導與管理等。

縱然有許多研究結果的支持，本理論仍引起爭議，且正反兩面的證據皆有。

儘管非滿足因子都是環境因素，管理階層仍須迎合部屬的期望，才可避免產生不滿。然而，這個措施只能避免員工產生不良反應，

---

⑮ M. Scott Myers, "Who Are Your Motivated Workers?" *Harvard Business Review* 42, no. 1 (January-February, 1964). pp. 73-88.

⑯ Frank Friedlander and Lugene Walton, "Positive and Negative Motications Toward Work", *Administrative Science Quarterly* No. 2 (September, 1964), pp. 194-207.

卻不足以成爲完整的激勵措施。有效的激勵措施也必須能提供某種工作，這種工作能產生內在的報酬與挑戰性，而且能滿足較高層次的需求。

### 參、工作環境

第三類影響工作激勵的變數包括工作的情況背景與環境。工作環境在很多方面顯得很重要。由於個人必須遵守團體的規定或企圖贏得同僚的稱許，個人與工作團體或組織之成員所維持的關係，可能會影響個人的工作表現。同樣地，主管的行爲與工作標準的訂定、製造程序的規範與獎勵的分配管理亦有關係。

因此，藉著個人、工作及工作環境三個要素的交互作用才能對組織的成員產生激勵作用。我們知道上述三類因子可再區分爲更詳細的要素，對於整體工作激勵的複雜程度也就不難想見一斑。

### 肆、激勵方法

至於激勵的方法，一般常用者有採用權威者（Authority），有用金錢激勵者，有用同僚間或同業間之競爭壓力者，亦有用家長式的關愛（Paternalism）者，或者使用私下協商的方式、應用工作上的成就感來激勵部屬或目標管理者。

#### 一、權威

論及激勵，管理者的權威是激勵部屬的一項因素。幾乎在各管理職務上均存在有或多或少的權威。然而在運用權威時，常伴隨著懲罰的威脅——「好好工作，否則解僱。」

在某些場合下，權威是很有效的激勵工具。因爲，尊重上級權威的人往往對上級的指示自動有所反應。此外，若工作本身極爲重要，則被炒魷魚的威脅將促使其發揮最高潛能。例如某人單靠這個工作來維持其家庭開支而沒有其他的工作機會時，喪失這份工作對其將是件嚴重的事。反過來說，當工會力量強勁或工人稀少或工作機會很多時，權威就不再是那麼有效的激勵因子了。

此外，把權威當激勵工具時，員工努力的程度不無問題，這種情況下，員工只會發揮最低的績效，而看不到他們傑出的表現，亦即員工的表現只求免於被開革而已，而缺乏做好工作的誘因。

我們可清楚地看到，在很多美國的企業中，權威的運用已不再是那麼有效了。當生理層次的需求滿足之後，在激勵行爲中，其他層次需求的滿足就相當重要。權威方式的運用與生理層次需求有關，它主要是威脅減低員工的薪水。因而，當員工還有其他的工作機會時，這個方式就有極嚴重之限制。許多員工甚至因而加入工會來保護自己。

權威還包括壓力的運用。當壓力過於強烈時，員工可能會有不良反應或反抗。而這些反應有時候不容易被發現。換句話說，部屬可能去除掉一些管理者所不願發生的行爲。另外，也可能是壓力會帶來精神上不良的後果，譬如產生精神身體上的疾病。

所以我們知道在強烈的權威領導型態，就長期而言，實具有破壞性，儘管短期上略具功效，這股壓力會導致組織的解體。

**二、金錢誘因**

從某種意義上而言，權威的使用亦附帶著金錢上的誘因。失去一份工作意會著失去這份工作的報酬，因此金錢亦可爲正面的激勵因子。管理者可以強調金錢上的報酬，員工可以因產量的增加與優異的績效而得到較高的報酬。

在企業界盛行的許多財務激勵計劃就是這個構想的運用。泰勒（Frederick W. Taylor）和其他科學管理的先驅者就鼓吹計件式的工資報酬制度。最近幾年來，更注意到集體的激勵，較著名的如“史堪隆計畫”(Scanlon Plan)⑰。許多公司還引進了利潤分享制度。最近幾年，利潤分享更成爲集體談判的議題，而納入於主要的合約內。

對於行政階級的人員，可採用股票選購權或分紅計劃等提供大幅財務獎勵的激勵措施，例如這幾年來，通用汽車公司付給支薪員工的紅利平均每年超過一億美元。這種大幅度的支出顯示企業重視財務上激勵措施之一斑。

毫無疑問地，大部份的部屬可從財務獎助上得到若干激勵。有個重要的問題關係到這激勵方法的成效。在設計激勵計劃的時候，科學管理者假設員工會追求經濟收益的極大化。當然這種「經濟人」(economic man)的極端觀念已不合時宜。然而，儘管這個理論已不爲人接受。管理者通常還把它當成是一項規則。

金錢並無法完全滿足各層次的需求。金錢上的報酬與生理上和安全上等較低層次的需求有著密切的關聯。當然，金錢對於較高層次需求的滿足也有某種程度的幫助。譬如，薪水除了可藉以取得財貨與勞務之外，它亦是種地位的表徵。然而，金錢上的報酬充其量僅可部份滿足社會及自我滿足的需求。

亦有許多硏究顯示金錢上的誘因也有着許多的缺點，例如在工廠裏，工人爲了薪資或獎金問題，常會認定工作量的多寡直接影響其所得。因此，絞盡腦汁與管理人員周旋，無形中種下不少衝突的潛在因素。這種衝突可能抵消了金錢誘因的美意，事實上，對員工而言，金錢並非唯一的重要因素，實施此種計劃最大的可能錯誤是在高估其重要程度。把金錢當成員工的唯一目標是一種錯誤，有時在很多場合裏它甚至不是一種激勵因素。

## 三、競爭

⑰ 參閱 H. K. Vonkaas, *Making Wage Incentives Work*, (New York; American Management Association, 1971) 一書。

以競爭爲激勵工具與金錢的誘因息息相關。以個人的表現決定是否晉陞更高的職位與薪水。卽利用考績制度，員工會彼此競爭以爭取晉陞。

但這方法有若干缺點。在某些地區，尤其是加入工會的工廠裏，決定員工晉陞的基礎是年資而非考績。有效運用競爭工具的先決條件是必須有完善的績效評估方法，而這卻往往是最難的。此外，過度競爭對組織會有不良的影響，尤其在亟須團隊合作的場合裏。

**四、家長式作風**

另外一個激勵的工具是採用家長式作風，亦卽對員工表示寬厚的作風，爲員工謀福利，而寄望博取員工的忠誠，提高績效與熱心。本世紀初期有許多公司遵循此原則來處理與員工的關係，其中包括有名的企業家赫協（William Hershey）與亨利福特一世（Henry Ford I）。家長式作風可能是整個公司的特色，也可能僅爲個別的管理者所採行。

採家長式作風的主管希望員工產生有利的反應，而在員工不領情時，卻難免一番失望。糟糕的是家長式作風不見得都會產生預期效果，有時候還帶來反作用．產生厭惡而非忠誠之心。一些激烈的罷工曾發生在那些主管自認爲善待員工的工廠。

家長式作風的激勵方式有許多缺點。首先，這方式假定主管比較優越而曉得員工最需要什麼。這種優越感往往冒犯了大部份的員工，違反了他們獨立的慾望。此外，這些利益在經過一段時間後會逐漸失去其吸引力。例如，聖誕節紅利發了許多年之後，員工已自然地產生預期心理。

**五、私下協商**

一種主管所使用的激勵形式被形容是私下協商⑱。它並不是那種

⑱ William Forte Whyte, et al., *Money and Motivation* (New York; Harper & Row, Publishers, 1955), p. 23.

管理階層與工會間的正式協商。利用私下協商，管理者和其部屬可以建立非正式的彼此諒解。它毋需雙方明白表示，而是建立在由上司擬議或其所能忍受的行爲模式上。

私下協商包含雙方互惠的態度。主管能容忍員工某些行爲或某種程度的工作績效。而員工以某種能爲主管接受的工作態度來回報。擧個例來說，主管可以對工廠的規則採較寬容的解釋，如主管在員工遲到或缺席後，能包容其藉口，或在員工有輕微失禮時，裝做視而不見；而員工一改過去的抱怨與牢騷，以高於平均水準的產量來報答。

**六、工作上的滿足**

前述幾種激勵的方法均把工作視爲不愉快或本身缺乏價值，員工因而必須得到若干形式的報償。在另外一種激勵方法中，對於工作有不同的看法，希望能經由工作來滿足員工的需求⑲。這學說不認爲工作很辛苦，而認爲它可潛在地讓人滿足及認爲值得。

在這個激勵方法下，須考慮員工所有的需求，不僅是金錢上的需求，還有社會及自利的需求。也就是要試圖創造一種能滿足上述各項需求的環境。惟一般認爲，由於工業技術本身的性質，將使上述目標難以達成，甚至在某些工作中不可能會達成。

欲滿足員工自利的需求，則須強調工作本身的重要性。即使某一份工作所須的技術成份較低，它可能在整體操作系統中占一重要的地位。此外，某些工作可經由工作擴大化或其他方面的改善而使其變得更吸引人，就此而論，領導的型態也很重要。在一個較民主的監督環境下，社會性需求的滿足較容易實現，也較容易產生友誼及團隊精神。

---

⑲ George Strauss and Leonard R. Saylea, *Personnel: The Human Problem of Management*, 3rd ed. (Englewood Cliff, N. J.: Prentice-Hall Inc., 1972) p. 138.

毫無疑問地，管理者在運用此種激勵工具的時候需要若干技術。它不像其他的激勵工具那樣容易運用。然而，它具有一種可以刺激員工表現優於平均水準的潛在利益。另外，除了對助長組織的效率有貢獻之外，它還有增進員工快樂與滿足之潛在利益。

七、目標管理

一種近年來頗受注目，尤其適用於管理人事的激勵方法為目標管理（MBO)。我們知道組織目標可以再分類而構成目標的階層。就在把這些目標再細分為特定目標的最後一步，每個人終必明示他(她)自己的目標。個人的目標以愈特定及適當的用語加以表示，然後與主管共同議定後加以確立。圖 16-4 中，顯示個人的行動計劃，由制定、履行、到監督的一連串過程。

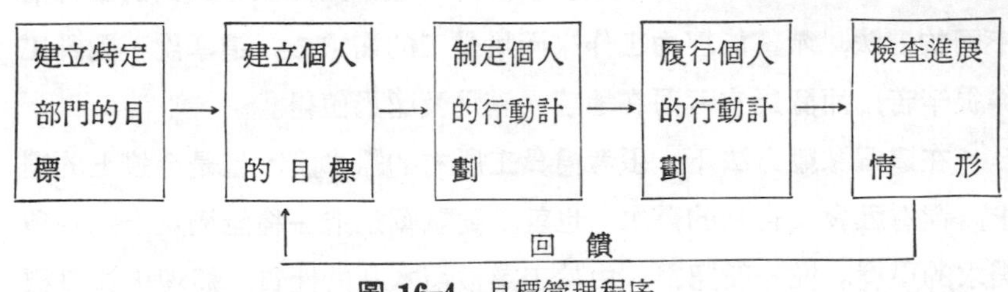


圖 16-4　目標管理程序

讓個人積極參與設定自己的目標和行動計劃及自己控制個人計劃的履行實乃目標管理計劃的特色，這種特色更加強了激勵的效果。這種方式所設定的目標並非片面決定的，這也反映了與現實的妥協。如此一來，個人工作績效就可與原設定目標相互比較，能做較客觀的評估。

目標管理可運用來使工作（即使是管理工作）豐富化，而使得工作更富挑戰性，而使員工得到實質上的滿足。

## 第五節　組織氣候與士氣

在論及領導機能的同時，主管人員不可忽略組織氣候的塑造與士氣的激勵，因爲良好的組織氣候與士氣直接與組織的績效成正比例的關係，良好的組織氣候與高昂的員工士氣代表着組織內的成員，有更多的信心與意願去面對外在的壓力與挑戰。

所謂的「組織氣候」(Organization Climate)，可以定義爲員工對其組織環境所感受的特質⑳，我們或可用「組織氣氛」一詞來代表它的含義。組織氣候的形成乃組織管理日積月累發展而成的，例如它包括：員工對獎勵制度所感受的一致性與公平性；對組織結構中的規章、制度、規定與守則等的感受；對賞罰重要性的感受性等。一個組織的氣候，我們或可形容它是「公開的」、「有助益的」、「有壓迫感的」或「與個人無關的」，但不管它被如何形容，很顯然的，組織氣候與績效、激勵系統間存在着極密切的關係。

至於士氣（Moral）一詞，我們可解釋爲個人或團體對工作所表現出來的「熱忱與毅力」。這種熱忱與毅力直接導源於員工對組 織氣候與主管管理風格的看法。若此種看法是正面的，個人或團體便會很有士氣，而其工作士氣便會高昂；反之若負面成分居多，那麼短期的員工士氣低落，長期則跳槽風氣大行，無法留住人才。因此，士氣的高低亦可間接評斷領導者能力的強弱。當然，組織氣候的良窳並不能直接說明士氣的高低，因爲良好的組織氣候不一定會創造出高昂的士氣，但是長期間的士氣必然是在良好的組織氣候下蘊育而成。

爲了更明確的剖析士氣，我們可歸納出影響士氣的因素。它們是：㈠員工對前程發展的信心與工作上的滿足感及安全感；㈡在組織內受到尊重的程度；㈢與同僚間相處的狀況；㈣薪酬給予的公正與公平性；㈤組織對員工福利關心的程度；㈥組織在社會上的地位等。

---

⑳ Thomas W. Harral, *Managers Performance and Personality,* (Ohio: South-Western Publishing Co., 1961.) p. 171.

至於領導者應如何激發士氣，顯然與前節所言之激勵系統對士氣之高低有直接關連。另外在人性技巧上，領導者應再注意下列諸點：(一)設法瞭解部屬眞正的需求與設法適當的滿足；(二)建立有效的溝通管道與制度；(三)要能有效的處理部屬的不滿與困難等。

## 【企業個案八】 東方股份有限公司*

東方股份有限公司設立於民國65年3月，資本額爲 2,400,000 元分 240,000 股，主要股東爲董事長王有爲先生持有股份最多82,000股佔34%，餘爲副總經理陳大勝佔25%，王有傑佔17%，張國雄佔10%。除王有傑外，他們目前都是公司的幹部。廠房設於龜山附近，行政隸屬於鶯歌之私立壽山工業區，偶半山腰，交通不甚便利。目前公司備有交通車供員工上下班及運送產品。

該公司的組成幹部皆爲王董事長在光明公司任廠長之部屬，在以前舊公司廠長王有爲(卽現任董事長)領導下，大家合力創業。主要產銷電子零件電阻器所必須使用之瓷棒及炭膜瓷棒。除了生產白瓷棒及炭膜瓷棒外，並利用炭化部門之多餘生產能量代客加工炭化。目前產量每月約爲四千萬支，營業額約每月60萬元。鑑於市場的需求與求得公司的成長，67年5月份，增資至肆百肆拾萬元，並行擴充計劃，預計同年12月底要達到月產壹億貳仟萬支以上的目標，（其間並獲得合庫中小企業金融部之貸款）。

除此之外，該公司並擬研究發展其他瓷製品，目前已有數種由客戶委託，或自行研究發展出來。

### I、組織及人事概況

目前公司的組織結構如附圖(一)：董事長兼總經理王有爲，於創立本公司前，曾在首先引進生產瓷棒技術的光明公司，負責生產及主持業務達七年之久。創業至今，王董事長，事無大小，皆躬親處理。由於公司目前漸趨穩定，另業務有擴展的趨向，故王董事長對於培養得力的幹部及建立公司制度不遺餘力。如此他才可能專心於重要事務，並往國外擴展外銷市場。

副總經理陳大勝以前在光明公司擔任生產工作達12年，爲王董事長一手由工人培養出來之副手，曾派其往日本受訓；目前一人負責業務，行銷事項。由於對生產工作之熟悉，亦負生產技術指導之責並代已有辭意之廠長張國雄解決產銷之

* 本個案係作者參與合作金庫建敎合作之中小企業診斷之受診公司，所用名稱與實際名稱不同。

＜Ⅰ＞組織系統圖

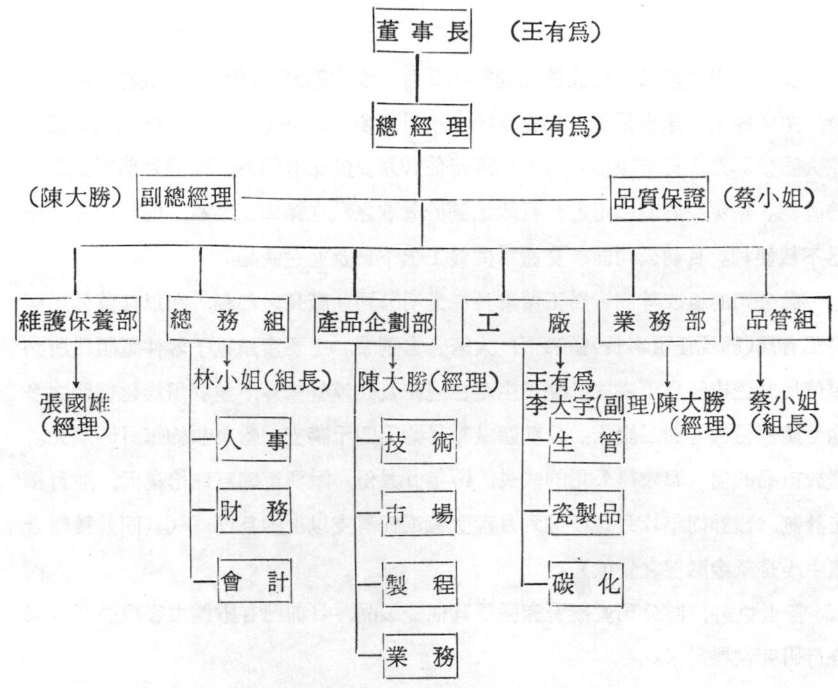


圖一 東方股份有限公司 67. 2. 28 修定

＜Ⅱ＞總經理職務代理人順序

陳大勝——→張國雄——→李大宇——→林小姐——→蔡小姐

協調工作（但目前陳副總經理因經營意見與王董事長不合，已提辭呈，並要求退股）。至於生產工作安排、分派及管制幾由副廠長李大宇負全責。林小姐是公司小股東，專校商科畢業，公司的財務調度及會計憑證彙集工作皆由她負責。另有蔡小姐負責品管工作。

該公司目前有工人13人，日班10人，由早上八時至下午八時，夜班 3 人由下午八時至次日早上八時。男工入廠每月約 4,000 元包括本薪及交通、全勤獎金，見習三個月期滿，最高可再加 800元；女工入廠每月約 3,000 元亦包括本薪及其他津貼，見習三個月期滿，最高可加 500元，碳化室因工作環境惡劣另有津貼每月600 元；另夜班費每天15元。除薪金外，公司免費供住宿，並代爲辦伙食。據董事長言，目前該公司認爲其薪津水準在同業水準之上。

由於工廠地處僻遠，員工出入不便，閒時甚無聊，而工作時間又冗長，所以員工流動率很高，並有操作員不足之現象。

Ⅱ、生產

目前生產程序大致如下：

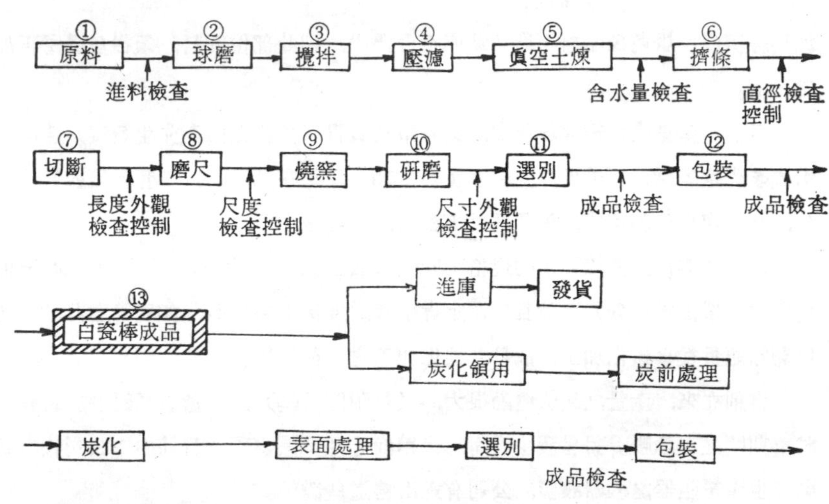


目前廠房爲二樓建築；⑥⑦步驟及炭化加工在樓上操作。步驟①至⑤可說是將原料淨化爲成型加工之準備狀態，在此程序中機器自動運轉之時間從 2， 3 小時至一天，需人工不多，故與⑧、⑩步驟，全部只由 2 位工人負責每次上、下料的工作。而步驟⑥⑦由"擠條機"經烘乾後由"全切機"切成所需的長度、半徑。此部份需較多人工，目前從⑥→⑦有 2 套舊的，3 套新的設備。圖示如下。

因爲新設備進料量較多故可有兩台全切機同時進行切斷工作。目前因工人難找，如缺人工時，舊設備照常作業，而新線只開 2 線，並每線只用一台全切機。

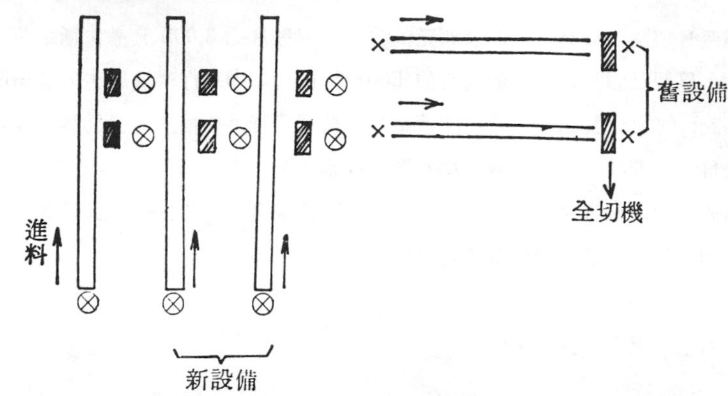


如果經擠條、烘乾後原料不經切斷或不合要求，則此部份回料，須從步驟①再加工一次。

目前生產量是由總經理決定，交與廠長負責（實際上由李先生負責）達成。引述李先生的話：「總經理交給產量與日期，反正在期限內，不管加班或其他方法，我一定把任務達成，總經理也不會過問」。

由於各客戶對瓷棒要求的規格不同（事實上以2×7.5; 1.7×5.5; 3×8; 三種爲大宗，單位爲公分），故目前採定貨生產。並接受特殊製品如瓷管之訂做，並以剩餘能量從事碳化加工，故目前碳化加工之負荷較重。

自創立來，產量之起伏變動很大，（見附圖(二)(三)），王董事長歸咎於新設備試車期間之不順暢。另曾發生過南部代銷商惡性倒閉事項，目前由本公司扣有此廠商生產電阻器之機器設備，公司有意出售這些設備。

該公司產品品質目前符合一般需求，而產品之品質與配料及生產技術有密切關係，該公司最近與日本技術合作，提供更佳品質之配方，並獨自研究出新的全切之技術與機械爲國內領先，王董事長並極力保護防止外洩，對於陳副總經理之辭職，認爲其是獲取甚多秘方後欲自行設廠製造，故對配方與技術之外洩防範有加。

Ⅲ、行銷

本公司產品炭膜瓷棒爲製造電阻器的主要材料之一，據陳副總經理估計國內每月總需求量約 5.5 億支，月外銷量 5 千萬支；由供給面看，由日本進口 3 千萬支，荷蘭 1.7 億支，國內自己供給約 3 億支（月供量）。而東方公司目前月產炭膜瓷棒 4 千多萬支，約佔國內市場 8～9 %左右；公司除生產炭膜瓷棒成品外，並有代客炭化加工之業務。炭膜瓷棒成品之銷售對象爲各製造電阻器的電子公司，而炭化加工的對象爲兩類，一類是只生產白瓷棒，而不具炭化加工能力的工廠，另一類爲炭化之生產能量不能應一時需求之同業工廠。

目前往來的客戶有50家之多，有一半皆不連續性訂貨的小廠家；有$\frac{3}{4}$的營業額。集中於10家的客戶。至於月用量達數千萬的三洋、飛利浦等公司用的炭膜瓷棒皆從國外進口，價格雖貴，但品質較獲信心；有的甚至由自己公司內部製造。本公司產品定價爲依國內市場行情而訂，對大量訂購才有優待。王董事長認爲要求得發展必須要打開外銷市場，一則售價高；二則量大，不若國內之客戶量小且開的期票時間過長，資金週轉不易。

公司業務部門是由陳副總經理負責，由於目前公司還小，一切只陳先生一人統籌上下，所有客戶訊息資料、訂貨情形……皆只他一人知曉。陳先生由於身具生產的技術背景，故特別熱中於新產品的開發；但王董事長（總經理）卻深不以爲然，他認爲公司根基未穩不能承受新產品開發失敗之風險，他主張擴展國外市場，求得市場之穩定性，而以國內小廠客戶爲生產量不平衡時之調整，並儘可能對現有產品之品質作改進，期望能獲得國內大用戶之採用。尤其是需要量大，品質要求高之外資公司。

因雙方有了上述不同的看法，加上陳先生自認有產、銷的能力，逐有獨立門戶的決定。由於公司開創至今，業務部門皆由陳先生一人負責，陳先生之離開所生的影響有二：一則極短期內業務部門難上軌道；另則是陳先生獨創的公司一定會拉走本公司原來的客戶。此事使王總經理更深深覺得建立制度，檔案資料之重要性；並須在近期內作多方面的準備與措施，以應付此事對公司的影響。

IV、財務

目前公司之財務部門，僅止於自行記帳，且總務會計、出納皆由林小姐一人負責；爲適應公司未來的成長，王總經理認爲應該建立一套制度作成本上的分析，並可嚐試建立預算制度，由各部門提出生產數量、銷售數量及各項費用預算，而由財務部門追踪考核。而目前公司負責財務部門事項者只有林小姐一人，各項帳目之記錄均已落後數月，但公司限於財力與規模，目前並無意由公司外聘請有經驗者參與此方面的工作。

王董事長也急於知道產品成本之增加原因，但卻不知如何著手進行分析。而且公司各人員均感工作不勝負荷。

V、由於臺灣電子業的繁榮，本行業務除了有國內市場外，並可擴展國外市場。鑑於此，並求得品質的提高，王總經理曾親自往日本觀摹，並邀日本專家至本廠作技術指導，王總經理深信不久的將來，本公司產品的品質當可有重大的改進。上述的理由，公司對未來充滿着信心；此可由附圖㈡㈢之未來的產銷計劃中看出來。王總經理並深具信心的說：「只要外銷市場能打開，財務狀況將可好轉，合庫的貸款將可按期還清。」

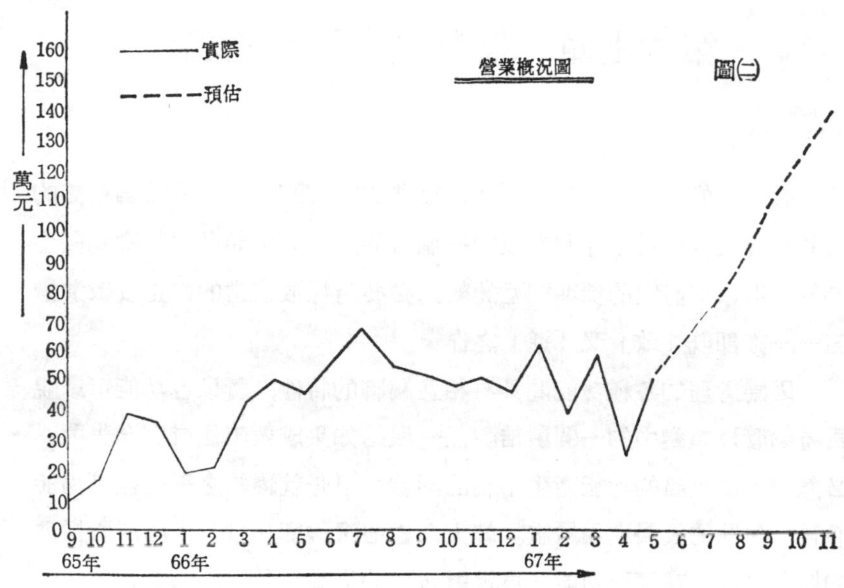
實際
預估
營業概況圖
圖(二)
萬元
160
150
140
130
120
110
100
90
80
70
60
50
40
30
20
10
0
9 10 11 12 1 2 3 4 5 6 7 8 9 10 11 12 1 2 3 4 5 6 7 8 9 10 11
65年
66年
67年

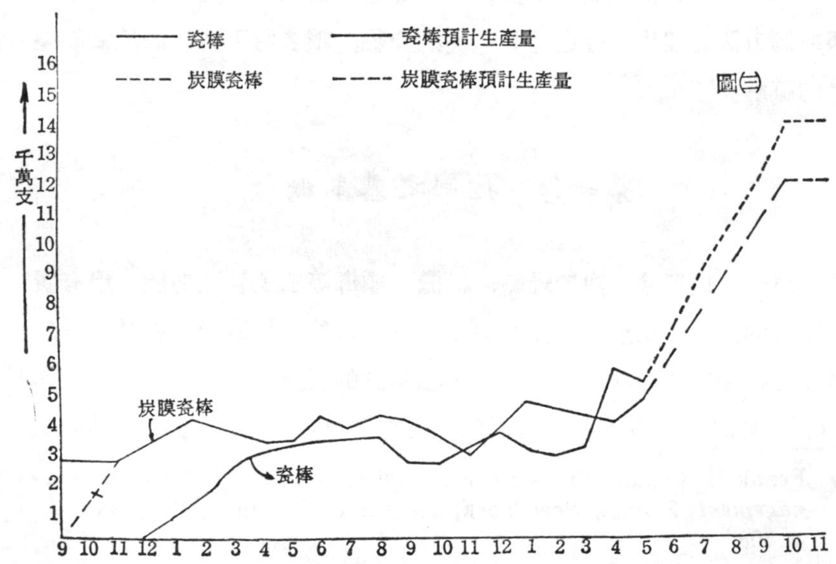
瓷棒
瓷棒預計生產量
炭膜瓷棒
炭膜瓷棒預計生產量
圖(三)
千萬支
16
15
14
13
12
11
10
9
8
7
6
5
4
3
2
1
炭膜瓷棒
瓷棒
9 10 11 12 1 2 3 4 5 6 7 8 9 10 11 12 1 2 3 4 5 6 7 8 9 10 11

# 第十七章　控制（一）—概論

管理功能中，控制是一項非常重要的「環節」，可促使整個組織的目的得以實現。爲了達到有效的控制目的，管理當局必須將實際發生的結果與事前訂定的標準相互比較，必要時採取適當的修正及改進措施——亦即既「改」又「進」之作業。

因爲管理的各種功能間具有相互關聯的特性，所以各功能可以視爲整個管理鎖鏈中的一個環結。任一環結如果成效不佳或完全失敗，必然對整個組織的功能產生不利的影響，但是就環結之一的控制功能而言，失敗的後果尤爲嚴重。就大多數情況論衡，針對下階層所採取的控制措施，在管理功能上爲絕對必要的措施。

本章首先介紹控制的本質、目的等基本概念，再說明控制的程序與控制方法的運用，透過這些連貫的介紹，讀者將可對整個控制做整體的瞭解。

## 第一節　控制之基本概念

現代管理理論，對於規劃、組織、領導等三項管理功能，已有廣泛深入的探討。雖然，將控制功能作有系統的分析研究，還是晚近的事，但控制方法的應用，已有一段相當長的歷史。庫普利（F. B. Copley）曾說：控制是科學管理的中心思想❶。管理學泰斗泰勒則以

❶ Frank B. Copley, *Frederick W. Taylor: Father of Scientific Management*, 2 vols., New York; Harper & Brothers, 1923, Vol, 2, p, 358,

為,在他的實際研究中,控制是所謂的「原始目的」(original object)。泰勒在對美國機械工程師協會發表的一次演說中,極力提倡「將控制工廠的實權,由工人手中轉移到管理人手中,以科學化的控制,取代支配法則」❷。

費堯認為控制是五個管理功能之一,可以應用於組織內任何事件的執行。他以為「控制包括求證任何發生的結果,是否與執行的計劃,和所遵循的原則相一致。控制的目的即是要適時指出錯誤和弱點所在,以便及早修正,避免重蹈覆轍」❸。

長久以來,控制被認為是管理領域中,最受忽略和最不被理解的一環。它所擔任的角色,常被人誤解為與財務管理一樣,軒輊難分。在組織架構上,控制工作常被歸屬於會計或主計人員的工作範疇,也因此,控制方法乃侷限於預算的編訂,和財務比例控制。或許是因為這個緣故,「控制」這個字眼最大的困擾,在於它在不同的場合,可有不同的解釋,令人捉摸不定無所適從❹。

目前大多數管理學者,將控制區分為二部分。其一為透過指示、命令,有效控制屬下的活動。此部分不擬在本章討論。其二為衡量結果,並採取必要的修正措施,這是本章所要討論者。瑞斐斯(T. K. Reeves)和伍華德二人對此二分法歸納如下:❺

與組織行為有關的文獻中,「控制」這個字所包含的意義含混不

❷ Frederick W. Taylor, "On the Art of Cutting Metals," Paper No 1119. *Transactions of the American Society of Mechanical Engineers,* Vol. 27, 1906, p. 39.

❸ Henry Fayol, *General and Industrial Management,* trans. Constance Storrs. London; Pitman. 1949. p. 107.

❹ William T. Jerome, 111, *Executive Control-The Catalyst.* New York: John Wiley & Sons, 1961. p. 42.

❺ Tom K. Reeves and Joan Woodward, "The Study of Managerial Control," *Industrial Organization: Behaviour and Control.* ed Joan Woodward, (London: Oxford University Press), 1970. p. 38.

淸。所以會有這種情形，大部是因爲這個字也可解釋爲指揮。正確的定義應該是保證使行動產生預期效果的工作，才是控制。在此定義下，控制只限於監督事情的結果，審視此一結果所帶來的回饋資料，必要的話，並採取修正措施。

在此種觀點下，控制可以定義爲「爲了保證達成所追求的目標，而依據事先訂定的方案所採取的行動準則」❻。爲了達到經濟有效管制的目的，管理當局必須認淸所欲追求的目標爲何？各項行動相互間，以及和目標間的相關情形如何？並去除阻礙實現組織目標的障礙。具體的說，也就是先制定標準，再依據標準監督工作的進行，並與實際成果相比較，若有差誤，立即採取修正措施。

從上述定義中，我們可以瞭解，所謂控制不是憑空可以杜撰的，如果控制方法的制定，不考慮組織的全面需要，不考慮與其他組織機能相聯繫，則控制的執行將會遭遇困難。因爲一套有效的管制措施，是絕不可能閉關自守，獨樹一幟的。只有在與規劃、組織、領導等其他數項管理功能緊密聯繫的情況下，控制措施才能對組織有所貢獻。聯繫得愈緊密，控制的效果愈大。這其中，規劃與管制的關係尤其密切，因爲擬定計畫，就如同許下諾言一樣，目的在使事先訂下的目標逐步進行，而控制措施，則在確使擬定的計畫得以實現。有效的控制措施下，這些事先訂下的方針，必須以最經濟的方式，儘可能依照時間表逐步進行。如此，若控制措施失敗了，計劃也會泡湯；計劃若成功了，控制措施必然也已發揮它應有的功效了。

實際作業上，規劃與控制旣然如此密不可分，有必要在此再一次強調訂定標準的重要性。標準是用來作爲衡量成果之準繩，也是整個管制過程的起點。就因爲如此，標準的訂定提供了控制過程中其他步

---

❻ R. J. Thierauf, et al., *Management Principles and Practices,* (N. Y.; John Wiley & Sons, 1977), p. 637.

驟的執行途徑。如果標準的制定有缺失，則整個控制過程會危機重重。

在從事控制的實務考慮上，控制與規劃有相互的關連，並且由於有管理機能的銜接，若干控制法則與組織、領導機能，也有部份相關，因此，控制有幾項主要原則，必須加以遵守。下述各項可供參考。

㈠目標投注原則——控制的目的，就是要使組織追求的目標能够達成。

㈡制定標準原則——爲了達到有效控制的目的，必須針對個別情況，制定正確、客觀、明確、易於衡量的標準，接受考核的人，通常是會接受公正合理的標準。

㈢建立策略控制點原則——建立策略控制點的目的，是要監視工作進步的情形。並發掘偏離標準的差誤狀況。任何控制點若發生嚴重差誤的情形，則整個工作應予暫停，以便及時採取修正措施。此種方式合乎經濟原則，並能提高作業效率。

㈣採取修正措施原則——如果能够採取修正措施，以糾正可能發生或實際已發生的差誤情形，那麼控制措施的管理機能，當可予認定。管制範疇下與其他管理機能有關的部分，也需要做各種可能的修正。

㈤例外管理原則——控制的根本要務之一，是要定期發掘各種可能發生，或實際已發生的差誤，以便及時採取修正措施。在此原則下，經理們所應注意的，乃是發生重大差誤的地方，其他順利進行的項目，可以不去理會。

㈥彈性原則——如同計劃的訂定一樣，控制也必須具備彈性原則，以適應各種變動狀況。

㈦一致性原則——有效的控制措施，必須以整個組織的架構相配合。

如此，經由實際擔負責任義務的特定管理部門，才能將所有差誤情形做最佳的修正。

(八)合適性原則——各種控制措施必須能反應當初制定的目的，也就是說，這些措施要能迎合經理們的需要。如此，從整個控制系統所獲得的情報，才能對經理們在其達成所負任務的過程中，提供必要的協助。

(九)控制任務原則——執行控制的最終責任既然落在經理們肩上，則控制工作的運行，順理成章的變成經理們的權限，他們必須擔負起這項任務。

(十)控制責任原則——各種不同方式的控制中心，是促使經理們對結果負責的一道重要途徑。從所顯示出來的各種不同狀況，可以發現那種方式對組織最有利。控制責任可以數量或質量化的方式衡量之。」

## 第二節　控制之程序

鮑定（Kenneth Boulding）在描述控制機能的特性時，曾說：「任何組織中，最根本的本質……就是控制機能。」此一控制機能的程序中具備下列四項基本要素：

(一)標準的訂定

(二)監督

(三)將成果與標準相比較

(四)採取修正措施

圖 17-1 是包含這四項控制要素的控制程序，其程序吾人將分段說明如后。

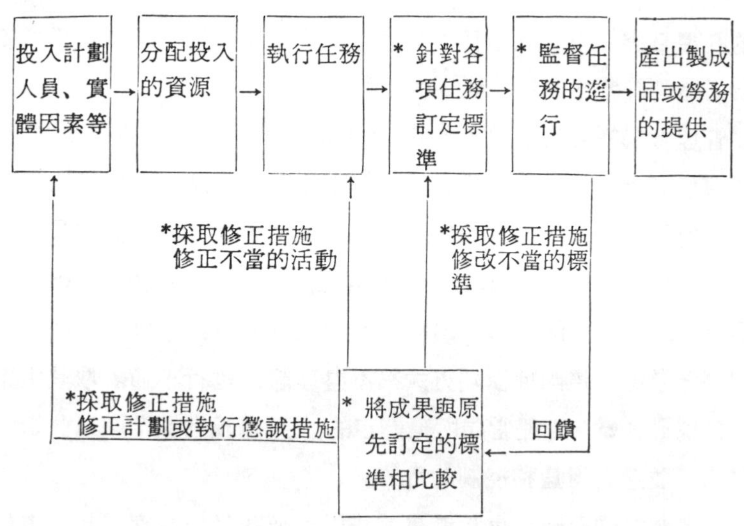


圖 17-1 著重回饋和適當修正措施的控制程序*

資料來源：R. J. Thierauf, et al., *Management Principles and Practices*, (N. Y. : John Wiley & Sons, 1977), p. 638.

## 壹、訂定合適的標準

標準的訂定，可以衡量結果成效如何，它顯示了依據組織目標所擬定之短程計畫的各個層面（如圖 17-1)。這些績效標準可以歸結為四大類：數量、時間、成本、與品質。這些績效標準可以實體數量如零件或工時表示之，也可以用金額如變動成本及收益，或其他任何衡量績效的方式來表示。

例如，製造編號 15426 號零件需要半小時，標準製造成本為 3.5 美元，就是數量化標準（實體及金額）的例子之一。除了時間和金額外，當然還有一些其他質量化的標準，是無法輕易以數字來表示的。譬如，一家公司可以針對各個領班訂下高度忠誠及道德之目標，此一目標既無法以具體數字表示，但卻可以觀察各個領班們的行為中獲得結論。因此，只要具備充分的考慮，還是可以建立適合於各種實際狀況的具體目標。不管此種目標是數量化的，或質量化的，應用於管制整個組織時，都必須要能顯示其效用。

管理當局在訂定績效標準時，必須給予屬下單位某種程度的指引，以便讓他們能圓滿達成任務。傳統學者傾向於強調訂定嚴格標準的必要性，他們以爲此擧可「預先控制」(precontrolled) 個體最可能發生的想法和行動。但是行爲科學家們則強調「自我控制」(self-control) 的觀念，避免上級的干預，讓屬下擁有充分的自由來達成工作目標。在實際作業上，這兩種極端方式都不盡理想，也行不通。取其中庸之道，當屬最佳❼。管理當局所應訂定的，乃是預期標準，以此指引屬下單位，並達到衡量和控制的目的。

訂定標準的同時，也應考慮這些標準應該從何處應用起，這就和「策略控制點」(Strategic control points) 有關了，它包括下列幾個基本特性：首先，針對關鍵作業和事件建立一個中心點。譬如，計時員可以詢問一個從早到晚做相同工作的工人，是否在某一操作過程花費了過多的時間。若有費時過多情事，計時員可以通知領班，提醒他注意這件事。例子之二是，在整個製造過程中，品質控制點可以設在選料部門，或和產品品質有密切關係的生產部門，當然也可將控制點設在必須投入較高成本的前一個階段。

策略控制點在將標準與實際結果的比較上，必須注意時效，亦即應有充裕時間讓生產過程暫停，或採取修正措施，以期產品的生產不致遭致嚴重後果，並避免爾後製造過程發生同樣錯誤。簡而言之，控制點的設立，應使管理當局能針對生產效率，握有相當程度的控制。另外，這些控制點的設立，不可以使工作人員受到過多的拘束。

控制點另外還需具備廣泛與經濟兩種特性。在廣泛方面，控制點

---

❼ 同❻，p. 639.

必須涵蓋所有適宜於作衡量工作的主要作業流程。以前面提到的產品製造爲例，所有產品在製造過程中，都必須通過相同的主要控制點，受其控制。與廣泛性有密切關聯的一個因素是經濟性，如果所有產品都要受制於層層管制，則整個製造過程顯然就不符經濟原則了，因此，對產品品質有相當影響的階段，才需設置關鍵性的控制點。

最後，選擇策略管制點亦應注意求其均衡。目前有一傾向是過度追求數量化因素的管制，而對質量化因素的管制則不足。一般而言，有關行銷、製造、財務方面的管制都很切合實際，但諸如人員訓練發展、領導統御等，則有不足。此種情形經常導致不均衡的結果，例如在業務部門，主管常被賦予明確的績效標準，而人事部門的主管則否。

## 貳、適切的監督

績效標準訂定了以後，控制機能的下一個階段便是監督，以確保標準能够實現（參閱圖 17-1）。基本上來說，監督是指主管監視部屬的活動。下層主管工作的大部分就在監督部屬的活動。此外，主管可以藉著和其部屬的商量中，達到監督的目的。此種意見的溝通，可使主管獲致與部屬討論的機會，並糾正有違標準的不佳狀況。譬如，領班可以對一個賦予新工作的工人，親自督導其工作過程，如果有工作方法或程序上的問題，領班可以當場予以解說。如果情形不是這樣，也就是說只在工作完成後再檢視工作成果的話，則製造出來的產品可能無法使用，而必須銷毀或重新改製。因此，工作進行中適當的監督，不僅可提高工作效率，更可降低生產成本。

一項工作是否有必要監督，其程度的多寡依下列因素而定:

㈠部屬的能力暨技術條件。

㈡主管的專門知識。

㈢工作環境的特質。

新手與有經驗且受過訓練的老手比較起來，前者需要較多的監督。同樣的，如果採用生產線的方式，且有策略管制點做自動檢驗，則監督的程度是可予以降低的。當然，我們必須進一步考慮職員的性質種類，個別職員的行爲是屬於X理論型或Y理論型。

經理的能力亦是相當重要的。如果經理對本身工作有相當的瞭解，並能給予部屬清晰明確的指示，則監督的程度可以減低。但是如果經理是新進的，他可能反而要向部屬學習，此種情形就不適宜於監督了。

最後，工作環境也可能決定監督程度的多寡。如前所述，一個高度機械化環境的影響力，就如同訂定標準對於績效的衡量，有很大的作用。如果訂定的標準要求誤差程度必須在某一很小的容忍比率內，則爲了讓銷毀比率和重製所花的時間減到最低，則整個製造過程通常就要需較大程度的監督了。

本節重點在強調依據訂定的標準採取適當措施，但這也僅是監督的一面罷了。監督是一種人與人間面對面的接觸和對個人的觀察，它同時亦應具備處理人際關係的技巧。經理必須小心謹愼，監督方法要能對他的部屬引發出具體的效果來。在監督的過程中，經理必須瞭解，差誤的發生是免不了的，但是，在採取適當修正措施時所抱持的語氣、態度，都會影響目前的狀況和將來演變的情形。因此，經理們若要使監督發揮其應有的功效，對於部屬所犯的錯誤，卽不應加以懲罰，而應給予建設性的建議，使其能順利克服困難。

## 參、實際結果與預期結果之比較

有些管理學的作者們認爲比較與監督是相等的，事實並不盡然。雖然二者均與「發生了什麼事」、「什麼事應該發生」有關，但就發生時機的先後而言，後者發生於工作進行中；前者則是將工作的結果相互比較，發生的時機較晚。由此可見，比較可以說是著眼於就訂定的標準和事實結果二者之間，決定一個可以接納的寬限幅度。雖然比較分析的功夫，可以於工作進行之中或之外進行，但其主要目的，在發掘偏離預定績效標準的原因，並決定此一偏誤是否應讓管理當局曉得。

合理的標準，加上適度的監督，則事實結果與預定績效二者之比較，就很客觀公正了。例如，依目前時間及動機研究的技巧，我們可以爲大量生產的產品，訂定出適切合理的人工小時產量，以作爲衡量比較的標準。但是，如果產品不能大量製造，而係依客戶需要訂製的話，則績效的衡量就相當困難了。此種無法訂定適當績效標準的情形，在其他很多活動中都有類似情形。可以說，在較不需要技術性的工作，要發展出一套績效標準和比較分析的準則，可能較不容易。譬如，爲工業關係主管的工作訂定標準，在處理上就很困難，另外其成果衡量的方式，也沒有一個精確的準則。不過，諸如部屬熱心程度、忠心、有無罷工等行爲，也可作爲衡量上的一般標準。如果工業關係部門在其預算範圍內，表現了令人滿意的管理成果，而部屬的行爲表現亦佳，則在此情況下，就較宜於做整體的比較。脫離生產線或非例行性工作的情況下，透過比較做管制的功夫，會比較困難複雜。

在發展出一套正確的比較方法時，不管遭遇的問題爲何，戴維斯（Ralph C. Davis）認爲下列幾個步驟是免不了的❽：

㈠蒐集原始資料。

㈡將這些資料彙總、分類、記錄。

㈢定期評估完成的工作成果。

---

❽ Ralph C. Davis, *The Fundamentals of Top Management*. New York: Harper & Brothers, 1951. p. 721.

㈣將成果向上呈報。

在第一步驟中，必須建立一套向上溝通系統。一般而言，資料的蒐集有直接觀察、口頭、書面報告等方式。除此之外，以電腦整理出的資料，也是很重要的一部分。

資料蒐集好後，次一步驟就是將這些資料在登錄前，以有系統的方法將其彙總、分類。分類的主要目的，是要分辨有那些嚴重偏離計劃或既定標準的情形，或確定比較的基準應爲何。資料的分類可以利用各種統計圖表，從圖表內資料的比較，可以發現有那些顯著的差異存在。

第三階段所要做的，是要將完成的工作結果作定期性的評估。在大多數場合裏，持續不斷的按分鐘作這種比較的功夫是不必要的，重要的是必須有一套適度的週期性評估辦法。當然，就某些製造廠商而言，爲了達到經濟生產的目的，有必要按小時爲單位，甚至於要更頻繁的做比較的工作。以品質管制爲例，如果太久不做這種比較的功夫，則公司每日產品的大部分，可能就要遭致銷毀或重新製作的命運。因此，工作表現與定期評估的頻率是有關聯的，另外，公司內不同類別的員工，例如有經驗與無經驗者，其所適用的評估次數與頻率，也互不相同。

第三階段中還包括判定誤差的大小。就工廠或辦公室內例行性工作而言，這些工作所產生的誤差，多半相當數值化，或具有很明顯的特徵。但是在公司內的某些部門，有些工作是無法予以明顯定義的，判定這些工作成果有何種誤差，在本質上傾向於憑藉意識上的判斷，而非數值的比較。在此情況下，下判斷的人必須秉持理性的原則，依據公司政策、法則等因素來診斷誤差。診斷的目的是要確定目前的作業，是否與公司一般政策相符合，如果判斷的結果本身有相互衝突的情形，湯普森（J.D. Thompson）建議在判定的過程中，可以採取較爲折衷的方式❾。

比較的最後一個階段，是將所有發生顯著差異的情形呈報高階層經理，如果監督者有權決定如何處置，則消息的呈報就到他爲止。但是，大多數公司的高層主管都會希望獲知目前業務進行的情形，以便在他們認爲業務的進行，與公司現有長短計畫相違時，採取應變措施。因此，這些從目前進行中的業務所獲得的回饋訊息，不管是有利或不利的，對高層主管在達成公司目標或有關的計畫，都有很大的幫助。

## 肆、採取修正措施

採取修正措施是管制過程的最後一個步驟。如果標準已經訂定，工作進行中亦已予有效的監督，且標準與實際成果業經確切的比較，則誤差的修正將可很快進行。基本上，所謂修正措施係依據預期目標，修正不當誤差，或變更未來的績效標準（參圖 17-1）。採取修正措施前，經理們必須確認誤差發生的眞正原因，研擬、分析、選擇各種可行方案，以克服這些誤差。

修正措施通常包含立即處置與根本措施二種型態。工作進行中如果發生偏誤的情形，可以立即採取修正措施，使其恢復應有狀態。例如，當一件大訂單的生產進度比預定表落後一星期時，探究落後的原因，以及是誰造成此一後果並不是當務之急，而應立即採取措施恢復進度。採取適當措施後，下一步該做的才是探究差誤發生的原因，是什麼原因造成生產落後？這種情形將來如何克服？經過調查後，經理們可能會發現，工期落後的根本原因，是因爲機件故障或工人怠工所致，此一眞正原因，可能亦非經理們所能控制。

❾ James D. Thompson, *Organizations in Action*. New York: McGraw-Hill Book Co., 1967, p. 134.

在一個典型的生產狀況下，經理們花費了相當多的時間在解決突發事件上，而幾乎沒有時間去發掘問題的眞象。這種情形很不應該，因爲很多需要採取立即修正措施的差誤，其發生的原因，都是因爲忽略了根本修正措施的重要性。在前面提到的例子中，生產進度落後一個星期的原因，也可能是現有機器已不適合於處理一般訂單。如此，根本措施就牽涉到換新或改善機器，而其決定權可能超乎生產部門經理的權責之外。雖然這些根本修正措施，對於現有訂單的生產而言，已屬緩不濟急，但對於未來的生產而言，其影響是不可以道里計的。

修正措施中另一項很重要的因素是懲誡辦法，也就是爲了改進爾後作業，制定若干罰則。從積極觀點來看，這種措施必須以一種誘導的方式出現，以改進個人或整體在工作上的表現。本著這個觀點，各種罰則才不致於被當事人所排斥。積極的反面是消極，在消極的處罰措施下，經理們將差異的原因歸究於部屬行事不當，繼而責難之，運用職權採取報復性的處罰措施。

爲了讓懲誡措施產生積極性的效果，運用時可以參考下列準則：首先，經理們必須假定所有員工都是希望把工作做好，並且遵循所有合理的要求。當發生違背公司政策或規定的情事時，經理們與部屬必須儘可能立即交換雙方意見，如此才能儘快建立起一套理想的未來行爲模式，但是，立即處置並不是懲誡措施中最重要的，懲誡措施也應該對事而不對人，此種方式可以使問題的討論，排除個人差異因素。

懲誡應秘密進行，處罰的標準亦應與以往案例相一致。當然，此種標準並非一成不變，對於不同的個體與團體，經理們可採彈性原則，變更成例，以適應各種不同的狀況。例如，一個新進人員對某些規定可能不瞭解，經理們在處理這種情形時，比起對待老資格者而言，是應寬大些。

每一種懲誡措施本身應具備積極性的目的。經理們應使員工瞭解組織規章，以及那些行爲違反這些規章，更重要的是，還應告知員工，公司所期望的行爲爲何？如何避免遭受懲誡？如果某一員工挑釁的態度始終不變，且有影響他人一同犯錯的傾向時，經理們就必須重新評估現況，發掘造成此種不利情形的原因。做最後分析時，追查措施應視個體在懲誡措施中所處的地位而定。

### 伍、回饋觀念

前面介紹的管制步驟，經由回饋緊密的聯繫在一起。如圖 15-1 所示，各種投入資源分配到各個生產活動上，去執行各種任務。因爲有這些任務，所以標準訂定了，監督也跟著來了，其結果是爲公司的客戶或內部其他部門帶來產品與勞務。在獲得理想產出的過程中，可以依據既定標準，將工作進行中所獲得的回饋資料與最後的結果相比較。如果回饋資料顯示各項作業都符合既定標準，就表示經理們已圓滿的督導部屬完成任務，無須另作任何處置。但是，如果從回饋資料顯示出與既定標準間有顯著差異的情事時，就必須採取修正措施，以改進目前及將來作業的運行。除此之外，對於發生顯著差異的情事，也應報告高一層之管理部門，以便採取諸如計劃、作業方式、標準等的適當修正措施。

## 第三節 控制方法之運用

大部分的控制方法都與規劃有極密切的關係，可以說它們就是管理的「雙胞兄弟」，這是因爲規劃替控制功能擬定了標準，而控制則在於保證規劃能預期的達成。在實務運用上，吾人常用某些方法來達到有效的控制，例如：傳統的控制方法包括預算、甘特圖、統計資料、特別報告及分析與人員的觀察等；非傳統方法有計劃評核術(PERT)

或要徑法（CPM），目標管理法（MBO）……等，爰特將之分別說明如后。

**壹、預算**

在第十章筆者曾強調：規劃的最終產物就是產出一個以財務名目來表示的計劃——預算。事實上預算也正是從事控制最常被引用的方法，例如我們可以財務名目做出有關銷售及費用或資金支出的預算，來從事財務的控制，如表 17-1 所示者，可視爲預算之粗略內涵。

表 17-1　預算項目

| | |
|---|---|
| 銷售 | |
| 產品A | $200,000 |
| 產品B | 400,000 |
| 產品C | 200,000 |
| 產品D | 100,000 |
| 銷售總額 | $900,000 |
| 費用 | |
| 直接人工成本 | $ 10,000 |
| 直接材料 | 25,000 |
| 生產費用 | 25,000 |
| 工程費用 | 50,000 |
| 銷售&廣告 | 100,000 |
| 管理費用 | 50,000 |
| 費用總額 | $800,000 |
| 稅前利潤預算 | $100,000 |

又工程部門的預算，可從表17-2窺其一般。

表 17-2　工程部門預算

| | |
|---|---|
| 直接工程人員 | $25,000 |
| 技術 | 15,000 |
| 工程支援 | 10,000 |
| 工程費用 | 10,000 |
| 費用預算總額 | $60,000 |

依照預算從事業務，常常可促使員工切確的執行計劃，而且可有效的控制費用與成本的支出，但如果預算做得太過僵硬，卻可能使預算控制帶來下列些不利的地方：

①可能使經理人員限於預算而無法面對突如其來的變化，所必須增加的支出。

②部門與部門間，可能會因爲預算限制，而無法從事相互支援的業務，例如銷售部門需要工程部門提供有關技術產品銷售的資訊，卻由於工程部門缺乏這筆預算而無法提供。

③預算金額常會以往年之金額爲依據，結果導致新業務拓展時申請追加預算的困難，或部門爲把握下次的預算而可能以不經濟的方式耗用本次的預算額度。

甘特圖

本世紀初期，管理界的先鋒甘特（Henry L. Gantt）發明了一種以長條圖來從事工作排程的作業，　這種方法的運用被廣泛的運用在各種作業的控制上，成爲本世紀上半期最重要的發明，因此我們稱它

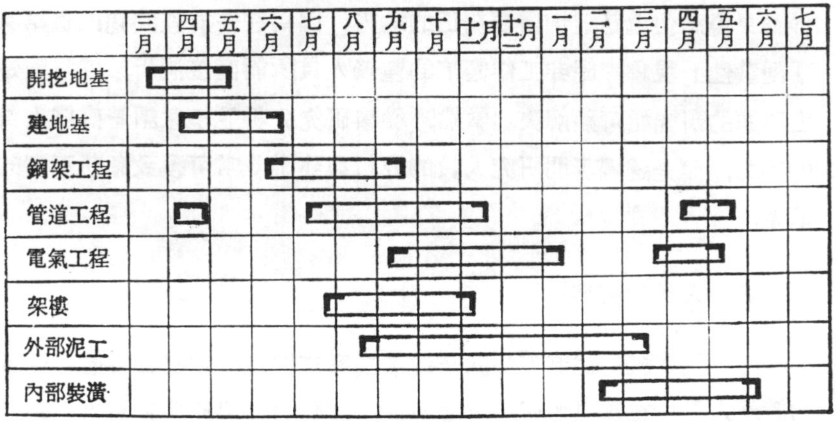

| | 三月 | 四月 | 五月 | 六月 | 七月 | 八月 | 九月 | 十月 | 十一月 | 十二月 | 一月 | 二月 | 三月 | 四月 | 五月 | 六月 | 七月 |
|---|---|---|---|---|---|---|---|---|---|---|---|---|---|---|---|---|---|
| 開挖地基 | | | | | | | | | | | | | | | | | |
| 建地基 | | | | | | | | | | | | | | | | | |
| 鋼架工程 | | | | | | | | | | | | | | | | | |
| 管道工程 | | | | | | | | | | | | | | | | | |
| 電氣工程 | | | | | | | | | | | | | | | | | |
| 架樓 | | | | | | | | | | | | | | | | | |
| 外部泥工 | | | | | | | | | | | | | | | | | |
| 內部裝潢 | | | | | | | | | | | | | | | | | |

**圖 17-2　甘特圖**

取材自：Harold Koontz & Robert M. Fulmer, *Apractical Introduction to Business* p. 588.

爲甘特圖。

甘特圖的運用可藉如圖 17-2 加以說明。

圖 17-2 顯示一棟建築物建造時各工程的排程，以使各項工程能依照結構上的需要分時來進行，以免停工或衝突，由此我們可看出甘特圖具有促使人們在特定時距內完成計劃，並利用圖表明表的顯示出各工作間的時間配合，不但易讀而且易於控制。

## 貳、統計資料的表示

對於一位有經驗而且善於分析資料的管理人員而言，一大堆統計資料並不會帶來太大的困擾。但是對於大多數人而言，密密麻麻的數字資料可能讓人難以理解。於是我們可利用表格或圖示的方法，將各資料間的關係做一比較，如此便很容易讓人理解其中的意義。通常，一個好的統計圖表是從事控制的最佳資訊來源。

特定報告及分析

有時我們可能對某項特定問題從事比較深入的研究與分析，以期從結果得悉何處是迫切需要糾正的地方，因爲往往有些問題的癥結具「隱藏性」現象，絕非工作繁忙的直綫人員所能直接洞析，這時應藉由專題的研究始可獲解決。當然，從事研究分析並不意謂着直綫人員的不力，而是透過專門研究人員的分析與建議，常可獲致意想不到的衝擊。

## 參、人員的觀察

另一種傳統的控制方法就是透過觀察來控制，常常具有豐富經驗的管理人員，在巡視各廠房或辦公室，直覺的會讓他發覺到書面報告所無法獲致的問題點。

非傳統的控制法——計劃評核術（PERT）

規劃與控制已經隨着企業環境的日息萬變益形複雜，因此在1958年，用來處理複雜問題的計劃評核術（PERT）及要徑法（CPM）已被同時間發展出來。計劃評核術是美國海軍為開發北極星飛彈而發明的，而要徑法則為杜邦（Dupont）公司為減少設備維修所造成的無效時間而開發，其實兩者均源自甘特圖的觀念。雖然兩者在某些地方有些差異，但他們的基本原理都是不變的。

計劃評核術是在甘特圖上加入了兩種特性：①將完整的計劃劃分成好幾個分離的"旅程點"，②將這些計劃中的不同點依其相對關係加

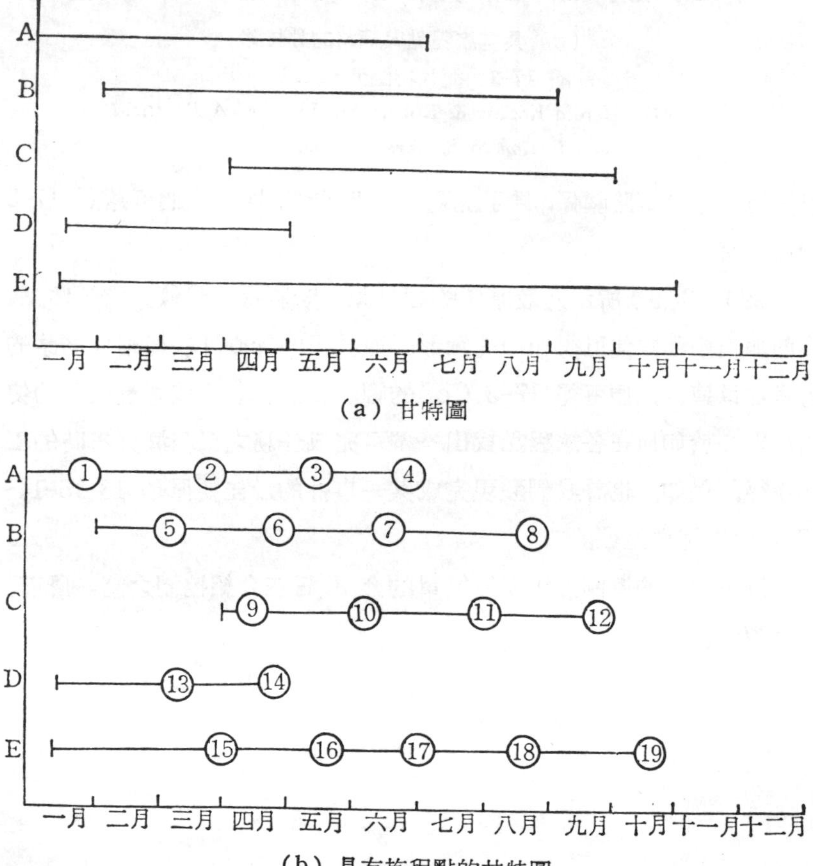


（a）甘特圖



（b）具有旅程點的甘特圖

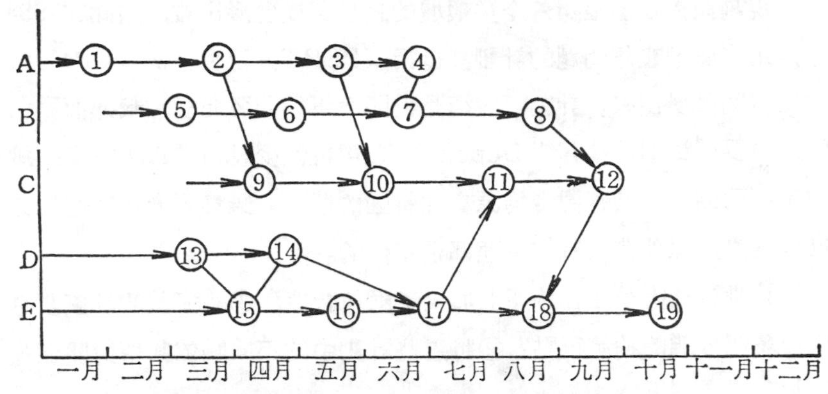


（c）具有旅程點與網路的甘特圖

**圖 17-3** 從甘特圖到PERT

資料來源：Harold Koontz & Robert M. Fulmer, *A Practical Introduction to Business*, p. 599.

以連組，形成網路關係，爲了能更進一步的瞭解它，我們可藉圖 17-3 加以說明。

圖 17-3(a)所示乃最原始的甘特圖，若將每一步驟分成幾個點，亦即加上旅程點便可得(b)的圖形，而眞正的計劃評核術則以網路的方式加以連結，便可得 17-3（c)的圖。當然計劃評核術最主要的使用法則在於如何在各旅程點找出一個可完成任務之又經濟又省時的工作途徑，例如，也許我們發現完成某一事件的最佳要徑是 13-15-14-17-11-12 這個途徑。

以上所提的控制方法僅爲簡單的介紹，旨在介紹控制之諸多層面，俾供讀者參考。

# 第十八章　控制（二）—基本原則

管理控制，簡稱「管制」，係管理過程中一非常重要環節。它所扮演之角色若何？我國在管制方面有何缺失？如何改進？此種種問題，實爲每一主管人員所關心，亦爲本章所要探討之主題。管理過程，涵蓋目標體系的釐訂、規劃營運、任用人事、組織資源、溝通與協調、領導統御、控制及革新以及管理方式發展。管制在管理過程中所扮演的角色，特別與領導的方式及領導的績效有十分密切的關係。

## 第一節　管制之重要性與角色

對「管制」毫無關心，也不授權的領導方式謂之「無爲」領導，其領導效果也必定很差。主管過份授權，又不善於控制的領導方式稱之爲「放任」領導。雖然「放任」比「無爲」稍好，但當他授權於部屬的時候，由於部屬往往有不同觀點與作法，若是不加以控制，必不能收到預期效果。不授權之主管領導方式曰「集權」，集權的主管往往會導致管理上之瓶頸。因爲當公司的業務日益增加時，他便無法一一躬身自爲，影響公司的成長，同時也無法充分利用部屬的聰明才智。所以，即使比「放任」好，當企業組織規模日益成長時，必會發生困難。理想的領導型態爲：適切授權，愼於控制之領導，謂之「有爲」領導方式。控制授權與領導型態之關係，可藉圖 18-1 示意於後。

理想的管理型態當然是「有爲的領導型態」。如果一味授權，而

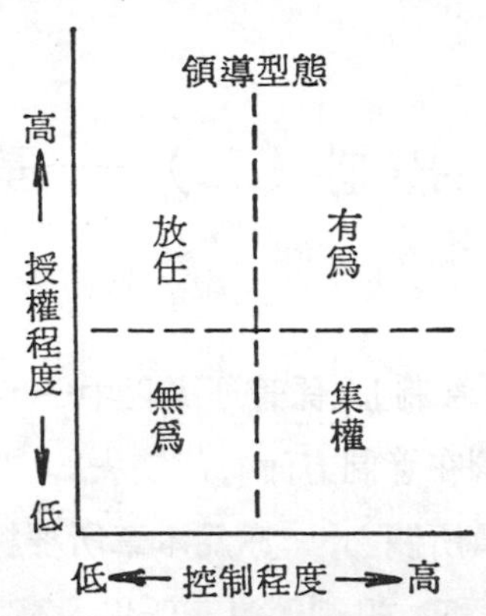


圖 18-1 控制、授權與領導型態

不加以控制，就等於棄權。因此，若要提高公司的領導能力及統御效果，必須充分授權，愼重控制。管制的重要性，自不待言。

## 第二節 管制作業原則❶

「管制」可分爲四個階段：第一個階段是釐訂管制目標，其次是監督、考核以及改進。

### 一、釐訂管制目標與管制標準

—重點原則—

—成本效益原則—

吾人訂定目標時，往往只考慮品質、標準時間及產銷量，很少注意訂定「制度本身的標準」。原因乃在決策者往往有「人在制度中，卻不見制度之現象」，自然忽略訂定制度之重要性。尤有者，訂定標準時，務必遵守「成本效益法則」，究竟標準要訂得多高多低？項目

❶ 郭崑謨著，『「管理控制」之幾項基本原則』工商雜誌第32卷第5期（民國73年5月），第59～60頁。

要訂多少？應遵守成本效益原則以及重點原則。舉如：公司所營運的產品非常多，但可能只有百分之五的產品對公司的利潤或收益有較多貢獻，達到百分之九十或九十以上。所以，標準的訂定當然要着重於這些少數（5％）項目，始能提高效益。訂定管制目標時，成本效益的觀念一定要建立，並且要考慮提高標準的精密度是否合算。

**二、監督**

—例外監督原則—

—分層監督原則—

訂立標準之後，一定要加以監督。因爲整個控制的目的是要保證公司所訂定的作業目標，是否能如期達成，所以監督是控制中的一種檢查。國內企業界尙有在監督方面沒有遵守「例外監督原則」者。廠商既然已經訂定例行性規則，並且也有遵守的法令和規章，就不需主管人員時時加以注意。主管必須花較多時間在「偶發」事件上。特別重要事件宜運用例外管理原則監督。舉如，公文雖是控制工具之一，但批閱公文有時會影響管制的時效。如果高階主管花費甚多時間於批閱例行性或一般性公文，做瑣細的監督管制，必然沒有足够時間規劃公司之發展。因此，管制作業可分散於有關單位人員，使各階層主管有時間作「腦力密集」之規劃工作。如何控制時間，作例外監督，並發揮分層監督，實爲管制之重要原則。

**三、考核**

—考慮團體績效原則—

—考慮長期貢獻原則—

—考慮風險原則—

國人常言「領導有方」，將績效歸諸於組織之領導者。這正反映國人之「忠」、「恕」、「謙虛」道統。因爲國人忠、恕、謙虛的美德，將工作的成功歸於團體努力，加上國人很容易接受團隊權威性或主管的權威性，在衡量部屬的績效時，必須參考團體的績效，始能公平。此種作法並不否認個人的績效，只是要強調考慮團體的績效之重要性。此一原則稱之爲「團隊績效原則」。

其次，在考核的時候，要注意長期的效果。除了要考核短期的績效之外，更要衡量它在長期之內有沒有貢獻。此一原則稱之爲「長期貢獻原則」。

此外，在考核時，應考慮工作本身是否牽涉新的制度、新的工作、新的作法、新的作業。如果員工係按照以往的成規從事，當然風險較小。新制度、新作法，當然風險較大，不易達到目標，因此考核時，須考慮工作的風險性，方能使考核公平。此一原則謂之「考慮風險原則」。

**四、改進**

—避免無錯誤主義—

—避免短視症—

—重自我管制—

「改進」上，一個非常重要的原則是「避免無錯誤主義」。所謂「多做多錯、少做少錯、不做就不錯。」正反映無錯誤主義的作法。這種觀念在國人企業管理中，仍然存在。吾人千萬不可自以爲沒有錯誤，就自認爲完美無缺。

再者，在改進的時候要避免「短視症」，要考慮長期發展之可行性。長期效果之獲得，往往是很慢的歷程，可能要四、五年的時間才能看到。一個人的短期表現，會使他的考核達到滿分，使他的績效斐然，但是卻因爲犧牲了長期的改進方案，使之影響到公司的整個營運。

在改進中要注意到是否「自我控制」、自我改進。如果每一員工都能養成在工作中自我改進，就能將管理制度昇華到「自我管制」的境界，無時無刻地在自己的內心中管制自己的品質、時間、產量及作業程序。對主管人員而言，不斷地改正自己的缺點及工作制度，才能預防問題的發生。

## 第三節　必須遵循之基本原則

在管理控制過程中，有幾點基本原則必須遵循。在制定目標的時候，必須採取「重點原則」，並考慮「成本效益」，如此才能有效發揮主管人員之運作效果，增進部屬的績效。其次在監督過程中，要採取「例外監督」原則，不必樣樣管制，如此才可使主管有充分的時間，改善企業營運方向與效果。再者，在管制的時候，應避免籠統的監督，要「分層監督」，遵守「將」「將」的法則。尤其者，考核的時候，一定要衡量員工對「長期的貢獻」，考慮「員工工作風險」。至於工作是否需革新，則要考慮「員工團體的績效」。最後在改進的作業階段，要避免「無錯誤主義」的觀念，驅逐「短視症」，並且培植員工敬業精神，做「自我的控制」。管制雖是簡單字眼，但它在管理過程中扮演著非常重要角色。主管人員尤應慎加運作，始能收到「有爲」領導之效果。

## 【企業個案九】 茂盛食品工業股份有限公司

陳乾元陳正平合撰*

(一)茂盛食品工業股份有限公司成立於民國五十一年，在王氏兄弟辛勤的經營之下，營業額由五十三年的五百六十萬遽增至五十四年的二千三百萬，而於目前達到二億元的數額，其產品包括蘆筍罐頭、洋菇罐頭和各種水果罐頭，除了產品品質，廣受世界各地消費者的喜愛，五十八年獲得外貿協會頒發獎狀，五十九年起至今年年獲得經濟部所頒發的外銷績優廠商獎，茂盛公司由於其運用各種最新的技術，採用高品質的原料及優良的品管制度，因此產品品質一直維持在一高度經濟化的高品質水準。

茂盛公司產品 100%外銷，銷售地區廣及世界五十多個國家和地區，包括美國、日本、西德、荷蘭、東南亞……等地，其所以能吸引世界各地區消費者的原因爲：

◎強力的財務支援

◎完善的組織與管理，職工素質高。

◎廠址選擇正確，位於農業區之中心，有足够的勞力和水源。

◎最新的製造設備與倉儲設施。

◎產品項目多。

◎嚴格實施品質管制，保持品質水準的一致。

◎不斷地研究發展新產品。

茂盛公司的組織圖如下：

六十六年初期，公司高階層主管發現，在西德市場果汁罐頭的銷售情形每況愈下，依照西德的產品分類，果汁包括一切不加水，含酒精成份不超過五%的果實汁液及甘美飲料，比重低於1.33的濃縮果汁必須加工方能飲用，但西德的統計數字並未將此濃縮果汁與可直接飲用的果汁劃分開來，西德規定果汁不得含有色素、防腐劑，或其他化學添加劑，此外，果汁必須經由一定的生產過程製造而

---

* 政大企研所二年級研究生。本個案之指導教授爲郭崑謨博士。

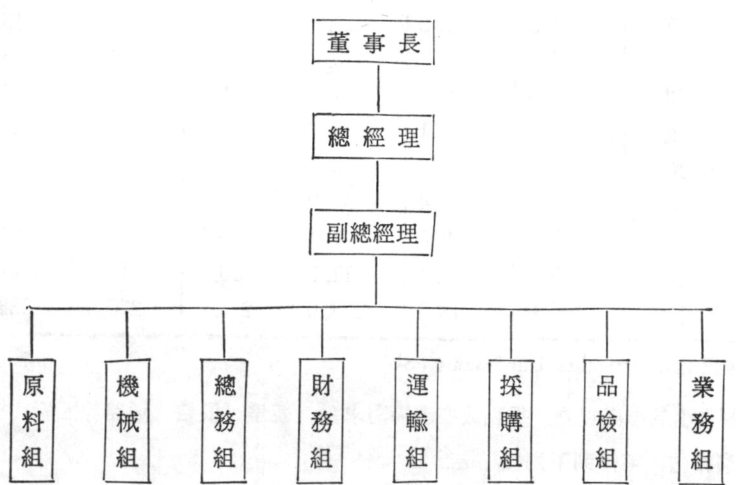


成，例如：殺菌、濃化、過濾等等。

西德的果汁一九七六年進口果汁共計26萬噸，比一九七五年增加7％，西德在果汁產量方面以公升爲單位，但在外貨方面則以噸爲單位。

處此情況，公司當局考慮變更西德的銷售政策，決定是否在西德自行設立銷售分支機構以取代目前的代理商制度，副總經理劉先生乃親至西德作較深入的市場了解，俾作決策的參考。

☆市場因素：

**西德果汁進口量**

（單位：千噸，值：百萬馬克）

| | 進口 | | | | | |
|---|---|---|---|---|---|---|
| | 量 | | | 值 | | |
| | 1974 | 1975 | 1976 a | 1974 | 1975 | 1976 a |
| 葡萄 | 44.0 | 51.5 | 52.4 | 28.9 | 31.3 | 31.0 |
| 橘子 | 112.3 | 145.1 | 132.2 | 133.2 | 158.5 | 159.7 |
| 未加甘味 | 105.4 | 110.9 | 93.5 | 126.4 | 112.1 | 102.1 |
| 加甘味 | 6.9 | 34.2 | 38.8 | 8.8 | 46.4 | 57.6 |
| 文旦 | 5.8 | 8.2 | 8.2 | 7.4 | 11.7 | 11.9 |

| | | | | | | |
|---|---|---|---|---|---|---|
| 檸檬 | 7.3 | 7.2 | 7.0 | 12.5 | 12.0 | 13.0 |
| 其他柑橘 | 3.6 | 4.3 | 5.0 | 6.0 | 7.6 | 8.6 |
| 鳳梨 | 1.0 | 0.8 | 1.1 | 1.4 | 1.3 | 1.8 |
| 櫻桃 | 4.2 | 6.1 | 5.9 | 10.5 | 15.4 | 18.7 |
| 黑醋栗 | 2.2 | 2.8 | 3.1 | 4.7 | 7.0 | 8.3 |
| 蘋果 | 7.6 | 7.4 | 10.0 | 8.6 | 7.6 | 12.4 |
| 梨 | 0.8 | 0.5 | 1.8 | 0.7 | 0.3 | 1.1 |
| 其他 | 6.8 | 9.4 | 11.3 | 10.8 | 17.4 | 21.5 |
| 總計 | 195.6 | 248.3 | 238.0 | 224.7 | 270.1 | 288.0 |

資料來源：Statistisches Bundesamt (SB)

劉先生的市場調查，重點放在市場需求量、競爭、價格、通路等因素，摘錄其考察報告，可得到下列幾點結論：

1. 市場需求量：

西德一九七六年實際的果汁消費量達到八億八千五百萬公升，最暢銷的果汁是橘子汁和蘋果汁，一九七六年橘子汁消費量爲三億二千萬公升，蘋果汁爲二億五千萬公升，從一九六二年到一九七六年柑橘果汁需求的增加量超過其他果汁。

一九七六年西德果汁市場零售總值約爲十四億五千萬馬克，平均每人消費爲二十三馬克，因此，果汁的消費就大約佔冷飲（非酒精性）總消費的 1/5，佔一般飲料總消費大約 3％。

根據消費者調查顯示，57％西德人喝果汁，不過祇有17％經常飲用，一般說來，女人喝果汁比男人多，年青人喝果汁比老年人多，果汁的消費和教育程度成正相關，但是與收入水準却沒有此種關係，所以我們可以推論說：教育程度高的人喜歡喝果汁，但是喝果汁的人却不一定是高收入者，果汁的消費與季節有密切的關係，據估計，每年五月底到九月底是果汁暢銷季節，這幾個月的零售量佔全年總零售量之 2/3。

西德的飲料消費據估計已達到飽和水準的 9％，不過，近年來一種明顯的趨勢是，消費者的興趣偏好從酒類飲料和牛奶轉向「提神」(Refreshment)飲料，果汁自然屬於這種飲料，因此預料今後四年裡的果汁消費量一定會上升，大約一年增加 5％左右。

2. 競爭

一九七六年，西德果汁生產公司，經由合併和集中剩下大約350家，其中大約100家爲職工10人以上的工業廠家，最大兩家（Deutsche Gtanini 及 Eches）掌握了大約30％果汁市場，另外五家也操縱大約30％市場，其餘的市場就相當零粹，外國品牌果汁在市場上所佔比例不大，因爲進口業務全是由西德果汁製造商自己處理。

3. 價格

在西德，大部份果汁都是用玻璃瓶裝，祇有5％是用紙盒裝，供應給飲食業的瓶裝與紙盒裝果汁通常是0.25與0.33公升，供應給食品零售店的是0.7與1公升，少數品牌也有2公升瓶裝果汁。

果汁市場的激烈競爭抑制了價格的上漲，由一九七二年到一九七六年，果汁價格僅僅上漲了大約10％，而在一九七六年，果汁價格靜止不動，根本沒有上升，不過，果汁市場大致分爲兩部份：①品牌產品，零售價每公升2馬克以上，②大量產品，零售價每公升1馬克至1.5馬克。

批發商的價格通常是把製造商的出廠價加上大約20％，零售商通常把間接銷

一九七六年西德果汁零售價格

| | 類　別 | 容　量（公升） | 價　格（馬克） |
|---|---|---|---|
| Naturella | 橘　子 | 1 | 0.79 |
| Punica | 橘　子 | 1 | 0.98 |
| Granini | 橘　子 | 1 | 1.38 |
| Eckes | 橘　子 | 1 | 1.85 |
| Epikur (Hitchcock) | 橘　子 | 1 | 2.58 |
| Naturella | 文　旦 | 1 | 1.28 |
| Eckes | 文　旦 | 0.7 | 1.35 |
| Valensina | 文　旦 | 1 | 1.85 |
| Epikur | 文　旦 | 1 | 3.10 |
| Naturella | 葡　萄 | 1 | 1.28 |
| Lindavia | 葡　萄 | 0.7 | 1.68 |
| Kursiegel | 葡　萄 | 0.7 | 2.25 |
| Naturella | 蘋　果 | 1 | 0.79 |
| — | 蘋　果 | 2 | 1.59 |
| Lindavia | 蘋　果 | 0.7 | 0.98 |
| Eckes | 蘋　果 | 0.7 | 1.18 |
| — | 醋　栗 | 0.7 | 1.48 |
| Naturella | 醋　栗 | 0.7 | 1.15 |
| — | 梨 | 1 | 1.25 |
| Del Monte (USA) | 鳳　梨 | 0.7 | 2.28 |

資料來源：歐洲商情中心

售的果汁價格添加大約50%，對直接銷售的加價60～65%。

4. 通路：

零售業一定是果汁銷售的主要分配通路，而目前的銷售數則不到總銷售數的40%，這個數字中包含團體消費（如公司及學校的福利社），大約佔總銷售數的10%，其餘的60%幾乎全是經由食品店賣給消費者。

製造商大約把1/3的產品直接交給批發商銷售，綜合食品店，連鎖店，合作社，以及大部份飯館都得到直接供應。

㈡決策分析：

公司自進入西德市場開始，即經由一代理商，該代理商不僅經營茂盛公司的產品，亦經營其它競爭性產品及非相關性產品，代理商被認爲甚具銷售力，亦有多年的果汁銷售經驗，代理佣金爲進口價格的5%。

劉副總經理分析若干在當地設立銷售分支機構的優缺點，在西德設立分支機構至少須用銷售經理等八名人員，年費用支出約爲三十萬美元，估計在設立分支機構之頭兩年尚不能挽回頹勢，其優點如下：

①提供當地的市場情報，建立各種表報制度，配合公司全盤作業。

②徹底執行公司的各項政策，包括廣告、銷售、利潤、目標等等。

③可派遣技術人員和行銷人員，作爲未來投資設廠之準備。

以上爲優點方面，缺點方面有下：

①公司本身缺乏當地銷售經驗，不易勝任。

②可能引起銷售代理商之對抗和其他同等的抵制。

㈢結論：

你認爲分析此問題時所考慮因素應爲利潤，銷售，長期趨勢，或其他因素，你如果是茂盛公司的決策者，應如何解決此一問題。

# 第十九章　管理觀念與原則之一般性應用

不論承擔何種工作，爲何人工作，或爲國家社會服務，工作是人生主要活動之一，亦爲每個人與生俱來之責任。如何做好自己應做的工作，確實值得人人關心。

工作要講求效率與效果，更要考慮環境的影響，諸如法令之限制、社會文化、風俗習慣、財經狀況等影響，作適當且快速之調適。「講求效果」、「調適環境之變遷」爲現代管理之基本精神。爰特從人性化、專門化、管理觀念以及管理原則等觀點，探討工作的觀念與原則，旨在拋磚引玉，期能對國人增進工作效果有所助益。

## 第一節　人性化、專門化、管理化與工作效果

### 壹、人性化、專門化、管理化之特殊涵義

工作，不論大小，專業分工，「熟能生巧」，可提高工作效率，此乃每件工作專業（或專門化）愈分愈細的原因之一，亦爲一九一〇年代科學管理學界所倡導之諸多提高生產力論據之一❶。惟溯自一九三〇年代後，管理之人性面，開始被重視，認爲適應人性之工作環境與對工作人員之尊重，實爲發揮高度人類潛力之重要作法，管理之領域遂導向於兼顧專門化與人性化之方向擴展，管理化之現代涵義反映此

---

❶　郭崑謨著≪管理概論≫（臺北市：三民書局，民國74年印行），第36-40頁。

種兼顧人性與專業工作導向。

重複性專業工作所產生之「工作疲勞」，以及對自我實現感到不滿足等等，均爲專業分工所帶來之缺失。如何提高員工工作興趣，改善工作環境，增加工作之「挑戰性」與尊嚴，促使員工增加「自我實現」之機會，提高工作效率與效果，實爲現代管理之重要課題。基於此一理念，如何規劃、執行與控制具有合理目標之工作，乃現代管理所重視之問題。

人性化、專門化與現代管理特色可藉圖 19-1 示意於後。

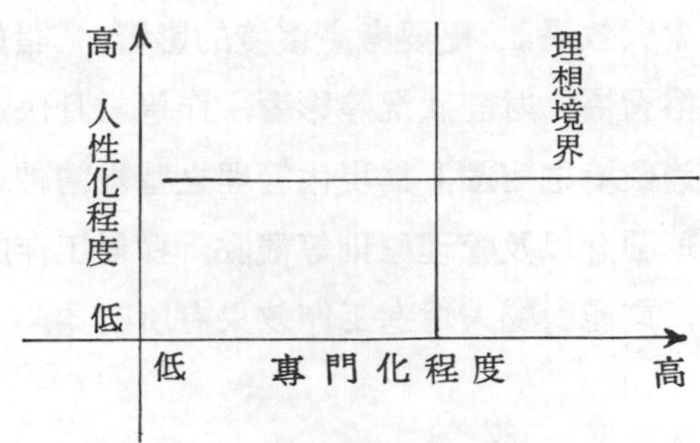


**圖 19-1** 人性化與專門化之組合

人性化之特徵爲受尊重與自重，專門化之特徵爲專精與分工細化。人性化重「人」，專門化重「事」。人性化重政策重點之彈性發揮，而專門化則重嚴謹之制度與方法之運作。管理化之理想境界當然是高度專業化配以高度人性化的運作方式。倘此種方式得以實施，可發揮人性潛力作高度專業之發揮，創新於焉容易成效。

## 貳、自然人、組織人、社會人與工作觀念

每位工作人員均具有三重身份 —— 自然人、組織人與社會人。自

然人具有自然人之身心特性；組織人爲組織之一份子，必須遵守組織規定，分擔組織之責任；社會人重人際關係具社會責任。在此種情況下，每個人做事必須兼顧對自己、對組織以及對社會等三重目標之達成與責任之履行。

據作者對國人價值觀、工作態度與管理行爲之調查結果顯示國人對權力、責任與自我實現的追求十分殷切❷。當個人利益與組織及社會利益衝突時，通常會犧牲個人利益，扶持組織利益與社會利益。惟若組織利益與社會利益相比，則社會利益較被重視。此種價值觀與工作態度與我國固有文化有關。我國固有文化反映於仁義道德、修身養性，與社稷國家觀念，並且在教育上強調術德兼修，文武合一之高尚情操。因此，上述之價值觀與工作態度隱含濃厚的仁義道德觀念與個人造化昇華之色彩，較強調個人（及家庭）與國家，對組織（或小團體）較不重視。此正說明國人強調自我實現，光耀門楣，衣錦榮歸，與美國人之重視物質制度，以及日本人重視小團體不同之處❸；也說明爲何國人之比較無法發揮組織力量之原因。國人應提高自我實現之層次至組織層次始能發揮組織之力量；同時要發揮自然人之自我實現意識加上組織人對組織之使命感，以及社會人對社會之責任感。

## 叁、現代管理與工作績效

現代管理，一如上述，兼顧人性與專業技能，藉以提高組織運作效率與效果。每個人工作效率之提高，不管是屬於任何組織階層，人性技巧之發揮比之理性技巧與技術技巧之發揮較易提高。

由於科技之發展日新月異，每一工作人員必須兼顧社會大環境、

❷ 郭崑謨著《管理中國化導論》（臺北市：華泰書局，民國75年印行），第23-25頁。

❸ 同❷

組織結構，以及科技發展趨勢，始能提高其調適環境之能力，增加工作績效。此種現象使得組織成員之「決策參與」更顯重要。

## 第二節　管理觀念對增進工作效果重要性

### 壹、管理觀念與工作效果

管理之基本精神為追求效果與提高應變能力。不管是主管或非主管，在其工作過程中，時時刻刻下定大大小小之決策。倘決策之效率與效果降低，必然導致資源之浪費，增加做事成本，降低生產力。做事效果之提高可藉高度嚴謹的規劃、執行與控制作業達成。

### 貳、管理之幾項基本理念

有效管理，首重規劃。規劃必須依據目標。目標圈或目標體系之建立非常重要。目標體系可藉圖 19-2 加以說明。

一如圖 19-2 所示目標體系涵蓋整體組織之每一部門，由政策目標之高階決策（縣長決策）至局處之策術到科室之方案與作業目標。下一階層之目標為達成上一階段之手段（以箭頭標示），此乃所謂之目標 —— 手段圈。靠此一目標 —— 手段圈工作始能連貫。

依據目標體系，所有為達成各階層目標之「行動方案」之選擇，概以「成本 —— 效益」作為決策之標準依據，預算之編列自應以各階層所遴選之最佳方案為準。

由於一切工作，均以達成目標所擬定之計劃為指導方針，計劃之評估，亦即計劃可行性之確定，成為現代管理之重要作業。在未執行計劃之前，取消具有風險之計劃，遠較執行具有風險之計劃所產生之損失為低。

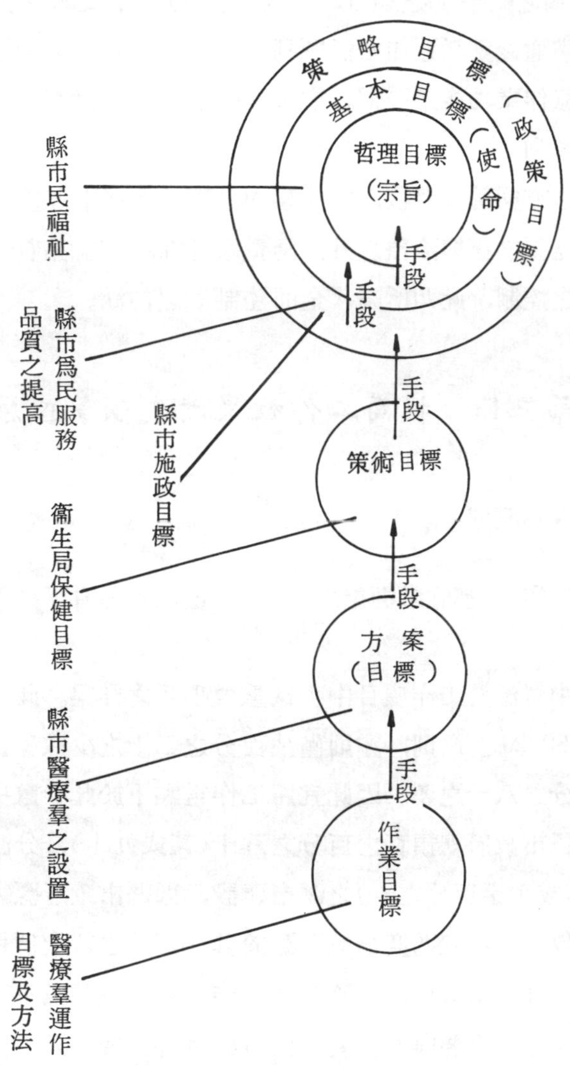


圖 19-2　目標體系：縣市政府之例

授權制度亦宜在規劃階段與控制標準一併訂定，始能明確引導，計劃（規劃之結果）之執行．計劃之執行通常要靠主管之領導、激勵，以及溝通之靈活運作始能順利。執行之績效除適切授權外還要高度依賴幕僚作業功能之發揮。如果有強有力之幕僚體系，指揮功能之發揮必能順利。

控制，亦稱管制考核，宜「事中」與「事後」並重，同時亦宜鼓勵創新。控制之標準除預算外，應重視「時效」、品質，以及制度，甚或政策之控制，此乃所謂「全面控制」之內涵。

## 第三節　提高工作效果之幾項管理原則

### 壹、重點原則

所有工作，都宜掌握重點行事。重點觀念有下列數層面宜加注意。

1.集中資源於工作項目中少數重要項目之作業。此一重點原則通常稱爲「80/20」原則，亦則僅佔百分之二十之少數項目，對總體之貢獻達百分之八十之多。因此宜將工作重點下於此少數項目績效之達成。舉如縣市政府總預算之百分之八十(甚或九十)，分配到百分之二十項目(甚或少至百分之十)之縣市建設，則縣市政府應大力提高此少數項目績效，而不宜過度分散資源於其他百分之八十項目之作業上。

2.爲提高做事效果，可將各項工作分成可控制與不可控制、可緩做與不可緩做、重要與不重要、例行與例外、費時與不費時、高成本與低成本、高風險與低風險等等，再加以審愼分析，決定其重要性與緊迫性，將具重要性及緊迫性者列爲重點作業項目，集中資源做好工作。

## 貳、未來導向及規劃紮根原則

短期規劃配合長期規劃是未來導向之表徵。求短期之表現往往會犧牲或破壞長期利益。工作任內力求快速成果與績效，跨越短期作短期工作之情形相當普遍。任內大力擴大編制、預算或建設，導致來日之「工作量小於組織之資源」，自然導致員工工作上之「心理疲倦」，降低工作效率。此種現象中外古今皆有，謂之「伯金斯」病狀，應特加防患❹。

規劃工作應該普化，向下紮根。規劃功能雖爲主管之職責，但規劃作業可借重企劃人才，發揮幕僚功能。

## 叁、授權與控制原則

授權與控制宜相輔相成，下列數端可供參考。

1.高度授權，低度控制容易流於「放任」；低度授權低度控制稱之爲「無爲」；高度控制，低度授權謂之集權，此三種型態均非理想之作法。要作好工作，宜採適切授權，愼重控制。國人「自我實現」意識甚高，如能加強授權，並加強激勵並發揮對組織之凝集力，必可大幅提高工作效率。

2.控制目標與控制標準之訂定宜遵守「重點原則」以及成本效益原則；監督可採例外監督，使例行作業制度化；考核方面，宜考慮創新之風險以及長期貢獻；至於「改進」則應避免無錯誤主義，重視自我管制。如斯始能使管制達到公平合理之境界，提高工作人員之工作熱誠。

---

❹ C. Northcate Parkinson, *Parkinson Law* (Boston: Houghton Miffin Co., 1957) , p.2.

### 肆、執行敎導化原則

國人重人治，重自我實現之發揮，故加強參與決策措施，將有助於其對組織凝聚力之提高。

### 伍、差異分析與比較原則

差異分析爲控制之中心作業，惟國人往往傾向於對工作內容之控制而忽略「工作時間」之控制❺，因此，差異分析亦偏重於對工作內容之分析，殊不知內容與時效之控制，如一體之兩面，應同時並重。再者，差異宜與其他同類工作之差異相較始能顯出差異特殊意義。易言之，差異不但要反映對本身訂定標準之離差，亦應反映與一般公認標準之差異——與同案標準之差異。

### 陸、協調與溝通原則

協調與溝通，不管採取何種方式，應重視時效。例行性溝通宜制度化，盡量以書面方式達成。倘需以開會方式進行，則宜作充分之會前準備，提供充分資料，使開會時能眞正進入討論與決策之階段。至於非例行性溝通與協調當然宜擴大參與層面，使之涵蓋所涉及之其他有關部門及人員，蓋其爲非例行性，正意味牽涉層面與平常相異故也。

### 柒、管理才能發展原則

組織的正式職位結構上之升遷有一定之極限。超越此一極限，就成爲「無能或不能勝任」之境界。蓋一般人常追求高升至不能勝任之職位爲止。主管若不好自檢討，施以再教育，則組織之「老化」，將

❺ 同❷。

使組織之工作效率與效果日日降低。此乃所謂之「彼得病態」❻。主管才能之發展宜一面充實部屬之才能使自己能放心授權，始有時間充實自己；一面要培植部屬之職位權威性、技術權威性以及管理權威性，使管理階層能層層有能力「接捧」，才不致發生管理人員斷層之現象。

在邁進高度工商化社會的階段，我們將面臨更加快速生活環境之演變以及各種社會需求之增加。爲提高全民生活水準與品質，人人必須處處加強管理理念與原則之運用，紮穩規劃作業，兼顧授權與控制，做好協調與溝通工作，落實管理才能之發展，才能透過工作效果之提高，達成提升全民生活品質之目標。

❻ Ross A. Webber, *Management: Basic Element of Managing Organization*, Revised Edition (Honewood; Illinois: Richard D. Irwin, Inc., 1979) ,pp. 398-9.

# 第五篇
# 管理診斷

# 第二十章　　管理診斷概論

企業組織與管理，不但深受內、外環境因素之影響，亦受內部資源以及組織結構與行爲之牽制。組織效能之發揮，端賴主管人員以及所有員工，不斷對經營上所遭遇之問題或將來可能發生之問題，設法了解，尋找癥結所在，及早改進或提前預防問題之發生，始能在繁複之競爭環境中發展。

企業診斷，可分一般診斷與「專利」診斷。一般診斷之主要工作爲一般性經營問題之初步判定。若問題癥結所在，無法確切判定，當然無法提出改進方案。

一般診斷之資料，可供專科診斷之基本依據，進一步作必要且詳細之分析，覓找問題發生之眞正原因。玆將診斷之重點與方法、一般經營診斷之特色、一般經營診斷之基本作業項目與基本程序，分別探討於后，俾供分析國際行銷個案之參考。

## 第一節　診斷之重點與方法

### 壹、診斷重點

基於對種種企業所可產生問題之認識，主管人員在發掘營運問題時應注意下列重點與方法。

1.採取『20/80』之重點原理

診斷重點應放在主要產品，亦即針對少數項目（如百分之二十），而其銷售量佔公司銷售量絕大部份（如佔總銷售量百分之八十）之關鍵性產品，進行診斷。

2.診斷要顧及總體之影響

針對前項關鍵性產品之部分，如其中有某些產品之銷售量未來會對公司產生較大之影響者，進行診斷，以補前項診斷之不足。

3.分辨徵候與癥結

不能將徵候誤認爲癥結，應把徵候分辨清楚，才能找出問題癥結之所在。

**貳、診斷方法**

1.矩陣：從管理矩陣之各項要素，如管理功能之企劃、組織任用、領導、協調、創新、管制、主管管理才能發展，或經營功能之人事、生產、行銷、財務、研究發展、顧客服務等逐項診斷，使其疏而不漏（見表 21-1）。

2.細化：把有問題之處藉細化或再分類方法加以確定。

3.比較：將發生問題之情況和公司過去之情況或競爭者（同業）之情況加以比較，使診斷之結果具有正確性。

主管人員時時刻刻都可能面對問題，作快速決策。在決策過程中各種問題之重要性，繁簡互異，不易有效處理，本段所述各端或可對主管人員提供幾項決策上之原則與探索問題之方向，俾益決策效率之提高。

## 第二節　一般經營診斷之特色[11]

**壹、經營診斷之內涵與重要性**

[11] 郭崑謨著，「論一般經營診斷一「專案」或「專科」診斷的基本作業」，現代管理月刊一九八二年六月號，第 30～40 頁。

「經營」二字乃特指企業營運或政府及其他非營利機構之運作而言。企業診斷旨在找出經營有無問題。人會生病，企業、政府、財經單位也同樣會有「問題」。人一生病就到診所覓醫求治，企業一有病症就要診斷。就是沒有病症也要診斷，藉以發掘潛伏問題。

例如正常人的眼睛爲黑白二色分明，若發現眼睛通紅，不能遽而判斷患有眼疾；因爲可能祇是問題之現象，稱爲癥候，應該找出問題之本身病因——癥結。

人之眼睛通紅，若不加以診斷，即下斷言，係眼睛之病患，配以眼藥水醫治，眼疾不但不一定好轉，反會產生併發症。要知眼睛通紅，病痛之癥結所在，可能血壓過高，工作時用力舉重，導致微細管破裂出血所引致。果眞如此，點滴眼藥水當然無效。由此可知診斷是要找出癥結，而不僅要了解癥候。

企業是否有問題，要經過診斷才能知道。因爲一企業主管往往自己本身看不到問題之發生，也不知道問題之存在，一旦問題發生，被發覺時，往往爲時已過晚。所以一企業不應等到有問題或有癥候時才診斷，平常就要診斷，因爲有很多潛在問題，不易被發覺，就好像我們個人在平常就要做健康檢查，一樣的道理。

擧如，中小企業，因爲擴張太快，每年營業額不斷上升，金融機構以爲該企業成長令人滿意，貸款應無問題，豈知過快的擴充，會導致管理的瓶頸，人員無法控制，組織上無法配合，結果經營之效率就逐漸低落，營業額也逐漸減少，最後祇有走上倒閉之途，這種個案在現實社會上屢見不鮮。企業診斷之重要性，不可言喩。

## 貳、一般經營診斷之層次與層面

爲了使問題或潛在問題，不被遺漏，診斷之層次及層面要擴大。層次及層面擴大就不會遺漏問題或潛在問題。所謂「疏而不漏」，便是企業診斷之基本原則之一。另外在診斷內涵方面，診斷作業要「細而精」，此乃所謂診斷之「細化分析」,爲企業診斷之另一基本原則。

爲達到「疏而不漏」,表 20-1 所列擧者可供參考。此一矩陣之每一方格均有可能有問題，或可能發生問題。因此，此矩陣應存於診斷人員之腦海中，作爲覓尋癥結之依據。

表 20-1 經營診斷矩陣

| | 經營功能<br>管理功能 | 人事 | 生產 | 行銷 | 財（會） | 研展 | 顧客服務 | 其他特殊項目 | 診斷層次 | |
|---|---|---|---|---|---|---|---|---|---|---|
| 管理八大功能 | 企劃 | | | | | | | | 高層次診斷 | 診斷層次 |
| | 組織 | | | | | | | | 中層次診斷 | |
| | 用人 | | | | | | | | | |
| | 推導 | | | | | | | | | |
| | 協調 | | | | | | | | | |
| | 創新 | | | | | | | | | |
| | 管制 | | | | | | | | 低層次診斷 | |
| | 管理才能發展 | | | | | | | | 超高層次診斷 | |

企業如同一有機體，任何小問題，都將影響到企業之存亡，可能「動一髮牽全身」。由於問題往往不易看到，等到被發現時，爲時業已過晚，若能及早發現問題，企業之營運自可提早改善。就是診斷若未發現問題，亦能看到企業之強處，如此，亦可加強優點，使之更趨完美。

診斷時不要輕易聽信受診者或別人所提供之問題所在。受診者所提供之資料信息，僅能作爲診斷之參考，不要做爲癥候或癥結之判斷標準。

### 參、一般管理診斷之內涵與角色

一般經營診斷之內涵所指者係一般性的整個大層面之診斷。由經營診斷矩陣之分析方法，當可了解癥候、癥結所在，然後對症下藥，必要時，再作「專科」診斷，作更精密之分析。

例如：醫生為病人看病，並不知患者何處有病，於是開始診斷，此種診斷係一般診斷。若待找到疾病係在胃部時，再推薦病人到胃科再做詳細檢查診斷。企業一般經營診斷，所做的工作，也是如此，先找出到底是行銷有問題，還是生產、財會方面有問題。然後如需再作進一步診斷，始交給專門人員去做行銷診斷，生產診斷、財會診斷等等「專科」或「專案」診斷。一般經營診斷角色之重要性由此可知。蓋一般診斷若不正確「專科」診斷，實屬徒勞之舉。

## 第三節　一般經營診斷之基本作業項目

### 壹、認識企業之生態

企業受企業生態之影響。因此，我們作一般診斷時應搜集受企業生態之資料。至於企業所提供之資料，當僅可供參考之用。「生態」也者，乃特指企業無法控制之因素、狀況、現象、情景等等而言。

企業生態所指者，一如上述，係各種「外生環境」，如圖 20-1 所示者然。

概言之，企業生態有以上五大類。舉如，合作金庫、保險機構、政府單位，當受生態之影響，諸如：

1.法律、行政命令方面，銀行法，存款準備金之變動，及利率變

企業之生態 {法律、行政命令 / 政治環境 / 社會環境 / 文化環境 / 國際環境}

圖 20-1 企業生態

動在在影響企業經營。

2.政治、民情方面，如財政廳長換人，將會使合庫或其他有關財經單位之作風改變。

3.社會環境方面，國民所得提高，使得旅遊業蓬勃發展；銀行方面，有關外滙之業務也相對提高，使得銀行之利潤增加。

4.文化環境方面，每一地方文化背景不一樣，有的較保守，有的較開放，相對的對合庫之存款勸誘，也有很大之影響。

5.國際環境方面，美國銀行利率之調升或降低，相對的也會影響到臺灣之利率。

以上各項均屬個體企業不可抗力之因素，合庫或其他企業單位若因此經營不善，不可遽而歸責於合庫本身，因爲此乃生態或政策之產品，亦祇有從生態方面改進，始能著效。

## 貳、認識企業之現有及潛在「資源」

「資源」係內在因素，擧如合庫之資料就是指員工人數之多寡、及品質之高低、徵信制度、會計制度、記帳設備等等。若不瞭解企業內部資源，則無法據以作一般診斷。

## 參、分析企業單位之營運現況

一如醫生要了解患者之身心狀況，診斷人員當然必須要確切了解受託企業之營運現況。今天若合庫之存款放款額下降或上升，我們就要了解人員之配備與工作量如何，是否受到生態環境之影響而無法在作業上適應？是否組織結構產生瓶頸等等。

**肆、研判推論營運問題及解決方案**

研判與推論問題所在及解決方案，應建立在對未來企業生態之變化以及企業本身應有資源之情況之判斷，甚或「假定」，否則所提方案，將必無法著效。

## 第四節 一般經營診斷之基本程序

**壹、確定診斷目的、範圍與特性**

確定診斷目的、範圍與特性，爲企業診斷作業所要首先了解者。諸舉數例以明之。

例如大漢紡織股份有限公司，營運甚佳，然欲在人事上求更精簡、更新設備，診斷重點當應順應此一目的。又如某生產電子玩具廠商，不計成本之上升，與利潤之降低，祇重市場佔有率之成長，爲了實現「中國第一」頭銜（指市場佔有率而言），診斷內涵當應配合此一目的，始能滿足診斷之需求。再如某公司經營正常，然員工流動性趨高，欲找出原因，降低員工流動率爲其診斷之方向，亦應遵循此一目的，始有意義。

**貳、蒐集有關資料**

診斷人員應遵循「疏而不漏」之原則，並依據受託企業之診斷目標、範圍與特性，蒐集資料。

## 參、整理分析及推論營運問題

診斷人員應採「重點診斷」原則。例如，某公司銷售量下降10%，而該公司之外銷佔90%，內銷佔10%，診斷之重點，應從外銷方面着手。再若該公司之產品有 100種，其中 5 種佔80%，另外95種佔20%，則分析之重點應爲此五種產品，此乃重點分析之要旨。

就上述個例而言，重點分析應採「細化分析法」，把大問題切成若干小問題，就小問題再來分析。分析之方法可從㈠時間；㈡空間（地區）；㈢產品別，以及㈣客戶別着手。

若將銷售區域細化，由於細化，我們可以發現美東、美西較有問題，如表 20-2 所示者然。

表 20-2 依地區細化分析

| 美　東 | 美　西 | 非　洲 | 亞　太 | 南　美 | 歐　洲 | 其　他 |
|---|---|---|---|---|---|---|
| －－－ | －－ | ＋＋＋ | ＋ | ＋＋ | ＋ | ＋ |

表註：＋＝銷售量增加　　－－＝銷售量減少

倘再美東、美西依產品細化，可以發現美東最嚴重之問題在於A、C種產品之銷售量大量下降，如表20-3所示者然。

表 20-3 依產品別細化分析

| 區域<br>產品 | 美　東 | 美　西 | |
|---|---|---|---|
| A | －－ | － | |
| B | ＋ | ＋ | |
| C | －－－ | －－ | |

經過區域與產品細化後，我們可以找出問題之所在，再與同業相較，若銷售降低情況並不遜於同業，顯然非本身之問題所在。果若如此，可再就下列數項進行研究。

1.研究矩陣中何者有問題，生產？行銷？還是研展？

2.過濾可能發生之問題（用細化分析法）。

3.由問題再深入探討所衍生或導致因素。

4.最後確定問題後，將之交予專案研究、診斷。

再引用上述個例，倘該公司利潤下降10%，由矩陣中發現：

1.研究發展部門有下列情況：

(1)研究投資增加500萬元。

(2)研展設備之折舊攤提，用加速折舊法。

(3)用人費方面偏低，影響到研究人員之配置及激勵作用。

(4)研展之成效不彰。

2.生產部門有下列情況：

(1)折舊及維護費上升。

(2)作業員沒有減少。

生產部門維護費用之提高乃因作業員缺乏訓練，而折舊費之上升，乃因政府稅法之規定，而非自力所能控制，如此吾人可研判，研究發展之用人及生產部門之用人及推導問題所在。

提供方案之評估標準

一般診斷所提供之方案，應附有評估方案之標準，如此，「專科」或「專案診斷」之效果始能提高。

### 肆、方案之再評估

方案再評估之目的在於若屬可行，可達到預定之標準時，始可建議採用。

## 第五節　一般管理診斷之基本項目

一般管理診斷之項目甚多，較基本者有：

㈠組織生產力：由投入與產出之比例，再與歷年資料及同業資料比較，便可測知生產力之消長情況。

㈡組織成長力：該成長力通常可用市場佔有率之大小來衡量之。

㈢組織穩定力：風險

1. 人員是否穩定，人員穩定與否要與本單位去年以及同業比較，始有意義。
2. 財務是否穩定，要看負債比率是否高而定。如自有資本比例下降時，則財務風險將會較大（見圖 20-2），固定成本與變動成本之比率愈高，營運風險亦將愈大（見圖 20-3）。

　　固定成本高，雖然變動成本之斜度小，但風險高。固定成本低，雖然變動成本之斜度大，但風險低。因此固定成本高，風險就大，此二者之差距就是營運風險。負債愈多，固定支付（利息）愈多，財務風險亦愈高。

㈣主管領導能力

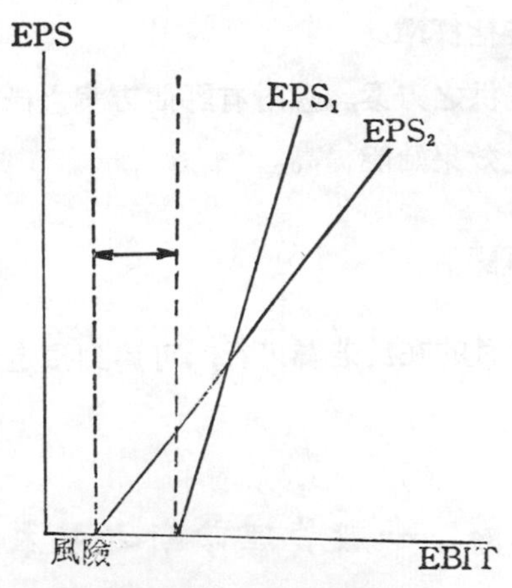


圖 **20-2**　企業財務風險

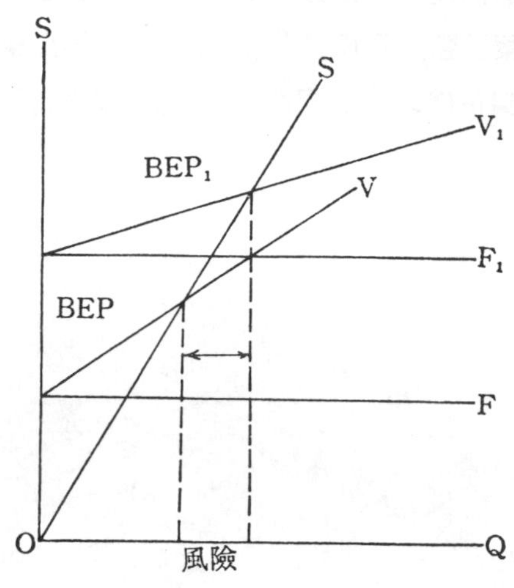


圖 20-3 企業營運風險

衡量主管領導能力之方法甚多，諸如員工之向心力，授權程度，員工之責任感等等。

㈤組織之未來應變力

測定組織應變力之方法很多，下列數項僅係使用較廣者。

1. 銷售量與季節性之應變能力（如公司方面、行業方面、整體經濟方面）。
2. 成本較一般爲低，則應變能力高。
3. 情報、資訊系統是否健全等等。

## 第六節 一般管理診斷到「專科」或「專案」診斷

一般診斷爲「專科」或「專案」診斷之基礎，理應先作一般診斷後，如必要時再作專案診斷，因此，一般診斷所得到之結果，應交給「專案診斷」，且彼此之間應有妥切銜接，否則時間之落差，將使一般診斷效果轉弱。同時一般診斷應提供「專案」診斷更詳盡的方案及評估的標準，專案診斷之正確性始能提高，整個企業之經營問題或潛在問題，始能得到正確之「治療配方」順利解決問題。

# 第六篇

# 企業組織與管理之未來—結論

❀組織文化與工作文化之發展

❀消費者保護之發展與展望

❀企業組織與管理之新發展

❀建立中國式管理模式之努力方向

❀附錄：演變中之日本管理特色

# 第二十一章　組織文化與工作文化之發展*

## 第一節　組織文化之涵義與重要性

### 壹、組織文化之特殊意義

組織學家應用文化觀念於組織現象之解釋，爲近一、二十年之事。百利托拿（Barry A. Turner）、百地古羅（Andrew M. Pettigrew)、華頓（Joseph W. Whorton）等人認爲各組織均有其共同認知之「代表性」行爲，而這些行爲之表徵，正反映組織文化❶。

從另一角度論衡，組織內員工、組織結構與組織內之整體管控系統之間，相互作用所產生之「行爲規範」亦爲組織文化之表徵❷。

---

＊本章部份取材自郭崑謨著「組織文化與環境」，郭崑謨等編著管理學（臺北市：國立空中大學民國 83 年印行）第 71-78 頁。

❶ 參閱：

Ⓐ Barry A. Turner, *Exploring the Industrial Subculture* (London: McMilliam 1971).

Ⓑ Andrew M. Pettigrew, "on Studing Organizational Culture," *Administrative Science Quarterly*, 24 November (1979), pp. 570-581.

Ⓒ Joseph W. Whorton and John A. Worthley, "A Perspective on the Challenge of Public Management: Environmental Paradox and Organizational Culture," *Academy of Management Review*, No. 6 (1981), pp. 357-363.

❷ Meryl P. Gardner, "Creating a Corporate Culture for the Eighties," *Business Horizons*, Jan-Feb., 1985.

從事組織文化研究者，邇來頗多對組織文化有所定義。其所持觀點雖各有異同，於下列數項上，似均有共識。

1. 組織員工之行爲有其共同特性與特徵。
2. 組織內之行爲規範，具有共同價值觀。
3. 工作態度趨於一致。
4. 組織內之活動有其特有風格。
5. 對組織之榮譽感深厚。
6. 對組織目標之認同感深厚。

### 貳、組織文化之重要性

美國學者傅高儀（Vogel），曾大膽地指出，日本文化中所強調之「團體精神」與「忠誠意識」，乃爲日本企業成功之關鍵因素之一云云。事實上，組織文化之異同，正說明其員工工作態度與工作價值觀。此種態度與價值觀確切影響組織運作之績效無疑。

有高度組織認同感之組織，其組織行動，當然較易趨一致，力量集中，動力當然較大。如何塑造組織文化，業已成爲管理學之嶄新課題。而塑造組織文化又以始自塑造工作文化較爲具體。

## 第二節 中、西諸國組織文化中之「工作文化」簡述❸

據黃松共之研究，各國因其傳統文化特質不同，其工作文化亦有差異。茲就黃氏研究所發現之美國、英國、日本、以及我國之工作文

❸ 取材自黃松共著「企業工作文化與生產事業管理」，國立政治大學企業管理研究所博士班未出版學期報告，特此致謝。

化特質簡述於後俾供參考❹。

## 壹、美國

美國組織機構（含企業）之工作文化，概言之，具有下列特性可資參考。

1. 員工更換工作習以爲常，不像我國員工認爲經常更換工作是一件不名譽的事。因此，美國企業之員工流動率相當高。
2. 工作劃分相當細密。此乃由於美國企業多已工業化或自動化，規模大而且以裝配線生產。每一工作均劃分成很多較細工作或動作之故，工作者所負責的工作範圍自然狹小。
3. 工作單調。由於工作劃分較爲細密，每一工作者均一直重複相同的動作，工作因沒有變化而單調。
4. 組織績效不佳時，業主輕易採取裁員措施。
5. 工作者休閒時間較多，且多愛好旅遊。
6. 組織追求效率，有似軍隊，講求命令系統，很少講求情面。
7. 工作者喜參加工會活動，且常有罷工情事。

## 貳、英國

論及英國企業之工作文化，具有下述較爲顯著特質。

1. 員工家庭生活與公司無關。員工之家庭與公司極少關聯，家族其他成員極少參加公司活動。
2. 英國企業對員工所提供的福利較少，約爲用人費用的百分之二左右。
3. 企業內由員工自願參加成立各種社團、運動團體等等，但經

---

❹ 同註❸。

費多爲自己籌措，公司極少補助。公司認爲這些活動係員工自願行爲，與公司無關，也極少希望藉福利措施，達到某些目的。

4. 非正式福利事件之處理極少透過公司。譬如員工疾病，其主管極少代表公司慰問，而通常由同事自願探病或協助。
5. 舉辦活動通常爲全公司的活動。譬如一年二次的舞會或運動會等，極少有小單位自辦活動。
6. 工會不參與福利事件。

## 叁、日本

日本企業之工作文化概言之，具有下述特質。

1. 公司提供的福利較多，約爲用人費用的 8.5%。
2. 各種福利多爲公司支助，且員工可自由參加。
3. 公司希望藉福利活動來達到若干特定目的。
4. 非正式福利事件之處理，多由公司正式組織出面處理，譬如員工家有喪事，領班通常率領同事，協助處理；員工病痛，領班通常代表公司探訪。
5. 除公司舉辦的慶祝活動外，尙有許多部門單位的個別社交活動，如旅遊、舞會或球賽等。如此各小工作團體的團結力甚強。
6. 工會積極參與員工的福利事件。譬如工會理事長或理監事，分別擔任球隊的正副領隊等。
7. 員工家庭與公司融成一個團體，關係密切。譬如公司對員工家庭提供各種教育補助、宿舍、及協助家庭問題之解決等。領班家屬也會參與公司活動或慰問同事之家屬等。

8. 員工視公司的利益優於個人家庭的利益。因此，日本員工認爲倘週日帶眷屬外出遊玩，但正適公司需趕貨時，是一件「自私且可恥」的行爲。
9. 日本員工視其個人之社會地位，決定於其公司是否成功與其在公司內的職位而定。因此，日本員工會盡心盡力爲其公司盡力而且極少異動。
10. 日本企業常提供員工終身雇用制。
11. 企業提供員工許多休閒設備，鼓勵員工參加活動以增進互相了解，藉以提高工作績效。

### 肆、中華民國臺灣地區

中華民國臺灣地區之工作文化具有以下特性。

1. 中國人比較強調「人重於事」，常會因人設事。
2. 我國比較重視倫理觀念，業主與員工之間的關係，類似父子關係，比較強調長幼有序。通常年輕員工必須尊重或服從較年老者的領導。
3. 家族企業普遍存在，故用人偏重裙帶關係。
4. 員工本位主義濃厚，較未能積極考慮公司的整體利益。
5. 比較傾向「家長式」管理風格，以業主爲中心的領導方式。
6. 企業較重視公司內的和諧氣氛，較不積極重視工作任務之嚴格規範。

## 第三節　塑造我國工作文化之道

黃松共認爲工作文化因行業不同、國別不同而異。是故，企業應考慮其行業工作特性，發展適合其企業之工作文化。話雖如此，黃氏認爲下列原則應可供業界參考❺。

1. 培養共識的工作文化，使員工與公司產生共識進而參予決策。易言之，培植員工主動積極參與精神與習慣。品管圈、工作小組及目標管理等，可給予鼓勵。
2. 發展親密的工作文化。員工的需求，不僅爲物質上的給予，公司與員工必須建立在互相尊重、互相關愛的基礎上。基於此種理念，始能培育「親密的工作文化」。
3. 建立績效的工作文化。公司以公正的態度和方式，推行獎金和賞罰制度，培養員工講求工作績效的觀念。
4. 重視員工個別差異，採取適合員工工作需求的激勵方式。
5. 培養上下一體的工作文化，使員工的工作目標與公司的目標盡量結合。

❺ 同註❸。

# 第二十二章　消費者保護之發展與瞻望

## ——從三個層面探討消費者保護

近幾年來，各界人士日益關切消費者保護問題，非但對有關消費者保護之論述逐漸深入，對消費者保護之實際行動亦更加積極。此種現象，正反映我國消費者保護運動浪潮之茁壯，亦正象徵民生主義經濟體制必然歷經之政經、法律、與社會之演變過程。

保護消費者之要旨，在於維護消費者之安全、健康、免受欺騙，以及有關權益，諸如自由選擇產品、獲得損害賠償、接受產品使用資料、改善環境生態等等。由於人人皆爲消費者，消費者之安全健康、免受欺騙，以及有關權益，攸關全民福祉，消費者保護，當應爲政府之職責所在，消費者保護問題顯然涉及消費者本身，政府以及供應廠商（企業）。探討消費者保護之發展與展望，理應涵蓋消費者之社會運動，立法、行政與司法保護，以及企業之社會意識與社會行爲等三者極有意義。

## 第一節　消費者之社會運動

消費者社會運動之思想主流爲消費公衆主義。消費公衆主義所主張之權利當然直接、間接與產品及勞務有關。這些主張可以透過衆多不同方法，諸如論著、消費者組織、消費者抱怨、消費者訴訟等等，其中以消費者組織最爲具體。

早期消費者運動象徵一般消費者對食品安全之關切。此乃爲一非常自然之現象，蓋食品爲與消費者之健康及安全關係最爲密切，且爲每一消費者所必需消費之貨品。美國早於一八九一年在紐約市成立之消費者聯盟（Consumer's League）以及一八九八年成立之消費者聯盟全國總會，對後來（一九〇六年）通過之純正食品法具有相當大之貢獻❶。在美國，一九二〇年代後消費者所得逐漸增加，產品樣式及種類亦較繁雜。汽車、冷氣機、收音機、電冰箱等耐久性家電產品，充斥市面。消費者缺乏對耐久性產品之知識，往往在購買上非但不經濟，且易爲不實廣告與產品之標示所誤。消費者組織雖仍未普遍，力量亦薄弱，輿論卻產生甚大影響力，帶動了所謂的消費者運動的第二浪潮。保護消費者論著風靡一時，尤以徐林克氏（F. J. Schlink）之「你的錢幣價值」（*Your Moneys' Worth*）一書最爲著名（按該書爲調查消費者浪費之研究報告❷。）此一階段之消費者運動強調：(一)產品知識之重要性；(二)廣告之眞實性；(三)行銷成本之經濟性；(四)商品標示與價格之合適性以及(五)消費者教育之重要性。

在消費者社會運動史上最近一次浪潮起自一九六〇年代，其聲勢至今仍然有加無減。按自一九六二年美國總統甘迺迪，鑑於當時消費者組織甚少活動，消費者極需保護，乃於國會提出消費者應享有安全之權利(不受傷害之權利)、自由選擇之權利、被接受意見之權利(批評與建議之權利)、以及接受應得而正確信息之權利(不受欺騙之權利)❸。

❶ Robert O. Hermann, "The Consumer Movement in Historical Perspective". in David A. Aaker and George S. Day (eds.), *Consummerism*, 2nd Ed. (N.Y. The Free Press, 1974), pp.10-19.

❷ 據達麥榮氏，徐林克之該著作於一九二七年出版，爲轟動一時之名著，見 Kenneth Dameron, "The Consumer Movement", *Harvard Business Review*, Vol. 18, No.3 (Jan., 1939), pp. 271-289.

❸ "Consumer Advisory Council: First Report", Executive Office of President (Washington, D. C.: U. S. Government Printing Office, Oct., 1963).

甘氏呼聲一出，各方相繼響應，消費者保護組織風起雲湧，陸續增加，加上消費者保護運動專業倡導者之積極倡導，消費者運動開始進入全盛時期。一九六四年美國白宮開始設立消費事務之特別助理，爲世界各國之首創❹。消費者保護運動專業倡導者，如奈德氏（Ralph Nader），對新技術之應用，特別注意其效能與安全性，喚起消費者及廠商對不安全，或有潛在危險性的產品，特加注意防患。奈德氏一九六六年名著「在任何速度均不安全」(*Unsafe at Any Speed*) 一書揭發通用汽車產品設計上之不妥及危險性，不但驚醒了消費者而且喚起了政府與廠商之社會意識❺。

現代（自一九六〇年後）消費者運動之特徵爲:(一)注意新技術應用上之危險性;(二)消費者保護項目之擴大，諸如對特殊羣體之保護、環境生態之維護等等;(三)消費者保護專業倡導者之積極倡導;(四)消費者組織之加強與功能之發揮;(五)行政措施帶動並強化消費者組織之功能。

導致現代消費者社會運動之原因當然非常複雜，但概而言之，不外乎下列數端❻:

第一、消費者之所得以及教育水準提高，不但使消費嗜好繁複化，而且提高了消費者消費決策力。消費嗜好之繁複化結果反映於對生活環境之關心，而消費決策力之增強反映於對企業活動之諸多批評與建議，消費者已促漸能善用其權利。

---

❹ 此一特別助理名爲 White House Special Assistant for Consumer Affairs, 見註❷。

❺ Ralph Nader, *Unsafe at Any Speed* (New York: Pockot Books, 1966).

❻ 郭崑謨著，企業與經濟時論，中華民國69年，六國出版社印行，第152頁。

第二、大衆傳播媒體，如電視、收音機、報章雜誌、電話等之普遍，使消費公衆之心聲容易傳遞滙成社會運動巨流。

第三、科學技術之進步，迅速地反映於企業之產銷技術，但一般消費大衆未能迅速吸收該種新科技，造成一般消費者購用新產品之諸多疑難，加速消費者社會運動，藉以解決問題。

第四、科技發展，企業生產力與規模大增，企業活動對社會之影響力益顯重大。消費大衆之視線自然滙集於企業家之社會道義上。企業活動成爲容易攻擊之共同目標，加速了消費者之團結與組織過程。

我國近一、二十年來，經濟持續成長，教育與生活水準提高，科技進步，大衆傳播媒體普遍，上述導致現代消費者社會運動之條件均已具備。消費者運動本應早已滙成巨流，但由於一般消費大衆保守，存有「息事寧人與不興訟」心態，阻礙消費者社會運動之成長❼。我國消費者運動可說遲遲於民國五十七年中華民國消費者協會成立時，始見端倪。惟因經費太少，人員不足，所擬議之商品品質檢驗、價格調查、消費者意見搜集、商品知識之傳播、消費者書刊之編印、消費者利益遭受損害之調查、以及消費者與廠家之聯繫等事項，無法長期辦理，甚爲可惜。於民國六十二年成立之臺北市國民消費協會，雖然擁有較多會員（約一千人），亦較具規模，但仍缺應有之影響力。該協會之主要工作有：受理消費者檢舉液化瓦斯經銷商不法行爲，配合政府穩定經濟措施，倡導「以儉制價」、送驗商品、設置申訴中心等等。工作重點已不只「輔導與協調」，而兼有協助申訴及配合政府政策。民國六十九年成立之中華民國消費者文敎基金會，可謂消費者組織之後起之秀。其工作範圍不但包括消費者敎育、消費者申訴之協助、提供檢驗服務，發行刊物，亦正積極從事有關保護消費者問題之

---

❼ 周恒和撰，「消費者該是自覺的時候」，民生報，中華民國 69 年 9 月28日。

研究以及研擬保護消費者法規，任重道遠。集歐美消費者運動之經驗，只要消費大衆鼎力支持，我國之消費者運動當可望迅速發展。

## 第二節 立法、司法與行政保護

制定法律以保障消費者權益，其迫切性，隨消費者運動潮流之強弱與企業界自律情況而異。舉如美國一九六〇年代後期以來消費者運動潮流洶湧，有關消費者保護之立法逐漸減少，消費者所形成之壓力似促暫替代立法，藉以抵制企業之不公平行爲。諸多法律，如聯邦藥物及化粧品法、可燃織物管制法、公正標籤及包裝法、兒童保護及玩具安全法等等，皆於一九七〇年代前制定。又如日本雖無如美國那麼強有力消費者運動浪潮，其私人企業間之合作精神發揮與企業自律效果，自然減輕諸多正式立法之必要。話雖如此，消費者保護基本法，早於昭和四三年就已頒佈實施❽。

我國消費者組織力量薄弱，尙不能對企業行爲產生有效制衡作用。同時企業間尙欠自律精神。立法之迫切性當然甚高。惟除食品衞生管理法、藥物藥商管理法、農藥管理法、化粧品衞生管理條例、商品檢驗法、標準法、商標法（待修訂）外，尙無消費者保護基本法。

據行政院研究發展考核委員會之一項研究顯示，我國雖有食品衞生、藥品、化粧品、危險性物品之管理監督，非常時期農工商管理條例，但這些行政保護仍有待加強❾。在行政保護方面，似對消費者敎育與消費者組織之扶植措施，尙缺少具體有力之辦法。

論及司法保護措施，我國有定型化契約條款及行政規章、企業民

---

❽ 行政院研究發展考核委員會，民國66年編印，消費者保護之研究，第5頁。

❾ 同註❽，第11-28頁。

事責任之規定、以及消費者訴訟制度之訂定。據上述行政院研究發展考核委員會之研究，現行定型化契約之條款有待研究改進，企業民事責任有待加強，而消費者訴訟制度亦需健全化。同時，我們需要建立消費者律師制度⑩。

## 第三節 企業界之社會意識與社會行為

在歐美衆多已開發國家，一九六〇年代前，一般企業主管往往認爲消費者運動係一過渡性現象，爲經濟情況變異初期必然發生之暫時性威脅，不足重視。企業界之反應顯然爲「被動應付」⑪。及至一九六〇年代後，企業界一方面承受較大之消費者運動壓力，另一方面企業主管人員業已開始體味企業之社會責任實爲企業營運機會，開始把握此種社會需求，作必要之調整。企業界社會意識反映於企業之社會行爲，諸如惠而浦公司之免費服務電話專線（cool line），福特汽車公司之顧客汽車手册，巨人食品公司之避免易誤解包裝等，只是數例而已⑫。至於顧客事務部門之設立在美國已十分普遍。種種跡象顯示企業倫理道德之發揚以及企業社會責任之履行，正可減少消費者運動之壓力，同時亦可降低立法、行政與司法保護之角色。

我國企業近一、二十年來，成長快速，又無強有力之消費者運動之壓力，立法、行政與司法保護亦較鬆懈，企業社會意識之茁長自較緩慢。話雖如此，近幾年來，規模較具廠商，已在企業社會行爲方面，

---

⑩ 同註⑨，第29-45頁。

⑪ David A. Aaker and George S. Day, "Corporate Responses to Consumerism Pressures", *Harvard Business Review*, Vol. 50, No.6 (Nov.-Dec., 1972), pp.114-124.

⑫ 同註⑪。

樹起領導風範，訂定企業之社會目標，積極履行企業社會責任，堪足欣慰。

## 第四節　瞻望未來

今後消費者之教育及所得水準將隨經濟之發展而更爲提高。隨着消費者之敎育及所得水準之提高，一般消費者將更加關心其周圍環境生態，注意生活環境之素質。環境生態之維護，將必成爲來日消費者運動之非常重要目標。

科技發達之速度必然更快，而生產者將更容易生產更多構造繁複，出新立異之新產品以滿足消費者之需求。結果，由於構造繁複之新產品較不易操作；琳瑯滿目之產品，不易挑選；消費者之抱怨與不滿將必然驟增。

在消費者組織力量薄弱，企業界之社會意識茁長緩慢之情況下，立法、行政與司法之保護，不但非常重要，而且十分迫切。消費者保護基本法之訂定實有其優先地位。惟筆者認爲消費者之交易行爲既然涉及「供」方廠商與「需」方之消費大衆，消費者保護基本法可納入擬議中之公平交易法，完成母法之立法⓭。

消費者敎育爲消費者保護之「維護」工作，倘消費者缺乏應有之消費意識與自覺，消費者運動必無法成長。政府應積極推動消費者敎育，並輔導消費者運動。

---

⓭ 詳見郭崑謨著，「論公平交易法之制定」，經濟日報，民國69年12月25日，第14版，經濟立法與經濟發展專欄。

# 附錄 消費者保護法

中華民國八十三年一月十一日立法院制定全文六十四條
中 華 民 國 八 十 三 年 一 月 十 一 日 總 統 公 布

## 第一章 總 則

第 一 條 爲保護消費者權益，促進國民消費生活安全，提昇國民消費生活品質，特制定本法。有關消費者之保護，依本法之規定，本法未規定者，適用其他法律。

第 二 條 本法所用名詞定義如下:

一、消費者: 指以消費爲目的而爲交易、使用商品或接受服務者。

二、企業經營者: 指以設計、生產、製造、輸入、經銷商品或提供服務爲營業者。

三、消費關係: 指消費者與企業經營者間就商品或服務所發生之法律關係。

四、消費爭議: 指消費者與企業經營者間因商品或服務所生之爭議。

五、消費訴訟: 指因消費關係而向法院提起之訴訟。

六、消費者保護團體: 指以保護消費者爲目的而依法設立登記之法人。

七、定型化契約: 指企業經營者爲與不特定多數人訂立契約之用而單方預先擬定之契約條款。

八、郵購買賣: 指企業經營者以郵寄或其他遞送方式，而爲商品買賣之交易型態。

九、訪問買賣: 指企業經營者未經邀約而在消費者之住居所或其他場所從事銷售，而發生之買賣行爲。

十、分期付款：指買賣契約約定消費者支付頭期款，餘款分期支付，而企業經營者於收受頭期款時，交付標的物予消費者之交易型態。

第　三　條　政府爲達成本法目的，應實施下列措施，並應就與下列事項有關之法規及其執行情形，定期檢討、協調、改進之:

一、維護商品或服務之品質與安全衞生。

二、防止商品或服務損害消費者之生命、身體、健康、財產或其他權益。

三、確保商品或服務之標示，符合法令規定。

四、確保商品或服務之廣告，符合法令規定。

五、確保商品或服務之度量衡，符合法令規定。

六、促進商品或服務維持合理價格。

七、促進商品之合理包裝。

八、促進商品或服務之公平交易。

九、扶植、獎助消費者保護團體。

十、協調處理消費爭議。

十一、推行消費者教育。

十二、辦理消費者諮詢服務。

十三、其他依消費生活之發展所必要之消費者保護措施。

政府爲達成前項之目的，應制定相關法律。

第　四　條　企業經營者對於其提供之商品或服務，應重視消費者之健康與安全，並向消費者說明商品或服務之使用方法，維護交易之公平，提供消費者充分與正確之資訊，及實施其他必要之消費者保護措施。

第　五　條　政府、企業經營者及消費者均應致力充實消費資訊，提供消費者運用，俾能採取正確合理之消費行爲，以維護其安全與權益。

第　六　條　本法所稱之主管機關：中央爲目的事業主管機關；省（市）爲省（市）政府；縣（市）爲縣（市）政府。

## 第二章　消費者權益

### 第一節　健康與安全保障

第 七 條　從事設計、生產、製造商品或提供服務之企業經營者應確保其提供之商品或服務，無安全或衞生上之危險。

商品或服務具有危害消費者生命、身體、健康、財產之可能者，應於明顯處爲警告標示及緊急處理危險之方法。

企業經營者違反前二項規定，致生損害於消費者或第三人時，應負連帶賠償責任。但企業經營者能證明其無過失者，法院得減輕其賠償責任。

第 八 條　從事經銷之企業經營者，就商品或服務所生之損害，與設計、生產、製造商品或提供服務之企業經營者連帶負賠償責任。但其對於損害之防免已盡相當之注意，或縱加以相當之注意而仍不免發生損害者，不在此限。

前項之企業經營者，改裝、分裝商品或變更服務內容者，視爲前條之企業經營者。

第 九 條　輸入商品或服務之企業經營者，視爲該商品之設計、生產、製造者或服務之提供者，負本法第七條之製造者責任。

第 十 條　企業經營者於有事實足認其提供之商品或服務有危害消費者安全與健康之虞時，應卽回收該批商品或停止其服務。但企業經營者所爲必要之處理，足以除去其危害者，不在此限。商品或服務有危害消費者生命、身體、健康或財產之虞，而未於明顯處爲警告標示，並附載危險之緊急處理方法者，準用前項規定。

### 第二節　定型化契約

第十一條　企業經營者在定型化契約中所用之條款，應本平等互惠之原則。

定型化契約條款如有疑義時，應爲有利於消費者之解釋。

第十二條　定型化契約中之條款違反誠信原則，對消費者顯失公平者，無效。

定型化契約中之條款有下列情形之一者，推定其顯失公平:

一、違反平等互惠原則者。

二、條款與其所排除不予適用之任意規定之立法意旨顯相矛盾者。

三、契約之主要權利或義務，因受條款之限制，致契約之目的難以達成者。

第十三條　契約之一般條款未經記載於定型契約中者，企業經營者應向消費者明示其內容；明示其內容顯有困難者，應以顯著之方式，公告其內容，並經消費者同意受其拘束者，該條款即爲契約之內容。

前項情形，企業經營者經消費者請求，應給與契約一般條款之影本或將該影本附爲該契約之附件。

第十四條　契約之一般條款未經記載於定型化契約中而依正常情形顯非消費者所得預見者，該條款不構成契約之內容。

第十五條　定型化契約中之一般條款牴觸非一般條款之約定者，其牴觸部分無效。

第十六條　定型化契約中之一般條款，全部或一部無效或不構成契約內容之一部者，除去該部分，契約亦可成立者，該契約之其他部分，仍無有效。但對當事人之一方顯失公平者，該契約全部無效。

第十七條　中央主管機關得選擇特定行業，公告規定其定型化契約應記載或不得記載之事項。

違反前項公告之定型化契約之一般條款無效。該定型化契約之效力依前條規定定之。

企業經營使用定型化契約者，主管機關得隨時派員查核。

### 第三節　特種買賣

第十八條　企業經營者爲郵購買賣或訪問買賣時，應將其買賣之條件、出賣人之姓名、名稱、負責人、事務所或住居所告知買受之消費者。

第十九條　郵購或訪問買賣之消費者，對所收受之商品不願買受時，得於收受商品後七日內，退回商品或以書面通知企業經營者解除買賣契約，無須說明理由及負擔任何費用或價款。

郵購或訪問買賣違反前項規定所爲之約定無效。

契約經解除者，企業經營者與消費者間關於回復原狀之約定，對於消費者較民法第二百五十九條之規定不利者，無效。

第 二 十 條　未經消費者要約而對之郵寄或投遞之商品，消費者不負保管義務。

前項物品之寄送人，經消費者定相當期限通知取回而逾期未取回或無法通知者，視爲拋棄其寄投之商品。雖未經通知，但在寄送後逾一個月未經消費者表示承諾，而仍不取回其商品者，亦同。

消費者得請求償還因寄送物所受之損害，及處理寄送物所支出之必要費用。

第二十一條　企業經營者與消費者分期付款買賣契約應以書面爲之。

一、頭期款。

二、各期價款與其他附加費用合計之總價款與現金交易價格之差額。

三、利率。

企業經營者未依前項規定記載利率者，其利率按現金交易價格週年利率百分之五計算之。

企業經營者違反第二項第一款、第二款之規定者，消費者不負現金交易價格以外價款之給付義務。

第四節　消費資訊之規範

第二十二條　企業經營者應確保廣告內容之眞實，其對消費者所負之義務不得低於廣告之內容。

第二十三條　刊登或報導廣告之媒體經營者明知或可得而知廣告內容與事實不符者，就消費者因信賴該廣告所受之損害與企業經營者負連帶責任。

前項損害賠償責任，不得預先約定限制或拋棄。

第二十四條　企業經營者應依商品標示法等法令爲商品或服務之標示。

輸入之商品或服務，應附中文標示及說明書，其內容不得較原產地之標示及說明書簡略。

輸入之商品或服務在原產地附有警告標示者，準用前項之規定。

第二十五條　企業經營者對消費者保證商品或服務之品質時，應主動出具書面保證書。

前項保證書應載明下列事項：

一、商品或服務之名稱、種類、數量，其有製造號碼或批號者，其製造號碼或批號。

二、保證之內容。

三、保證期間及其起算方法。

四、製造商之名稱、地址。

五、由經銷商售出者，經銷商之名稱、地址。

六、交易日期。

第二十六條　企業經營者對於所提供之商品應按其性質及交易習慣，爲防震、防潮、防塵或其他保存商品所必要之包裝，以確保商品之品質與消費者之安全。但不得誇張其內容或爲過大之包裝。

**第三章　消費者保護團體**

第二十七條　消費者保護團體以社團法人或財團法人爲限。

消費者保護團體應以保護消費者權益、推行消費者教育爲宗旨。

第二十八條　消費者保護團體之任務如下：

一、商品或服務價格之調查、比較、研究、發表。

二、商品或服務品質之調查、檢驗、研究、發表。

三、商品標示及其內容之調查、比較、研究、發表。

四、消費資訊之諮詢、介紹與報導。

五、消費者保護刊物之編印發行。

六、消費者意見之調查、分析、歸納。

七、接受消費者申訴，調解消費爭議。

八、處理消費爭議，提起消費訴訟。

九、建議政府採取適當之消費者保護立法或行政措施。

十、建議企業經營者採取適當之消費者保護措施。

十一、其他有關消費者權益之保護事項。

第二十九條　消費者保護團體爲從事商品或服務檢驗，應設置與檢驗項目有關之檢驗設備或委託設有與檢驗項目有關之檢驗設備之機關、團體檢驗之。

執行檢驗人員應製作檢驗紀錄，記載取樣、使用之檢驗設備、檢驗方法、經過及結果，提出於該消費者保護團體。

第 三 十 條　政府對於消費者保護之立法或行政措施，應徵詢消費者保護團體、相關行業、學者專家之意見。

第三十一條　消費者保護團體爲商品或服務之調查、檢驗時，得請求政府予以必要之協助。

第三十二條　消費者保護團體辦理消費者保護工作成績優良者，主管機關得予以財務上之獎助。

**第四章　行政監督**

第三十三條　直轄市或縣（市）政府認爲企業經營者提供之商品或服務有損害消費者生命、身體、健康或財產之虞者，應卽進行調查。於調查完成後，得公開其經過及結果。

前項人員爲調查時，應出示有關證件，其調查得依下列方式進行:

一、向企業經營者或關係人查詢。

二、通知企業經營者或關係人到場陳述意見。

三、通知企業經營者提出資料證明該商品或服務對於消費者生命、身體、健康或財產無損害之虞。

四、派員前往企業經營者之事務所、營業所或其他有關場所進行調查。

五、必要時，得就地抽樣商品，加以檢驗。

第三十四條　直轄市或縣（市）政府於調查時，對於可爲證據之物，得聲請檢察官扣押之。

前項扣押，準用刑事訴訟法關於扣押之規定。

第三十五條　主管機關辦理檢驗，得委託設有與檢驗項目有關之檢驗設備之消費者保護團體、職業團體或其他有關公私機構或團體辦理之。

第三十六條　直轄市或縣（市）政府對於企業經營者提供之商品或服務，經第三十三條之調查，認為確有損害消費者生命、身體、健康或財產，或確有損害之虞者，應命其限期改善、回收或銷燬，必要時並得命企業經營者立即停止該商品之設計、生產、製造、加工、輸入、經銷或服務之提供，或採取其他必要措施。

第三十七條　直轄市或縣（市）政府於企業經營者提供之商品或服務，對消費者已發生重大損害或有發生重大損害之虞，而情況危急時，除為前條之處置外，應即在大衆傳播媒體公告企業經營者之名稱、地址、商品、服務、或為其他必要之處置。

第三十八條　中央或省之主管機關認為必要時，亦得為前五條之措施。

第三十九條　消費者保護委員會、省（市)、縣（市）政府各應置消費者保護官若干名。

消費者保護官之任用及職掌由行政院訂定之。

第四十條　行政院為研擬及審議消費者保護基本政策與監督其實施，設消費者保護委員會。

消費者保護委員會以行政院副院長為主任委員，有關部會首長、全國性消費者保護團體代表、全國性企業經營者代表及學者、專家為委員。其組織規程由行政院定之。

第四十一條　消費者保護委員會之職掌如下:

一、消費者保護基本政策及措施之研擬及審議。

二、消費者保護計畫之研擬、修訂及執行成果檢討。

三、消費者保護方案之審議及其執行之推動、連繫與考核。

四、國內外消費者保護趨勢及其與經濟社會建設有關問題之研究。

五、各部會局署關於消費者保護政策及措施之協調事項。

六、監督消費者保護主管機關及指揮消費者保護官行使職權。

消費者保護委員會應將消費者保護之執行結果及有關資料定期公告。

第四十二條 省（市）及縣（市）政府應設消費者服務中心，辦理消費者之諮詢服務、教育宣導、申訴等事項。

直轄市、縣（市）政府消費者服務中心得於轄區內設分中心。

**第五章 消費爭議之處理**

第一節 申訴與調解

第四十三條 消費者與企業經營者因商品或服務發生消費爭議時，消費者得向企業經營者、消費者保護團體或消費者服務中心或其分中心申訴。

企業經營者對於消費者之申訴，應於申訴之日起十五日內妥適處理之。

消費者依第一項申訴，未獲妥適處理時，得向直轄市、縣（市）政府消費者保護官申訴。

第四十四條 消費者依前條申訴未能獲得妥適處理時，得向直轄市或縣（市）消費爭議調解委員會申請調解。

第四十五條 直轄市、縣（市）政府應設消費爭議調解委員會，置委員七至十五名。

前項委員以直轄市、縣（市）政府代表、消費者保護官、消費者保護團體代表、企業經營者所屬或相關職業團體代表充任之，以消費者保護官為主席，其組織另定之。

第四十六條 調解成立者應作成調解書。

前項調解書之作成及效力，準用鄉鎮市調解條例第二十二條至第二十六條之規定。

第二節 消費訴訟

第四十七條 消費訴訟，得由消費關係發生地之法院管轄。

第四十八條 高等法院以下各級法院及其分院得設立消費專庭或指定專人審理消

費訴訟事件。

法院爲企業經營者敗訴之判決時，得依職權宣告爲減免擔保之假執行。

第四十九條　消費者保護團體許可設立三年以上，經申請消費者保護委員會評定優良，置有消費者保護專門人員，且合於下列要件之一，並經消費者保護官同意者，得以自己之名義，提起第五十條消費者損害賠償訴訟或第五十三條不作爲訴訟:

一、社員人數五百人以上之社團法人。

二、登記財產總額新臺幣一千萬元以上之財團法人。

消費者保護團體依前項規定提起訴訟者，應委任律師代理訴訟。受委任之律師，就該訴訟，不得請求報酬，但得請求償還必要之費用。

消費者保護團體關於其提起之第一項訴訟，有不法行爲者，許可設立之主管機關得撤銷其許可。

消費者保護團體評定辦法，由消費者保護委員會另定之。

第五十條　消費者保護團體對於同一之原因事件，致使眾多消費者受害時，得受讓二十人以上消費者損害賠償請求權後，以自己之名義，提起訴訟。消費者得於言詞辯論終結前，終止讓與損害賠償請求權，並通知法院。

前項讓與之損害賠償請求權，包括民法第一百九十四條、第一百九十五條第一項非財產上之損害。

前項關於消費者損害賠償請求權之時效利益，應依讓與之各消費者單獨個別計算。

消費者保護團體受讓第二項請求權後，應將訴訟結果所得之賠償，扣除訴訟必要費用後，交付該讓與請求權之消費者。

消費者保護團體就第一項訴訟，不得向消費者請求報酬。

第五十一條　依本法所提之訴訟，因企業經營者之故意所致之損害，消費者得請求損害額三倍以下懲罰性賠償金；但因過失所致之損害，得請求損害額一倍以下之懲罰性賠償金。

第五十二條　消費者保護團體以自己之名義提起第五十條訴訟，其標的價額超過新臺幣六十萬元者，超過部分免繳裁判費。

第五十三條　消費者保護官或消費者保護團體，就企業經營者重大違反本法有關保護消費者規定之行爲，得向法院訴請停止或禁止之。

前項訴訟免繳裁判費。

第五十四條　因同一消費關係而被害之多數人，依民事訴訟法第四十一條之規定，選定一人或數人起訴請求損害賠償者，法院得徵求原被選定人之同意後公告曉示，其他之被害人得於一定之期間內以書狀表明被害之事實、證據及應受判決事項之聲明，併案請求賠償。其請求之人，視爲已依民事訴訟法第四十一條爲選定。

前項併案請求之書狀，應以繕本送達於兩造。

第一項之期間，至少應有十日，公告應黏貼於法院牌示處，並登載新聞紙，其費用由國庫墊付。

第五十五條　民事訴訟法第四十八條、第四十九條之規定，於依前條爲訴訟行爲者，準用之。

## 第六章　罰　則

第五十六條　違反第二十四條、第二十五條或第二十六條規定之一者，經主管機關通知改正而逾期不改正者，處新臺幣二萬元以上二十萬元以下罰鍰。

第五十七條　企業經營者拒絕、規避或阻撓主管機關依第三十三條或第三十八條規定所爲之調查者，處新臺幣三萬元以上三十萬元以下罰鍰。

第五十八條　企業經營者違反主管機關依第十條、第三十六條或第三十八條所爲之命令者，處新臺幣六萬元以上一百五十萬元以下罰鍰，並得連續處罰。

第五十九條　企業經營者有第三十七條規定之情形者，主管機關除依該條件及第三十六條之規定處置外，並得對其處新臺幣十五萬元以上一百五十萬元以下罰鍰。

第六十條　企業經營者違反本法規定情節重大，報經中央主管機關或消費者保護委員會核准者，得命停止營業或勒令歇業。

第六十一條　依本法應予處罰者，其他法律有較重處罰之規定時，從其規定；涉及刑事責任者，並應即移送偵查。

第六十二條　本法所定之罰鍰，由直轄市或縣（市）主管機關處罰，經限期繳納後，逾期仍未繳納者，移送法院強制執行。

**第七章　附　　則**

第六十三條　本法施行細則，由行政院定之。

第六十四條　本法自公布日施行。

# 第二十三章 企業組織與管理之新發展

管理知識從早期我國的「治國、平天下」之政治管理，天主教的組織發展及發諸英、法等國學者的政治管理理論，及至十九世紀美國之「科學管理」運動，已漸脫離政治的範疇，落實到工商企業的經營上。但，自二次大戰以後，企業管理又產生了新的變革，因爲泰勒時代的管理理論均着重於提高員工的勞動生產力，增加產量，如此便可在供不應求的「賣方市場」獲取利潤。及至1945年後，由於經濟更加繁榮、人民生活水準大大提高，需求種類便層出不窮，技術發展亦是日新月異、競爭激烈，所以「賣方市場」已轉爲「買方市場」，因此生產者追求利潤之方法，已不再局限於提高勞動生產力，而是必須積極的提高「利潤生產力」，爲了達到這個目的，新的管理技術便陸續衍生發展。

近期的管理知識發展，呈現百家齊鳴的現象，如「科學管理」學說衍生出「工業管理」、「工廠管理」、「生產或製造管理」等；「品質管制」發展爲「品管圈」、「統計品管」等；「物料管理」演變爲「電腦化的物料管理」等，決策過程已走上系統化管理。這些早已超過泰勒所提倡的範疇。此外，由於以數量方法爲主導的管理科學及電腦化管理情報系統的引入，已使得企業管理的發展益呈多樣性變化。未來的管理將加強邁向「系統化」、「數量化」、「資訊化」領域。

## 第一節　系統化之管理

隨着時代的變遷及科技的進步，許多新的管理理論逐漸形成。系統分析方法卽爲新近發展出來的一個重要的理論概念，也是目前逐漸爲企業機構所廣爲運用的一種管理理論。

所謂系統觀念，是把任何事情都視爲由許多元件所組成，並且重視各個元件的特性，及其間之相互關係。一個具有系統觀念的管理人員所重視的是整個系統的最後產出是否符合組織目標之要求。因此，他必須注重事物的整體，而非各別元件。圖 23-1 卽是以系統觀念來

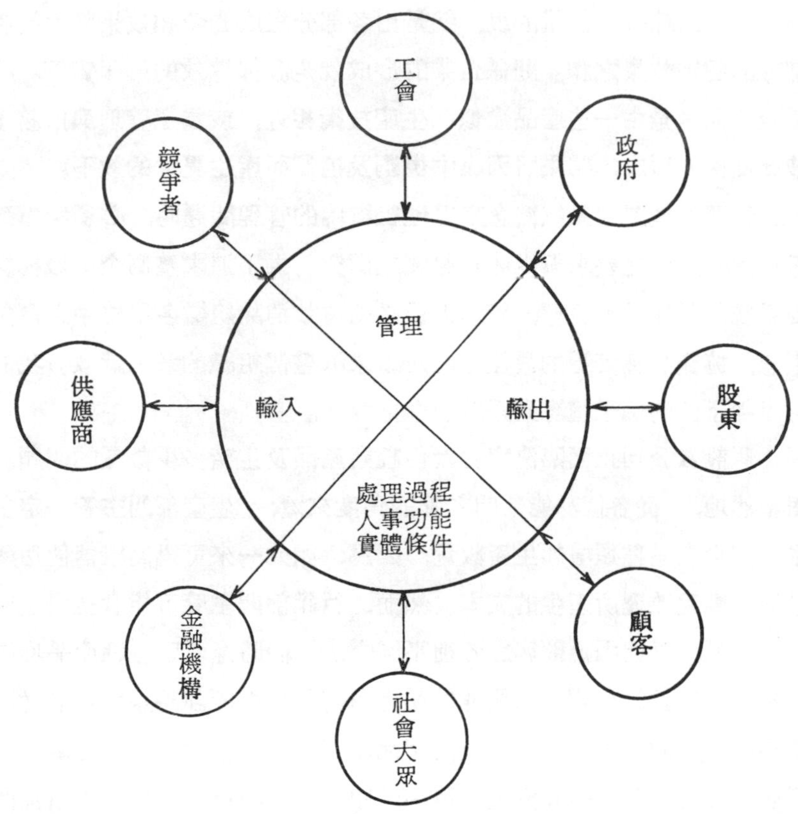


**圖 23-1**　組織整體系統之組成

資料來源：E. B. Flippo and G. *Management*, 3rd ed., (Boston: Allyn & Bacon, Inc., 1975), p. 31.

看整個企業機構的管理。此一系統圖比較着重企業機構與外界環境之相互影響，管理人員採取任何管理措施時均應審愼考慮企業機構與其整體系統中各部份子系統（如：政府、股東、顧客……等）。相互作用之關係。一位管理人員在規劃或執行管理工作時，若能注意組織整體系統之觀念，必然可以從多方面來思考問題，從而擴大其個人之視野，以提高管理決策之品質。

利用系統觀念的一個重要的優點是可以體認綜效（Synergy）的好處。所謂綜效，簡單的說，就是由各部分組成的總和效果將大於各部分的個別效果之和。關係企業的形成就是發揮綜效的一個實例。關係企業通常是由一些產品類似、生產技術相近，或為了管理與財務上彼此支援而形成，結果將因集中規劃及控制而產生更大的效率。

管理人員運用系統觀念來處理組織內的管理問題時，必須考慮到系統內各元件之要求與組織目標間之衝突。爲了追求整個企業機構組織系統的最佳效率目標，管理人員必須有效消除組織各單位中之偏狹觀念，協調各種資源的最佳分配，以求取整個組織的最大績效。我們可以從下面的例子體認到系統觀念之意義。

假設A公司正面臨決定生產何種新產品及生產多少數量的問題。很顯然地，從各個功能部門主管的角度來看：生產部門主管一定主張，減少產品種類增加生產數量，因爲，如此一來可提高機器使用率並減少製程改變所產生的成本。然而，行銷部門主管可能會主張生產多種產品，以便因應顧客之各種不同需求，同時還希望各種產品均能保持一定數量的存貨，以便應付顧客隨時訂貨而能即時送達。若從財務部門主管的立場來說，太多的產品庫存將使資金融通發生困難，爲了便利資金週轉，提高資金使用率，庫存量則應愈低愈好。人事部門主管則認爲，不論是少樣多量或多樣少量的產品組合，其每月生產能量應維持一定的水率，以免旺季人手不足，淡季又嫌人手太多而造成增聘或解雇工人的困擾。對於此等組織各單位間之相互衝突的決策問題，要想有效獲致理想的解決方案，則需依賴決策人員採取系統方法來分析者整合，方能圓滿達成。

系統觀念的基本現象是系統內各部分元件之相互作用與相互依存關係。系統中各元件之結合，關係相當複雜，某一元件之變動，將帶動其他元件變化而造成深遠的影響。事實上，在我們的社會中，許多事物都有此等相互作用與相互依存的關係。運用系統化的方法可便於對各種問題進行有效的分析研究，而擬具妥善解決方案。

因此，所謂系統方法，乃是一種思維方法、一種觀點、一種觀念性的結構，以及一種付諸實行的方法。透過系統化方法，可以讓管理人員注意各事物間之相互作用與相互依存之關係，來思考公司的管理決策問題。 此一系統化方法， 能基於使用者的需要及環境因素之考慮，對管理工作做進一步的詳細規劃。

## 第二節　數量方法與管理科學

管理理論的最近發展令人稱羨的是數量方法的重視。因爲許多學者與經營者發現，面對愈來愈錯綜複雜的企業經營環境，單靠經驗與直覺的判斷，已不足以擔當決策的過程，有時亦應輔以經過系統化分析、研究後所得的數量資料，才得以應付日益另人眩目的決策。因此，以數量方法爲中心的管理科學便更加受到重視。

數量方法之應用於管理決策的開始要算政治經濟學與會計學。往後經過一再演變，才發展出科學管理、統計學與作業研究等。

傳統的政治經濟學主要着眼於政治上有關社會資源之運用與社會問題之解決，如租稅、公共支出、景氣循環、國際貿易平衡、貨幣政策與財政政策的運用。其基礎建立於較抽象的觀念上。但是，往後的學者發覺政治經濟學的原理一樣可運用於企業上，都是在講求如何有效運用資源，以達成目的，所以發展成爲管理經濟學，以爲投資決策上的參考。其主要內容有如：成本結構、損益平衡、訂價政策、需求預測、投資報酬、資本支出等。

至於會計學之運用早在文藝復興時代已爲企業所運用。不過其時僅被用於紀錄企業活動之狀況，以當作股東、稅捐機關及最高管理階層者之用，對於基層作業之管理毫無助益。此時之會計吾人稱之爲「財務會計」，以後爲了實務上的需要，便又發展出能有效控制成本的「成本會計」，以及能把會計資料依多種不同目的別而分類，並可當作各階層管理上參考之工具的「管理會計」。爲了區別各種會計之功能，我們可視財務會計爲表達企業整體經營活動與財務狀況之工具，把成本會計視爲企業內部各作業單位成本控制之工具，而把管理會計視爲可協助各責任中心完成預定目標的自我控制工具。

數量方法運用之最著名的例子就是管理科學的發展。早期雖然數字資料早已被廣泛採用，但近年來用於管理決策之數字資料已越來越具備數學運用的傾向。這種以數學來處理決策問題的技術，我們稱之爲「作業研究」，其運用有如「綫型規劃」、「抽樣理論」、「機率理論」、「模擬理論」、「決策理論」等。雖然說在管理實務上，在過去及未來的大部分決策基礎還是基於非計量的事實，但是我們不可忽視數量方法對於決策之品質在思考過程中所做的貢獻。

作業研究，基本上它在輔佐企業決策之過程應具有下列特徵❶：

(一)從一貫體系之觀點上去尋查各部門之相關性。

---

❶ 此衆多而各略差異之作業研究定義以及絲、克兩氏之重要定義乃參閱絲、克兩氏共著之「藉作業研究下決策一書」而得，見
Thierauf, Robert, J. and Klekamp, Robert C., *Decision Marking Through Operations Research*, lst, Ed. (New York : John Wiley & Sons, Inc., 1975), pp. 5-16.

㈡利用由不同學識背景之人員合力研究。

㈢採取科學方法。

㈣探索新問題以資研析。

此四項特徵實際淵源於第二次世界大戰期間英美兩國集其數學家、經濟學家、工程師、自然科學家精英於一堂，研析如何協調盟軍反空擊力量、減低敵方潛水艦攻擊之損失，以及其他戰略之計劃所發揮出之卓著成效之作業實例❷。毫無疑問的，利用科學方法，集多數人之腦力與體力以求取問題之妥善解決，並非肇端於第二次世界大戰，早在第一次世界大戰期間，甚或更早於此便有此種作業。唯溯自第二次世界大戰後，工商企業界始逐漸開始對日益複雜化之企業問題，借助於第二次世界大戰軍事上作業研究成功之方法求得解決，因而頓形普遍爾。

筆者認爲作業研究之要旨乃在藉各不同但相互關連之綜合科技學識，依整個體系之觀點，循解決問題應具之科學方法以探求解決問題之最佳方案之過程。該過程之本身與其結果可佐決策之用。是故作業研究之特徵應爲:❸

1. 着重相關科技學識之綜合應用，如數學、統計、經濟、會計等等學識之綜合運用。
2. 解決問題應從與問題有關之整個體系上觀看，以求一貫而徹底之解決。如醫治頭痛，應從整個人體之功能上去探求原因，醫治病源。
3. 其爲科學方法，首重客觀而可準確測量之資料與不斷之探討問

---

❷ 參閱 Torgersen, Paul E. and Weinstock, Irwin T., *Management: An Integrated Approach* (Englewood Cliffs, N. J: Prentice-Hall, 1972), p. 166.

❸ 郭崑謨著，企業管理—總系統導向，(臺北市，民國 73 年印行) 第 465 頁。

題及新問題。故作業研究理應爲「計量」研析之法，不應包括「計質」研析法，雖然如此行爲上之質若能「量」化，亦屬作業研究之範圍內。

上述之作業研究涵義與絲、克兩氏所強調之異同處爲絲、克兩氏在綜合學識之應用上，強調研究人員之組織，而筆者則偏重綜合學識本身之組織上，蓋在許多情況下，一人可能兼有數門不同科技學識，而足以解決問題或探究問題之存在與否。此種情況若問題比較單純時，其存在可能性尤大。

廣義的「管理科學」除了上述運用計量方法從事研析問題之作業研究外，亦兼用計質的研析方法。因此管理科學之涵義實較作業研究廣泛，且通常運用於高階管理決策上，諸如營運目標、營運政策及策略等決策上，而作業研究則偏重於中階管理上，用於作業決策之運用❹。

## 第三節　管理資訊系統（MIS）與電腦

管理資訊系統（Management Information System, MIS)係從管理者的觀點來看資料的蒐集、處理與應用，乃指提供各項資訊以滿足企業管理者控制、評估、計劃與決策需要的體系。此等管理資訊系統是管理科學與電子計算機科學交會發展出來的整體系統，不只是一門學問或方法，也是一種爲達成有效的管理與企業規劃的目的，所設計來收集、儲存、回饋、溝通及使用數據，而由人員及電腦所構成

❹ 此種管理科學與作業研究之涵義上究定，意味着不同決策階層之權責與決策過程之相異。讀者如欲作較明析詳盡之研究，可參閱：
Petitm Thomas A., *Fundamental of Management Coordination Supervisers, Middle Managers & Executives*, (New York ; John Wiley & Son., Inc, 1975) , Chapter 6, pp, 109-128.

的一個系統。

MIS 是以提供管理者所需決策情報爲目的，隨着經營層次的不同，所需情報的質與量就有很大的差異。爲了滿足不同階層管理者的需要，MIS 需要輸入衆多來源及性質迥異的資料，而後加以有系統的分析、整理，由於處理的過程十分複雜，因此必須利用現代化的電腦才能有效的完成這個工作。

通常，管理資訊系統具有以下諸點特性❺:

㈠MIS 是用有系統的方法，對資料之收集、分析、消費及儲存，作有系統之處理。它所提供的資訊，必須能滿足各階層主管的要求，以促使採取行動或激發新的意念。這些資訊都源於同一資料庫（Data Base），主要的差別，僅在彙總的層次及項目之不同而已。

㈡MIS 對各級主管人員所需的資料，必須在最短的時間內產生，主管人員可因此而隨時掌握住各階層經營管理的實況，並進而採取各種合宜的因應措施。它利用電子計算機處理資料，運算規劃，提供可靠性資訊，以達到「及時」、「確實」有效之目的。

㈢MIS 必須能提供政策性的資訊，以協助主管選出達成企業最有利，最合理之方案，以別於一般的業務處理。

㈣MIS 不宜完全依賴人工或機器完成，因整體化或方法策略方面之運用需要靠人，而時效或處理運算方面則機器較有效，所以設計優良之 MIS，是人工與機器在考量成本效益的原則下之適當配合運用。

㈤MIS 不只是一門學問（Knowledge）或技術（Technology），而是運用管理科學和計算機科學所發展出來的有效工具，該工具

❺ 參閱郭崑謨、林泉源合著，管理資訊系統（臺北市：三民書局，民國 71 年印行）一書。及❸第 505 頁。

有軟體（Soft ware）運用系統與硬體（Hard ware）操作系統結合建立起來的一套整體系統，這系統是一套結合學問、技術、方法、資訊之整體系統。

由於 MIS 係針對其主要目標，提供所需求之資訊，其功用也就因人，因事，因其工作性質而不同。設計完整健全之 MIS 體系，可及時提供所有需要參考之任何資訊，用以處理面臨所要解決的問題。偵察員可及時獲得破案的資情，指揮官可及時獲得攻擊敵人的情報，總經理可隨時獲得是否應接受訂單之資訊，而管理員可適時獲得資源異動之資料。此外像學校機關、戶政機關、財稅機關……等，所有需要資訊的獲得，已可以做到只需按幾個鍵鈕，MIS 便可及時提供，尤其在商場或戰務上分秒必爭的情況下，及時決定之對策和延遲擬訂之方案。不論在價値上或效益上，均已不成比率，事務之規模愈龐大，問題愈複雜，MIS 所發揮的效果也就愈顯著。

就如前所言，由於現代企業所需資訊要求大量處理、迅速、確實等特性，而現代的電腦又同時可達到這些要求，所以電腦便成爲整個 MIS 的中心，作爲現代企業的一份子，便不得不對電腦之發展與功能有所認識。

一九五〇年代當電子計算機（電腦）出現在市面上時，企業界人士，首次感受到資訊時代的衝擊。ENIAC 是第一部電腦，其計算速度以百萬分之一秒計，稱爲「微秒」(Microseconds)❻。由於能夠在極短的時間內解決問題，企業界已不再需要靠幸運與直覺的判斷來經營。企業基本決策上所需的資訊，目前電腦都能夠以不可思議的速度來處理。

---

❻ Donna Hussain and K.M. Hussain, *Information Processing Systems for Management* (Homewood, Ill. Richard D. Irwin, Inc., 1981), p. 5.

就電腦來說，一個基本的運作可望於微毫秒（十億分之一秒）的時間內完成。在一杯咖啡倒到地板上的半秒鐘時間內，一個普通的大型電腦就能（資訊以磁化的方式進行）將兩千張支票存入三百個不同的銀行帳戶中；檢視一百個病人的心電圖，並提供醫師可能有問題之有關資料；計算三千名應試者十五萬個答案之分數，並評估問題的有效率；算出擁有一千名員工公司的員工薪資，及其他相當繁瑣之事務。

目前每個人都已瞭解，上一世紀運輸技術的發展，使美國人的生活方式整個完全改變，人們活動的方式不再侷限於走動，而以噴射機代步，在速度上從每小時四哩到每小時四百哩，增加了一百倍之鉅，而電腦化資料處理的速度更加快了一百萬倍，資訊的普遍獲得接受，最後必然改變整個社會結構，就如噴射機及內燃機引擎的發明，對社會所造成的影響一般。

電腦的潛力非常巨大，未來的電腦能自我思考，自我教育，做些目前所無法做到的工作，如在 2001 太空之旅（A Space Odyssey）電腦中之電腦霍爾（HAL）如同諾貝爾獎得主赫伯特賽門（Herbert Simon）所預期，未來工廠，經由自動化辦公室（Automated Offices）產生基本決策程序的程式，能自動的運作；購物交易可望於家裏的螢光幕上完成而不需到購物中心選購；廣告和新聞雜誌，將出現在電腦終端機上而非印於紙上，整個社會將因資金移轉電子化而使現金、支票更少；電算與電傳工業的整合，將使電腦成為企業界普遍且必須的工具，就如電話在企業中所佔的地位一樣。然而電腦發展在組織上、政治上、法規上的限制，將比經濟上、技術上更難預測其未來的展望何時成為事實。

從新的電腦技術發明一直到應用到商業上，總是需要五至二十年孕育時間，根據以往專業性研究及目前研究發展之趨勢，將於本世紀裏上市的電腦系統之績效，我們總有些確切的預測，由此我們可斷言：

㈠電腦將更易爲人所接近，其容量更大，許多廠商提供的電腦週邊設備與電腦彼此間的連結將更爲融洽。

㈡電腦將更易爲人所使用，例如電腦將能以會話的方式與使用者交談，以幫助決定他們的需求，使那些非技術人員更易與整個系統溝通。聲音辨識設備、光學辨識設備、電腦縮影膠片技術等，將使得使用電腦更快、更便宜。

㈢程式語言，資料庫控制系統之發展，更易於人機界面（Human Machine Interface)。

㈣複印設備將擁有自己的記憶體和智慧，且與電腦系統整合起來，不論是在近距離或是在遠距離均能有效處理資訊。

㈤電腦化處理與複印技術，將與電子化處理結合，即使是遠距離的處理，都能在最經濟的原則下完成，部門與部門之間亦能及時的配合與資料轉換。

㈥在許多事件中，組織與組織間的溝通，將以電磁化之方式進行，來取代並超越郵遞方式。

㈦電視會議將普及於管理之各個階層，以減少因商務考察所花費的時間與金錢。

㈧資料的傳送，將透過人造衞星的方式完成，地面上之傳輸，將採玻璃纖維所製之光纖電纜來進行。直徑二百分之一時的光纖電纜，所傳送的資料量爲目前電話電纜所用銅線的十億倍。

㈨機器人（Robots）未來將取代製造工人。電腦的應用將著重於數據控制、處理過程控制、電腦輔助設備的設計等領域，以期增加效率與生產力。

㈩特殊功能的電腦系統，其精確度、可信賴度將更爲提高，且便宜得成爲家計上或工業上產品的部份零件。

要想在未來這些趨勢中獲取益處，對未來的經理人員而言，電腦技術上和資訊系統上的知識是必須的。

儘管目前的管理知識面對如此變化莫測的環境仍有不少的缺點。但是，事實上管理的知識仍然在發展之中，尤其是受到自然科學進步的影響，管理工具與技術不斷在進步，對於未來的管理有莫大的助益。管理知識的迅速成長並非來自於單一因素，影響它的包括了技術、經濟、社會以及管理諸多影響，這種影響在歷經了兩次大戰、戰後的漫長冷戰及太空時代，使得管理的變化更形加速。

綜觀未來的管理，它必須具備下列幾個特性：

(一)管理要面對現實環境：儘管管理知識受科學的庇蔭而有所發展，但是管理知識若未能加以妥善運用，落實在現實的環境中，那將是空幻的理想。因為管理也是一種藝術。它需要被應用去解決現實的問題、去發展人們行動的系統或環境。

(二)管理應具備彈性以因應變化：未來的管理應該具有足夠的彈性，以因應迅速的環境變遷以及人在態度與動機上的多變化。企業的經營管理人員對變遷僅只認識還不夠，他還須能對未來的變化有預知的能力，才能創造出彈性的企業內部環境。但是常常有些企業受制於已訂政策的束縛，或那些未經計劃性情況訂出來的規則所限，失去了彈性，而沒有將它當作思維或決策時的一種參考，這種現象將使企業早日遭到夭折的命運。

(三)未來的管理應適應新管理技術的變革：常常一項經過理論驗證可行的管理技術，很難迅速的被應用到管理的實務上，其中一個原因是經營管理者未能徹底的瞭解新技術的內容，以致無法信賴而應用。另一個原因則來自於管理學者為提高其專家身價，常故弄玄虛，在其發表的管理技術上過分強調數學模式，使得企業經理人員望而生怯，減低了新技術開發的價值。固然新管理知識與技術應再加以開發，但積極的引導這些知識於實務上，乃刻不容緩的事。

㈣未來的管理應能確實掌握資訊：在未來的世界，資訊來源的掌握會越來越重要，這意味着這些情報最好是預測性的，對管理工作有直接的效用，可與目標相對的衡量並可加以分析以爲糾正行動的指標。

㈤未來的管理應隨時吸收新的發現：明日的管理將與科學上或行爲上的新發現之關係愈來愈密切，因爲它們所發展出來的技術與方法，對管理有相當大的助益，例如模擬法、系統分析法、符號應用、模式理論等數學上的分析工具，都直接間接幫助了新管理方法的誕生。

㈥未來的管理愈加重視管理品質的保證：在過去數十年的管理發展過程當中，雖然管理的控制已有不少的進步，但無可遺言的它仍然是管理功能中最弱的一環。有許多企業的管理考核常僅依據個人主觀意識來決定，或者根本不知其所應評核的重點何在，或者太注重表格、紀錄與符號，而忽略了實際成果的考核。爲了確保管理的品質，管理者應確實以成果作爲評核的方法，這才是未來管理的眞諦。

# 第二十四章 建立中國式管理模式之努力方向

管理之受西方重視雖爲1910年代以後之事❶，管理思想與作業，早已啓源於我國❷。惟過去國人未能積極重視並加強系統化研究發展之觀念與作法，我國之管理思想遲遲無法發揮其領導作用。一如我國之農、醫、印刷、指南針、火藥等等『科技』，雖早已在傳記中之神農、伏羲、有巢、黃帝以及夏朝以還各朝代，就已有相當基礎，但由於缺乏積極再研究再發展之精神，至今仍然未能領先世界各國，堪值檢討。

邇來各界人士，鑑於管理科技對提升我國經建地位之重要性，頗多論及管理紮根與中國式管理，其有關論據散見各處，各有其獨特見地，有者從用人觀點論衡，有者從制度觀點着眼，有者從運作功能考據，不一而是。本章擬就我國先賢管理哲理之啓示、歐西管理之幾個特徵與缺失，我國管理問題以及「管理外管理」等數層面，探討建立中國式管理模式之方向，旨在拋磚引玉，期能對建立適合我國之管理模式有所助益，並作爲本書之結語。

---

❶ 據西古拉 (Andrew F. Sikula)，西方管理思想若依論據發表之先後，古典科學管理當首推1911年 Harper & Row 印行之泰勒 (F.W. Taylor)著 *Shop Management* 及其在美國國會作證(Testimony)之合訂本 *Scientific Management* 最早。見 Andrew F. Sikula, *Management and Administration*. (Columbus, Ohio: Charles E. Merrill Publishing Co., 1973) pp. 11-12.

❷ 郭崑謨著，現代企業管理學，第三版(臺北，民國七十一年印行)第 187-188 頁。

## 第一節 幾項我國先賢管理思想之啓示

我國先賢之思想見諸於古書典章。中國古書典章不乏管理哲理。謹就較膾炙人口之數項管理理念依其對管理涵義、組織生態、環境之研析、規劃與組織、執行與管制之涵義與啓示，分別簡述於后。

### 一、管理之涵義

我國儒家思想早已揭櫫管理之過程實應涵蓋：❸

1.「格物、致知、誠意、正心」之自我「修身」管理，

2.「齊家」之家庭管理，

3.「立業」之企業管理，

4.「治國」之公共行政管理，以及

5.「平天下」之國際關係管理。

可見我國之管理過程不但比西方管理過程起點早，涵蓋範圍亦較廣大。儒家思想行爲重「仁義」、「忠恕」與「愛」，管理行爲自然反對覇道，而力主「王道」。此種行爲思想與法家及兵家之策略思想並不相悖。更與易學、道家、墨家、及宋明理學等思想相輔爲用。蓋法家與兵家之策略（或戰略）之運用，易學之推展，墨家思想「利他行爲」之發揚等等，其目的乃在達成「修齊治平」之理想故也。

國父明示政治爲「管理衆人之事」，並昭示「人生以服務爲目的」，正說明管理，並非如西方之「運用（領導）他人完成組織目標」，而爲治理「事物」，「服務人群」。綜合我國先賢之哲理，管理之涵義應爲：

1.運用組織資源，有效治理事物，達成組織之目標。

---

❸ 參閱曾士強著，「對於建構中國式經營管理之幾點建議」，經濟部專業人員研究中心講義，72-M-12-1，第 1～3 與 1～4 頁。

2.運用組織資源者必爲人，但沒有「他人」可運用時仍然有管理行爲。因此合乎我國道統與國情之管理行爲，其適用範圍遠較西方式之管理爲廣，人人都應具備管理知識。

3.我國之領導型態應重視「管理外管理」，始能收到宏效。

## 二、組織生態環境之研析

易經中對陰陽之消長，道出宇宙變化規律，裨益對組織環境生態之認識。所謂宇宙現象乃係現代管理所論及之組織「外生」環境。認識環境爲規劃、執行與管制之先決條件。易經被公認爲西元前4700年伏羲所創，爲六經之首❹。古代伏羲氏，就觀察天地萬物之「變」，創八卦以解宇宙之奧秘。易經之「循環推數」學理，對組織環境生態之預測將必大有助益。

孫子兵法中之「知彼知己，百戰不殆。不知彼，不知己，每戰必殆」，亦顯示我國早有組織「外生」環境生態觀念。組織主管要知悉組織生態環境，始能確切訂定組織目標。

## 三、規劃與組織

管子曾言：「一年之計在樹穀，十年之計在樹木，終身之計在樹人。」此一思想顯示，我國先賢早有短期、中期以及長期規劃理念與方針。孟子之井田制，「方里而井，井九百畝；其中爲公田，八家皆私百畝，同養公田，公事畢，然後敢治私事。」就管理觀點論之，係系統規劃之雛型。系統規劃觀念更可從孫子兵法之計篇窺視而得。計篇曰：❺

『兵者，國之大事，死生之地，存亡之道，不可不察也。故經之以五校之計，而索其情。一曰道、二曰天、三曰地、四曰將、五曰法。』

---

❹ 陳式銳著，林亦堂譯，中國的過去與未來（臺北：中國孔學會民國七十一年印行），第三頁。

❺ 孫子兵法，計篇。

孫子兵法，計篇，與儒家之「修齊治平」觀念蔚爲一相當深奥之系統管理理念。國父之「建國方略」，「建國大綱」，「實業計劃」等當可視爲總體系統規劃之範例。

論及策略規劃，雖然歐西管理學者近幾年來開始重視，我國遠在六、七十年前就早巳具策略規劃之思想與精神。國父遺敎所昭示者，正是管理上策略規劃之基本精神，諸如：❻

1. 國家『環境』之分析與了解：滿清政府腐敗，國力衰退，衆多國家對我國施不平等待遇等等。
2. 革命『目標』：求中國之自由與平等。
3. 國家『環境生態』之分析與評估：國際上仍有諸多以平等待我之民族。
4. 評估我國之國力（資源）：國力尙弱，『革命尙未成功』。
5. 選擇達成目標之方法：1)喚起民衆，依建國方略與建國大綱努力經建（自強、自助）；2）聯合世界上以平等待我民族共同奮鬥（連横、他助）。

## 四、執行與管制（控制）

除上述孫子兵法計篇，五校之「計」中之「將」與「法」爲執行與管制之哲理外，孔孟儒學之「選賢與能」，周禮之「司門掌授管鍵以啓國門」、說文中之「治國治民爲理」❼，均含有「權、責」關係之學理。

我國一向重視倫理與人群關係，如三綱之君臣、父子、夫婦，五倫之君臣有義、父子有親、夫婦有愛、長幼有序、朋友有信等等反映

---

❻ 蔣緯國將軍講述國父遺敎之管理上戰略（策略）規劃涵義，民國七十一年十月七日於聯勤總部。

❼ 吳智著「論管理科學的意義」，商業職業教育，第七期（民國七十年），第6、7及63頁。

以人爲中心之重人性與人際之管理，諸如重觀人與用人之道、自我磨鍊、功成身退之道等等❽，不乏其例。又如孫子兵法中之「上下同欲者勝」，便隱含「目標管理」之哲理。孔子學說中亦多處提述人之精神與時間均有限制。子夏秉承孔子之哲理所提及之「百工居肆，各成其事」，反映出組織內分工合作以達成組織任務之作法❾。

先總統　蔣公曾評述：❿

「無極而太極之說，不外窮理以盡性，惜乎其只能盡人之性，而皆不重盡物之性，如其當時以講求人之性者，並研究其盡物之性，則我國五百年前已能發明今日之科學……。」

先總統　蔣公對人性與物性之評述，非常中肯地昭示過份重視人性而忽略物性，必然導致領導效率之降低，使管理方向有所偏頗，管理效率不能提高。

## 第二節　西方管理之幾個特徵與缺失

西方管理不但講求效率，更注重應變能力。管理旣爲透過「人」以完成工作，達成組織目標，當然強調人性之重要。因此，追求正式化目標、重視人之效率與強調組織內之程序自然成爲現代管理之基本特徵。再者西方管理偏重作業或『工作』時間內之效率，同時亦偏重於組織內之規則與組織內之正式溝通。這些特徵往往會導致下述缺

❽ 參閱周君銓編譯，聖賢經營理念（臺北：大世紀出版公司，民國七十年印行），第一章、第二章、第四章及第五章。

❾ 嚴慶祥著，孔子與現代政治（臺北：孔學會，民國六十九年印行）第十四頁。

❿ 顧祝同，中國孔學會孔子誕辰紀念大會講詞（臺北：孔學會，民國七十年印行）第一頁。

失：⑪

(一)如果組織成員（員工），被「限制」於固定時間、既定組織與規則以及正式溝通，將使員工無法發揮其潛力，無異於組織資源之浪費。

(二)倘重視正式化目標與時間內管理，組織主管往往只能看到員工之有形「努力」，而無法領悟員工之無形「心智」努力；在推導工作上，非但無法突破成規與瓶頸，而且無由得到眞正公平合理之績效評估。因此，容易導致「因循苟且」之員工工作心態，以及員工流動率之提高，影響組織之運作效率。

## 第三節　我國管理問題之檢討

我國雖然已在管理智識之引進方面，成績卓著，管理技術之轉移工作亦尙稱順利；但由於中西社會文化背景互異，尙有下列管理問題。

第一、在規劃方面員工往往墨守成規，流於「隨和」、「順變」之保守態度，缺乏「創機制變」、積極進取之「未來導向」。此乃爲何據以作規劃之資訊尙欠充裕，亦缺靈活之原因。質言之，無充裕且靈活之資訊爲無法作正確規劃之因，而非無法規劃之果。

我國社會重倫理與人際秩序。儒家傳統重「君君、臣臣、父父、子子」，員工容易接受權威，因此目標之訂定往往缺乏雙向交流，『授權』與『棄權』亦往往相混不淸⑫，容易造成管理作業之瓶頸。

第二、在領導方面，儒家思想重人性，強調誘導，加之我國社會係以家庭爲單元，非同西歐諸國以個人爲單元；是故，組織成員之行

⑪ 郭崑謨著，「管理外管理緒論」，現代管理月刊，民國七十年十二月號，第二十八至三十頁。

⑫ 郭崑謨著，「當前管理問題與未來努力的方向」，現代管理月刊，民國七十一年八月號，第二十七至二十九頁。

爲受家庭之影響相當重大。因此，在領導時，理可「定法從寬，加強誘導」。但，目前我國之管理行爲，在領導方面似有「定法過嚴，執法過寬」之傾向，影響組織成員潛力之發揮。

第三、在管制方面，由於受保守觀念之籠罩，管制作業往往注重形式要件，流於爲「符合規定」、「依上峯指示」辦理，或「依循往例』行事，以避免「多做多錯」。殊不知實質要件，諸如主動發掘問題，分析原因，力求解決問題或矯正誤差，實爲管制上應有之積極作事態度。

第四、論及「組織」功能，諸如人事、財務、生產、行銷、研究發展等各功能問題，最主要者分別爲：⓭

1.人事方面

職位規格之未能建立與昇遷制度之僵硬，導致員工流動率之偏高與中層管理階層之「中空」。

2.財務方面

會計制度，特別是管理會計制度之不健全，無法減輕財務風險與營運風險。

3.生產方面

商情資訊不够靈活，導致產能利用率不穩定。

4.行銷方面

行銷實質功能操於最高主管手中，業務（行銷）主管行同虛設，有後繼無人之憂。

5.研究發展方面：

對研究發展缺乏信心，投資經費不足，構成組織成長之瓶頸。

---

⓭　同⓬。

## 第四節 「管理外管理」——建立中國管理模式之重要方向

管理科技涵蓋管理知識與管理智慧。管理知識雖可引進而獲得轉移，但管理智慧卻無法購買而引進轉移。此乃因為各國社會文化背景互異，主管人員處於不同環境之下所能作而可作之決策，必然因地因時而異之故。因此，配合我國國情，建立適合於我國之管理模式實為今後國人應該努力之方向。

中國式管理模式之建立，要在下述四方面多下功夫，始能著效。

一、蒐集散見於我國古書典章，如易經、四書、五經、孫子兵法、國父、先總統 蔣公等等名著，編成一套具有系統之理論模式。

二、取西方管理模式之優點及可行之處，與我國現有者相輔相成，滙成一具有特色而完善之模式。

三、研究現代我國國民之行為特徵，藉以驗證：

1. 是否須修正我國之特有理論模式，或
2. 是否須重整我國固有倫理道德思想，發揮我國特有管理哲理。

四、中國式管理模式之內涵應包括並注意下列數端：

1. 「事」與「人」並重。儒家重「忠恕」與「愛」，一向偏重人際層面，忽略「事」面。
2. 重視並吸納非正式個人目標。我國家庭、宗親觀念濃厚，較需吸納個人目標。
3. 規劃作業之「下鄉」。規劃作業若能「下鄉」，組織目標較能擴大涵蓋個人目標，亦則非正式目標(見圖 24-1 )，提高團隊精神，增加士氣。
4. 重視「過程中之激勵」。因國人「謙虛」，績效不易正確公平衡

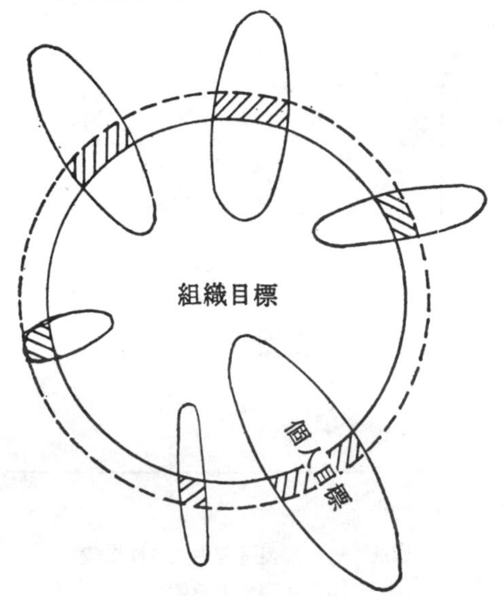


圖註：……代表非正式目標之吸納範圍
//////代表個人目標滿足之增加

圖 24-1 組織目標與個人（目標外）目標之擴大

資料來源：郭崑謨著，「管理外管理緒論」，現代管理月刊，民國七十年十二月號，第28-30頁。

註：本圖業經修訂。

量，過程中之激勵可在無形中提高員工之績效（見圖24-2）。

5.重用非正式管制工具——「人性之培養」以「自我要求」取代部份規定。若一味引用西式管制工具，容易與我國重視人性之道統相佐，導致管制效率之降低。

6.重視非正式協調與溝通。我國家庭、宗親觀濃厚，非正式組織較易達成和諧溝通效果。

7.主管能力之培植重「向下學習」。國人容易接受權威，倘主管不『向下學習』，極易造成員工潛能之埋沒。

綜上所述，中國式管理模式之特色似可建立於『管理外管理』之五大基本精神。此五大基本精神為：

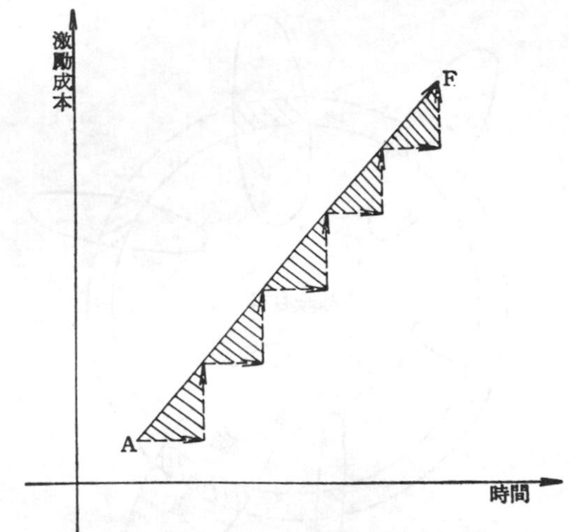


圖註：……代表過程中之人性培養

||||||代表激勵績效

圖 24-2 管理外管理之激勵效果

資料來源：郭崑謨著，「管理外管理緒論」現代管理月刊，民國七十年十二月號，第28-30頁。

註：本圖業經修訂。

1.重視目標外目標，

2.強調時間外管理，

3.強調組織外管理，

4.強調規則外管理，以及

5.重用溝通外溝通。

現代管理理論與實務實爲數千年來人類知識與智慧之結晶。自從歐西管理知識引進我國以來，由於社會文化背景之異同，管理一直無法在我國「眞正」移植生根。要使現代管理科技在我國生根、成長、開花結果，必須積極研究整理我國先賢之管理思想，取西方管理模式之優點，並調查研究分析現代我國國民之行爲特徵，藉以驗證其可行性，始能達成。我國先賢之管理思想，其有獨特之處，只要國人持之以恒，定可建立一套中國式管理模式，發揮中國式管理精神。

# 附錄　演變中之日本管理特色*

日本的經營管理特質，基本上是建立在我國文化的基礎，融合自從1910年代來的西方管理科學的觀念、制度與做法，演變而來。日本在這方面模仿與修改的功夫，相當優越。

## 日本獨特的經營特質

惟近年來，日本國內外經營環境快速變遷，如：國際保護主義的壓力、日圓升值、已開發國家競爭的威脅及新興開發中國家在經營方面的改善……，已使日本的經營管理特質，開始出現因應蛻變的現象。

為了解日本經營管理特質的改變，本文試將從日、美經營管理特質異同性的比較、討論後，再簡略地從經營策略、組織制度及人力資源的運用上，來討論日本經營管理蛻變的幾個方向。

根據日本東京國際大學倉谷好郎教授的研究，日本與美國企業在經營上的差異，有下列幾點:

### 一、終身雇用制

日本企業在人事聘雇上，採終身雇用制，這有其特殊的孕育環境和條件，加以配合。

一般說來，日人歸屬意識、忠誠心和安定指向很強。普通大學生畢業後進入公司工作，一直到五十歲後退休（現已延長到六十歲），中間幾乎不曾轉業或跳槽。

不像美國大學畢業生就業後，平均三、五年就換工作，通常到三

* 取材自郭崑謨主講，「演變中之日本管理特色」，中華民國管理科學學會會務通訊，第十四卷，第五期（民國 76 年12月15日），第 5-7 頁。

十五歲左右，才會固定在某個行業中。不但一般人視跳槽爲有能力的表現，就是企業也盛行挖角之風。

## 二、年功序列制

日本企業以年資和功勞，作爲給薪和晉陞的評量基準：美國則以能力和績效爲衡量基準。

## 三、集團決策

日式決策採由下而上，先集合大衆的意見，然後向上反映（Bottom Up）；美國則由上而下，管理階層做好決策，然後分派下去（Top Down）。

因此日式花在決策的時間相當長，實際執行的時間較短，美式正好相反，一如圖下所示。

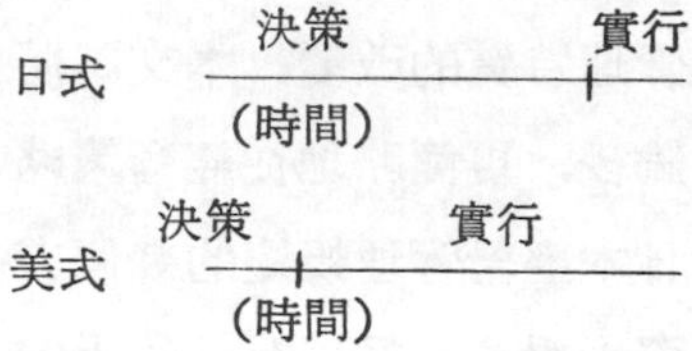

決策 實行
日式 ————————————┼——
（時間）

決策 實行
美式 ———┼————————————
（時間）

## 四、企業內的工會組織

日本的工會附屬於企業，每一企業各有其工會組織。擔任過工會幹部者，才能當公司主管，因爲他們較得人緣，孚衆望。亦卽工會和企業站在同一陣線上，共同合作，謀求員工的福利。

美國工會則外於企業，爲一獨立的組織，和資方處於對立的立場，爭取勞方的福利。

## 五、政府的行政指導

日本政府通產省（相當於經濟部）和大藏省（相當於財政部）儼然是日本全國企業的老板，扮演着企業界的協調和指導角色。

## 六、社內、社外的進修和訓練

日本企業對教育訓練的重視，舉世無出其右。從社長到員工，有新進社員研習及科長、部長（部門經理）、社長（總經理）各級幹部專業研習等等，種類繁多。至於社外的進修，則有視察團、研究調查團等。

除了以上六點，個人認爲旅日經營管理學專家李政義博士所提下列各項，亦是日本經營管理的特色。

一、**內部的積蓄**：習慣以股東出資、公司盈餘、員工存款等方式，籌措企業營運所需的資金。

二、**模仿開發性研究**：日本工業在初起步階段，因爲技術不足，主要係依靠仿製與改造起家，所以模仿開發性研究爲其特色。

三、**以效率為中心的策略**：企業經營致力於經濟性和效率的追求。

四、**階層式的組織和嚴謹的制度**：屬金字塔型的組織，層級明確。

五、**大型總公司**：以總公司爲總部，大規模統籌運作。

六、**由上而下的決策型態**

七、**同質人才的培植**

八、**集團方式的運作**：人力運用上，着重在羣體力量的發揮。

綜上所述，都是日本過去既有的管理特質。但衡諸日本資源困乏，而且技術的模仿和改造，已被其他國家所取代，以及社會、環境因素的快速轉變，企業的組織結構已漸失去其彈性。

此外，日人對個人能力的肯定和發揮，及多角化經營的趨勢逐漸明顯。凡此種種情況之演變，業已促使日本經營管理特質開始蛻變。這可從三個角度加以探討。

**一、經營策略**

(一)外部資源的活用：財務上不再侷限於內部資金，而積極向外籌措營運資金。

(二)創新經營方式: 從過去產銷上的追求規模經濟和效率，轉而重視創新。

(三)強調基礎研究: 產品的創新已取代仿製，因此非常注重基礎研究。

二、組織及制度

(一)從過去垂直式的階層組織，改變爲水平式的分業組織。

(二)由上而下的決策型態。

(三)一改年功序列制的注重年資，而強調能力和績效。

三、人力資源之運用

(一)過去吸納的同質人才，無法應付企業的多角化經營，轉而積極招募異質人才。

(二)不再強調羣體力量發揮的集團主義，而開始注重個體特質的發揮，藉以求得快速因應經營環境及企業內部結構之演變。

日本經營管理特質之蛻變正反映經營內外環境之壓力，亦反映企業經營之「策略導向」觀念之被重視。我國經營管理之理念、制度與方法，亦宜在因應企業內外環境上有所調適，始能減少環境之衝擊，提高經營效果。

# 三民大專用書書目——經濟・財政

| 書名 | 作者 | 單位 |
|---|---|---|
| 經濟學新辭典 | 高叔康 編 | |
| 經濟學通典 | 林華德 著 | 臺灣大學 |
| 經濟思想史 | 史考特 著 | |
| 西洋經濟思想史 | 林鐘雄 著 | 臺灣大學 |
| 歐洲經濟發展史 | 林鐘雄 著 | 臺灣大學 |
| 近代經濟學說 | 安格爾 著 | |
| 比較經濟制度 | 孫殿柏 著 | 政治大學 |
| 經濟學原理 | 密爾 著 | |
| 經濟學原理（增訂版） | 歐陽勛 著 | 政治大學 |
| 經濟學導論 | 徐育珠 著 | 南康乃狄克州立大學 |
| 經濟學概要 | 趙鳳培 著 | 政治大學 |
| 經濟學（增訂版） | 歐陽勛、黃仁德 著 | 政治大學 |
| 通俗經濟講話 | 邢慕寰 著 | 香港大學 |
| 經濟學（新修訂版）（上）（下） | 陸民仁 著 | 政治大學 |
| 經濟學概論 | 陸民仁 著 | 政治大學 |
| 國際經濟學 | 白俊男 著 | 東吳大學 |
| 國際經濟學 | 黃智輝 著 | 東吳大學 |
| 個體經濟學 | 劉盛男 著 | 臺北商專 |
| 個體經濟分析 | 趙鳳培 著 | 政治大學 |
| 總體經濟分析 | 趙鳳培 著 | 政治大學 |
| 總體經濟學 | 鐘甦生 著 | 西雅圖銀行 |
| 總體經濟學 | 張慶輝 著 | 政治大學 |
| 總體經濟理論 | 孫震 著 | 國防部 |
| 數理經濟分析 | 林大侯 著 | 臺灣大學 |
| 計量經濟學導論 | 林華德 著 | 臺灣大學 |
| 計量經濟學 | 陳正澄 著 | 臺灣大學 |
| 經濟政策 | 湯俊湘 著 | 中興大學 |
| 平均地權 | 王全祿 著 | 內政部 |
| 運銷合作 | 湯俊湘 著 | 中興大學 |
| 合作經濟概論 | 尹樹生 著 | 中興大學 |
| 農業經濟學 | 尹樹生 著 | 中興大學 |
| 凱因斯經濟學 | 趙鳳培 譯 | 政治大學 |
| 工程經濟 | 陳寬仁 著 | 中正理工學院 |
| 銀行法 | 金桐林 著 | 中興銀行 |
| 銀行法釋義 | 楊承厚 編著 | 銘傳管理學院 |

銀行學概要　林葭蕃 著
商業銀行之經營及實務　文大熙 著
商業銀行實務　解宏賓 編著　中興大學
貨幣銀行學　何偉成 著　中正理工學院
貨幣銀行學　白俊男 著　東吳大學
貨幣銀行學　楊樹森 著　文化大學
貨幣銀行學　李穎吾 著　臺灣大學
貨幣銀行學　趙鳳培 著　政治大學
貨幣銀行學　謝德宗 著　臺灣大學
貨幣銀行——理論與實際　謝德宗 著　臺灣大學
現代貨幣銀行學（上）（下）（合）　柳復起 著　澳洲新南威爾斯大學
貨幣學概要　楊承厚 著　銘傳管理學院
貨幣銀行學概要　劉盛男 著　臺北商專
金融市場概要　何顯重 著
現代國際金融　柳復起 著　澳洲新南威爾斯大學
國際金融理論與實際　康信鴻 著　成功大學
國際金融理論與制度（修訂版）　歐陽勛、黃仁德 編著　政治大學
金融交換實務　李麗 著　中央銀行
財政學　李厚高 著　行政院
財政學　顧書桂 著
財政學（修訂版）　林華德 著　臺灣大學
財政學　吳家聲 著　財政部
財政學原理　魏萼 著　臺灣大學
財政學概要　張則堯 著　政治大學
財政學表解　顧書桂 著
財務行政（含財務會審法規）　莊義雄 著　成功大學
商用英文　張錦源 著　政治大學
商用英文　程振粵 著　臺灣大學
貿易英文實務習題　張錦源 著　政治大學
金融市場　謝劍平 著　政治大學
貿易契約理論與實務　張錦源 著　政治大學
貿易英文實務　張錦源 著　政治大學
貿易英文實務習題　張錦源 著　政治大學
貿易英文實務題解　張錦源 著　政治大學
信用狀理論與實務　蕭啟賢 著　輔仁大學
信用狀理論與實務　張錦源 著　政治大學
國際貿易　李穎吾 著　臺灣大學
國際貿易　陳正順 著　臺灣大學

| | | |
|---|---|---|
| 國際貿易概要 | 何顯重　著 | |
| 國際貿易實務詳論（精） | 張錦源　著 | 政治大學 |
| 國際貿易實務 | 羅慶龍　著 | 逢甲大學 |
| 國際貿易理論與政策（修訂版） | 歐陽勛、黃仁德編著 | 政治大學 |
| 國際貿易原理與政策 | 黃仁德　著 | 政治大學 |
| 國際貿易原理與政策 | 康信鴻　著 | 成功大學 |
| 國際貿易政策概論 | 余德培　著 | 東吳大學 |
| 國際貿易論 | 李厚高　著 | 行政院 |
| 國際商品買賣契約法 | 鄧越今編著 | 外貿協會 |
| 國際貿易法概要（修訂版） | 于政長　著 | 東吳大學 |
| 國際貿易法 | 張錦源　著 | 政治大學 |
| 外匯投資理財與風險 | 李　麗　著 | 中央銀行 |
| 外匯、貿易辭典 | 于政長編著<br>張錦源校訂 | 東吳大學<br>政治大學 |
| 貿易實務辭典 | 張錦源編著 | 政治大學 |
| 貿易貨物保險（修訂版） | 周詠棠　著 | 中央信託局 |
| 貿易慣例——FCA、FOB、CIF、CIP等條件解說 | 張錦源　著 | 政治大學 |
| 國際匯兌 | 林邦充　著 | 長榮學院 |
| 國際匯兌 | 于政長　著 | 東吳大學 |
| 國際行銷管理 | 許士軍　著 | 臺灣大學 |
| 國際行銷 | 郭崑謨　著 | 中興大學 |
| 國際行銷（五專） | 郭崑謨　著 | 中興大學 |
| 國際行銷學 | 陳正男　著 | 成功大學 |
| 行銷學通論 | 龔平邦　著 | 逢甲大學 |
| 行銷學 | 江顯新　著 | 中興大學 |
| 行銷管理 | 郭崑謨　著 | 中興大學 |
| 行銷管理 | 陳正男　著 | 成功大學 |
| 海關實務（修訂版） | 張俊雄　著 | 淡江大學 |
| 實用國際行銷學 | 江顯新　著 | 中興大學 |
| 市場調查 | 方世榮　著 | 雲林技術學院 |
| 保險學（增訂版） | 湯俊湘　著 | 中興大學 |
| 保險學概要 | 袁宗蔚　著 | 政治大學 |
| 人壽保險學（增訂版） | 宋明哲　著 | 銘傳學院 |
| 人壽保險的理論與實務（增訂版） | 陳雲中編著 | 臺灣大學 |
| 火災保險及海上保險 | 吳榮清　著 | 文化大學 |
| 保險實務 | 胡宜仁主編 | 景文工商 |
| 保險數學 | 許秀麗　著 | 成功大學 |

| | | | |
|---|---|---|---|
| 意外保險 | 蘇文斌 | 著 | 成功大學 |
| 市場學 | 王德馨、江顯新 | 著 | 中興大學 |
| 市場學概要 | 蘇在山 | 著 | |
| 投資學 | 龔平邦 | 著 | 逢甲大學 |
| 投資學 | 白俊男、吳麗瑩 | 著 | 東吳大學 |
| 投資學 | 徐燕山 | 著 | 政治大學 |
| 商業心理學 | 陳家聲 | 著 | 臺灣大學 |
| 商業概論 | 張鴻章 | 著 | 臺灣大學 |
| 營業預算概念與實務 | 汪承運 | 著 | 會計師 |
| 海外投資的知識 | 日本輸出入銀行、海外投資研究所 | 編 | |
| 國際投資之技術移轉 | 鍾瑞江 | 著 | 東吳大學 |
| 財產保險概要 | 吳榮清 | 著 | 文化大學 |

# 三民大專用書書目——行政·管理

| 書名 | 作者 | | 單位 |
|---|---|---|---|
| 行政學 | 張潤書 | 著 | 政治大學 |
| 行政學 | 左潞生 | 著 | 中興大學 |
| 行政學新論 | 張金鑑 | 著 | 政治大學 |
| 行政學概要 | 左潞生 | 著 | 中興大學 |
| 行政管理學 | 傅肅良 | 著 | 中興大學 |
| 行政生態學 | 彭文賢 | 著 | 中興大學 |
| 人事行政學 | 張金鑑 | 著 | 政治大學 |
| 人事行政學 | 傅肅良 | 著 | 中興大學 |
| 各國人事制度 | 傅肅良 | 著 | 中興大學 |
| 人事行政的守與變 | 傅肅良 | 著 | 中興大學 |
| 各國人事制度概要 | 張金鑑 | 著 | 政治大學 |
| 現行考銓制度 | 陳鑑波 | 著 | |
| 考銓制度 | 傅肅良 | 著 | 中興大學 |
| 員工考選學 | 傅肅良 | 著 | 中興大學 |
| 員工訓練學 | 傅肅良 | 著 | 中興大學 |
| 員工激勵學 | 傅肅良 | 著 | 中興大學 |
| 交通行政 | 劉承漢 | 著 | 成功大學 |
| 陸空運輸法概要 | 劉承漢 | 著 | 成功大學 |
| 運輸學概要（增訂版） | 程振粵 | 著 | 臺灣大學 |
| 兵役理論與實務 | 顧傳型 | 著 | |
| 行為管理論 | 林安弘 | 著 | 德明商專 |
| 組織行為管理 | 龔平邦 | 著 | 逢甲大學 |
| 行為科學概論 | 龔平邦 | 著 | 逢甲大學 |
| 行為科學概論 | 徐道鄰 | 著 | |
| 行為科學與管理 | 徐木蘭 | 著 | 臺灣大學 |
| 組織行為學 | 高尚仁、伍錫康 | 著 | 香港大學 |
| 組織行為學 | 藍采風<br>廖榮利 | 著 | 美國波里斯大學<br>臺灣大學 |
| 組織原理 | 彭文賢 | 著 | 中興大學 |
| 實用企業管理學（增訂版） | 解宏賓 | 著 | 中興大學 |
| 企業管理 | 蔣靜一 | 著 | 逢甲大學 |
| 企業管理 | 陳定國 | 著 | 臺灣大學 |
| 國際企業論 | 李蘭甫 | 著 | 東吳大學 |
| 企業政策 | 陳光華 | 著 | 交通大學 |
| 企業概論 | 陳定國 | 著 | 臺灣大學 |

| 書名 | 作者 | | 單位 |
|---|---|---|---|
| 管理新論 | 謝長宏 | 著 | 交通大學 |
| 管理概論 | 郭崑謨 | 著 | 中興大學 |
| 管理個案分析（增訂新版） | 郭崑謨 | 著 | 中興大學 |
| 企業組織與管理 | 郭崑謨 | 著 | 中興大學 |
| 企業組織與管理（工商管理） | 盧宗漢 | 著 | 中興大學 |
| 企業管理概要 | 張振宇 | 著 | 中興大學 |
| 現代企業管理 | 龔平邦 | 著 | 逢甲大學 |
| 現代管理學 | 龔平邦 | 著 | 逢甲大學 |
| 管理學 | 龔平邦 | 著 | 逢甲大學 |
| 文檔管理 | 張　翊 | 著 | 郵政研究所 |
| 事務管理手冊 | 行政院新聞局 | 編 | |
| 現代生產管理學 | 劉一忠 | 著 | 舊金山州立大學 |
| 生產管理 | 劉漢容 | 著 | 成功大學 |
| 管理心理學 | 湯淑貞 | 著 | 成功大學 |
| 品質管制（合） | 柯阿銀 | 譯 | 中興大學 |
| 品質管理 | 戴久永 | 著 | 交通大學 |
| 可靠度導論 | 戴久永 | 著 | 交通大學 |
| 人事管理（修訂版） | 傅肅良 | 著 | 中興大學 |
| 人力資源策略管理 | 何永福、楊國安 | 著 | 政治大學 |
| 作業研究 | 林照雄 | 著 | 輔仁大學 |
| 作業研究 | 楊超然 | 著 | 臺灣大學 |
| 作業研究 | 劉一忠 | 著 | 舊金山州立大學 |
| 作業研究 | 廖慶榮 | 著 | 臺灣技術學院 |
| 作業研究題解 | 廖慶榮 | 著 | 臺灣技術學院 |
| 數量方法 | 葉桂珍 | 著 | 成功大學 |
| 系統分析 | 陳　進 | 著 | 聖瑪利大學 |
| 秘書實務 | 黃正興 | 編著 | 實踐學院 |